W. Borchers

Elektro-Metallurgie

Die Gewinnung der Metalle unter Vermittlung des elektrischen Stromes

bremen
university
press

W. Borchers

Elektro-Metallurgie

Die Gewinnung der Metalle unter Vermittlung des elektrischen Stromes

ISBN/EAN: 9783955621308

Auflage: 1

Erscheinungsjahr: 2013

Erscheinungsort: Bremen, Deutschland

bremen
university
press

ELEKTRO-METALLURGIE

DIE GEWINNUNG DER METALLE

UNTER VERMITTLUNG

DES ELEKTRISCHEN STROMES

VON

Dr. W. BORCHERS

ZWEITE, VERMEHRTE UND VÖLLIG UMGEARBEITETE AUFLAGE

MIT 188 TEXT-ABBILDUNGEN

BRAUNSCHWEIG
HARALD BRUHN
1896

Vorwort

Die erste Auflage dieses Buches erschien vor vier Jahren unmittelbar nach meinem Austritte aus einer zwölfjährigen Praxis in der chemischen und metallurgischen Industrie. Nicht nur kontraktliche Verpflichtungen, sondern auch persönliche Rücksichten erlegten mir mancherlei Beschränkungen in meinen Veröffentlichungen auf, so dass ich damals im Wesentlichen nur eine kritische Besprechung der bis dahin bekannt gewordenen Vorschläge und Arbeitsmethoden zu geben im Stande war. Mit Rücksicht darauf aber, dass ich während meiner Praxis Gelegenheit hatte, jedes auch nur einigen Erfolg versprechende elektrometallurgische Verfahren in genügend grossem Maassstabe praktisch auszuführen, um aus den Versuchen zuverlässige Schlüsse auf den Werth des in Frage stehenden Verfahrens ziehen zu können, hoffte ich, durch Mittheilung solcher Erfahrungen demjenigen, welcher das interessante Gebiet der Elektrometallurgie zum Felde seiner Thätigkeit erwählt hatte oder zu erwählen beabsichtigte, manche Mühe zu ersparen und die Ausführung seiner Arbeiten zu erleichtern.

Wenn jene Arbeit trotz aller ungünstigen Umstände so wohlwollende Aufnahme und Beurtheilung fand, so muss ich zwar einen wesentlichen Theil dieser Anerkennung dem Interesse für den Gegenstand an sich zuschreiben, aber ich darf daraus auch gleichzeitig wohl entnehmen, dass mit Rücksicht auf die riesigen Fortschritte der wissenschaftlichen und praktischen Elektrochemie eine Neubearbeitung der ‚Elektrometallurgie' nicht unwillkommen sein wird.

Heute kann ich mehr geben, wie vor vier Jahren; vieles lässt sich auch von anderen Gesichtspunkten aus beurtheilen; und, Dank dem Entgegenkommen, welches ich von Seiten hervorragender Techniker gefunden habe, bin ich in der Lage, auch über solche Betriebszweige zu berichten, welchen ich bisher ferner stand.

Bezüglich der neueren elektrochemischen Theorieen habe ich mich auf eine ganz kurze Skizze derselben beschränkt. In OSTWALD's Lehrbuche der allgemeinen Chemie, OSTWALD's Elektrochemie und NERNST's theoretischer Chemie sind inzwischen Lehrbücher entstanden, die an Klarheit und Gründlichkeit der Darstellung nichts zu wünschen übrig lassen.

Auch von der Wiedergabe von Tabellen über die elektrischen Eigenschaften der für die Elektrometallurgie in Betracht kommenden Stoffe habe ich abgesehen. Soweit dieselben nicht in den oben genannten

Werken enthalten sind, finden sie sich in elektrotechnischen Kalendern (UPPENBORN) und anderen Hülfsbüchern (GRAHWINKEL-STRECKER).

Für die Ausführung von wissenschaftlichen und technischen Untersuchungen sei auf OSTWALD's Hand- und Hülfsbuch zur Ausführung physiko-chemischer Messungen und auf OETTEL's Anleitung zu elektrochemischen Versuchen hingewiesen.

Es sind in der vorliegenden Auflage alle Metalle berücksichtigt worden, zu deren Gewinnung und Bearbeitung der elektrische Strom irgend welche Verwendung gefunden hat; das Gebiet der Analyse, welches von CLASSEN (Quantitative Analyse durch Elektrolyse) in vorzüglicher Weise bearbeitet worden ist, sowie Galvanoplastik und Galvanostegie habe ich ausgeschlossen.

Natürlich konnte es nicht in meiner Absicht liegen, alle Litteraturerscheinungen zu berücksichtigen. Besonders in Patenten wird heute Unmögliches geleistet. Ich bin also bestrebt gewesen, Unbrauchbares auszusichten. Wenn trotzdem undurchführbare Vorschläge oder ungünstig ausgefallene Versuche besprochen worden sind, so ist dies gewiss nicht aus Nörgelsucht geschehen: Auch aus negativen Resultaten lässt sich lernen!

Um das Eingreifen der Elektrochemie und Elektrotechnik in die bisherigen Arbeitsmethoden der Metallurgie besser zum Ausdruck zu bringen, habe ich für jedes Metall eine kurze Uebersicht seiner Gewinnungsmethoden ausgearbeitet, in welche sich dann da, wo sie am Platze, die elektrometallurgischen Prozesse in eingehenderer Behandlung einreihen.

Darstellungsweise und Umfang der neuen Auflage werden sofort erkennen lassen, dass eine vollständige Neubearbeitung der ersten Ausgabe vorliegt. Möge sie sich den Interessen der Elektrometallurgie förderlich erweisen!

Mit bestem Danke für die bisherige Anerkennung richte ich auch beim Erscheinen dieser Arbeit an meine verehrten Fachgenossen die Bitte, mich auf Fehler und Mängel, für deren Berichtigung ich nach besten Kräften bemüht sein werde, geneigtest aufmerksam zu machen.

Und zum Schlusse sei auch dem Herrn Verleger dieses Buches der wohlverdienteste Dank nicht vorenthalten für das vielseitige Interesse, mit welchem er für die Vorzüglichkeit der sämmtlich nach meinen direkten Angaben neu hergestellten Abbildungen, wie der Druckausführung gesorgt hat.

Duisburg, den 6. Oktober 1895.

W. Borchers.

Inhaltsverzeichnis

Einleitung.

Von den Wirkungen der Elektricität haben wir für die Elektrometallurgie ausser der elektrolytischen auch die elektrothermische Arbeitsleistung zu berücksichtigen. Die elektromagnetischen Wirkungen mögen dem Gebiete der mechanischen Aufbereitungslehre überlassen bleiben.

Elektrolyse.

Man war bisher gewohnt, unter dem Begriffe Elektrolyse nur die durch Zufuhr von äusseren Elektricitätsquellen verursachten stofflichen Veränderungen zusammenzufassen. Diese Anschauung hat sich geändert. Die neuere Elektrochemie, indem sie sich heute mit dem ganzen chemischen Lehrgebäude auf eine breitere, experimentell und streng mathematisch befestigte Grundlage stellt, hat den Begriff der Elektrolyse ganz wesentlich erweitert.

Mit Rücksicht auf das Endziel dieses Buches kann natürlich eine Begründung der neueren elektrochemischen Theorien hier nicht Platz finden. Die Werke von OSTWALD[1],[2] und NERNST[3] dürften in dieser Beziehung auch die weitgehendsten Wünsche befriedigen. Jedenfalls will ich es nicht unterlassen, in Anlehnung an diese Arbeiten eine kurze Skizze der jetzt maassgebenden, von VAN'T HOFF, ARRHENIUS, OSTWALD und NERNST aufgestellten Grundsätze und Lehren zu entwerfen, um mich dann sofort dem heutigen Stande der Praxis zuzuwenden.

Für die Entwicklungsgeschichte der ganzen Chemie bilden die Forschungsergebnisse jener Männer einen hochbedeutsamen Wendepunkt.

---

[1]) Lehrbuch der allgemeinen Chemie. Leipzig 1893, Engelmann.
[2]) Elektrochemie. Leipzig 1894, Veit & Comp.
[3]) Theoretische Chemie. Stuttgart 1893, Enke.

Wenn z. B. auf Grund gerade dieser Errungenschaften der Arbeitsmechanismus der Volta'schen Säule, der galvanischen Ketten, seinem ganzen Wesen nach nun endlich klargestellt werden konnte, wenn also ein Ziel erreicht ist, nach dem man fast 100 Jahre, oft in nächster Nähe daran vorbeitappend, vergebens gestrebt hat, dann unterliegt es doch wohl keinem Zweifel mehr, dass wir auf gesundem, festem Boden stehen.

Als Ausgangspunkt für meine Skizze sei mir gestattet, auf einen einfachen Maschinentheil zurückzugreifen. Man denke sich zunächst einen theilweise mit gespanntem Dampfe gefüllten Cylinder C (Figur 1). Der Dampfraum D werde durch einen beweglichen Kolben abgesperrt und oberhalb dieses Kolbens befinde sich ein dampfleerer Raum. Es ist dann klar, dass der Kolben in die Höhe geschoben werden wird, bis, wenn ich mich einmal recht drastisch ausdrücken darf, ein bestimmter Theil des leeren Raumes durch den Kolben hindurch in den Dampfraum übergetreten ist. Der Kolben wird zum Stillstande kommen, sobald die durch Auseinanderrücken der Dampfmoleküle geringer werdende Spannung gleich ist dem Gewichte des Kolbens oder gleich einem auf den Kolben ausgeübten Drucke.

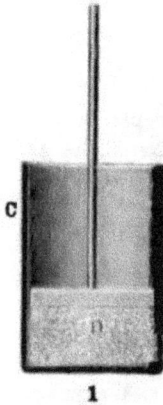

Man denke sich nun den Kolben in seine Anfangsstellung zurückversetzt, den unteren Raum des Cylinders aber statt mit Dampf mit einer Zuckerlösung gefüllt, den oberen Theil dagegen mit Wasser, während schliesslich der Kolben aus einer für Wasser durchlässigen, für Zucker aber undurchlässigen Substanz bestehen mag. Wenn es nun richtig ist, dass die in einer Flüssigkeit gelösten Atome oder Moleküle sich in einem mit der Dampfspannung vergleichbaren Zustande innerhalb ihres Lösungsmittels befinden, so werden sie versuchen, sich in der Gesammt-Wassermenge, für welche ja der Kolben kein Hindernis ist, so lange auszudehnen, bis eine gleichmässige Lösung entstanden ist. Es wird also das zuckerleere Wasser, wie scheinbar beim ersten Beispiele der dampfleere Raum, durch den Kolben hindurch in den unteren Raum übertreten. Das ist aber nur möglich, wenn der Kolben, mit einem dem Ausdehnungsbestreben der Zuckertheile entsprechenden Drucke gehoben wird, was auch thatsächlich eintritt. Dieser Druck ist nun auf den verschiedensten Wegen gemessen worden. Wie der Dampfdruck, so lässt auch er sich in Bewegung umsetzen und zu einer messbaren Arbeitsleistung verwenden. Man bezeichnet ihn als den osmotischen Druck.

Bringen wir nun einen festen Körper mit einem Lösungsmittel in Berührung, so werden auch von diesem Moleküle mit einer gewissen Kraft, der sogenannten Lösungstension oder dem Lösungsdrucke, in das Lösungsmittel übertreten und zwar so lange, bis der osmotische Gegendruck der in Lösung gegangenen Moleküle ein Eindringen weiterer Moleküle unmöglich macht, die Lösung ist dann gesättigt.

Nicht bei allen festen Körpern ist der Lösungsvorgang so einfacher Art. Bevor wir aber auf diese Verhältnisse näher eingehen, müssen wir uns über einige, dem Namen nach allerdings zum Theil altbekannte Begriffe Aufklärung verschaffen.

Bei der Messung des osmotischen Druckes der verschiedenen Stoffe nun stellte sich die eigenthümliche Thatsache heraus, dass gerade die seit mehr als einem halben Jahrhundert als Leiter zweiter Klasse oder Elektrolyte bekannten Substanzen einen Druck zeigten, der mit dem aus ihrem Molekulargewichte im Gaszustande und ihrer Koncentration berechneten durchaus keine Uebereinstimmung zeigte. Diese Unregelmässigkeit war anfangs mit der VAN'T HOFF'schen Theorie nicht in Einklang zu bringen, bis ARRHENIUS dieselbe dadurch erklärte, dass er den Nachweis der Dissociation der Moleküle solcher Stoffe bei ihrer Lösung in freie, aber entgegengesetzt elektrische Ionen erbrachte. Eine Theorie auszusprechen, die mit den bisherigen und heute noch weit verbreiteten Ansichten der chemischen Affinitätslehre in geradem Gegensatze stand, erschien gewiss als kein geringes Wagnis, aber es fehlte auch nicht an unerschütterlichen Beweisen. Besonders OSTWALD hatte schon, ehe ARRHENIUS seine These der elektrolytischen Dissociation aussprach, in derselben Richtung arbeitend, ein so erdrückendes Beweismaterial gesammelt, dass die junge Lehre sofort stark befestigt dastand.

Dieselben Ionen betrachtete man ja, wie die Arbeiten von HITTORF und KOHLRAUSCH zeigen, schon früher als die eigentlichen Elektricitätsträger und zwar von den für uns in Betracht kommenden Ionen, Wasserstoff und die Metalle als Träger positiver Ladungen, als Kationen, die Säureradikale dagegen als Träger negativer Elektricität, als Anionen. Nur scheute man sich bis dahin, ihnen die Freiheit zuzuerkennen, welche ihnen von der bisherigen Chemie abgesprochen war.

Nach dieser, wie gesagt, experimentell bewiesenen Anschauung enthielte also eine wässrige Lösung von Kochsalz freie Natrium- und freie Chlorionen, Natronlauge freie Natrium- und freie Hydroxylionen, Schwefelsäure freie Wasserstoff- und Schwefeltetroxydionen u. s. w.

In einem ruhenden Elektrolyten ist die Summe aller positiven und negativen Ladungen der verschiedenen Ionen gleich Null. Denkt man sich nun die Anionen und die Kathionen gleichmässig in der Lösung vertheilt und sämmtliche Ionen mit bestimmten Elektricitätsmengen beladen, welch letztere an den Ionen mit einer gewissen Kraft, der Haftintensität,

haften, so ist es klar, dass ein Elektricitätstransport, also ein elektrischer
Strom, nur dann entstehen kann, wenn die Elektricitätstransportwagen,
die Ionen, in Bewegung gerathen, um an bestimmten Stellen, den Elektroden, Ladungen abzugeben oder aufzunehmen. Elektrischer Strom
in Leitern zweiter Klasse und Ionenbewegung sind also
zwei ganz unzertrennliche Begriffe, wie auf dem Ge-
sammtgebiete der Mechanik und der Energetik überhaupt
Kraft und Bewegung ohne einander nicht denkbar sind.
Die Leitfähigkeit der Elektrolyte wird also bedingt durch den
Grad der elektrolytischen Dissociation (Zahl der Ionen) und andererseits
durch die Bewegungsgeschwindigkeit und Ladungskapazität
(Valenz) der Ionen.

Zum Zwecke der Abnahme oder der Zufuhr elektrischer Ladungen
pflegt man in die Ionenlösungen mindestens zwei Leiter erster Klasse
als Pole oder Elektroden einzuführen, welche innerhalb der Flüssigkeit an keinem Punkte miteinander in Berührung sein dürfen.

Nun ist aber die Existenz eines Stoffes im Ionenzustande an die
Bedingung geknüpft, dass seine Ionen eine ganz bestimmte Elektricitätsladung halten. Sobald dieselben zur Aufgabe ihrer Ladung gezwungen
werden, hören sie auf, Ionen zu sein, sie scheiden sich an der Entlade-
stelle in neutralem oder Molekularzustande ab, wenn sie nicht Gelegenheit finden, hier an weiteren Umsetzungen, sogenannten sekundären Prozessen theilzunehmen. Die Entladeplätze für die Kationen sind die
Kathoden, die Entladeplätze für die Anionen sind die Anoden. An
ersteren muss also für Aufrechterhaltung negativer Ladung gesorgt werden, um dauernd die positiven Ladungen der Kationen zu vernichten,
während man an letzteren positive Ladungen erzeugen muss, soll die
Ionenbewegung, also der elektrische Strom aufrecht erhalten werden.

Auf der andren Seite — und damit kommen wir wieder zu der
vorhin abgebrochenen Erörterung über den Lösungsdruck — können dieselben Stoffe, welche wir als Bestandtheile der Elektrolyte kennen gelernt haben, aus ihrem Molekularzustande nur dann in den Ionenzustand
übergehen, wenn sie eine volle elektrische Ladung aufzunehmen Gelegenheit finden. Für die Lösung eines Metalles z. B. genügt es nicht, dass
seine Lösungstension gross und der osmotische Druck der Ionen ein geringer ist. Metalle, einschliesslich Wasserstoff, gehen bei ihrer Lösung
stets in den Ionenzustand über, sie müssen also in den Stand gesetzt
werden, elektrische Ladungen und zwar als Kationen positive Ladungen
aufzunehmen.

Nach dem, was vorher in Bezug auf die Entladeplätze für in Lösung
befindliche Ionen gesagt wurde, ist es klar, dass die Anoden, also die-

jenigen Stellen, denen wir zum Zwecke der Vernichtung negativer Ladungen positive Elektricität zuführen, die geeigneten Ladeplätze für in
Bildung begriffene Metallionen, also Lösestellen für Metalle sein müssen,
wie es die Erfahrung in der elektrometallurgischen Praxis ja längst gelehrt hat.

Den Druck nun, mit welchem, gleich anderen lösungsfähigen Stoffen,
ein ionenbildungsfähiger Körper seine Ionen in eine Lösung hineinschickt,
nennt man die elektrolytische Lösungstension oder den elektrolytischen Lösungsdruck. Ist dieser Druck hinreichend gross,
so bedarf es unter Umständen keiner Zufuhr elektrischer Energie von
aussen, um den betreffenden Stoff in Lösung zu bringen. Derselbe entzieht in Lösung befindlichen Ionen, z. B. Wasserstoff oder Metallen, die
für seine eignen Ionen nöthigen Ladungen. Wird aber einem Ion seine
Ladung entzogen, so scheidet es sich als neutrale Substanz aus. Abgesehen von etwa möglichen sekundären Vorgängen beobachten wir also
bei der Lösung von Metallen mit hohem elektrolytischen Lösungsdrucke
Wasserstoffentwicklung oder Metallabscheidung. Den elektrolytischen
Ueberdruck eines sich lösenden Stoffes über den osmotischen Gegendruck
der in Lösung befindlichen Ionen können wir messen und verwerthen.
Er bildet in unseren galvanischen Elementen die Ionen bewegende, also
stromerzeugende, elektromotorische Kraft. Wenn auf ein Ende
eines beweglichen Maschinentheiles ein starker Druck ausgeübt wird,
während am andren ein schwächerer Gegendruck stattfindet, so wird
letzteres entweder mit einer diesem Ueberdrucke entsprechenden Geschwindigkeit aus seiner Lage verschoben oder es kann selbst einen
Druck ausüben gleich der Druckdifferenz zwischen beiden Punkten.

In Elementen des Typus DANIELL z. B. haben wir Zink als Anode,
Kupfersulfat als Elektrolyten und Kupfer als Kathode. Die für das Zink
erforderliche positive Ladung wird den in Lösung befindlichen Kupferionen entzogen, d. h. die von den Kupferionen aufgegebene Ladung wird
durch eine ausserhalb der Flüssigkeit hergestellte metallische Verbindung
auf schnellstem, wenn auch nicht immer auf kürzestem Wege auf die
Zinkanode übergeführt. Entsprechend dem Ueberschusse des elektrolytischen Zinklösungsdruckes über den osmotischen Kupferionendruck werden also die Kupferionen mit einer bestimmten Geschwindigkeit aus der
Lösung verdrängt, ihre Ladungen also mit einem bestimmten Drucke in
die Leitungen geschickt. Dieser Druck lässt sich durch Einbringen von
Widerständen in die Leitung messen. Wir erfahren so auf gleiche Weise,
wie durch Belasten (Bremsen) einer Arbeitsmaschine, die Leistungsfähigkeit der elektrochemischen Maschine, wir messen also eine Druck- oder
Spannungsdifferenz zwischen einem Orte von hohem Drucke und einem

solchen von geringerem Drucke. Das Messungsergebnis, also den Druck-unterschied bezeichnet man als das Potential, die Stromspannung oder das Stromgefälle [4].

Wenn wir bei dem eben herangezogenen Beispiele eines DANIELL-Elementes bleiben, so können wir uns den Fall denken, dass die me-tallische Leitung zwischen Anode und Kathode gelöst sei. Da sich nun in der Umgebung der Zinkanode bei einem richtig konstruierten Elemente keine Kupferionen befinden, so wird durch in Bildung begriffene Zink-ionen, welche sich elektropositiv laden, die nächste Umgebung, also die Anode selbst elektronegativ geladen werden, und damit ist eine weitere Zinkionenbildung ausgeschlossen. An der Kathode liegt der Fall um-gekehrt. Die Kationen werden durch Ansammlung elektropositiver La-dung an dieser Elektrode verhindert, weitere Ladungen abzugeben. Die Ionenbewegung kommt zu einem Stillstande. Diesen Zustand nennt man Polarisation. Hindernd auf die Ionenbewegung also polarisierend können ferner wirken: chemische Veränderungen von Elektroden- und Elektrolytsubstanz durch ausscheidende Ionen, Koncentrationsänderungen im Elektrolyten und elektrothermische Vorgänge an den Grenzflächen von Elektrode und Elektrolyt.

Aus den vorangeschickten Betrachtungen nun lassen sich folgende Bedingungen für eine möglichst lebhafte Stromerzeugung sowohl wie für eine möglichst vollkommene Nutzbarmachung von aussen in einen elektro-chemischen Zersetzungsapparat eingeführter elektrischer Energie feststellen:

---

[4]) Die Einheit des Potentiales ist das Volt. Ein Volt ist die an den Enden eines Widerstandes von einem Ohm bei einer Stromstärke von einem Ampère auf-tretende Druckdifferenz.

Ein Ohm ist gleich dem Widerstande eines Quecksilberfadens von 1063 mm Länge und 1 qmm Querschnitt.

Ein Coulomb ist diejenige Elektricitätsmenge, durch welche 1,118129 mg Silber oder äquivalente Mengen anderer Stoffe zur Abscheidung gebracht werden können.

Ein Ampère, die Einheit der Stromstärke, ist gleich einem Sekunden-Coulomb, also gleich derjenigen Elektricitätsmenge, welche in 1 Sekunde das eben bezeichnete Ionengewicht zu neutralisieren im Stande ist. Diejenigen, welche die Stromstärke mit dem Knallgas-Voltameter zu messen gewohnt sind, bezeichnen mit Ampère eine Stromstärke, durch welche in 1 Minute 10,436 cc Knallgas abge-schieden werden können.

An den Enden eines einfachen Leiters von 1 Ohm Widerstand wird bei einer Stromstärke von 1 Ampère ein Stromgefälle (eine Spannungs-, Potentialdifferenz) von 1 Volt messbar.

Zwischen Stromstärke I, Potential E und Widerstand W besteht folgendes, von Ohm festgestelltes Gesetz: $I = \dfrac{E}{W}$.

1. An derjenigen Elektrode, an welcher Stoffe als Ionen in Lösung treten sollen, muss der osmotische Gegendruck der Ionen des zu lösenden Stoffes ein möglichst niedriger sein; die Koncentration der hier befindlichen Lösung des Elektrolyten sollte also eine geringe sein.

2. An derjenigen Elektrode, an welcher Stoffe abzuscheiden sind, muss dagegen die Koncentration der Lösung, speciell der osmotische Druck der auszufällenden Ionen möglichst hoch gehalten werden.

3. Zu lösenden, also in den Ionenzustand übergehenden Stoffen muss die zur Ionenbildung erforderliche Ladung ohne Hindernisse und in hinreichender Menge zugänglich sein.

4. Auszuscheidenden Ionen muss die Elektricitätsladung schnell und vollständig entzogen werden.

Die beiden ersten Punkte sind hinreichend aufgeklärt. Leider lassen sich dieselben gerade in der metallurgischen Praxis gleichzeitig fast nie erfüllen, trotzdem wir ja zum Zwecke der Metallraffination, z. B. an der Anode, ein Metall zu lösen haben, um es an der Kathode wieder zu fällen. Nach den Bedingungen 1 und 2 sind die Koncentrationsverhältnisse für die Elektrolyten genau vorgeschrieben. Wo es also irgendwie durchführbar ist, muss dahin gestrebt werden, an der Kathode eine möglichst hohe Koncentration desjenigen Metallsalzes zu halten, dessen Metall zur Abscheidung gelangen soll, während dasselbe Metall in der Umgebung der Anode fehlen sollte. Technisch wird die Erfüllung dieser letzteren Bedingung in den meisten Fällen auf Schwierigkeiten stossen. Man suche z. B. ein Zersetzungsgefäss mit 20 Kathoden und 21 Anoden, wie es für die Antimonabscheidung beschrieben ist, konstruktiv so zu verändern, dass der eben erwähnten Forderung Rechnung getragen werde. Ohne die Verwendung von 21 Diaphragmen würde man den Zweck wohl kaum erreichen, ganz abzusehen von den mit der Flüssigkeitsführung verbundenen Komplikationen. Die Erschwerung der Arbeitsweise und verwickelte Apparatkonstruktionen bringen aber wie überall, so besonders im elektrolytischen Grossbetriebe, Nachtheile mit sich, welche in mehr als einer Beziehung die Vortheile theoretisch richtiger Anordnungen aufwiegen. Im Allgemeinen wird man daher für die in der Praxis stets vorzuziehenden einkammerigen Zersetzungsgefässe eine möglichst hohe Koncentration des Elektrolyten wählen, indem man ungünstig wirkende Koncentrationsveränderungen an den Elektroden durch lebhafte Flüssigkeitscirkulation, nöthigenfalls unterstützt durch Luftrührung, ausgleicht. Es liegen nur vereinzelte Fälle vor, in denen der Erfolg des ganzen Verfahrens von der Menge des in einem Bade vorhandenen und zu zersetzenden Salzes abhängt. Als Beispiel kann ein Citat aus einer

Arbeit Bunsen's über Chrom[5] herangezogen werden. Er schreibt hier: „Ein nicht minder erhebliches Moment bildet die relative Masse der Gemengtheile des vom Strome durchflossenen Elektrolyten. Vermehrt man z. B. allmählich bei stets gleichbleibender Stromstärke und Polfläche den Chromchlorürgehalt der Lösung, so erreicht man bald einen Punkt, wo die Chromoxydulausscheidung von einer Reduktion des Metalles begleitet und endlich von dieser ganz verdrängt wird".

Was nun die beiden oben festgestellten Bedingungen 3 und 4 betrifft, so ist der Metallurge thatsächlich schon auf empirischem Wege zur Erkenntnis der durch Nernst auch theoretisch aufgeklärten richtigen Arbeitsweise gekommen. Bei der Kupferraffination z. B. löst man an der Anode das im Rohkupfer enthaltene Kupfer, um es an der Kathode niederzuschlagen; als Elektrolyt dient Kupfersulfat. Zu dem Zwecke verbindet man nun beide Pole durch eine Leitung, in welche eine Dynamomaschine eingeschaltet ist. Erzeugt man durch letztere an der Anode positive Ladungen von nur schwachem Potential, so werden die in Lösung schiessenden Kupferionen sofort eine Kupferabscheidung an der Kathode veranlassen, da durch erstere der osmotische Druck der Lösung zu gross wird. Die elektropositiven Ladungen der hier ausscheidenden Kupferionen werden durch dieselbe Leitung, der Anode wieder zugeführt. Es bedarf also, wie auch die Praxis bestätigt, nur eines geringen Druckes, einer geringen elektromotorischen Kraft, um in diesem Falle grosse Kupfermengen in Bewegung zu versetzen. Und deutlicher als dieses Beispiel spricht wohl kaum ein andres für die Thatsache, dass mit den von der Anode nach der Kathode hinüberwandernden Atomen auch die elektrischen Ladungen transportiert werden.

Trotz des scheinbaren Gegensatzes zwischen dem anfangs betrachteten stromerzeugenden galvanischen Elemente und dieser stromverbrauchenden elektrochemischen Zersetzungszelle sind doch beide Apparate den inneren Vorgängen nach gleich, denn in beiden findet Elektricitätstransport unter Vermittlung sich bewegender Ionen statt. Dieser Elektricitätstransport nun, wie er unter Vermittlung sich bewegender Ionen, verbunden mit dem Uebergange neutraler Stoffe in Ionen, bezw. der Ionen in neutrale Stoffe oder verbunden mit der Veränderung der Ladungsfähigkeit oder der Valenz von Ionen vor sich geht, ist gerade das, was man mit dem Namen Elektrolyse bezeichnet.

Zu wiederholten Malen wurde schon der Thatsache Erwähnung gethan, dass jedes Ion eine ganz bestimmte Elektricitätsladung aufzunehmen

---

[5] Poggendorff's Annalen Bd. XCI, 1854, S. 619.

und zu transportieren im Stande sei. Die elektrische Energie ist also, wenn diese Annahme richtig, an eine ganz bestimmte Masse wägbarer Substanz geknüpft. Und dass diese Annahme richtig, braucht heute nicht erst festgestellt zu werden; sie wurde schon vor etwa 60 Jahren durch FARADAY bewiesen. FARADAY's altes Grundgesetz der Elektrolyse bedurfte ·in der That nur einer Uebersetzung in die Sprache der neueren Elektrochemie, um jetzt, wie damals seine volle Gültigkeit zu beanspruchen. OSTWALD's Uebersetzung jenes Gesetzes aber lautet:

Alle Elektricitätsbewegung erfolgt in Elektrolyten nur unter gleichzeitiger Bewegung der Ionen, und zwar so, dass mit gleichen Elektricitätsmengen sich chemisch äquivalente Mengen der verschiedenen Ionen bewegen.

Also, wie OSTWALD weiter folgert, haben äquivalente Mengen verschiedener Ionen gleichen Fassungsraum für elektrische Energie.

Nach den bereits vorangegangenen Erörterungen ist ein weiterer Zusatz zu dem Wortlaute dieses Gesetzes überflüssig. Einige praktische Folgerungen daraus sind in einer Tabelle (s. umstehend) zusammengestellt.

Diejenigen Gewichtsmengen der verschiedenen Stoffe, welche im Ionenzustande die Einheit der Strommenge, also ein Coulomb transportieren können, hat man die elektrochemischen Aequivalente genannt. Es sind das dieselben Gewichtsmengen, welche bei einer Stromstärke von 1 Ampère, also 1 Coulomb in 1 Sekunde, aus Elektrolyten zur Abscheidung gelangen, bezw. in den Ionenzustand übergehen.

Nachstehende Tabelle enthält die elektrochemischen Aequivalente der häufiger in Frage kommenden Elemente nebst Angabe der Valenz, der Atomgewichte und der Elektrolyte, für welche sie Gültigkeit haben. Die letzte Rubrik enthält die bei einer Stromstärke von 736 Ampère in einer Stunde abscheidbare Stoffmenge in kg. Die Nützlichkeit gerade dieser Gewichtsverhältnisse wird aus den sich an die Tabelle anschliessenden Erörterungen hervorgehen.

Mag es gestattet sein, zunächst eine kurze theoretische Betrachtung an die in erster Linie für praktische Zwecke bestimmte Tabelle zu knüpfen. Es musste auffallen, dass mehrere der aufgeführten Metalle zwei Aequivalentzahlen besitzen. Zum Transporte von 1 Coulomb sind z. B. einmal 0,657175 mg, dann wieder nur 0,328587 mg Kupfer erforderlich, wenn wir im ersten Falle eine Cupro-, im zweiten Falle eine Cupriverbindung als Elektrolyten benutzen. Aus einer Cuproverbindung lassen sich also während der Elektrolyse bei einer Stromstärke von 1 Ampère 0,657175 mg Kupfer abscheiden, während eine Cupriverbindung als Elektrolyt bei der gleichen Stromstärke nur die Hälfte dieser

Elemente	Elektrolyt	Atomgewicht O = 16	Valenz	Elektro-chemische Aequi-valente in mg	Bei 736 Ampère Stromstärke pro Stunde abscheid-bare Stoff-menge in kg
Aluminium	Oxyd und Salze .	27,08	Al, III	0,093541	0,247846
Antimon .	Sulfosalze	120,34	Sb, III	0,415361	1,100540
Arsen. . .	Arsenite	75,00	As, III	0,258975	0,686180
Barium . .	Haloidsalze . . .	137,04	Ba, II	0,709798	1,880680
Blei . . .	Oxyd und Oxyd-salze	206,911	Pb, II	1,071695	2,839562
Brom . . .	Bromide	79,9628	Br, I	0,828336	2,194759
Cadmium .	Salze	112,08	Cd, II	0,580518	1,538140
Calcium .	Haloidsalze . . .	40,00	Ca, II	0,207180	0,548944
Chlor . . .	Chloride	35,4529	Cl, I	0,367257	0,973084
Chrom . .	Oxydulsalze . . .	52,15	Cr, II	0,270105	0,715670
—	Oxydsalze		-, III	0,180070	0,477113
Eisen . . .	Oxydulsalze . . .	56,00	Fe, II	0,290052	0,768521
—	Oxydsalze		-, III	0,193368	0,512348
Fluor . . .	Fluoride	18,99	F, I	0,196727	0,521247
Gold . . .	Haloidsalze . . .	197,25	Au, III	0,681104	1,804653
Jod	Jodide	126,864	J, I	1,314184	3,482061
Kalium . .	Haloidsalze . . .	39,1361	K, I	0,405409	1,074171
Kobalt . .	Oxydulsalze . . .	59,55	Co, II	0,308479	0,817347
Kupfer . .	Oxydulsalze . . .	63,44	Cu, I	0,657175	1,741248
—	Oxydsalze	—	-, II	0,328587	0,870624
Lithium .	Haloidsalze . . .	7,030	Li, I	0,072823	0,192951
Magnesium	Haloidsalze . . .	24,376	Mg, II	0,126276	0,334580
Mangan. .	Oxydulsalze . . .	55,09	Mn, II	0,285338	0,756031
Natrium .	Haloidsalze . . .	23,058	Na, I	0,238857	0,632875
Nickel . .	Oxydulsalze . . .	58,88	Ni, II	0,305009	0,808153
Platin . . .	Haloidsalze . . .	194,83	Pt, IV	0,504560	1,336882
Quecksilber	Oxydulsalze . . .	200,4	Hg, I	2,075943	5,500421
—	Oxydsalze	—	-, II	1,037972	2,750210
Sauerstoff.	Oxyde	16	O, II	0,082872	0,219577
Schwefel .	Sulfide	32,063	S, II	0,166070	0,440019
Silber. . .	Salze	107,938	Ag, I	1,118129	2,962594
Strontium.	Haloidsalze . . .	87,52	Sr, II	0,453309	1,201087
Wasserstoff	Wasser u. Säuren	1,0032	H, I	0,010392	0,027534
Wismuth .	Oxydsalze	208,01	Bi, III	0,718258	1,903096
Wolfram .	Oxydverbindungen	184	Wo, III	0,635352	1,683428
—	Wolframate . . .	—	-, VI	0,317676	0,841714
Zink . . .	Salze	65,38	Zn, II	0,338635	0,897247
Zinn . . .	Oxydulsalze . . .	118,10	Sn. II	0,635352	1,620755
—	Oxydsalze oder Stannate . . .	—	-, IV	0,317676	0,810377

Kupfermenge aufzugeben im Stande ist. Ein und derselbe Stoff besitzt also unter verschiedenen Umständen eine verschieden grosse Ladungs- kapacität oder Valenz. Da wir nun aber wissen, dass derartige Stoffe leicht aus einer Verbindungsform in die andre übergeführt werden können — wir können Oxydulsalze oxydieren und Oxydsalze reducieren —, so ist es klar, dass die Ladungskapacität der Ionen, also die Valenz ver- änderlich sein muss.

Die praktische Benutzung der Tabelle betreffend, kann ich mich darauf beschränken, den in der letzten Spalte derselben aufgeführten Werthen noch einige Bemerkungen hinzuzufügen.

Das Kraftmaass für Maschinenbetriebe ist bekanntlich die Pferde- stärke (P. S.), entsprechend einer Arbeitsleistung von 75 Meter-Kilogramm per Sekunde. Da nun 1 Volt $\times$ Ampère (= 1 Watt) elektrischer Arbeit einer Wärmemenge von 0,24 Grammcalorien, und diese einer mecha- nischen Arbeit von 0,102 Meter-Kilogramm äquivalent sind, so entspricht eine Pferdestärke einer elektrischen Leistung von 736 Volt $\times$ Ampère (bezw. Watt).

Bezeichnet man nun mit P die in Pferdestärken einer Dynamo- maschine zur Verfügung stehende Kraft, mit N den Wirkungsgrad der Dynamo, welcher bei mittelgrossen Maschinen etwa den Werth 0,8 hat, mit V die durch Versuche ermittelte Zersetzungsspannung (in Volt) für einen auszuführenden elektrolytischen Prozess und schliesslich mit g die in der letzten Spalte angegebenen Zahlen, so erhält man das Ge- wicht G der von der aufgewandten Kraft pro Stunde zu erwartenden Stoffmengen nach der Gleichung:

$$G = \frac{P \cdot N \cdot g}{V} \text{ (in kg)}$$

Stromdichte. „Den wichtigsten Einfluss auf die chemi- schen Wirkungen", so leitet Bunsen[*] die Veröffentlichung einer seiner berühmten elektrometallurgischen Arbeiten ein, „übt die Dichtigkeit des Stromes aus, d. h. das Verhältnis der Stromstärke zur Polfläche, an der die Elektrolyse erfolgt: Mit dieser Dichtigkeit wächst die Kraft des Stromes, Verwandtschaften zu überwinden".

In der Elektrometallurgie kommt bei der Wahl einer geeigneten Stromdichte in erster Linie die Kathode in Betracht. Hier findet die Metallabscheidung statt, und der Erfolg des ganzen Verfahrens hängt in vielen Fällen an der Erfüllung der Forderung, dieses Metall in zu- sammenhängenden und genügend dichten Platten zu erhalten, ohne dass weitere Schmelzprozesse oder andere Zwischenarbeiten erforderlich werden.

---

*) Poggendorff's Annalen Bd. XCI, 1854, S. 619.

Wenn es irgend einzurichten ist, nimmt man die Anodenfläche grösser, als die Kathodenfläche. Denn bei gleichbleibender Kathodenfläche verringert sich bis zu einer gewissen Grenze die Stromspannung im Bade mit Zunahme der Anodenoberfläche. Die Stromdichte an der Anode sollte also geringer sein, als die an der Kathode. Bei der Elektrolyse geschmolzener Körper ist diese Bedingung zwar nicht immer innezuhalten, besonders dann nicht, wenn es zulässig ist, das Schmelzgefäss gleichzeitig als Kathode zu benutzen. Die an der Anode auftretenden Stoffe sind jedoch in diesen Fällen fast ausschliesslich Gase, wie Chlor, Sauerstoff oder Kohlenoxyd, welche schnell an diesem Pole aufsteigen und entweichen. Eine allgemeine Regel für die Wahl einer geeigneten Stromdichte lässt sich nicht aufstellen. Wohl aber lässt sich dieselbe, nach der Berechnung der zur Ausführung eines elektrolytischen Prozesses erforderlichen elektromotorischen Kraft, leicht dadurch ermitteln, dass man das Metall bei einer Stromspannung niederschlägt, welche von der berechneten nicht wesentlich abweicht. Die bei dieser Spannung herrschende Stromdichte an der Kathode wird, wenn auch die Eigenschaften des abgeschiedenen Metalles die gewünschten sind, jedenfalls die richtige sein.

Berechnung des Potentiales. Bezüglich der auf die soweit vorliegenden Untersuchungen sich stützenden Berechnungen des Potentiales eines elektrolytischen Prozesses muss ich auf die in oben genannten Lehrbüchern eingehend berücksichtigten Originalarbeiten verweisen. Zur Benutzung in der metallurgischen Praxis und den dort vorhandenen Versuchslaboratorien sind die bisher ermittelten Formeln noch nicht für alle Fälle brauchbar, da, wie NERNST selbst zugiebt, nur die unter Vermeidung von Metallen ganz aus Flüssigkeiten kombinierten Ketten bis in alle Einzelheiten erforscht sind. Mit der Metallabscheidung ist es in der metallurgischen Praxis überdies nicht immer gethan; es kommt meist noch die Aufgabe hinzu, das gewünschte Metall auch in einer für die weitere Verarbeitung direkt brauchbaren Form zu gewinnen. An dieser Klippe ist schon manches, theoretisch gut veranlagte Verfahren gescheitert, und wird uns in solchen Fällen auch die genaueste Rechnung den wirklichen Bedürfnissen gegenüber nur Annäherungswerthe liefern können. Das sind aber Unvollkommenheiten, welche die rohe Arbeitsweise der Praxis mit sich bringen muss. Sie werden das Verdienst NERNST's, uns in die Vorgänge der Elektrolyse einen so klaren Einblick verschafft zu haben, in keiner Weise schmälern.

Formeln zur Berechnung von Annäherungswerthen hat man auf folgendem Wege ermittelt. Ein Coulomb (Ampère) scheidet das 0,010359fache eines Milligramm-Aequivalentes oder das 0,000010359fache eines Gramm-Aequivalentes der verschiedenen Stoffe aus. Es haften also an einem Gramm-Aequivalente der verschiedenen Ionen 96 537 Coulomb. Werden dieselben durch eine elektromotorische Kraft E (in Volt) in Bewegung gesetzt, so wird dadurch eine Arbeit von 96 537·E Joule verrichtet. Wenn nun die Arbeit von 1 Joule = 1 Voltcoulomb gleich derjenigen Kraft ist, welche einer Masse von 1 kg die Beschleunigung von 1 m in jeder Sekunde zu ertheilen im Stande ist, also gleich $\frac{1}{9,81}$ = 0,102 mkg, so entspricht dieselbe einer Wärmemenge (Wärme-Aequivalent: 425 mkg = 1 Cal.) von 0,00024 Cal. = 0,24 (Gramm-)cal.

Die Zersetzungswärme W eines Gramm-Aequivalentes der verschiedenen Stoffe würde also einer Wärmemenge von 0,24·96537·E entsprechen. Aus dieser Gleichung W = 0,24·96537·E ergiebt sich

$$E = \frac{W}{0,24 \cdot 96537} = \frac{W}{23169}$$

Ist die übliche Bildungswärme einer Verbindung gegeben, so kann man auch diese für W einsetzen, muss dann aber den Bruch noch durch die Valenzzahl der darin vorhandenen Ionen dividieren, also

$$E = \frac{W}{n \cdot 23169}.$$

Elektrothermische Arbeit.

Die Wärmemenge, welche ein elektrischer Strom von 1 Ampère in einem Widerstande von 1 Ohm erzeugt, beträgt 0,24 Gramm-Calorien. Zur Hervorrufung eines Stromes von 1 Ampère in einem Widerstande von 1 Ohm ist ein Potentialgefälle von 1 Volt erforderlich. Die Wärmeleistung von 1 Watt = 1 Volt-Ampère ist demnach = 0,24 Gramm-Calorien, so dass uns eine elektrische Pferdekraft (736 Volt-Ampère) 0,175 kg-Calorien pro Sekunde liefert. Steht uns also eine bestimmte Kraft P (in Pferdestärken) zur Verfügung, so ist die daraus erhältliche Wärme C (in Kilogramm-Calorien) im äusseren Stromkreise:

$$C = 0,175 \cdot P \cdot E_m \cdot E_t \cdot E_d,$$

wenn die Wirkungsgrade des Motors, der Transmission und der Dynamo durch die Werthe E_m, E_t, bezw. E_d ausgedrückt worden.

Bei gegebener Stromstärke I (in Ampère) und bei bekanntem Widerstande W (in Ohm), können wir die in s Sekunden erhältliche Wärmemenge c (in Gramm-Calorien) nach JOULE durch folgende Formel ermitteln:

$$c = 0,24 \cdot I^2 \cdot W \cdot s.$$

Aus den so erhaltenen Zahlen, dem Gewichte und der specifischen Wärme der Substanz des Widerstandes lässt sich ja dann mit Leichtigkeit auch annähernd die erreichbare Temperatur feststellen und zwar um so genauer, je kürzer die Zeitdauer des elektrischen Erhitzens ist.

Weitere Grundlagen für Berechnungen sind in zahlreichen Tabellen über die elektrischen Eigenschaften der wichtigeren Stoffe in elektrotechnischen Kalendern, Hülfs- und Handbüchern zu finden.

Dass die Wärmewirkung des Stromes für die Elektrometallurgie von kaum geringerer Bedeutung geworden ist als die chemische, bedarf kaum einer Erwähnung, wenn man die gerade für schwierigere Umsetzungen hochwichtigen Vorzüge dieses Erhitzungsverfahrens gegenüber der Wärmeerzeugung und Wärmeübertragung durch Verbrennungsprozesse in Betracht zieht.

Die Grenze der auf elektrothermischem Wege thatsächlich zu erreichenden Temperaturen liegt mindestens 2000 ° höher als die höchsten Verbrennungstemperaturen. Wir müssen eine Temperatur von etwa 4000 ° heute als durch Elektricität praktisch erreichbare Grenze betrachten. Um solche Wärmegrade zu erhalten, können wir nur noch reinste Kohlestäbe als Stromleiter und Widerstände benutzen. Dieselben beginnen aber in der Nähe von 4000 ° zu verdampfen.

Die gewünschte Wärme lässt sich aus elektrischer Energie innerhalb oder in unmittelbarer Berührung mit der zu erhitzenden Substanz erzeugen. Die letztere wird zu diesem Zwecke, wenn sie leitungsfähig ist, selbst als Widerstand in den elektrischen Stromkreis oder im andren Falle mit einem geeigneten Widerstande in innige Berührung gebracht. Schwer schmelzbare oder schwer reducierbare Stoffe lassen sich in Gefässen verarbeiten, deren Substanz für nichts weniger als feuerbeständig gilt, oder deren Substanz, wenn gleich hoch erhitzt, die im Innern des Gefässes bezw. Ofens vor sich gehenden chemischen Umsetzungen in höchst unerwünschter Weise beeinflussen würde. Durch diese Erhitzungsmethode ist es dem Verfasser z. B. gelungen, den Beweis zu erbringen, dass jedes Oxyd durch Kohlenstoff reducierbar ist.

Ein weiterer höchst beachtenswerther Vorzug der elektrischen Wärmeerzeugung ist die Möglichkeit einer schnellen, fast momentanen Erhitzung auf beliebige Temperaturen und einer ebenso schnellen Regulierung der letzteren.

Schliesslich mag noch darauf hingewiesen werden, dass die elektrische Erhitzung eines Gegenstandes sowohl im leeren Raume, wie in jeder Atomsphäre möglich ist, dass also chemische Wirkungen sämmtlicher Gase nach Belieben ausgeschlossen oder herbeigeführt werden können.

Alkali- und Erdalkalimetalle.

Die Eigenschaften der Metalle dieser beiden Gruppen im Vergleiche zu dem Verhalten der für die elektrolytische Abscheidung derselben in Betracht kommenden Verbindungen macht es mir unmöglich, die sonst übliche Gruppierung dieser Elemente in:

  Alkalimetalle: Lithium, Natrium, Kalium, und
  Erdalkalimetalle: Calcium, Strontium, Barium, Magnesium und Beryllium

innezuhalten. Vom elektrometallurgischen Standpunkte muss ich eine von rein chemischen Gesichtspunkten etwas abweichende Gruppenbildung vornehmen. Mit Rücksicht auf gleichartige Darstellungsbedingungen nämlich würden diese Metalle, wie folgt, zusammengehören:

  Erste Gruppe: Magnesium, Lithium, Beryllium.
  Zweite Gruppe: Natrium, Kalium.
  Dritte Gruppe: Calcium, Strontium, Barium.

Auf die Begründung dieser Eintheilung komme ich nach Erledigung der einzelnen Metalle nochmals zurück.

Erste Gruppe.

Magnesium, Lithium, Beryllium.

Magnesium.

Magnesium (Mg'', Atomgewicht 24, specifisches Gewicht 1,75) besitzt eine weisse Farbe von hohem Glanz und eine fasrig krystallinische Struktur; ist hämmerbar und geschmeidig genug, um sich zu Draht und Band auswalzen zu lassen, lässt sich aber wegen verhältnismässig geringer Zähigkeit durch Feilen und Fräsen zu ziemlich feinem Pulver zerkleinern, was für seine Verwendung in der Pyrotechnik von Bedeutung ist. Es schmilzt zwischen 500 und 600°, verdampft bei Temperaturen über 1100°. In dichten festen Stücken ist es an der Luft wenig veränderlich, wenn es sich auch oberflächlich besonders in feuchter Luft oxydiert. Gröbere Stücke lassen sich auch ohne Gefahr des Verbrennens in offenen Tiegeln umschmelzen. Feines Pulver und dünnes Blech oxydieren sich dagegen sehr leicht, verbrennen auch bei höherer Temperatur mit lebhaftem, auch chemisch sehr wirksamem Lichte. Feuchtes Metallpulver lässt sich nicht ohne vollständige Oxydation trocknen. Wasser, welches nur geringe Mengen von Salzen gelöst enthält, wird von pulverförmigem Magnesium schon bei gewöhnlicher Temperatur zersetzt; reines Wasser wirkt weniger leicht oxydierend. In überhitztem Wasserdampfe verbrennen feine Metalltheile mit grösster Lebhaftigkeit, ebenso in Schwefel und den Halogenen. Das Metall löst sich leicht in den meisten Säuren und Salzen, indem es aus letzterem entweder die Metalle abscheidet oder mit denselben basische Salze bildet. Die Bildungswärme seiner Verbindungen ist eine so grosse (Mg + O $=$ MgO + 146100 W.-E), dass es nicht nur Metalle, sondern auch Nichtmetalle aus ihren Verbindungen abzuscheiden im Stande ist. So werden z. B. Kohlenoxyd, Kohlendioxyd, Siliciumdioxyd, Bortrioxyd unter Abscheidung von Kohlenstoff, Silicium und Bor reduciert.

Unter diesen Umständen ist es erklärlich, dass das Magnesium nicht frei in der Natur vorkommen kann. Es findet sich fast ausschliesslich in Salzen und zwar als Haloïdsalz im Carnallit, $MgCl_2 \cdot KCl \cdot 6H_2O$ und Kainit, $MgCl_2 \cdot MgSO_4 \cdot K_2SO_4 \cdot 6H_2O$; als Sulfat im Kieserit, $MgSO_4 \cdot H_2O$; als Carbonat im Magnesit, $MgCO_3$ und Dolomit, $MgCO_3 \cdot nCaCO_3$; als Silikat stets in Verbindung mit anderen Silikaten im Asbest, Speckstein, Serpentin, Talk, Meerschaum und zahlreichen anderen Mineralien.

Für die Darstellung des Metalles kommt jetzt ausschliesslich der Carnallit in Betracht.

Ob DAVY's Versuche [1], weissglühende Magnesia durch Kaliumdämpfe zu reducieren, wirklich Magnesium lieferten, scheint nach Beschreibung der Eigenschaften des erhaltenen Metalles sehr unwahrscheinlich. BUSSY[2], BUFF[3] und LIEBIG[4] erhielten reines Metall, indem sie nach dem WÖHLERschen Aluminiumverfahren, Zersetzung des Chlorides durch Kalium, arbeiteten.

BUNSEN war der erste, welcher die Möglichkeit der elektrolytischen Zersetzung des geschmolzenen Magnesiumchlorides bewies und damit den Weg andeutete, auch andere Metallchloride oder Halogenverbindungen in flüssigem, wasserfreiem Zustande in Metall und Halogen zu zerlegen.

---

[1] Philosophical Transactions, London 1808.
[2] Journal de Chimie médicale t. VI, 1849, p. 141.
[3] POGGENDORFF's Annalen Bd. XVIII, S. 140.
[4] POGGENDORFF's Annalen Bd. XIX, S. 137.

Er veröffentlichte darüber Folgendes[5]: „Geschmolzenes Chlormagnesium wird so leicht durch den Strom zersetzt, dass man daraus in kurzer Zeit mit wenigen Kohlenzinkelementen einen mehrere Gramm schweren Metallregulus erhalten kann.

Zur Darstellung des Chlormagnesiums wendet man am besten die bekannte, von LIEBIG vorgeschlagene Methode an. Als Zersetzungszelle dient ein ungefähr 3½ Zoll hoher und 2 Zoll weiter Porzellantiegel (Figur 2), der durch ein bis zu seiner halben Tiefe hinabreichendes Diaphragma in zwei Hälften getheilt ist, in deren einer das abgeschiedene Chlor aufsteigt, und von dem in der anderen abgesetzten Magnesium fern gehalten wird. Das Diaphragma lässt sich aus einem dünnen Porzellandeckel herstellen, den man vermittels eines Schlüsseleinschnitts wie Glas leicht brechen und in die passende Gestalt bringen kann. Der Tiegel wird mit dem aus einem gewöhnlichen Ziegelstein gefeilten doppelt durchbohrten Deckel (Figur 3) bedeckt, durch welchen die beiden Pole gesteckt sind. Man feilt diese Pole aus derselben Masse, woraus die Cylinder der Zinkkohlenketten gefertigt werden; dies gelingt ohne Schwierigkeit, da diese Kohlenmasse eine solche Beschaffenheit besitzt, dass sie sich bohren, drechseln, feilen und selbst mit Schraubengewinden versehen lässt. Zur Befestigung der Kohlenpole im Deckel dienen die Kohlenkeile dd, zwischen welche man auch die beiden Platinstreifen zur Zu- und Ableitung des Stromes einklemmt. Die sägeförmigen Einschnitte am negativen Pole sind zur Aufnahme des reducierten Metalles bestimmt, welches in Gestalt eines Regulus darin haftet bleibt. Ohne diese Vorrichtung würde dasselbe in der specifisch schwereren Flüssigkeit aufsteigen und an der Oberfläche theilweise wieder verbrennen. Man beginnt den Versuch damit, dass man den Tiegel sammt seinem Deckel und den darin befestigten Polen bis zum Rothglühen erhitzt, mit geschmolzenem Chlormagnesium bis an den Rand voll giesst und dann die Kette in dem soeben angedeuteten Sinne schliesst".

Als Beispiel führt BUNSEN einen Versuch an, bei dem der Strom von 10 Kohlenzinkelementen 1 Stunde 55 Minuten wirksam war. Aus den von 5 zu 5 Minuten angestellten Messungen berechnet er die theoretische Menge des reducierten Magnesiums zu 4,096 g, und würde dieses einem Strome von 4,7 Ampère entsprechen. Da über die Grösse und

---

[5] LIEBIG's Annalen der Chemie Bd. LXXXII, 1852, S. 137.

Schaltung der Elemente keine Angaben gemacht sind, lässt sich über die für diesen Versuch benutzte Zersetzungsspannung nichts Genaues sagen.

Der Vorschlag MATTHIESSEN's[6], nach welchem das schwierig wasserfrei zu erhaltende Magnesiumchlorid durch das Doppelsalz desselben mit Chlorkalium (Carnallit) zu ersetzen sei, ist jedenfalls sehr beachtenswerth und später bei der fabrikmässigen Darstellung des Magnesiums auch beachtet worden.

BERTHAUT's patentiertes Verfahren[7] beruht auf der Anwendung eines komprimierten Gemisches von Kohle und Magnesia als lösliche Anode in einem Bade von Magnesiumchloriden. Es ist dies eine Nachahmung des DEVILLE'schen[8] Vorschlages, nach welchem bei der Aluminiumabscheidung Anoden aus Kohle und Aluminiumoxyd zur Verwendung kommen sollten. Dass solche Elektroden den grossen Nachtheil mit sich bringen, in Folge Auslaugung des Oxydes zu zerfallen und so das Bad zu verunreinigen, wurde schon von LE CHATELIER[9] erkannt, welcher deswegen die Anoden in poröse Zellen einsetzte. Wenn sich auch DEVILLE's und LE CHATELIER's Angaben auf die Aluminiumgewinnung beziehen, so liegt doch hier derselbe Fall vor, dessen Analogie schon dadurch von BERTHAUT anerkannt wird, dass er in seinem Patente die Aluminium- und Magnesiumgewinnung vereinigt und sich auch den DEVILLE'schen Vorschlag als eigene Erfindung zuschreibt. Von der Untauglichkeit solcher Elektroden hat sich bisher jeder überzeugen können, der Versuche in dieser Richtung angestellt hat. Der Gedanke ist entschieden ein richtiger; die Durchführung scheitert lediglich an kaum zu überwindenden technischen Schwierigkeiten.

Ein sehr einfacher Apparat für Vorlesungsversuche wurde von v. GORUP-BESANEZ[10] vorgeschlagen: „Man spannt einen sogenannten kölnischen Pfeifenkopf (Figur 4) in einen Halter, füllt den Kopf mit Chlormagnesium-Chlorkalium, schmilzt dieses und bringt nun in selben durch das Pfeifenrohr eine Stricknadel, die mit dem ·einen Poldrahte in Verbindung steht, während man den anderen Pol, aus einer Kokesspitze bestehend, durch die Mündung des Kopfes in das geschmolzene Chlorür einsenkt. Nach dem Erkalten findet man kleine Magnesiumkügelchen in die Salzmasse eingesprengt, der grösste Theil des Magnesiums aber verbrennt bei diesem Experimente".

---

[6]) Journal of the chemical Society vol. VIII, p. 107.
[7]) Engl. P. Nr. 4087 von 1879.
[8]) s. Aluminium.
[9]) s. Aluminium, Anmerkung 36.
[10]) GORUP-BESANEZ, E. F. von, Lehrbuch der anorganischen Chemie, 4. Auflage S. 517. Braunschweig 1871, Vieweg & Sohn.

4

Apparate, wie sie F. FISCHER [11] im Jahre 1882 zur elektrolytischen Zersetzung von Carnallit vorschlug, gestatten keine vortheilhafte Gewinnung von Magnesium. Figur 5: In einem langen Gefässe G aus Graphit oder Magnesia, welches an beiden Längsseiten die positiven Kohlenplatten a, in der Mitte den negativen Pol e enthält, soll das Chlormagnesium des Carnallits durch eine kräftige Elektricitätsquelle zersetzt und die Wiedervereinigung des Chlors mit dem Magnesium durch Einleiten von reducierendem Gase bei c verhindert werden. Das Gasgemisch würde dann durch die Fugen zwischen Tiegel und Deckel r und durch ein Rohr am entgegengesetzten Ende der Zelle entweichen. Einen ununterbrochenen Betrieb glaubte F. FISCHER dadurch einrichten zu können, dass er das geschmolzene Doppelsalz langsam durch Porzellanrohre s fliessen liess, welche, hintereinandergeschaltet, in einem gemeinschaftlichen Ofen lieɡen. Die Elektroden (Figur 6) sollen durch halbrunde Kohlenplatten a, zwischen denen das Salz u dem Gasstrome s entgegenfliesst, gebildet werden.

5

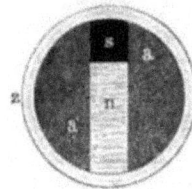

6

---

[11] DINGLER's polytechnisches Journal Bd. CCXLVI, 1882, S. 28.

In beiden Apparaten würde der grösste Theil des abgeschiedenen Magnesiums schon beim Aufsteigen der Chlorblasen an die Oberfläche verbrennen, ehe die schützende Wirkung des reducierenden Gases zur Geltung kommen könnte. FISCHER hat diese Apparate auch sehr bald durch eine andre praktischere Vorrichtung ersetzt. Er berichtet darüber [12] wie folgt:

„Um den allmählich zur Hellrothgluht gebrachten Porzellantiegel (aus der kgl. Porzellan-Manukfatur in Berlin) möglichst gleichmässig zu erhitzen, benutzte ich zwei aus Eisenblech hergestellte, innen mit Asbestpappe ausgekleidete, 13 und 17 cm weite Ringe a und b (Figur 7),

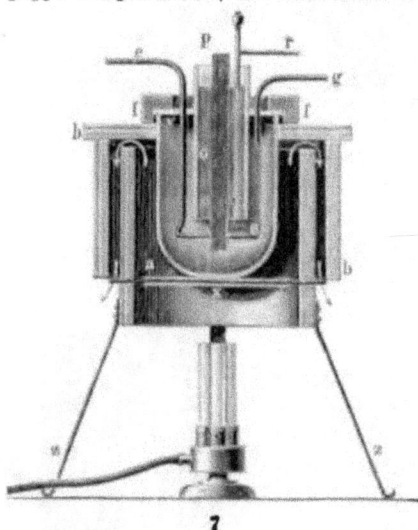

7

welche unten durch drei starke Drähte verbunden waren und auf drei Füssen s ruhten. Der auf der unteren Seite ebenfalls mit Asbestpappe bekleidete Deckel d hatte eine Oeffnung, in welche der Tiegel bequem passte, wenn derselbe auf dem mit einem Pfeifenthonrohre x umgebenen, dicken Eisendrahte ruhte. Bei untergesetztem Dreibrenner umspülten daher die heissen Gase den Tiegel gleichmässig, da sie durch den äusseren Ring b gezwungen waren, in der Pfeilrichtung wieder nach unten zu gehen. Wenn das Doppelsalz geschmolzen war, wurde eine runde Asbestplatte v aufgelegt und durch einen schweren gusseisernen Ring f fest auf den Tiegelrand gedrückt. Die Asbestplatte enthielt ein Thonrohr o (aus einem galvanischen Elemente mit abgesprengtem Boden), in welches seitlich einige Löcher gebohrt waren. In dem Thonrohre war mit Hilfe von Asbestplatten die als positive Elektrode dienende Kohle, sowie das mit seitlichem Ansatze r versehene Rohr zur Abführung des Chlors befestigt. Diese Form des Rohres wurde so gewählt, um etwaige Verstopfungen beseitigen und nach Abheben des aufgesetzten Stopfens mit einem Streifen Lackmuspapier sich von der Chlorentwicklung überzeugen zu können. Als negativer Pol diente ein 5 mm dicker Eisendraht e, dessen unteres Ende die Kohle ringförmig umgab. Durch

---

[12] WAGNER-FISCHER, Jahresbericht der chemischen Technologie 1884 S. 1317.

Rohr *g* wurde sehr langsam reducierendes oder indifferentes Gas geleitet, welches durch Chlorcalcium getrocknet war und mit dem Chlor durch Rohr *r* entwich. Bei Verwendung von Leuchtgas werden natürlich Wasserstoff und die Kohlenwasserstoffe durch das Chlor zersetzt. Zur Erzeugung der Elektricität diente eine einpferdige Gaskraftmaschine von Gebrüder Körting in Hannover, welche eine Dynamomaschine von Uppenborn & Gackenholz trieb; letztere gab bei 9-10 Volt Spannung etwa 50 Ampère. Bei Verwendung eines Tiegels wurden im Durchschnitte 35, bei zwei hintereinandergeschalteten Tiegeln von 22-25, zusammen also 44-50 Ampère nutzbar gemacht, somit stündlich bis 10 g Magnesium ausgeschieden, das sich schwammförmig auf der negativen Elektrode ansetzt, bei Hellrothgluht aber zu Kugeln bis zu Nussgrösse zusammenschmilzt, welche langsam an die Oberfläche steigen. Statt des eisernen Ringes *e* kann man als negative Elektrode auch eine Kohlenplatte verwenden, von welcher sich die Magnesiumkugeln noch leichter lösen als von dem eisernen Ringe.

In dieser Weise ausgeführt, eignet sich die Herstellung des Magnesiums auch zu einem Vorlesungsversuche".

So bequem sich die Darstellung des Magnesiums in FISCHER's Apparate ausführen lässt, so leidet doch das Zersetzungsgefäss an dem Uebelstande grosser Zerbrechlichkeit.

Für Vorlesungsversuche und für Laboratoriumsversuche ist der Apparat gewiss brauchbar. Auf keinen Fall aber ist derselbe für einen regelmässigen grösseren Betrieb geeignet, wie man nach WAGNER-FISCHER's Handbuche der chemischen Technologie, wo zur Technik der Magnesiumgewinnung[13] nur dieser Apparat angegeben ist, annehmen könnte.

Eine kurze Zeit vor dieser Veröffentlichung entstand das vielbesprochene und vielbeschriebene Patent GRAETZEL[14], eine Kombination zahlreicher fremder Gedanken. Die Patentbeschreibung lautet wörtlich:

„Die vorliegenden Neuerungen an den Apparaten zur fabrikmässigen Darstellung von Erdalkalimetallen auf dem Wege der Elektrolyse aus den betreffenden Chlor- und Fluorverbindungen unter Beihilfe eines reducierenden Gasstromes bestehen einestheils in der Verwendung der Schmelzgefässe als negative Elektroden und anderseits in der Isolierung beider Elektroden in solcher Weise, dass das an der positiven Elektrode entwickelte Chlor isoliert vom reducierenden Gase abgeführt werden kann. Als Elektricitätsquelle dient eine Dynamomaschine".

---

[13] WAGNER-FISCHER, Handbuch der chemischen Technologie, 14. Auflage, S. 344. Leipzig 1893, O. Wigand.
[14] D. R.-P. Nr. 26962 von 1883.

Beistehende Abbildungen zeigen, Figuren 8 und 9 im Längs- bezw. Querschnitt, den Apparat, wie er zur Darstellung von Magnesium benutzt

8

9

10

11

wird, Figur 11 im Längsschnitt, den Apparat für die Darstellung von Aluminium; Figur 10 ist eine Ansicht des Einsatzes G.

In dem Ofen O sind, je nach der Stärke der Dynamomaschine, 2-5 Schmelzgefässe A, welche gleichzeitig auch als Zersetzungsgefässe dienen, hinter oder neben einander angeordnet, und zwar jedes in einem besonderen Heerde. Die Gefässe A, welche beliebiger Form sein können, am zweckmässigsten jedoch tiegelförmig gestaltet sind, bestehen aus Metall (für Aluminium aus Kupfer, Eisen, Stahl; für Magnesium insbesondere aus schmiedbarem Gussstahl) und bilden die negative Elektrode. Sie stehen auf einer in der Mitte eines Rostes angebrachten Chamotteplatte; der Heerd wird oben nach dem Einsetzen des Gefässes mittels einer aus zwei Hälften bestehenden Chamotteplatte geschlossen.

Jedes Schmelzgefäss ist mit einem Deckel *e e* aus gleichem Metalle verschlossen, das reducierende Gas gelangt von der gemeinsamen Hauptleitung *o* durch das Rohr *o'* in das Schmelzgefäss und durch das Rohr *o²* zurück in die Ableitung *q*.

Um beide Elektroden zu isoliren und das an *K* entwickelte Chlor, sowie das isolirende Gas getrennt von einander zu erhalten, ist die Kohlenelektrode in einem besonderen Gefässe oder Einsatze *G* eingeschlossen und mit demselben durch eine Oeffnung im Deckel *e* in das Schmelzgefäss *A* eingehängt. Das Gefäss *G* besteht aus Chamotte, Porzellan oder anderem feuerfesten, die Elektricität nichtleitenden Materiale und besitzt vortheilhaft cylindrische Form. Es ist oben mittels eines die Kohlenelektrode durchlassenden Deckels geschlossen und hat unten an der Seite oder am Boden Oeffnungen *g* zum ungehinderten Zutritt der Schmelze zur Kohlenelektrode. Das entwickelte Chlor tritt durch die seitlich oben angebrachte Leitung *p'* in die allen Tiegeln gemeinsame Chlorableitung *p*. — Die Verbindung mehrerer Schmelzgefässe zu einer Batterie erfolgt in der bekannten und in der Zeichnung angedeuteten Weise; *m* und *n* sind die Verbindungen mit der Dynamomaschine.

Für die Darstellung von Aluminium kann der beschriebene Apparat insofern eine Modifikation erfahren, als das Aluminium sich entweder an der negativen Elektrode niederzuschlagen oder auf dem Boden des Schmelzgefässes abzulagern pflegt, sodass es vortheilhaft ist, als negative Elektrode nur Einsätze aus Metall und besonders aus Aluminium zu benutzen. Man stellt daher, Figur 11, das eigentliche Schmelzgefäss *s* aus Porzellan, Steingut oder ähnlichem feuerfesten Materiale her und schützt es durch einen äusseren Metallmantel vor der direkten Flammenberührung. *r* ist der mit dem negativen Pole der Dynamomaschine verbundene Metalleinsatz. Man kann auch den Einsatz in ein Schmelzgefäss aus Graphit setzen unter Weglassung des Metallmantels, oder man setzt den Einsatz in ein Gefäss aus anderem Metalle, welches der angewendeten Hitze zu widerstehen vermag.

Behufs Verminderung der elektrischen Spannung innerhalb des Apparates, sowie zur Wiederanreicherung des sich erschöpfenden Schmelzbades werden im Einsatz *G* neben der Kohlenelektrode und völlig unabhängig von derselben Platten oder Stangen *M* eingesetzt, welche aus einer Mischung äquivalenter Mengen von Thonerde und Kohle für Aluminium, und von Magnesia und Kohle für Magnesium bestehen. Die Kohle verbindet sich mit dem Sauerstoff des Erdmetalloxydes, dessen Metall sich mit dem Chlor verbindet und in die Schmelze tritt. Patentansprüche: 1. Ein Apparat zur fabrikmässigen Darstellung der Metalle der Erden aus ihren wasserfreien Chlor- und Fluorverbindungen, bestehend aus einem geschlossenen und als negative Elektrode dienenden Schmelzgefässe A aus Metall mit Ein- und Auslass für reducierendes Gas, in Kombination mit dem die positive Elektrode k umgebenden und an den Seiten oder am Boden mit Oeffnungen versehenen Gefässe G aus nichtleitendem feuerfesten Materiale zur Isolierung der Elektroden und zur gesonderten Abführung des entwickelten Halogens. — 2. Bei der fabrikmässigen Darstellung von Aluminium in beschriebener Weise die Anwendung von Metalleinsätzen, besonders aus Aluminium, als negative Elektrode, wie mit Bezug auf Figur 11 beschrieben. — 3. Zur Verminderung der elektrischen Spannung innerhalb des unter 1 beschriebenen Apparates, sowie zur Wiederanreicherung des sich erschöpfenden Schmelzbades die Anwendung von aus äquivalenten von Thonerde und Kohle bezw. von Magnesia und Kohle bestehenden und innerhalb des Gefässes G unabhängig von der Elektrode angeordneten Platten oder Stäben M, vergl. Figur 9 und 11.

Das einzige wirklich Neue des ganzen Patentes ist das Einsetzen von Platten oder Stangen aus Magnesia und Kohle für Magnesium resp. Thonerde und Kohle für Aluminium in die Zersetzungszellen, und diese Neuerung hat sich absolut nicht bewährt, ist auch in der Aluminium- und Magnesiumfabrik Bremen noch zu der Zeit, da Graetzel dieselbe leitete, nicht mehr benutzt worden. Gleich den Deville'schen Oxyd-Kohle-Anoden tragen derartige Platten nur zur Verunreinigung des Bades und damit zu Betriebsstörungen und anderen Unannehmlichkeiten bei. Damit die beabsichtigte Reaktion:

$$MgO + C + Cl_2 = MgCl_2 + CO.$$

eintrete, müsste die Temperatur der Schmelze weit höher gehalten werden, als es zur Magnesiumgewinnung, zur Erhaltung der Apparattheile und schliesslich zur Verhütung vorzeitigen Zerfalles der Platten in Folge Auslaugens der Oxyde rathsam wäre.

Dann wird in den Patentansprüchen das Einleiten reducierender Gase in den Kathodenraum hervorgehoben. Dieser Vorschlag war, wie wir oben gesehen, von F. Fischer bereits ein Jahr vorher gemacht, Auch Hiller [16] sorgte für eine reducierend wirkende Atmosphäre in dem

---

[16] Hiller, F., Lehrbuch der Chemie. Leipzig 1863, Engelmann.

Kathodenraume seines für die Strontium- und Lithium-Gewinnung benutzten Apparates. Uebrigens ist diese Vorsichtsmaassregel bei der Carnallit-Elektrolyse höchst überflüssig. Bei der Wahl einer richtigen Stromdichte bleibt fast alles Magnesium an der eingetauchten Elektrode und an den Tiegelwandungen haften, vorausgesetzt, man hatte die Schmelze vor dem Einschalten in den Stromkreis genügend lange und genügend hoch erhitzt, um die letzten Reste Wasser auszutreiben, welche sehr hartnäckig zurückgehalten werden. Deswegen würde also ein Durchleiten von Gas nicht erforderlich sein. Stehen aber die Tiegel bis nahe an den Rand im Feuer, so wird man, wenn kein reducierendes Gas vorhanden, bald die unangenehme Wahrnehmung machen, dass die Tiegelwandung oberhalb des Flüssigkeitsspiegels stark angegriffen wird. Von aussen die heissen Gase der Feuerung, innen die heissen sauren Gase, welche bei schmelzendem Carnallit auf der Oberfläche der Schmelze auch bei schwachem Luftzutritte nie fehlen, das ist gleichbedeutend mit einer chlorierenden Röstung des Tiegelmateriales. Die Tiegelwandungen werden daher oberhalb des Flüssigkeitsspiegels schnell durchfressen sein, zumal geschmolzener Carnallit auch leicht über den Gefässrand nach der Aussenwand klettert und dort gemeinschaftlich mit den Feuergasen seine verheerende Wirkung auf den Tiegel ausübt. Diese Uebelstände lassen sich jedoch einfacher durch die von mir benutzte Tiegelkonstruktion beseitigen. Man versieht das Gefäss zu diesem Zwecke mit einem etwa 50-60 mm unterhalb des oberen Randes befestigten Flansche (Figur 12), durch welchen dasselbe, mit seinem unteren Theile in einer Feuerung hängend, gehalten wird. Freier Zutritt von Luft bewirkt genügende Kühlung des oberen Tiegelstückes, um die Bildung saurer Dämpfe und die schnelle Korrosion des Gefässes auf ein Minimum zu reducieren.

12

Die Feuergase bespülen so nur mit Schmelze bedeckte und als Kathodenflächen dienende Wandungen. In dem oberhalb der Feuerung befindlichen Tiegeltheile erstarren emporkletternde Salze, wenn nicht schon die Schmelze selbst an den Tiegelwandungen zu erstarren beginnt, so dass das Ueberklettern von Salzen über den Tiegelrand vollständig vermieden wird.

Schliesslich wird unter den Neuerungen der GRAETZEL'schen Erfindung auch die Benutzung des Schmelztiegels als Kathode aufgeführt. Diesen Gedanken hat aber DAVY schon im Jahre 1808 in die Praxis übersetzt.

Zum Ueberfluss möge hier noch der Auszug aus der Beschreibung eines Apparates folgen, welchen sich NAPIER im Jahre 1844 in England patentieren liess[16]. Der Apparat war zwar ursprünglich für die Abscheidung von Kupfer bestimmt, aber wir finden auch hier schon die wesentlichsten, in GRAETZEL's wie in verschiedenen anderen Patenten wieder auftauchenden Elemente in Combination vertreten.

NAPIER benutzt einen grossen Tiegel oder ein anderes passendes Gefäss aus leitungsfähigem Material, dessen Innenseite mit Ausnahme des Bodens mit einer Auskleidung von Thon versehen wird. In diesem Tiegel soll das möglichst von Schwefel befreite geröstete Kupfererz mit den gebräuchlichen Flussmitteln geschmolzen und der Wirkung eines galvanischen Stromes ausgesetzt werden, derart, dass der Tiegel selbst zur Kathode gemacht wird, und ein eiserner Stab, welcher an seinem unteren Ende mit einer Platte verbunden ist, die Anode bildet. Es erhellt hieraus, dass schon 1844 zur Darstellung von Metallen ein Apparat patentiert wurde[17], bestehend aus einem als negative Elektrode dienenden Schmelzgefässe aus die Elektricität leitendem Materiale in Kombination mit einem die positive Elektrode umgebenden und am Boden offenen Gefässe aus nichtleitendem feuerfesten Materiale zur Isolierung der Elektroden und zur gesonderten Abführung des Anions. Jedenfalls braucht sich niemand heute zu scheuen, in einem nach dieser Vorschrift konstruierten Apparate Magnesium oder irgend ein anderes Metall elektrolytisch niederzuschlagen

Nach diesen Grundsätzen, gleichzeitig auch nach dem Vorbilde des TROOST'schen[18] Apparates, die Hülle für den Kohlepol entsprechend verkleinert und unter Berücksichtigung der Erfahrungen, welche zur Wahl der in Figur 13 dargestellten Tiegelform führten, ist der nachstehend abgebildete, für eine grosse Anzahl von Versuchen zur Elektrolyse geschmolzener Salze geeignete Apparat konstruiert. In den als Kathode dienenden eisernen Tiegel K ist als Anode ein von dem Porzellanrohre C umhüllter Kohlestab A eingehängt. Letzterer wird, in die mit dem Leitungsdrahte verschrobene Klammer V eingeklemmt, durch den ringförmigen Porzellandeckel L gehalten, das Porzellanrohr wieder wird durch einen Wulst von dem ebenfalls ringförmigen Porzellandeckel d getragen, während der Tiegel vermittels des Flansches F auf dem aus einer oder zwei Chamotteplatten gebildeten Deckel D einer PERROT-Feuerung ruht. Letztere besteht aus einem weiteren in den mit Füssen versehenen oder an einem Stativ verstellbar befestigten Eisenblechmantel M ein-

---

[16]) Engl. P. Nr. 10362 von 1844 und Nr. 684 von 1845; vergl. auch HOUSTON: FRANKLIN Institute-Journal, vol. CXXV, 1889, p. 376.

[17]) vergl. GRAETZEL's Patentanspruch 1, S. 24.

[18]) vergl. S. 32.

gesetzten Chamotterohre O, welches auf der mit einer centralen Oeffnung versehenen Chamotteplatte B ruht. Der Einsatz W aus feuerfester Thon-

masse soll die Heizgase eines beliebigen kräftigen Gasbrenners zunächst um die Tiegelwandungen nach oben führen, von wo aus sie dann in dem Zwischenraume zwischen W und O abwärts fallen, um schliesslich durch den Fuchs Z zu entweichen. Ein nach oben gebogener Fortsatz des Flansches F ist durch Verschraubung mit der Leitung N verbunden.

Während man den vollständig zusammengesetzten leeren Tiegel eine Zeit lang anwärmt, schmilzt man am besten in einem zweiten Tiegel den Carnallit ein. Um während des Anwärmens eine Oxydation

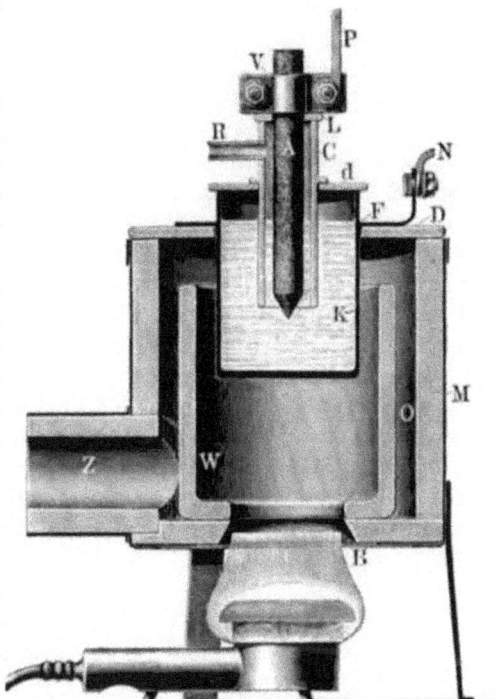

13

des besonders innen vorher gut gereinigten Tiegels K und ein zu starkes Verbrennen der Anode zu verhüten, kann man eine Holzkohle in ersteren einlegen, die natürlich herausgenommen werden muss, sobald die Schmelze fertig zum Eingiessen ist.

Während der Elektrolyse setzt sich das Magnesium bei Dunkelrothgluht (ca. 700 °) in fortwährend wachsenden Kugeln an die Gefässwandungen, während das Chlor, in C emporsteigend, durch das Röhr R entweicht.

Arbeitet man mit einer Stromdichte von mindestens 1000 Ampère auf 1 qm Kathodenfläche, so wird die Stromdichte an der Anode, wenn man die Dimension des Kohlestabes für die Stromzuleitung gerade ausreichend wählt, etwa das Zehnfache betragen. Trotzdem werden nur 7-8 Volt Spannung gebraucht, welche sich, wo es sich um sparsamen Betrieb handelt, natürlich durch Vergrösserung der Anoden noch um 1-2 Volt reducieren lässt.

Nach hinreichend lange fortgesetzter Elektrolyse wird man durch die klare Schmelze hindurch beobachten können, wann sich eine, dem Versuchszwecke entsprechende Menge Metall im Tiegel angesammelt hat. Man unterbricht dann die Stromzuleitung, löst die Verschraubungen an den Elektroden und hebt zunächst den Deckel *d*, mit allem, was darauf ruht, aus dem Schmelzgefässe. Indem man dann das Feuer bei bedecktem Tiegel etwas verstärkt, stösst man die an den Wandungen haftenden Metallmassen mit einem dem Tiegelinnern entsprechend geformten eisernen Meissel ab und giesst dann Schmelze und Metall in einen flachen kalten und t r o c k e n e n Eisenblechkasten, etwa hängen bleibendes Metall schnell aus dem Tiegel kratzend. Die erkaltete und erstarrte Schmelze wird zerklopft; die Metallkugeln liest man aus. Grössere reinere Kugeln lassen sich direkt in Graphittiegeln ohne Flussmittel zusammenschmelzen. Weniger reines Metall muss raffinierend verschmolzen werden. Ueber die Ausführung dieser Arbeit werden unten nähere Angaben folgen.

Der eben beschriebene Apparat lässt sich durch entsprechende Vergrösserung fast ohne jede sonstige Aenderung in den fabrikmässigen Betrieb einführen. Immerhin wird es nützlich sein, an einem für solche Zwecke konstruierten Apparate die unter diesen Verhältnissen zu beachtenden Gesichtspunkte kurz zu erörtern.

Figur 14 bedarf nach dem Vorhergesagten kaum mehr einer Erläuterung, soweit es sich um die Bestimmung der einzelnen Apparattheile handelt. In etwa zwanzigfacher Grösse der Skizze ausgeführt, eignet sich das Schmelzgefäss nebst Zubehör für Ströme von 250-300 Ampère, entsprechend einer Magnesiummenge von 0,199-0,238 kg per Stunde. Weit über diese Dimensionen hinauszugehen, ist mit Rücksicht auf die Haltbarkeit der Apparattheile, Dimensionen und Entfernungen der Elektroden u. dgl. nicht rathsam. Man arbeitet deswegen lieber mit einer grösseren Zahl hinter einander geschalteter Apparate. Jeder Tiegel sollte in einer gesonderten Heizkammer hängen, um Kurzschlüsse unter mehreren Tiegeln durch Russbildung u. s. w. zu verhüten.

Selbstverständlich ist dabei aber nicht ausgeschlossen, dass eine Reihe von Schmelzgefässen von einem gemeinschaftlichen Generator aus mit Brennstoff versorgt werden. Die Feuerung selbst, mag sie nun für festen oder gasförmigen Brennstoff bestimmt sein, legt man am besten als Vorfeuerung an, einmal um den Tiegel, welcher besonders während des Betriebes nur einer geringen Wärmezufuhr bedarf, vor der direkten Flammenwirkung, dann aber auch, um die Feuerung beim Leckwerden der Gefässe vor der auslaufenden Schmelze zu schützen. Für letztere wird am Boden des Heizraumes ein kleiner Sammelraum vorgesehen, aus welchem sie nöthigenfalls leicht entfernt werden kann.

Sehr wichtig ist die Anlage eines Anwärmeraumes für die Porzellan-
und Thontheile, um solche nach Bedarf gleich an Stelle schadhaft ge-
wordener Gegenstände einsetzen zu können. Diese Wärmekammer wird
durch Abgase der Feuerungen geheizt.

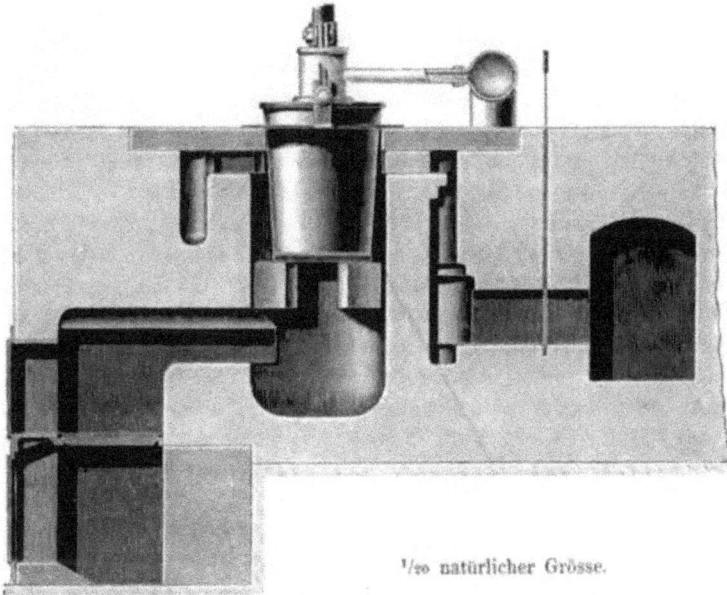

¹/₂₀ natürlicher Grösse.

14

Ueber den Betrieb selbst und das Entleeren der Schmelzgefässe ist
schon Seite 28 alles Nöthige gesagt worden. Dass man für diese grösseren
Apparate Hebezeuge, Laufkrahne u. dgl. vorsehen muss, bedarf wohl keiner
Erwähnung.

Zum Zusammenschmelzen gröberer und reinerer Stücke genügen einzelne in ähnliche Feuerungen eingesetzte Tiegel. Unreineres und fein-
körnigeres Material muss stets einem reinigenden Schmelzen unterworfen
werden. Zu diesem Zwecke schmilzt man in eisernen Tiegeln Carnallit
ein und wirft dann das Rohmetall in die Schmelze. Bei mässiger Rothgluht und, indem man mit eisernen Stempeln die am Boden liegenden
Metallmassen zusammendrückt, sucht man zunächst eine Vereinigung der
letzteren herbeizuführen. Steigert man nun die Temperatur auf lebhaftere
Rothgluht, so tritt ein Punkt ein, bei welchem das specifische Gewicht
des Magnesiums geringer wird als das der Schmelze. Indem ersteres
aus den Verunreinigungen aussaigert, steigt es in Form von mehr oder
weniger grossen Kugeln an die Oberfläche. Von hier aus schöpft man

das reine Metall mit siebartig durchlochten Löffeln aus. Die Oberflächen-
spannung des geschmolzenen Magnesiums ist so gross, dass es nicht durch
die Sieböffnungen des Löffels hindurchläuft, während die Schmelze vollständig abfliesst. Die so ausgeschöpften Metallmassen vereinigt man nun
in einem eisernen geheizten Schmelztiegel, um hier die letzten Schlacken-
reste abzusaigern und dann das Metall für die weitere Verarbeitung in
Barren oder Stäbe zu giessen.

Die Ausführung des Verfahrens von KNÖFLER und LEDDERBOGE[19],
welche ein Gemisch von Kohle und Magnesia in Stabform durch Einschalten in einen Stromkreis nach Art der Anordnung der Kohlen der
Bogenlichtlampen in Kohlenoxyd und Magnesium zerlegen und die Einwirkung des Kohlenoxyds auf das Metall durch Zuleitung von reducierendem Gase oder durch Erzeugung eines luftleeren Raumes verhüten wollen,
lässt sich vielleicht ermöglichen, doch muss man dabei auf jeden finan-
ziellen Vortheil von vornherein Verzicht leisten. Die erforderliche bedeutende elektromotorische Kraft, der hohe Preis des Magnesiums in
einigermaassen reiner Magnesia gegenüber den Carnallitpreisen, der Umstand, dass Magnesium schon bei niedrigeren Temperaturen als derjenigen der Zersetzung des Oxyds flüchtig und dass in Folge dessen
eine erfolgreiche Kondensation der Metalldämpfe aus ihrer Mischung mit
stark erhitztem Kohlenoxyd- und anderen Gasen sehr schwierig ist, sind
Gründe genug, diesem Verfahren jede praktische Bedeutung abzusprechen.

Die Verwendung des Magnesiums ist eine beschränkte geblieben, da
sich die anfangs gehegten Hoffnungen, dieses Metall für die Aluminiumfabrikation zu benutzen, in Folge der Ausarbeitung vortheilhafterer Methoden zu letzterem Zwecke nicht erfüllten. Immerhin ist der Verbrauch
von Magnesium für die Erzeugung starker Lichtwirkungen in der Feuer-
werkerei und für photographische Zwecke kein unbedeutender. Das im
Vergleiche zu den heutigen Preisen des Aluminiums und der Alkalimetalle, besonders des Natriums, nicht billige Magnesium hat trotz seiner
Reduktionskraft auch in die chemische Industrie nur in beschränktem
Maasse Eingang gefunden. Zum Entwässern von Alkoholen, Aethern und
Oelen ist es übrigens ganz vorzüglich geeignet, da das sich durch Wasserzersetzung bildende Hydrat in den meisten dieser Stoffe absolut unlöslich
ist. Wenn es bei der Nickelraffination nach FLEITMANN zur Reduktion
der letzten Spuren im Nickel gelösten Nickeloxydules noch benutzt wird,
so hat es dies weniger seiner auch durch Aluminium zu erzielenden
Wirkung, als vielmehr dem Umstande zu danken, dass sich überschüssig
zugesetztes Magnesium nicht mit dem Nickel legiert. Auch für die

---

[19] D. R.-P. Nr. 49329 vom 6. Februar 1889.

Raffination anderer Metalle und Legierungen, wie Kupfer, Neusilber, Stahl ist das Magnesium empfohlen, besonders um geringe Mengen gelöster Oxyde, Sulfide und Phosphide fortzuschaffen, ist das Magnesium vorgeschlagen. In Laboratorien ist es als kräftiges und haltbares Reduktionsmittel sehr beliebt.

Die Aluminium- und Magnesiumfabrik Hemelingen bei Bremen gilt heute als einzige Fabrik für dieses Metall.

Lithium.

Lithium (Li', Atomgewicht 7, specifisches Gewicht 0,5936) ist ein weisses, auf vor Luft geschützten Flächen silberähnlich glänzendes, weiches Metall der Alkaligruppe. Schmelzpunkt 180⁰. Bei heller Rothgluth, also in der Nähe von 1000⁰ hat TROOST das Metall verflüchtigt. Bei Temperaturen unter 200⁰ kann man es bei Luftzutritt schmelzen, ohne dass es sich entzündet. Bei höheren Temperaturen geräth es jedoch leicht in Brand, indem es sich unter Entwicklung eines blendend weissen Lichtes und grosser Wärmemengen in Oxyd verwandelt. Mit Schwefel und den Halogenen vereinigt es sich unter ähnlichen Bedingungen ebenfalls mit starker Licht- und Wärmeentwicklung. Es zersetzt Wasser bei gewöhnlicher Temperatur, aber trotzdem es auf der Oberfläche schwimmt, abweichend von den übrigen Alkalimetallen, mit grösster Ruhe ohne zu schmelzen und ohne sich oder den Wasserstoff zu entzünden. Dass die Einwirkung von Säuren auf ein Metall, welches schon das Wasser zersetzt und dessen Salze fast alle leicht löslich sind, eine sehr energische sein muss, ist erklärlich.

Von den natürlich vorkommenden Lithiumverbindungen ist das Chlorid in vielen Mineralwässern nachgewiesen; ein Fluorid neben Silikat ist ein Lepidolith, ein Phosphat im Triphyllin nachgewiesen. Ausser zahlreichen anderen Mineralien enthalten einige Pflanzen (Tabak) Lithium. Auch in den reichsten Mineralien finden sich nie mehr als 4 % Li, häufiger nur 1,5-2 %.

Die zahlreichen Vorschriften zur Verarbeitung dieser Mineralien stimmen in dem Bestreben überein, das Lithium zunächst als Sulfat oder Chlorid in lösliche Form überzuführen. Es lässt sich dabei natürlich nicht vermeiden, dass ausser leicht abscheidbaren Metallen auch andere nie fehlende Alkali- und Erdalkalimetalle mit in Lösung gehen. Die Trennung dieser Salze nun verursacht grosse Schwierigkeiten und Kosten. Handelt es sich jedoch um die Gewinnung des Metalles, so ist diese Arbeit überflüssig; denn aus einer Schmelze von Alkali- und Erdalkalichloriden, die frei von Magnesiumchlorid ist, lässt sich das Lithium äusserst leicht und vollständig rein quantitativ durch Elektrolyse abscheiden.

Mit Lithiumchlorid gelang es BUNSEN und MATTHIESSEN im Jahre 1854, die Möglichkeit einer erfolgreichen Elektrolyse geschmolzener Alkalichloride zuerst nachzuweisen. BUNSEN[1] schreibt darüber Folgendes: „Das reine Lithiumchlorid wird in einem möglichst dickwandigen, kleinen Porzellantiegel mittels der Berzeliuslampe geschmolzen und durch einen Strom von 4-6 Kohlenzinkelementen zersetzt. Dieser Strom geht von einer Spitze aus Gaskohle durch das geschmolzene Chlorür in einen stricknadeldicken Eisendraht. Schon nach wenigen Sekunden sieht man um den, unter die Oberfläche der Flüssigkeit tauchenden Eisendraht einen geschmolzenen, silberweissen Regulus sich bilden, der am Draht adhäriert und schon nach 2½-3 Minuten die Grösse einer kleinen Erbse erlangt. Um das Metall zu gewinnen, hebt man mittels eines kleinen Löffels den flüssigen Regulus sammt Poldraht aus der Flüssigkeit hervor. Da man diese Operation alle 3 Minuten wiederholen kann, so lässt sich in kurzer Zeit eine ganze Unze Lithiumchlorid reducieren".

BUNSEN's Veröffentlichung regte begreiflicherweise zu weiteren Arbeiten auf diesem Gebiete an. Unter Bestätigung jener Versuchsresultate beschrieb TROOST[2] im Jahre 1856 einen veränderten Apparat, welcher

mit Rücksicht auf Patentansprüche späterer Erfinder besondere Beachtung verdient. Als Schmelzgefäss diente (Figur 15) ein gusseiserner Tiegel T, von 120 mm Höhe und 52 mm Weite an der Oeffnung. Diese wird durch einen hermetisch schliessenden Deckel D, welcher mit zwei Durchbohrungen versehen ist, geschlossen. Die eine, 5 mm weit, gestattet die Einführung des negativen Poles K; durch die andere, 31 mm weit, ist ein Blechrohr von 29 mm lichter Weite bis zur halben Höhe des Tiegelinnern ragend, eingelassen. Das Innere des Blechcylinders ist mit einem Porzellanrohr ausgekleidet, und dient dieses als Hülle für den positiven Pol A und zur getrennten Ableitung des Chlors. Das Lithium sammelt sich an dem negativen Pole, und kann man den Apparat stundenlang sich selbst überlassen, wenn man nur von Zeit zu Zeit in dem Maasse, wie das Chlorid zersetzt wird, durch das Porzellanrohr frisches Chlorid in Stückchen nachsetzt.

15

---

[1] LIEBIG's Annalen der Chemie Bd. XCIV, 1855, S. 107.
[2] Comptes rendus t. XLIII, 1856, p. 921 und Annales de Chimie et de Physique t. LI, 1856, p. 112.

Nach meinen eigenen Erfahrungen mit einem derartigen Apparate
lassen sich allerdings Lithium- und andere Metallchloride eine kurze Zeit
lang mit diesem Apparate zersetzen; aber selbst in der Voraussetzung,
dass die negative Elektrode isoliert von dem eisernen Deckel und Tiegel
eingeführt wurde, stellt das ausgeschiedene, an der Oberfläche schwimmende Metall bald Verbindung mit dem Tiegel und dem Eisenblechrohr
her, so dass alle in die Schmelze tauchenden Eisentheile zur negativen
Polfläche werden. Dieses würde für Lithiumabscheidung an und für sich
nicht nachtheilig sein; es findet jedoch auch Metallabscheidung an der
Innenfläche des Blechrohres statt, und bei der Leichtigkeit, mit welcher
Lithium Kieselsäure und Thonerde reduciert, wird selbst das dichteste
Porzellan in kurzer Zeit in eine stark poröse Masse verwandelt sein.
Die Innenfläche des Eisenblechrohres wird dann zur Hauptabscheidungs-
stelle für das Metall, und durch das poröse Porzellanrohr tritt bei der
grossen Nähe des positiven Poles nun schnelle Wiedervereinigung des
grössten Theiles der kaum getrennten Bestandtheile ein. Zu lange darf
man also in einem derartigen Apparate die Elektrolyse nicht ohne Unterbrechung fortsetzen. Es unterliegt keinem Zweifel, dass bei Ausführung
des Verfahrens, wie es von Troost beschrieben wurde, entweder gleich
von Anfang an auch der Tiegel selbst als negative Elektrode mit fungierte
(denn Troost erwähnt nicht, dass er den durch den eisernen Deckel eingeführten Draht an der Berührungsstelle mit dem Deckel isolierte), oder
(falls dies doch geschehen war), dass der Tiegel sehr bald zur negativen
Elektrode wurde, da sich an der Oberfläche der Schmelze sehr schnell
genügend Metall angesammelt hatte, um die Verbindung zwischen Tiegel
und Pol herzustellen.

Vielleicht ohne es zu beabsichtigen, benutzte daher Troost im Jahre
1856 „zur Herstellung von Metallen aus ihren wasserfreien Chlorverbindungen ein geschlossenes und als negative Elektrode dienendes Schmelzgefäss aus Metall in Kombination mit einem die positive Elektrode umgebenden und am Boden offenen Gefässe aus nichtleitendem feuerfesten
Material zur Isolierung der Elektroden und zur gesonderten Abführung
des entwickelten Halogens"[3].

Ganz besonders zur Gewinnung von Lithium aus seinem Chlorid
geeignet hält Hiller[4] einen Apparat, den er bei der Darstellung des
Strontiums eingehend beschreibt.

In Figur 16 ist t ein Porzellantiegel, welcher das geschmolzene Lithiumchlorid enthält, die Kathode k wird durch einen Eisendraht gebildet,

---

[3]) Vergl. Patentanspruch 1 in D. R.-P. Nr. 26962 vom 9. Oktober 1883, S. 24.
[4]) Hiller, F., Lehrbuch der Chemie. Leipzig 1863, Engelmann.

dessen Ende k sich in dem Innern eines Thonpfeifenkopfes p befindet. Das Lithium, welches sich bei k ausscheidet, sammelt sich, da es specifisch leichter ist als das Lithiumchlorid, an der Oberfläche desselben an und würde bei Luftzutritt immer wieder verbrennen. Dies zu verhindern, ist der Zweck der Thonpfeife. Man thut gut, bevor man den Strom schliesst,

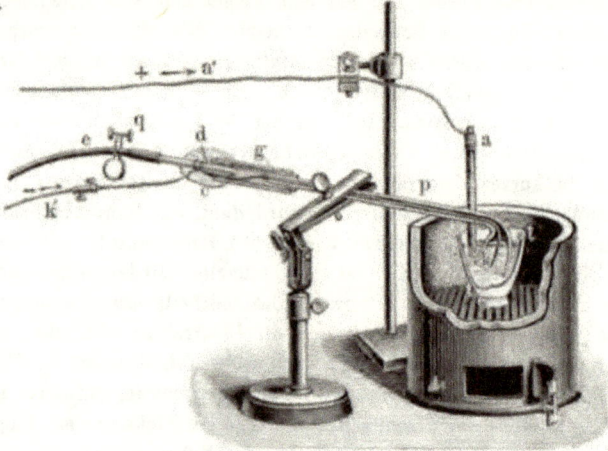

16

die atmosphärische Luft aus der Pfeife zu verdrängen. Um dies zu bewerkstelligen, setzt man am Ende des Pfeifenrohres mittels eines durchbohrten Korkes eine Glasröhre g an, welche bei c durch einen Kork geschlossen ist. In diesem Korke befindet sich eine engere, mit einem Kautschukschlauche versehene Glasröhre d. Der Eisendraht, welcher ebenfalls bei c den Kork durchdringt, wird einige Male um das Glasröhrchen d gewunden, und nachdem er so gerichtet ist, dass sich sein Ende k genau in der Mitte des Pfeifenkopfes befindet, bei c durch Bedecken mit Gypsteig befestigt, um ihn in dieser Stellung zu erhalten. Um die Luft aus der Pfeife zu verdrängen, lässt man durch den Kautschukschlauch e in die Pfeife einen Strom ganz trockenen Wasserstoffgases eintreten, taucht den Kopf der Pfeife in das geschmolzene Chlorid, löst den Kautschukschlauch von dem Entwicklungsapparate ab, senkt den Kopf soweit, wie es die Figur zeigt, in das geschmolzene Chlorid und verschliesst den Kautschukschlauch durch eine Klammer. Noch einfacher möchte es sein, die Luft in der Pfeife, statt durch Wasserstoff dadurch zu verdrängen, dass man in dem oberen Theile des Pfeifenkopfes etwas Paraffin anbrächte. Dieses würde sich, wenn die Pfeife in das geschmolzene Chlorid eingetaucht wird, verflüchtigen und so die Luft durch den

Kautschukschlauch austreiben, worauf derselbe durch eine Klammer q zu verschliessen wäre. Um die Berührung des ausgeschiedenen Lithiums mit der Wandung der Thonpfeife zu verhindern, wodurch das Lithium siliciumhaltig werden würde, überzieht man die innere Wandung des Pfeifenkopfes mit einer dünnen Lage Graphit, welcher zuvor in Pulverform mit einer verdünnten Lithiumchlorid-Lösung zu einem dicken Brei angerührt wurde, lässt den Graphit zuerst an der Luft trocknen und erhitzt dann den Kopf bis zum Glühen. — Die Anode a, an welcher das Chlor auftritt, besteht aus Gaskohle, welche an einem Eisendrahte a' befestigt ist. Sobald der Strom geschlossen wird (3-4 Bunsen'sche Elemente sind vollständig ausreichend), beginnt die Zersetzung, welche sich an der Anode durch eine lebhafte Chlorentwicklung zu erkennen giebt, und man hat von nun an nur dafür zu sorgen, dass das Lithiumchlorid im Fluss bleibe. Wenn man nach etwa einer Stunde den Strom unterbricht, das Feuer aus dem Ofen nimmt und nach dem völligen Erkalten den Tiegel nebst der Pfeife zerschlägt, so findet man den Eisendraht mit einem Lithiumregulus umgeben.

Trotzdem dieser Apparat sich leicht in grösserem Maassstabe ausführen liesse, und jedenfalls in der Lösung der Frage der vortheilhaften Zersetzung der Alkalichloride einen bedeutenden Schritt vorwärts bedeutet, enthält er doch noch nicht alle Bedingungen für einen gewinnbringenden Betrieb.

Die Polzelle von Grabau[5] zur Gewinnung von Leichtmetallen mag wegen ihrer Aehnlichkeit mit dem eben beschriebenen Apparate hier Erwähnung finden.

Die glockenförmige Zelle a (Figur 17 und 18) ist mittels eines Stieles b an dem Stege d aufgehängt und mit dem Pol f versehen, der am höchsten Punkte der inneren Glockenoberfläche mündet. Die Zelle a ist oben geschlossen und unten offen, taucht mit dem unteren Ende ganz in das Bad ein und

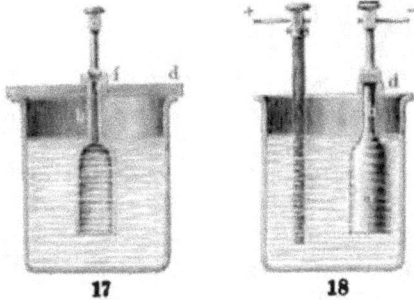

17   18

wird entweder mittels einer Luftschraube oder eines heberförmigen Rohres entlüftet, so dass die Zelle ganz mit Schmelze angefüllt ist. Das Metall scheidet sich dann am Pole f ab.

Auch diese Einrichtung hat sich bei einem Dauerbetriebe nicht

---

[5] D. R.-P. Nr. 41494 (1887).

bewährt. Es giebt kein nicht leitendes Zellenmaterial, das bei dieser Apparatkonstruktion in schmelzenden Alkalichloriden der Einwirkung der Alkalimetalle auch nur kurze Zeit Widerstand leistete. Wenige Stunden genügen dem Alkalimetalle, starke und dichte Porzellanwände in Folge Reduktion der Silikate zu durchlochen.

Eine merkwürdige Unkenntnis der Errungenschaften der praktischen Elektrochemie bekundet GUNTZ, welcher „am 29. December 1893" der französischen Akademie der Wissenschaften folgendes Verfahren[*] mittheilt: „Man schmilzt 200-300 g eines Gemisches aus gleichen Gewichtstheilen Kalium- und Lithiumchlorid (Schmelzpunkt 450°) in einem Porzellange-fässe über einem einfachen BUNSEN-Brenner. Nach erfolgter Verflüssigung werden die Elektroden eingetaucht. Die Anode besteht aus einem 8 mm dicken Kohlestabe, die Kathode aus einem 3-4 mm dicken Eisendrahte. Letztere ist von einem 20 mm weiten Glasrohre umgeben. Nachdem etwa 1 Stunde lang ein Strom von 20 Volt und 10 Ampère thätig ge-wesen, steht in dem Glasrohre eine flüssige Lithiumsäule, welche den Flüssigkeitsspiegel der Salzschmelze um mehr als 1 cm überragt. Um nun das Metall zu erhalten, soll nach Entfernung der Elektroden das Glas-rohr ebenfalls aus der Schmelze gezogen werden. Das nun auf der Ober-fläche der Schmelze schwimmende Metall wird dann mit einem Löffel ab-gehoben und in eine trockene Form gegossen". — Soweit war man schon vor 30 Jahren; nur ging man damals etwas sparsamer mit der elektri-schen Energie um, von welcher, denselben Erfolg zu erzielen, der vierte Theil hingereicht hätte.

Wie schon eingangs angedeutet, sind die Bedingungen zur Abschei-dung des Lithiums im Vergleiche zu derjenigen der übrigen Alkalimetalle die denkbar einfachsten.

Ist man bei der Verarbeitung von Lithium-Mineralien soweit ge-kommen, dass man eine nur noch Alkali- und Erdalkalichloride ent-haltende Lösung vor sich hat, so wird diese einfach in eisernen Gefässen zur Trockne verdampft. Damit die Lösung nicht zu viel Eisen aus dem Eindampfgefässe aufnimmt, muss dieselbe schwach alkalisch reagieren. Ein geringer Gehalt der Salze an Eisen schadet nichts, da dieses Metall bei der Elektrolyse sofort gefällt wird und sich mit Lithium nicht legiert. Die trockne Salzmasse wird nun unter Zusatz einer geringen Menge Salmiak (um freies Alkali zu neutralisieren) in einem eisernen Gefässe eingeschmolzen, um in diesem oder einem anderen Eisengefässe, das als Kathode dient, elektrolysiert zu werden. Als Apparat kann jede der für die Magnesium- oder Natriumfabrikation als brauchbar empfohlenen

---

[*] Comptes rendus t. CXII, 1893, no. 26.

Vorrichtungen Verwendung finden. Bei Benutzung der ersteren empfiehlt es sich, den aus der Feuerung hervorragenden Rand oberhalb des Tiegelflansches durch Umlegen eines Metallrohres, durch welches Wasser geleitet wird, soweit zu kühlen, dass sich von der Gefässwand aus eine schmale erstarrte Salzkruste auf dem Flüssigkeitsspiegel bildet. Emporsteigende Lithiumkugeln setzen sich dann unter diesem Salzrande fest. Man darf die Elektrolyse nicht so lange fortsetzen, bis zwischen Gefässwand und der Porzellanhülle der Kohle durch Lithium Verbindung hergestellt ist, da sonst die bereits bei der Erwähnung des TROOST'schen Apparates hervorgehobenen Uebelstände auch hier auftreten. Nachdem sich eine hinreichende Menge Lithium abgeschieden hat, verfährt man zunächst ganz in der bei der Magnesium-Darstellung beschriebenen Weise. Man wird allerdings beim Ausgiessen der Schmelze mehr Metallverluste haben als bei der gleichartigen Behandlung der elektrolysierten Magnesiumschmelze. Zieht man daher zur Vermeidung dieser Verluste vor, die Masse im Tiegel erkalten zu lassen, so muss in erster Linie die Form des letzteren eine konische sein. Die erstarrende Salzmasse zerreisst und lässt sich durch Hammerschläge auf die Aussenwand des umgestülpten Tiegels leicht entfernen. Die Metallkugeln sitzen an der Innenwand fest. Sie werden mit Messern oder Meisseln losgelöst, um dann in einem Paraffinbade, dessen Temperatur zwischen 180 und 200 ⁰ gehalten wird, von anhängendem Salze befreit zu werden. Letzteres bleibt am Boden, das Metall steigt an die Oberfläche. Es wird von hier mit durchlochten Löffeln ausgeschöpft, in Benzin gewaschen, um schliesslich nach nochmaligem Umschmelzen für sich, in kleine Stangen gegossen oder zu solchen ausgepresst unter Gasolin (spec. Gew. 0,56) in zugeschmolzenen Glasröhren aufbewahrt zu werden.

Sollte es sich jemals um einen Dauerbetrieb handeln, so würde sich derselbe mit den Natrium-Apparaten ausführen lassen. Nur ist dabei zu berücksichtigen, dass die Stromdicht in diesem Falle keine so hohe zu sein braucht wie bei der Natriumgewinnung.

Die Abscheidung des Lithiums erfolgt bei Stromdichten von annähernd 1000 Ampère per qm Kathodenfläche unter einer Stromspannung von etwa 5 Volt.

Sowohl die Elektrolyse selbst wie die darauf folgenden Reinigungsarbeiten zum Zwecke der Lithiumgewinnung bieten so geringe Schwierigkeiten, dass ich diesen Weg der Trennung des Lithiums von den Alkalimetallen zum Zwecke der Gewinnung reiner Lithiumverbindungen für weit einfacher halte, als die umständliche Scheidung der Salze aus ihren wässrigen Lösungen. Das erhaltene Metall ist absolut frei von Alkali- und Erdalkalimetallen.

Verwendung in der Technik hat das Lithium seines hohen Preises wegen bekanntlich nicht gefunden. Bei der Einfachheit der elektrolytischen Gewinnung wird es vielleicht noch zum Zwecke der Darstellung reiner Lithiumverbindungen dargestellt werden. Die Vorschläge, Lithium für die Luftschifffahrt zum Zwecke der Wasserstoffentwicklung (1 kg Metall liefert 1,6 cbm Wasserstoff von 0° bei Atmosphärendruck) zu benutzen, müssen vorläufig noch der Zukunft anheimgestellt bleiben.

Beryllium.

Beryllium (Be'', Atomgewicht 9, specifisches Gewicht 1,64) ist ein weisses, glänzendes, weiches, dehnbares, dabei zähes Metall. Der Schmelzpunkt liegt in der Nähe von 800°. Pulver, dünnes Blech, Band oder Draht verbrennt ähnlich dem Magnesium in Luft, den Haloiden, Schwefel u. s. w. Gegen Wasser ist Beryllium widerstandsfähiger als Magnesium; Säuren lösen es dagegen eben so leicht wie das letztere Metall; auch in Salzlösungen oxydiert es sich unter Wasserstoffentwicklung langsam.

Das Vorkommen des Metalles beschränkt sich fast ausschliesslich auf Silikate, von denen der Beryll, ein Berylliumaluminiumsilikat, $(BeO)_3$ Al_2O_3 6 SiO_2, das häufigste ist. Eine dieser Beryllarten, der Smaragd, ist ja als Edelstein besonders geschätzt.

Für die Verarbeitung des Berylls sind zahlreiche Methoden angegeben. Das Aufschliessen weicht von dem anderer Silikate wenig ab; es geschieht meist durch Schmelzen mit Alkalicarbonaten. Die Schmelze wird nun mit Schwefelsäure behandelt, um Kieselsäure unlöslich zu machen. Man erhält so eine Lösung von Beryllium-, Aluminium- und Eisensalzen. Aus dieser scheidet man entweder durch Zusatz von Kaliumsulfat oder durch Kochen mit Kryolith oder anderen Fluoriden die Hauptmenge des Aluminiums als Alaun bezw. Aluminiumfluorid ab. Wenn die Menge des vorhandenen Eisens nicht gar zu gering, aber auch nicht zu gross ist, fällt man dasselbe vorsichtig mit etwas Soda aus, muss jedoch, wenn noch Ferrosalz vorhanden, vorher ein Oxydationsmittel, Alkalichromat, Chlorkalk u. dgl. zusetzen. Durch weitere Zusätze geringer Mengen Barium- oder Alkalicarbonat kann man jetzt ein Beryllium haltendes Aluminiumhydrat fällen, aus welchem man später durch Ammoniumcarbonatlösungen das Berylliumhydrat wieder gewinnen kann. Die dann verbleibende Lösung enthält nur noch Berylliumsulfat, das für die Elektrolyse in Chlorid oder ein beliebiges andres Haloidsalz umgewandelt werden muss. Zu diesem Zwecke fällt man entweder das Beryllium durch Alkalicarbonate als Carbonat, um dieses dann wieder in Salzsäure zu lösen, oder man zersetzt das Sulfat mit Bariumchlorid. Die auf die eine

oder andre Weise erhaltene Lösung von Berylliumchlorid verdampft man
unter Zusatz von Alkalichloriden, auch Erdalkalichloriden, ausgenommen
Magnesium- und Calciumchlorid, zur Trockne und erhält so leicht schmelzbare und auch gut leitende Salzgemische, aus denen sich das Beryllium
ganz wie Magnesium oder Lithium elektrolytisch abscheiden lässt. Um
zu verhüten, dass sich während des Eindampfens in Folge der Zersetzung
des Berylliumchlorides zu viel Oxyd bildet, fügt man schon der Lösung
ein wenig Salmiak hinzu. Bezüglich der Elektrolyse selbst ist kaum noch
etwas zu sagen. Apparat und Arbeitsweise sind die des Magnesiums.
Zu beachten ist, dass der Schmelzpunkt des Metalles während der Elektrolyse nur eben erreicht und möglichst wenig überschritten wird, da das
Metall sich sonst mit Eisen legiert. Dass die Schmelzgefässe aus gutem
Schmiedeeisen hergestellt sind, ist für dieses Verfahren auch der gegenüber der Carnallit-Elektrolyse etwas höheren Temperatur wegen von
Wichtigkeit.

Verwendung in der Technik hat das Beryllium noch nicht gefunden.

Zweite Gruppe.

Natrium, Kalium.

Natrium.

Das Natrium (Na', Atomgewicht 23, specifisches Gewicht 0,974) ist
ein weisses, auf frischen Schnittflächen silberähnlich glänzendes, bei gewöhnlicher Temperatur knetbar weiches Metall. Schmelzpunkt 95,6°. Bei
deutlicher Rothgluth, also in der Nähe von 900°, fängt es an zu verdampfen. Es legiert sich mit den übrigen Alkalimetallen und auch mit
einigen der Schwermetalle. Von diesen Legierungen finden das Amalgam,
die Blei- und die Zinnlegierung technische Verwendung. Ausserdem ist
als einfaches Lösungsmittel das wasserfreie flüssige Ammoniak zu erwähnen, worin sich Natrium mit blauer Farbe löst. An der Luft oxydiert
es sich sehr schnell; man kann es jedoch ohne Gefahr in trockenen Gefässen auf freier Flamme umschmelzen, wenn man es nicht zu weit über
den Schmelzpunkt erhitzt. Entzündet, verbrennt es unter starker Wärmeentwicklung mit gelbem Lichte, und zwar in trockner kohlensäurefreier
Luft zu Superoxyd, Na_2O_2. Auch mit den übrigen Nichtmetallen vereinigt es sich unter hoher Energieentwicklung. Es zersetzt Wasser schon
bei gewöhnlicher Temperatur unter Bildung von Natriumhydrooxyd. Man
bewahrt es daher unter sauerstofffreien Flüssigkeiten, Petroleum, auf.
Als Wasser zersetzendes Metall wird es naturgemäss von Säuren mit
grosser Heftigkeit gelöst, zumal fast alle seine Salze in Wasser leicht

löslich sind. Es ist als kräftiges Reduktionsmittel geschätzt, da es aus Verbindungen der Metalle und auch vieler Nichtmetalle (CO_2, SiO_2, B_2O_3 u. a.) die betr. Stoffe abscheidet.

In der Natur kommt es nur in Salzen vor, und zwar als Chlorid im Stein- oder Kochsalze, $NaCl$, als Fluorid im Kryolith, $Al_2 F_6 \cdot 6\,NaF$, als Sulfat im Glaubersalze, $Na_2 SO_4$, $10\,H_2O$, als Nitrat im Chilisalpeter, $NaNO_3$, als Borat im Borax, $Na_2 B_4 O_7 \cdot 10\,H_2O$, und anderen Boraten, als Carbonat in der Soda, $Na_2 CO_3 \cdot H_2O$, und der Trona $(NaH CO_3)_2 \cdot Na_2 CO_3 \cdot 2\,H_2O$, als Silikat in Feldspathen u. s. w. Zur fabrikmässigen Darstellung der Natriumverbindungen wird vorwiegend das Kochsalz benutzt. Das Metall lässt sich entweder durch einen Reduktionsprozess aus dem Carbonate oder Hydrate erhalten oder elektrolytisch aus dem verflüssigten Chloride abscheiden.

1. Das Reduktionsverfahren.

In fabrikmässigem Maassstabe ist das Natrium zuerst[1] durch verflüchtigendes Erhitzen eines Gemisches von wasserfreiem Carbonat (calcinierter Soda) und Kohle dargestellt worden; während bis vor kurzem die Hauptmenge des Metalles nach Castner[2] durch Reduktion des Hydrates mit durch Eisen beschwerter Kohle erhalten wird

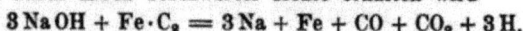

$$3\,NaOH + Fe \cdot C_2 = 3\,Na + Fe + CO + CO_2 + 3\,H.$$

Netto[3] hat die Anwendung von Eisen dadurch umgangen, dass er geschmolzenes Aetznatron auf eine Schicht in einer stehenden Retorte oder einem Flammofen erhitzten Koks tropfen lässt.

2. Elektrolyse.

Die elektrolytische Zersetzung der Hydrooxyde des Kaliums und des Natriums führte bekanntlich zur Entdeckung dieser Metalle. Davy[4] beschreibt die zur Ausführung seiner diesbezüglichen Versuche benutzte Vorrichtung, wie folgt: „Durch einen, aus einem Gasometer einer Spiritusflamme zugeführten, und mit dieser gegen einen Platinlöffel gerichteten Sauerstoff-Gasstrom, wurde etwas Aetzkali in jenem Löffel mehrere Minuten lang auf starker Rothgluth und in gutem Flusse erhalten. Der Löffel stand mit der positiven Seite einer Batterie von 100 sechszölligen Platten in Verbindung, während die Verbindung von der negativen Seite durch einen in das geschmolzene Aetzkali hineinreichenden Platindraht gemacht war".

[1] Brunner: Schweigger's Journal Bd. LXXI, S. 201 und St. Claire Deville: Annales de Chimie et de Physique t. XLIII, 1852, p. 5.

[2] U. S. A.-P. Nr. 342 897 vom 1. Juni 1886.

[3] D. R.-P. Nr. 45 105 und 52 555.

[4] Philosophical Transactions von 1808 und 1810.

Die Gründe, weshalb sich dieses Verfahren nicht in grösserem Maassstabe zur Gewinnung der Alkalimetalle ausführen lässt, mögen zunächst
unerörtert bleiben, sie werden sich aus späteren Ausführungen von selbst
ergeben.

Auch die Modifikation dieses Verfahrens, in einer mit dem negativen
Pole einer Batterie verbundenen Platinschale, welche etwas Quecksilber
enthält, sehr koncentrierte Kalilauge durch den Strom zu zersetzen, um
das Kalium als Amalgam zu gewinnen und hieraus durch Destillation von
dem Quecksilber zu trennen, ist für die Fabrikpraxis nicht ausführbar,
da die Ausbeute an Metall zu dem Aufwande an elektrischer Energie in
einem zu ungünstigen Verhältnisse steht. Beide Vorschriften enthalten
jedoch ein für die angewandte Elektrochemie sehr wichtiges Element,
nämlich die Benutzung eines aus leitendem Material bestehenden Gefässes gleichzeitig als Behälter für den
Elektrolyten und als Pol der Zersetzungszelle. Es kann
dieser Umstand hier nicht genug betont werden, da moderne Erfinder
hin und wieder den Versuch machen, diesen Gedanken als ihr eigenes
Geistesprodukt zu beanspruchen.

Der erste Vorschlag zur fabrikmässigen Darstellung von Alkali- und
Erdalkalimetallen rührt von CHARLES WATT[5] her. Die Patentschrift
lautet folgendermaassen: „Der zweite Theil meiner Erfindung besteht in
einer Methode, die Metalle der Alkalien und alkalischen Erden durch
gemeinsame Wirkung von Elek-
tricität und Wärme zu gewinnen.
Zu diesem Zwecke benutzte ich
den in Figur 19 abgebildeten
Apparat, welcher aus feuerbeständigem Material bestehen muss.
Das mit A bezeichnete Gefäss
sollte wenigstens 20 mm dicke
Wandungen haben, und wenn es
aus Eisen hergestellt ist, sollte
es vor dem Gebrauch mit Thon
oder einer andren Masse bekleidet werden, um es vor der
Wirkung des Feuers zu schützen.

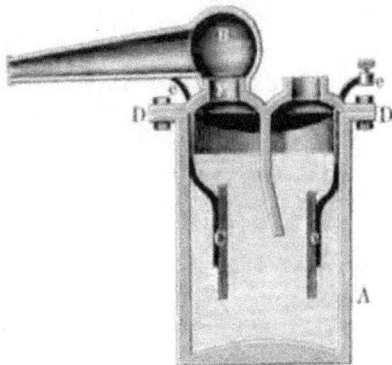

19

B ist eine bewegliche Haube, die zur Ableitung der Metalle dient. C sind
Elektroden mit ihren Verbindungsstücken. D ist der Rand des Gefässes,
welcher die Unterstützung desselben in dem Ofen bewirken soll. Die

---

[5] Engl. P. Nr. 13 755 von 1851.

bedeckte Abtheilung des Apparates, in welcher die Abscheidung der
Metalle beabsichtigt wird, enthält eine Kohlenelektrode; die unbedeckte
Abtheilung ist mit einer Goldelektrode versehen, doch mache ich darauf
aufmerksam, dass ich mich nicht an eine bestimmte Form des Apparates
binde, noch auf eine specielle Masse für die Elektroden beschränke. Das
Gefäss muss bis etwa ⁴/₅ seiner Höhe mit geschmolzenem Salz gefüllt
sein. Die Scheidewand verhütet die Wiedervereinigung der getrennten
Substanzen. Während die Salzmasse in diesem Apparate in einem geeigneten Ofen im Schmelzen erhalten wird, wird ein elektrischer Strom
von zehn auf Intensität geschalteten DANIELL-Elementen hindurchgeleitet.
Die Temperatur wird so hoch gehalten, dass augenblickliche Verflüchtigung des Metalles im Entstehungsmomente gesichert ist. Das Metall wird
in einem flüssigen Kohlenwasserstoffe aufgefangen. Die Salze, welche ich
gewöhnlich verwende, sind die Chloride, Jodide und Bromide der Alkalien und alkalischen Erden".

Die Salze, welche der Erfinder gewöhnlich auf Papier verwandt hat,
mögen wohl die eben genannten Halogene der Alkalien und Erdalkalien
gewesen sein. In Wirklichkeit hat es wohl weder vor noch nach dem
Bekanntwerden jener Patentbeschreibung einen Menschen gegeben, zu
dessen Gewohnheiten es gehörte, Calcium, Barium oder Strontium, deren
Schmelzpunkte sich dem des Eisens nähern, in einem eisernen Gefässe
abzudestilieren. Angenommen, dass es in der Patentschrift nur versäumt
wurde, zu erwähnen, die Elektroden sowohl isoliert von einander, als
auch isoliert von dem eisernen Tiegel einzuführen, muss der Erfinder eine
merkwürdig widerstandsfähige Modifikation von Gold in Händen gehabt
haben, wenn eine daraus hergestellte Elektrode als positiver Pol einer
Zersetzungszelle für geschmolzene Alkalichloride bei andauernder Chlorentwicklung genügend lange Stand halten konnte, um ihm zu gestatten,
damit seine gewöhnlichen Zersetzungen der Alkalihalogensalze auszuführen. Das Patent wurde am 25. September 1851 angemeldet und
am 24. März 1852 ertheilt.

Bekanntlich gelang es BUNSEN im Sommersemester 1851, geschmolzenes Magnesiumchlorid durch den elektrischen Strom in Magnesium und
Chlor zu zersetzen; im zweiten Bande des Jahrganges 1852 von LIEBIG's
Annalen (S. 137) wurde die klassische Arbeit veröffentlicht. In der
Form zeigen beide Apparate die grösste Uebereinstimmung. Der Unterschied jedoch ist der, dass BUNSEN's Apparat, als das Resultat gründ-
licher Versuche, in jeder Beziehung seinen Zweck erfüllte, während der
in WATT's Patente beschriebene Apparat wohl niemals einem Moleküle
Alkalichlorid gefährlich geworden ist.

Den ersten Erfolg in der elektrolytischen Zersetzung von Alkalichloriden erzielten BUNSEN und MATTHIESSEN im Jahre 1854 mit Lithiumchlorid. Hierüber ist unter Lithium bereits berichtet.

Weitere Vorschläge von MATTHIESSEN und später von LINNEMANN bezogen sich speciell auf Kalium und werden dort besprochen werden.

Die Zerlegung von Kochsalz schien, trotz BUNSEN's Entdeckungen, doch auf beträchtliche Schwierigkeiten zu stossen, denn bis zum Jahre 1882 wird dieses Problem in der Literatur kaum erwähnt. Es war dann JABLOCHKOFF[6], welcher den in Figur 20 abgebildeten Apparat in Vorschlag brachte. In dem Thontiegel A sollte das in den Beschickungstrichter D eingeführte Kochsalz geschmolzen und durch einen elektrischen Strom zerlegt werden. Die Elektroden a und b waren zur getrennten Abführung von Chlor und Natriumdämpfen mit Rohren c und c_1 umhüllt.

Die praktischen Schwierigkeiten, welche sich der Ausführung der Elektrolyse von Alkalichloriden in einem derartigen Apparate entgegenstellen, sind zweifelsohne grosse. Sie liegen vorwiegend in der Beschaffung genügend haltbarer Apparate. Für das Chlorableitungsrohr ist Metall ausgeschlossen; Porzellan, wenn man auf sehr dichtes Material sehen muss, besonders in grösseren Stücken bei so hohen Temperaturen sehr zerbrechlich. Besteht das Metallableitungsrohr aus Porzellan oder andrer Thonmasse, so wird es von flüssigen oder gasförmigen Alkalimetallen sehr bald durchlocht sein. Ein Metallrohr ist aber ebenfalls ganz ausgeschlossen. Selbst wenn die Elektrode b isoliert in das Rohr eingesetzt wäre, würde eine metallene Schutzhülle geringen Werth haben. Zugegeben selbst, dass durch genügende Wärmezufuhr die Temperatur so hoch gehalten würde, dass Abscheidung flüssigen Metalles, also leitende Verbindung zwischen b und c_1 vermieden werden könnte, so wäre damit eine Natriumabscheidung an der Aussenseite des Rohres durchaus nicht ausgeschlossen; denn solche isolierten Metallkörper bilden leicht elektrolytische Zwischenstationen zwischen den Polen, indem die der Kathode zugewandte Seite des Metallkörpers als Anode, die der Anode zugewandte Seite als Kathode fungiert. Eine Folge davon ist die Entstehung von Zwischenreaktionen, welche auf das Gesammtresultat nur von ungünstigem Einflusse sein können. Die Haltbarkeit der Metallhülle ist unter solchen Umständen natürlich nur von kurzer Dauer. Spätere

20

---

[6]) DINGLER's polytechnisches Journal Bd. CCLI, 1884, S. 422.

Abänderungen der ursprünglichen Konstruktion, darin bestehend, dass die Elektroden und deren Scheidewände als röhrenförmige Körper koncentrisch um einander angeordnet wurden, konnten jene Uebelstände nicht beseitigen.

Das Jahr 1884 bringt einen Vorschlag von C. H. W. HOEPFNER[7]. Nach der Patentschrift „wird Kochsalz in einem Tiegel geschmolzen, auf dessen Boden sich eine Schicht Kupfer oder Silber befindet. Statt des letzteren können auch andere schwere Metalle verwendet werden, mit Ausnahme von Quecksilber, dessen Siedepunkt zu niedrig ist. Die Seitenwände des Tiegels bestehen aus nicht leitendem Material. Die Metallschicht am Boden des Tiegels soll als Anode dienen und wird deshalb durch einen von unten oder von der Seite eingeführten Eisen- oder Kupferdraht mit dem entsprechenden Pole der galvanischen Batterie oder Dynamomaschine in Verbindung gesetzt.

Wird nun der Strom dadurch geschlossen, dass die aus Kohle oder einem Metalle bestehende Kathode in das geschmolzene Chlorid von oben eingetaucht wird, so beginnt eine lebhafte Abscheidung von metallischem Natrium, welches bei Luftzutritt verbrennt, bei Ausschluss derselben aber leicht gesammelt oder abdestilliert werden kann. Während sich hier das leichte Metall oben abscheidet, geht das Chlor nach unten zum Metall und bildet Chlorid, welches bei der hohen Temperatur schmilzt und bei andauerndem Strome die elektrolytische Flüssigkeit der Anode darstellt. Wegen ihrer Schwere bleibt sie am Boden des Tiegels".

HOEPFNER wird sich wohl jetzt selbst überzeugt haben, dass bei „andauerndem" Strome die Abscheidung nicht so glatt weiter geht, wie dies anfangs der Fall gewesen sein mag. Die Metallchloride bleiben durchaus nicht so friedlich am Boden des Gefässes liegen, wie die Patentschrift erwartet. Bei der für die Natriumabscheidung erforderlichen Stromdichte wird das an der Anode gelöste Kupfer, Silber oder sonstige Metall in kurzer Zeit an der Kathode in solchen Mengen und in so wenig kohärentem Zustande niedergeschlagen werden, dass es mit grösster Leichtigkeit wieder von der Schmelze abgespült, und besonders bei dieser Apparatkonstruktion der Anode wieder zugeführt wird. Ausser der Chlorentwicklung, welche vermieden werden soll, wird in kurzer Zeit auch die Alkalimetallabscheidung aufhören.

A. J. ROGERS[8] hat sich folgenden Apparat patentieren lassen: Figur 21 ist ein vertikaler Längsschnitt des ganzen Apparates in der Richtung yy (Figur 22). Figur 22 ist der Grundriss eines Theiles des

---

[7] D. R.-P. Nr. 30 414.

[8] U. S. A.-P. Nr. 296 357 vom 8. April 1884.

Apparates in der Linie xx (Figur 21). AA' bezeichnen die Einmauerung, B die Feuerung für den Apparat. Der Schmelztopf C ist mit einem dicht verschliessbaren Deckel C' versehen, auf welchem mitten ein Trichter c' angebracht ist, der durch einen Schwimmerverschluss c nach genügender Füllung des Apparates geschlossen wird. Das Sicherheitsventil c^3 öffnet sich bei plötzlich eintretender Gasentwicklung. D ist das Zersetzungsgefäss, welches durch die aus porösem Materiale, wie z. B. Chamotte, bestehende, nicht ganz bis auf den Boden hinabreichende Scheidewand d in zwei Zellen getheilt wird.

Das Rohr E stellt eine Verbindung zwischen C und D her. Ein Hahn e regulirt den Zufluss der Schmelze von C nach D. N ist die negative, P ist die positive Elektrode, deren Zuleitungsdrähte innerhalb der Zellen durch

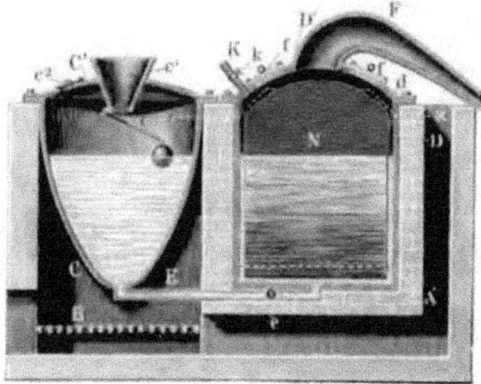

21

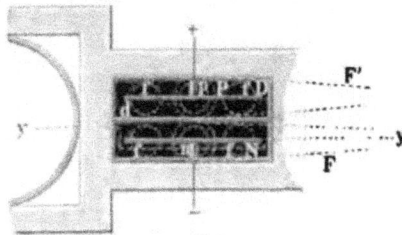

22

die Chamotterohre n und p oder andere Hüllen isolirt und vor der Einwirkung saurer Gase etc. geschützt sind. Der gut schliessende Deckel D' steht durch zwei Hälse FF' mit Kondensatoren in Verbindung und enthält ausserdem noch vier durch Deckel verschlossene, in Figur 22 nur angedeutete Oeffnungen ff und $f'f'$. Die Scheidewand d muss gasdicht gegen den Deckel D' schliessen. Ueber der negativen Zelle mündet in dem Deckel das Rohr K mit dem Ventile k, durch welches Wasserstoff oder andres reducirendes Gas eingeleitet werden kann. Das Gefäss D soll aus feuerbeständigem, nichtleitendem Materiale bestehen, etwa 30 cm weit, 90 cm lang und 120 cm tief und in dünnes Mauerwerk eingesetzt sein. Der Zusetzungsapparat hat ziemlich Aehnlichkeit mit WATT's Apparate, ist aber in seinen Einzelheiten nicht so fehlerhaft wie dieser. Dass sich derselbe zu einer vortheilhaften Darstellung der Alkalimetalle eignen könnte, ist aber trotzdem kaum anzunehmen. Das Material, aus welchem er besteht, schliesst eine genügend lange Lebensdauer aus. Die Destillation von Natrium in Thongefässen ist ein Unternehmen von sehr zweifelhaftem Erfolge. Das eiserne Vorschmelzgefäss bei starker Rothgluht mit Kochsalz gefüllt, wird bei seiner Grösse in wenigen Stunden dienstuntauglich sein. Das Rohr E genügend dicht in das Thongefäss D einzufügen, und die Eintrittsstelle bei einer Füllung von rothglühender Chlornatriumsschmelze dicht zu erhalten, ist keine leichte Aufgabe.

ROGERS hat inzwischen Gelegenheit gehabt, diese Uebelstände kennen zu lernen, und gesteht dieselben auch ein, indem er über den Mangel an Haltbarkeit der Apparate bei der Natriumdarstellung klagt.

OMHOLT's Vorschlag[9] (Figur 23-26) zur ununterbrochenen Herstellung der Leichtmetalle scheint auch zu derjenigen Klasse von Erfindungen zu gehören, welche erst patentiert und dann, wenn sich Gelegenheit dazu bieten sollte, einer praktischen Ausführung unterzogen werden.

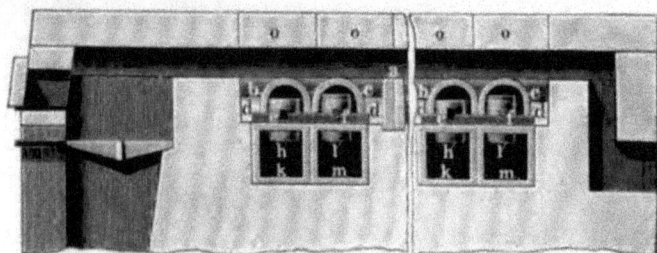

23

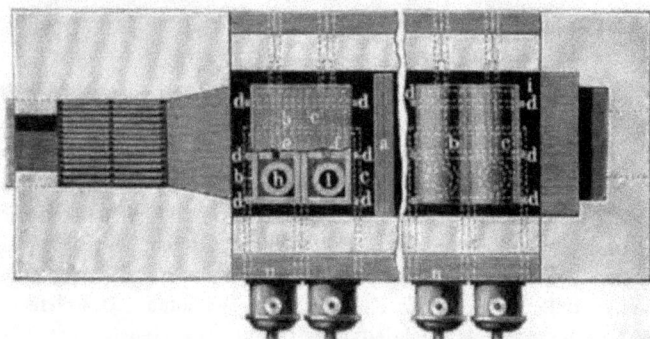

24

„Der in Figur 23, 24 im Längsschnitt dargestellte Apparat besteht im Wesentlichen aus einem Flammofen, dessen Heerd durch Scheide-

---

[9]) D. R.-P. Nr. 34727 vom 6. Juni 1885.

wände *aa* in von einander isolierte Abtheilungen getheilt ist. In jeder
dieser Abtheilungen sind je zwei Halbretorten *b* und *c* horizontal und
parallel derartig auf Unterlagen *dd* auf feuerfestem Material neben einander gestellt, dass die Halbretorten durch einen geringen Zwischenraum
von der Sohle des Heerdes getrennt sind. Die mit *bb* bezeichneten
Halbretorten dienen zur Aufnahme der negativen Elektroden *ee*, die
Halbretorten *cc* dagegen enthalten die positiven Elektroden *ff*. Die zu
zersetzende Halogenverbindung befindet sich auf dem Heerde des Flammofens in geschmolzenem Zustande und zwar in solcher Höhe, dass die in
den Halbretorten gelagerten Elektroden vollständig davon bedeckt sind.
Das an den negativen Elektroden sich abscheidende Metall, sowie das
an den positiven Elektroden frei werdende Halogen sammeln sich im
Innern der Halbretorten an und sind durch den durch das Eintauchen
der Halbretorten in die Schmelze gebildeten hydraulischen Verschluss von
den Feuergasen abgeschlossen. Die Halbretorten werden aus feuerfestem,
nichtleitendem Materiale hergestellt und zweckmässig im Innern mit einem
Futter aus kohlenstoffhaltigem Materiale versehen.

Dieses kohlenstoffhaltige Material besteht zum grösseren Theile aus
Kohlenstoff (Graphit, Holzkohle), wie z. B. das Material, aus dem die
bekannten Graphittiegel gemacht sind. Der Thon dient nur dazu, den
Kohlenstoff plastisch zu machen.

Die Elektroden bestehen aus Kohle oder andrem widerstandsfähigen
Materiale. Sie liegen in den Halbretorten in der Längsrichtung derselben,
wie in der Zeichnung angedeutet, sind
an der einen Seite in das Mauerwerk
des Ofens hineingeführt, wie bei *g* in
Figur 25, und dort mit den Leitungs-
drähten für den elektrischen Strom
verbunden. Damit sich ausserhalb
der Halbretorten an den Elektroden
kein Metall bezw. kein Halogen abscheiden kann, sind die zwischen den
Stirnwänden der Halbretorten und
dem Mauerwerk befindlichen kurzen

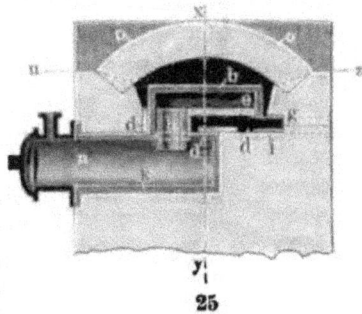

25

Stellen der Elektroden durch eine Chamotte-Umkleidung *i* isoliert. Durch
diese Konstruktion erreiche ich, dass das Auswechseln gesprungener Halbretorten bewerkstelligt werden kann, ohne die Elektroden zu beschädigen
oder deren Lage zu verändern.

Die Halbretorten *bb* sind mit den Vorlagen *kk* aus feuerfestem Materiale durch je ein kurzes, am besten vertikal gestelltes, möglichst weites
Rohrstück *hh* verbunden, welches zweckmässig aus kohlenstoffhaltigem

Material zu bestehen hat. Der obere Rand der Rohre hh bestimmt das Niveau der Schmelze in jeder Heerdabtheilung. Das an den Elektroden ee sich abscheidende Metall sammelt sich unter den Halbretorten bb auf der Oberfläche der Schmelze und gelangt von hier aus entweder in geschmolzenem oder gasförmigem Zustande durch die Rohre hh in die Vorlagen kk, wo es sich in untergestellten Gefässen ansammelt. Die Vorlagen kk sind ähnlich wie die Retorten zur Leuchtgasdarstellung bei n mit eisernen Mundstücken verschlossen, nach deren Oeffnen die untergestellten und mit Metall gefüllten Gefässe herausgeschafft und durch andere ersetzt werden können. Letztere werden möglichst rasch aus den Vorlagen herausgezogen und unter Ausschluss der Luft bezw. in einer indifferenten Atmosphäre erkalten gelassen. In die Vorlagen kk wird indifferentes Gas eingelassen, um den Zutritt der Luft vollständig auszuschliessen.

Die Ableitung des in den Halbretorten cc entstehenden Halogens geschieht in ähnlicher Weise wie die eben beschriebene Abführung des Metalles durch kurze Rohrstücke ll, deren oberer Rand jedoch ein Geringes über das Niveau der Schmelze hinausragt, um ein Ueberfliessen der letzteren in die Vorlagen mm zu vermeiden. Aus den Vorlagen mm wird das Halogen durch eine Rohrleitung entfernt.

Die zu zersetzende Halogenverbindung kann den einzelnen Heerdabtheilungen entweder kontinuierlich oder periodisch und zwar sowohl in festem als auch in flüssigem Zustande zugeführt werden.

Um eine Verunreinigung der Schmelze durch Flugasche etc. zu vermeiden, kann man den Ofen auch als Muffel bezw. Muffelofen konstruieren. Auch ist die Anwendung einer Gasfeuerung vortheilhaft.

Zwecks rascherer Auswechslung abgenutzter bezw. gesprungener Halbretorten kann das Ofengewölbe zweckmässig aus abnehmbaren Chamotte-Façonstücken oo hergestellt werden.

Anstatt die Zuführung des elektrischen Stromes in die Elektroden in seitlicher Richtung zu bewirken, wie in Figur 25 dargestellt, ist es zweckmässiger, den elektrischen Strom in die Elektroden von unten einzuführen, wie dies aus Figur 26 ersichtlich ist; die Elektrode e ist hier als Kathode gedacht, jedoch auch den Anoden wird der elektrische Strom in ganz gleicher Weise, d. h. von unten zugeführt.

Um die Anwendung eines indifferenten Gases zu vermeiden, bewirke ich die Abführung des im Innern der Halbretorte b auf der Oberfläche der Schmelze sich ansammelnden Leichtmetalls derart, dass letzteres durch das Abflussrohr h (Figur 26) in eine Vorlage K gelangt, welche soweit mit einer indifferenten Flüssigkeit, wie z. B. mit den hochsiedenden Kohlenwasserstoffen der Petroleumreihe angefüllt ist, dass durch die

Querwand S der Raum k von der äusseren Atmosphäre hydraulisch abgeschlossen wird. — Das durch h abfliessende Leichtmetall sammelt sich
in einem untergestellten, beweglichen Gefässe w an, welches, wenn gefüllt, hervorgezogen, durch die Oeffnung uv der Vorlage K herausgehoben
und durch ein andres leeres Gefäss ersetzt wird".

26

Soweit die Patentbeschreibung. Wer jemals versucht hat, die Metalle der Alkalien, Erdalkalien und Erden in direkt mit Heizgasen in
Berührung kommenden Gefässen elektrolytisch abzuscheiden, deren Wandungen aus so porösem Material bestanden, wie die von OMHOLT beschriebenen Halbretorten, wird keinen Augenblick an der Aussichtslosig-
keit jenes Vorschlages gezweifelt haben. Die Feuergase haben, besonders
in dem eben beschriebenen Flammofen, die denkbar günstigste Gelegenheit, mit dem geschmolzenen Chloride direkt, mit den Metalldämpfen
durch eine für Gase äusserst leicht durchdringliche Scheidewand in
Wechselwirkung zu treten. Die Geschwindigkeit der Metallabscheidung
ist mit Rücksicht auf den in gleichem Verhältnisse wachsenden Widerstand des Elektrolyten eine beschränkte und ist unter diesen Verhältnissen die Geschwindigkeit, mit welcher sich in Folge direkter Berührung
oder nach vorausgegangener Diffusion der Heizgase das Metallchloridbad
theilweise auf Kosten oxydierten Metalls, theilweise durch Zersetzung
des Chlorides selbst, mit Oxyden und Hydrooxyden anreichert, eine verhältnismässig sehr grosse.

Die geringe Ausbeute an Metall, der von Minute zu Minute wachsende Widerstand des Bades in Folge Oxydanreicherung (welche schliesslich, da auch aus dem Mauerwerk Thonerde und Kieselsäure aufgenommen werden, zu gänzlicher Stromunterbrechung führt) genügen allein,

einen derartigen Apparat zu verdammen. Dabei sind noch gar nicht die in Folge von gröberen Undichtigkeiten, Zerspringen der Retorte entstehenden Verluste und sonstigen Unannehmlichkeiten in Betracht gezogen. Die Anlage eines Oelbehälters (Figur 26) unter der mit glühender Schmelze gefüllten dünnen, der Abnutzung stark ausgesetzten Sohle eines Flammofens dürfte ausserdem in Ländern, in welchen die Fabriken einer, wenn auch noch so nachsichtigen, behördlichen Aufsicht unterstehen, kaum gestattet werden.

F. FISCHER bringt die Vorrichtung Figur 27 zu einem Versuche in Vorschlag[10]: „Ein eiserner Tiegel ist durch zwei nicht ganz bis zum

27

Boden reichende Querwände in drei Abtheilungen zerlegt. Das trockene Alkalichlorid wird in die erste Abtheilung eingetragen, so dass das geschmolzene Salz etwa bis zur Linie a reicht bezw. in der oben geschlossenen Zersetzungsabtheilung erhalten bleibt. Die als Anode dienende Kohlenplatte c ist durch den Deckel geführt oder durch einen entsprechend geschützten Metalldraht mit der den Strom gebenden Maschine verbunden. Als Kathode kann eine Eisenplatte e verwendet werden; die hier entwickelten Natriumdämpfe entweichen durch ein seitliches Rohr. Die Metallwände der die Anode umschliessenden Abtheilung sind gegen die Wirkung des hier entwickelten und passend abgeleiteten Chlores zu schützen. Diese Schwierigkeit würde fortfallen, wenn man in dieser Weise das Carbonat zerlegte".

Die elektrolytische Zerlegung des Carbonats bietet leider sehr grosse Schwierigkeiten, in Folge der geringen Leitungsfähigkeit dieses Salzes

28

für den Strom. Bei Anwendung des Chlorides würden die Uebelstände von TROOST's Apparate (S. 32) auch hier auftreten.

Der Apparat von HORNUNG und KASEMEYER[11] ist als ein entschiedener Rückschritt zu bezeichnen. „In Figur 28 und 29 ist A die mit äusserem Eisenmantel versehene, aus Graphit hergestellte Anode, welche gleichzeitig auch den Schmelztiegel bildet. In dieselbe ist unter geeigneter Befestigung am Rande ein Ringdeckel P aus Porzellan dicht eingesetzt, mit einem Kanal n, an welchen sich eine Ableitung C anschliesst. In

---

[10] WAGNER-FISCHER's Jahresbericht 1886 S. 222.
[11] D. R.-P. Nr. 46334 vom 29. Januar 1888.

diesen Ringdeckel wird eine Porzellanhülse S eingehängt, welche so lang ist, dass sie immer genügend tief in die Schmelze eintaucht. Durch diese Hülse wird sodann die aus Eisen oder andrem passenden Metalle hergestellte hohle Kathode K in die Anode eingesenkt. Die Kathode K ist nur so weit, dass zwischen ihr und der Hülse S ein Zwischenraum verbleibt. Um das obere Ende der Kathode ist eine Kammer e gebildet, welche sich mit ihrer Unterseite auf den Ringdeckel P und die Hülse S dicht aufsetzt. Diese Kammer ist auf der Oberseite geschlossen, auf der Unterseite dagegen mit zahlreichen Perforationen k versehen, durch welche sie mit dem Raume zwischen Hülse S und Kathode K frei kommuniciert. An der Seite ist ein Ableitungsstutzen M.

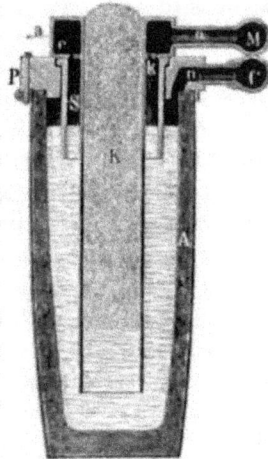

Die Kathode ist an beiden Enden offen und findet durch ihre obere Oeffnung unter Vermittlung von geeigneten mechanischen Hülfsmitteln die Einfüllung und kontinuierliche Nachfüllung des zu zersetzenden Chlorides statt, so zwar, dass die Kathode beständig voll gefüllt gehalten bleibt und durch diese Füllung der dichte Abschluss des Apparates an dieser Stelle bewirkt wird. Die Länge der Kathode und bezw. der Anode ist so zu bemessen, dass das Gewicht der in ersterer enthaltenen Chloridsäule genügt, um die Schmelze in der Anode auf einem solchen Niveau zu halten, dass jede Kommunikation zwischen den beiden von der Hülse S gebildeten Räumen aufgehoben bleibt.

Das während der Zersetzung der Schmelze an der Anode sich ausscheidende Chlorgas und die an der Kathode sich ausscheidenden Metalldämpfe werden durch die Hülse von einander getrennt gehalten und zwingt diese ersteres, den Weg nach der Ableitung C, und letztere, den Weg nach der Ableitung M zu nehmen. Im Maasse der Zersetzung sinkt aus der Kathode frisches Chlorid nach und wird dieses durch die Nachfüllung von oben kontinuierlich ersetzt".

Der ganze Apparat macht den Eindruck einer höchst unglücklichen Kombination einzelner, an ihren ursprünglichen Verwendungsorten sehr brauchbarer Vorrichtungen. So war z. B. die Verwendung eines Kohlentiegels als Elektrode, speciell als Anode und gleichzeitig als Zersetzungszelle, in BUNSEN's Apparate [18], den er schon 1854 zur Darstellung

---

[18] POGGENDORFF's Annalen Bd. XCI, 1854, S. 619.

4 *

des Chrommetalles benutzte (s. Chrom) sehr am Platze. Hohle Elektroden, welche zum Nachfüllen der zu elektrolysierenden Substanz dienen, sind noch etwas älteren Datums. J. H. JOHNSON's Gesuch um ein provisorisches englisches Patent im Jahre 1853 beschreibt eine solche (s. Aluminium). Der Erfinder hat schon damals erkannt, dass das Nachsinken der in dem Rohre befindlichen Substanz seine Schwierigkeiten habe, und zur Verhütung von Verstopfungen eine rotierende Schnecke im Innern der hohlen Elektrode angebracht.

Die Elektroden und besonders die an denselben abgeschiedenen Ionen durch eine aus nichtleitender Substanz bestehende Scheidewand zu trennen, ist ein Princip, so alt, wie elektrochemische Zersetzungen selbst.

Um mit HORNUNG und KASEMEYER's Apparate Metall und Halogen überhaupt trennen zu können, ist es nöthig, die kurze Scheidewand durch eine am Boden geschlossene Zelle zu ersetzen, deren Seitenwandungen mit von innen nach aussen aufsteigenden Bohrungen versehen sind. Aber auch dann wird die Lebensdauer besonders des äusseren Eisentiegels keine sehr grosse sein, wenn von aussen die Feuergase, von innen das durch den Graphittiegel transfundierende Chlor thätig sind. Unter den vorher beschriebenen Apparaten sind jedenfalls solche, welche, mit weniger Mängeln behaftet, den Vorzug grösserer Einfachheit für sich haben.

Mit den bisher beschriebenen Apparaten, so gute Gedanken einige derselben auch enthalten mögen, ist ein einigermaassen glatter, andauernder Betrieb nicht möglich, und gegenüber den Methoden, nach welchen durch Wärmezufuhr eine chemische Zersetzung von Alkalihydraten und Alkalicarbonaten zu Stande gebracht wird, nicht konkurrenzfähig. Darüber, dass die Gründe dieses Misserfolges vorwiegend technischer Natur waren, gelangten die ersten Angaben durch A. J. ROGERS [13] in die Oeffentlichkeit. Mit dem Aufwande einer elektrischen Pferdekraft will er in 24 Stunden 2,5-3 kg Natrium aus dem Chloride herstellen, vorausgesetzt, die Apparate halten genügend, um ein ununterbrochenes Arbeiten zu ermöglichen. Der Aufwand an Kraft würde sich also reichlich bezahlt machen, aber die Apparate sind noch nicht so, wie sie sein sollten. In demselben Jahre entstanden nun noch zwei Apparate, welche in erster Linie zur elektrolytischen Gewinnung von Alkalimetallen aus ihren geschmolzenen Halogenverbindungen beabsichtigt waren. Der eine von GRABAU entworfene wurde durch dessen Patentschrift [14], welche am 2. Mai 1890 ausgegeben wurde, zuerst bekannt. Das am zweckmässigsten durch heisse Gase, welche durch Kanäle G dem

[13]) Journal of the Franklin-Institute vol. CXXVIII, 1889, p. 486.
[14]) D. R.-P. Nr. 51 898 vom 8. Oktober 1889.

Apparate (Figur 30) zugeführt werden, und Luftbad L gleichmässig erhitzte Schmelzgefäss A enthält die aus Porzellan oder andrem passenden feuerfesten Materiale bestehende glockenförmige Polzelle B, ferner
die um die Polzelle herum angeordneten positiven Kohlenelektroden C
und ist oben durch einen Deckel D abgeschlossen.

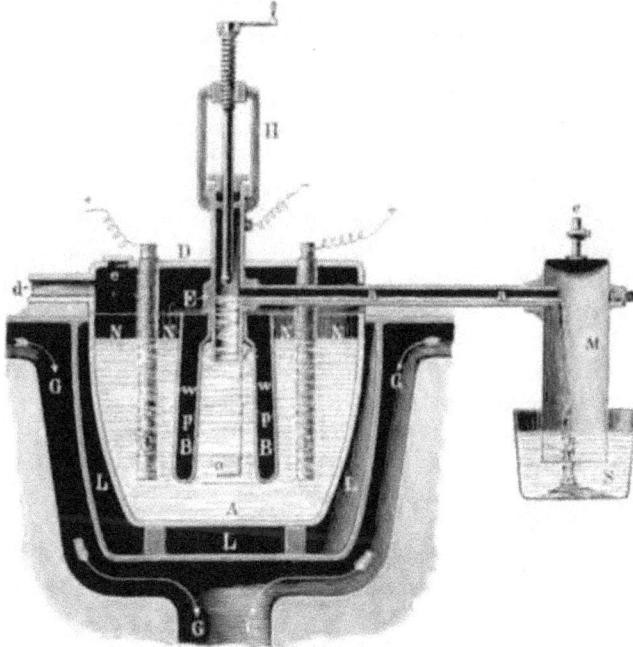

30

Von dem unteren Rande der Zelle B geht die Wand w aus, welche
nach oben geführt ist und bis über das Niveau NN der Schmelze reicht.
Es verbleibt daher zwischen der Zellenwand p und der Wand w ein
Raum, in den die Schmelze nicht gelangen kann; dieselbe kommt daher
auch nicht mit der äusseren Fläche der Wand p in Berührung, und es
ist ausgeschlossen, dass eine elektrische Verbindung zwischen der innerhalb der Polzelle und ausserhalb derselben befindlichen Schmelze durch
die Wandungen der Zelle hindurch eintritt.

Die Polzelle B ist mit einem hohlen eisernen Körper E dicht verbunden, von welchem aus das Abflussrohr a, über den Rand des Schmelzgefässes hinweg zum Sammelgefässe S führt. Der Körper E bildet den
negativen Pol, welcher innerhalb der Polzelle durch eine stangenförmige
Verlängerung n in möglichst gut leitende Verbindung mit der Schmelze

gebracht ist. Die am Körper E oben angebrachte Bohrvorrichtung H kommt ab und zu in Benutzung, um etwaige Verstopfungen zu beseitigen. Da die Alkalimetalle specifisch leichter als die geschmolzenen Chloride sind, so wird das in der Polzelle sich ansammelnde flüssige Alkalimetall durch die Schmelze nach oben gedrückt und fliesst entsprechend dem Maasse seiner Entstehung durch das Rohr a ab, um ausserhalb des Zersetzungsapparates gesammelt werden zu können.

Beispielsweise kann die Aufsammlung in einem mit Petroleum gefüllten Gefässe S geschehen, wobei die Glocke M mittels Rohrleitung c zweckmässig mit einem indifferenten Gase gefüllt gehalten wird.

Das entwickelte Chlor findet seinen Abzug bei d, während die Nachfüllung des Salzes durch Oeffnung e geschieht.

In einem Zusatzpatente vom 19. September 1890 empfiehlt GRABAU zur Elektrolyse ein Gemisch von drei Chloriden und zwar des Natrium-, Kalium- und eines Erdalkalichlorides in gleichen Molekulargewichten zu verwenden. Es sollen damit folgende Vortheile erzielt werden: Leichtschmelzbarkeit des Gemisches, Verlängerung der Haltbarkeit der Gefässe und Verbesserung der Metallausbeute. Das erhaltene Natriummetall soll nahezu frei von Kalium und Erdalkalimetall sein.

GRABAU's Apparat würde die Frage der Natriumgewinnung durch Elektrolyse von Kochsalz gelöst haben, wären nur erst die Schwierigkeiten gehoben, welche sich der Herstellung genügend grosser und dabei haltbarer Apparate dieses Modelles entgegen setzen. Dass ein solcher Apparat, wenn er glücklich in Betrieb gesetzt ist, tage-, ja wochenlang halten kann, ist nicht unwahrscheinlich. Aber gerade das Inbetriebsetzen wird sehr viele Opfer fordern, und jede Betriebsstörung, welche eine zeitweilige Betriebsunterbrechung erfordert, kostet allen Apparaten die Existenz. Der Gedanke, zur Erzeugung leichtflüssiger Schmelzen mehrere Salze zu mischen, ist durchaus nicht neu. BUNSEN und MATTHIESSEN haben wiederholt darauf aufmerksam gemacht. Dieselben kannten auch schon die Thatsache, dass aus Gemischen von Alkali- und Erdalkalichloriden unter Umständen nur das Alkalimetall durch den Strom abgeschieden wird.

Bei meinen eigenen Versuchen, welche zur Ausarbeitung einer Methode weniger zur Gewinnung chemisch reinen Natriummetalles als vielmehr zur Gewinnung von Alkalimetall unternommen wurden, ging ich von vornherein von dem sehr leicht schmelzbaren Gemische von KCl + NaCl aus und kann konstatieren, dass bei nicht zu grosser Stromdichte, und wenn für hinreichenden Ersatz des Chlornatriums gesorgt wird, ein nur schwach kaliumhaltiges Natrium entsteht.

Als Apparat benutzte ich das in Figur 31 skizzierte Zersetzungsgefäss G, auf welchem eine mit Muffe M umgebene Oeffnung und zwei rohrförmige Stutzen R angebracht waren. In die Muffe M passte die Porzellandoppelmuffe J und in diese das ebenfalls mit Muffe versehene Eisenrohr N, welches mit einem eisernen Pflocke verschlossen war. Durch diesen Pflock tauchte die aus einem Eisenstabe bestehende Kathode K in die Schmelze. Das am unteren Theile derselben sich abscheidende Metall sammelte sich, nach oben steigend, in dem Rohre N, und wurde das Niveau der Schmelze so hoch gehalten, dass das Metall aus dem Rohre n abfloss, um in einer geeigneten Vorlage aufgefangen zu werden. Das Austreten von Schmelze aus den Muffen wurde durch Blei verhindert.

In dem Rohrstutzen R hing zunächst ein Porzellanrohr C und innerhalb dieses Rohres der als Anode dienende Kohlenstab A, welcher durch den kupfernen Halter H und den ringförmigen Deckel D gehalten wurde.

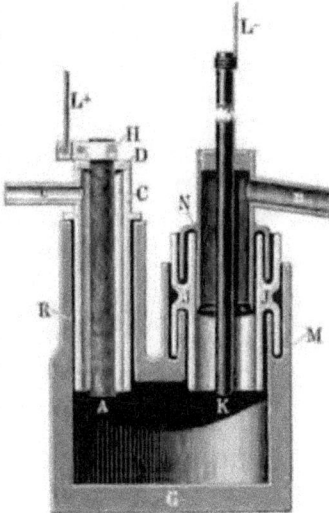

31

Das Chlor wurde durch Rohr c abgeführt. Ein drittes Rohr (in Figur 31 nicht ausgeführt), von derselben Höhe und Weite wie R, diente zum Nachfüllen von Salz. Der Apparat war für Ströme von 30-50 Ampère konstruirt und lieferte etwa 65-70 % der dem Stromaufwande entsprechenden Metallmenge.

Als sehr widerstandsfähig hat sich auch dieser Apparat nicht erwiesen. Gusseisen, mit Alkalichloriden auf der einen Seite und Feuergasen auf der andren, hält bei Rothgluht nicht lange Stand. Von den Porzellantheilen zeigte sich besonders die Doppelmuffe leicht zerbrechlich, und würde sich dieser Uebelstand mit der Grösse derselben in erhöhtem Maasse fühlbar machen.

Beide Apparate, sowohl dieser wie der von Grabau besitzen noch den Nachtheil, dass Natrium mit Porzellan in Berührung kommt. Ganz abgesehen also von Metallverlusten, die zur Reduktion der Thonerdesilikate solcher Apparattheile verschwendet werden, ist es klar, dass letztere nicht sehr lange der Einwirkung des Natriums Stand halten können. Fassen wir nun die Schlüsse, welche sich aus allen, bis zu diesem Zeitpunkte bekannten negativen Resultaten herleiten, kurz zusammen, so ergeben sich folgende Regeln für die Konstruktion eines geeigneten Apparates:

1. Als Kathodenmaterial ist nur ein feuerbeständiges Metall brauchbar, also vorzugsweise bessere Eisensorten.

2. Der Kathodenraum muss die Ansammlung und Abführung des Metalles gestatten, ohne dass das Metall mit reducierbaren Substanzen in Berührung kommt.

3. Die Wandungen des Kathodenraumes können gleichzeitig als Kathoden dienen, dürfen dann aber an der Aussenseite nicht von Elektrolyten bespült werden.

4. Die Anode muss aus Kohle bestehen.

5. Der Anodenraum muss eine leichte Abführung des Halogenes gestatten. Die Wandungen des ersteren müssen aus einem gegen Halogene und Haloidsalze widerstandsfähigen Materiale bestehen.

6. Die Wandungen des Anodenraumes dürfen nicht mit dem abgeschiedenen Metalle in Berührung sein.

7. Zwischen den Polen dürfen sich in dem Stromwege innerhalb der Schmelze keine Metalltheile befinden.

8. Sämmtliche Apparattheile müssen aus feuerbeständigem Materiale bestehen.

Diese Bedingungen sind bis jetzt nur in zwei Apparaten erfüllt. Der eine ist von GRABAU, als eine Verbesserung seines eben beschriebenen Apparates, im Jahre 1891 in Vorschlag gebracht, stimmt bis auf die Kathodenglocke mit den früheren Einrichtungen überein; es wird daher genügen, die jetzige Konstruktion dieser Zelle kennen zu lernen. Der in die Schmelze eintauchende Körper weicht insofern von der alten Form ab, als zwischen der eigentlichen Glocke und deren aufgebogenem Rande ein grösserer Zwischenraum vorgesehen ist, in welchem ein Kühlkörper eingesetzt wird. Zur Zu- und Ableitung des Kühlmittels sind die Rohre Z und A vorgesehen. Damit die Wirkung des Kühlmittels über das gewünschte Ziel, eine dünne Inkrustierung der Zellenwände mit erstarrter

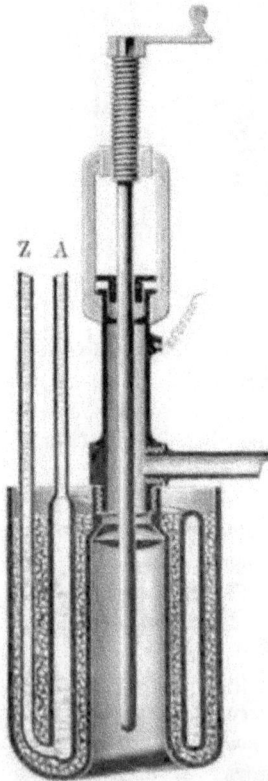

32

Schmelze, nicht hinausgehe, wird der Kühlkörper innerhalb des U-Ringes in schwach wärmeleitendes Material eingepackt. Im Innern der Glocke wird in Folge der dort herrschenden Stromdichte die Temperatur der Schmelze hoch genug gehalten werden, um ein Einfrieren derselben zu verhüten.

Einen andern Apparat habe ich bis jetzt für zwei chemische Fabriken, etwa in achtfacher Grösse der Figuren 33 und 34, konstruiert und im Jahre 1893 veröffentlicht [16].

Er besteht aus zwei kommunicierenden, durch eine eigenartige Vorrichtung zusammengefügten Gefässen. Das eine derselben, der Kathodenraum K, besteht aus Eisen, das andre, der Anodenraum A, aus Chamotte. Damit wurde für die Anoden a eine Hülle geschaffen, durch welche kein Chlor zur Kathode gelangen konnte, und welche von aussen weder von Schmelze noch von den kräftig reducierend wirkenden Alkalimetallen berührt werden konnte.

Es war damit auch die Verwendung einer für die Metallansammlung und Ableitung günstigen röhrenförmigen Kathode möglich, auf welcher sich nur an der Innenseite Metall abscheiden kann, da die Aussenseite überhaupt nicht mit dem Elektrolyten in Berührung kommt.

Grosse Schwierigkeiten verursachte anfangs ein gutes Zusammenfügen der beiden Gefässe. Wie Figuren 33 und 34 zeigen, ist dies durch einen hohlen kühlbaren Metallring R und zwei oben und unten auf demselben angebrachte Klammern Z erreicht. Das einzige Dichtungsmaterial für derartige Apparattheile ist in der That die durch Abkühlung erstarrte Schmelze. Den flüssigen Salzen gegenüber hält kein andres Dichtungsmaterial dauernd Stand. Ein Zerspringen des aus Chamotte bestehenden Apparattheiles wird dadurch verhütet, dass der gekühlte

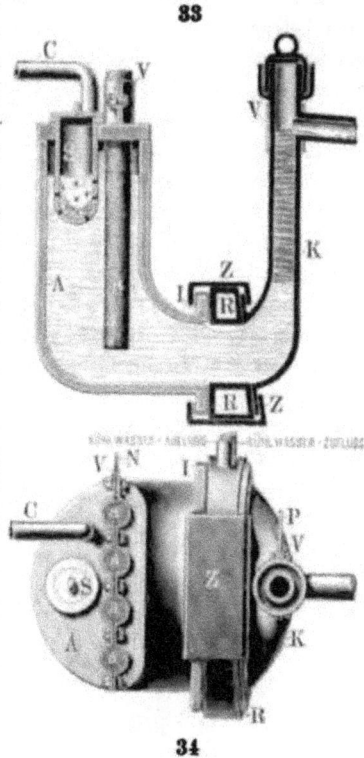

[16]) Borchers, Alkalimetalle in Zeitschrift für angewandte Chemie 1893.

Ring nicht direkt mit dem Flansche des Anodenbehälters *A* in Berührung gebracht wird. Ein dazwischen gelegter Asbestring dient gewissermaassen als Dämpfer zwischen den schroffen Temperaturunterschieden beider Apparattheile. Ein Rohr *C* leitet das Halogen ab. Für das Nachfüllen von Salz in festen Brocken ist ein Siebeinsatz *S* vorgesehen, in dessen Boden etwas Asbest eingelegt ist. Ohne diesen Einsatz zerspringt der Anodenbehälter leicht beim Einwerfen von Salzbrocken.

Die Stromdichte an der Kathode *K* muss etwa 5000 Ampère auf 1 qm betragen. Eine geringere Stromdichte an der Anode kann natürlich nur von Vortheil bezüglich des Kraftverbrauches sein, würde aber in einem Apparate, wie er zur Elektrolyse geschmolzener Lithium- und Magnesiumsalze diente, gar nicht zu erreichen sein. Also auch in dieser Hinsicht bietet der neue Apparat wesentliche Vortheile, denn bei gleichbleibender Stromdichte an der Kathode bedeutet die Reduktion der Stromdichte an der Anode bis zu einem gewissen Grade eine nicht unwesentliche Kraftersparnis.

Bevor ich nun näher auf Einzelheiten in der Fabrikation eingehe, mögen noch einige Apparate Erwähnung finden, welche um etwa dieselbe Zeit, wie GRABAU's und mein Apparat, entstanden, bis auf eine Ausnahme aber von vornherein als unbrauchbar bezeichnet werden müssen. Diese Ausnahme bildet der Apparat von CASTNER[16]. Ob die vom Erfinder vorgeschlagene Arbeitsweise die beste ist, muss dahin gestellt bleiben; er empfiehlt nämlich die elektrolytische Zerlegung von Alkalihydraten, also eines sehr theuren Rohstoffes, welcher neben Metall auch Wasserstoff liefert. Die zur Wasserstoffabscheidung verbrauchte Strommenge durch Ausnutzung dieses Gases einigermaassen bezahlt zu machen, dürfte nicht unter allen Umständen Erfolg haben.

35

Der Apparat (Figur 35) besteht aus dem eisernen Schmelzgefässe *A*, in welches die Kathode *H* durch den Boden eingeführt ist. Zur Abdichtung und Befestigung der Kathode ist der untere, sich etwas verengende Theil des

---

[16]) D. R.-P. Nr. 58121 und Engl. P. Nr. 13356 von 1890.

Gefässes und ein darangefügtes Rohr *B* vor Inbetriebsetzung mit Aetzalkali *K* ausgefüllt, das nach kurzer Zeit erstarrt. In das geschmolzene
Aetzalkali *E*, welches durch eine Gasfeuerung *G* flüssig erhalten wird,
tauchen die am Deckel befestigten Anoden *F* ein, welche in solchen
Elektrolyten natürlich auch aus Metall bestehen können. Zwischen *H*
und *F* hängt ein Drahtgewebecylinder *M* als Diaphragma. An dieses
schliesst sich nach oben das Sammelrohr *C*, in welchem Wasserstoff und
Metall *D* getrennt vom Sauerstoffe aufgefangen werden, der seinerseits
durch die Oeffnung *P* im Deckel entweicht. Das Rohr *C* ist durch den
Deckel *N* verschlossen; derselbe liegt lose genug auf, um den Wasserstoff durchzulassen. Zum Ausschöpfen des Natriums bedient sich CASTNER
durchlochter Löffel, in welchen das Metall in Folge seiner Oberflächen-
spannung liegen bleibt, während Aetznatron durchläuft. Sämmtliche Apparattheile sind durch Asbestplatten *S* von einander isoliert. *I* und *L*
bezeichnen die Stromleitungen. — Mit diesem Apparate werden thatsächlich heute grosse Mengen Natrium fabriciert.

Eine von NIEWERTH [17] angemeldete, der Firma H a s e n c l e v e r &
S ö h n e patentierte Erfindung, dampfförmige Alkali- und Erdalkaliverbindungen durch „Reibungs- oder Induktionselektricität" zu zerlegen, ist
wohl kaum ernst zu nehmen. — Auch BULL [18] und STÖRK [19] haben in
der Konstruktion von Apparaten Unmögliches geleistet.

Die vorstehend geschilderten Versuche zeigen schon zur Genüge,
dass die wirksame Zerlegung der geschmolzenen Natriumsalze mit weit
grösseren Schwierigkeiten verknüpft ist, als die der entsprechenden
Lithium- und Magnesiumsalze. Welches sind nun die Gründe für dieses
abweichende Verhalten des Natriums und seiner Salze? Wir können dieselben natürlich nur in den Eigenschaften der für die Elektrolyse in
Betracht kommenden Rohstoffe, Produkte und etwa möglichen Zwischenprodukte suchen. Schon ein Vergleich der Schmelztemperaturen der
Elektrolyte und der abzuscheidenden Metalle, sowie der Siedepunkte der
letzteren wird uns einige nützliche Winke geben.

	Elektrolyt	Schmelzpunkte des Elektrolyten	des Metalles	Siedepunkt des Metalles
Magnesium-Darstellung	Karnallit	500°	500-600°	über 1100°
Lithium-Darstellung	Lithium-Kaliumchlorid	500°	180° ·	1000°
Natrium-Darstellung	Natriumchlorid	900°	96°	900°

[17]) D. R.-P. Nr. 65 921.
[18]) Engl. P. Nr. 10 735 von 1892.   [19]) D. R.-P. Nr. 68 335.

Wir sehen, dass in den beiden ersten Fällen die Schmelzpunkte von Elektrolyt und Metall näher bei einander liegen als die Schmelzpunkte der Elektrolyten und Siedepunkte der betr. Metalle. Im letzten Falle liegt der sehr niedrige Schmelzpunkt des Natriums weit unter dem des meist empfohlenen Elektrolyten; Siedepunkt des Metalles und Schmelzpunkt des Elektrolyten fallen aber fast zusammen. Es wird vielfach angenommen, dass sich Natrium mit Natriumchlorid zu einem Chlorüre vereinige, und dass die Bildung dieses Chlorüres mit der Temperatur des Kochsalzes zunehme. Bewiesen ist diese Behauptung nicht mit Sicherheit; wahrscheinlich ist sie jedoch; denn je höher die Temperatur des Elektrolyten, desto schlechter die Ausbeute an Natrium. Wenn sich Chlorür bildet, so ist natürlich auch die Möglichkeit vorhanden, dass es an der Anode zum grössten Theile wieder in Chlorid verwandelt wird. Ein entsprechend grosser Theil von Stromarbeit wäre somit vergebens gewesen.

Die erste Forderung für die erfolgreiche elektrolytische Abscheidung des Natriums wäre demnach ein bei möglichst niedriger Temperatur schmelzender Elektrolyt. Dass Salzgemische meist bei niedrigerer Temperatur schmelzen, wie die einzelnen das Gemisch zusammensetzenden Bestandtheile ist eine bekannte Thatsache. Dieses Hülfsmittel zur Herstellung leichtflüssiger Elektrolyte wurde schon von BUNSEN und MATTHIESSEN angewandt. Ein besonders zur Natriumgewinnung geeignetes Gemisch, entsprechend der Formel $NaCl$, KCl, $SrCl_2$, bildete später auch den Gegenstand eines Patentes von GRABAU[20]. Allerdings kann man bei der Verwendung derartiger Salzgemische kein reines Natrium erwarten; es wird stets — wenn auch wenig — Kalium enthalten. Für die meisten Verwendungszwecke schadet ein geringer Kaliumgehalt nicht; wenn aber das so erhaltene Metall für Reduktionsprozesse in wässriger Lösung benutzt werden soll, so ist zu berücksichtigen, dass schon ein Kaliumgehalt von wenigen Prozenten die Reaktionen meist zu stürmisch machen wird. Für solche Zwecke ist also ein reineres Metall erforderlich. Man stellt sich dann leicht schmelzbare Salzgemische aus Natriumchlorid mit Haloidsalzen von Strontium, Barium oder Calcium her. Nur ist Calciumchlorid zu vermeiden; dasselbe giebt leicht zur Bildung basischer Salze und zur Ablagerung von schlechtleitenden Niederschlägen auf den Elektroden Veranlassung. Was die Stromdichte betrifft, so muss man auf annähernd 5000 Ampère per qm Kathodenfläche rechnen. Die unter diesen Verhältnissen erforderliche Spannung beträgt durchschnittlich 10 Volt.

---

[20] D. R.-P. Nr. 56 230.

Für die Fabrikation grösserer Mengen von Natrium ist der Umstand sehr störend, dass die soweit bekannten Apparate nur in beschränkten Dimensionen ausführbar sind. Bis zu welcher Grösse die GRABAU'schen Apparate bisher angewandt wurden, ist mir nicht bekannt, meine eignen wurden bisher nur in den zwanzigfachen Dimensionen von Figur 36 gebaut. Auch für eine jetzt in Ausführung begriffene Anlage zur Herstellung von 200 kg Natrium in 24 Stunden ist diese Grösse beibehalten worden.

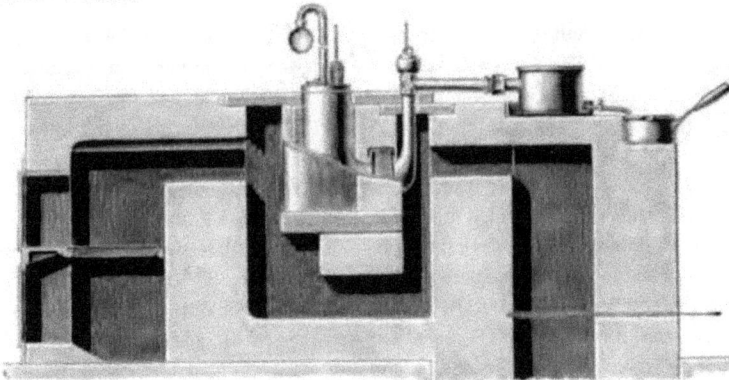

36

In Nachstehendem lasse ich einige Winke für die Einrichtung solcher Anlagen folgen:

Der Zersetzungsapparat selbst wird in der aus Figur 36 ersichtlichen Art in eine Feuerung eingemauert. Ich ziehe, wie bei der Magnesiumfabrikation, eine Vorfeuerung der direkten Unterfeuerung vor. Zum Anheizen der Apparate wird zwar auf diese Weise etwas mehr Brennmaterial verbraucht als bei Benutzung von direkteren Feuerungen, da aber während der Elektrolyse in Folge der hohen Stromdichte die Schmelze keiner hohen Wärmezufuhr bedarf, und durch verunglückende Gefässe die Feuerung leicht beschädigt werden kann, so dürfte diese Anordnung hier wohl am Platze sein. Es bedarf wohl kaum einer Erwähnung, dass an Stelle der in der Skizze dargestellten Feuerung für feste Brennstoffe, auch jede andre für Staub, Flüssigkeit oder Gas geeignete Feuerung zulässig ist. Den Zersetzungsapparat frei in die Heizkammer einzusetzen, ist nicht rathsam. Der Anodenbehälter besteht aus Porzellan oder guter Chamottemasse, ist also in erster Linie vor plötzlichen Temperaturschwankungen zu schützen. Aber auch die chemische Wirkung der Flammengase an der Aussenseite und der Kochsalzschmelze von Innen ist nicht zu übersehen. Als absolut dicht kann man selbst das dichteste Thongefäss nicht bezeichnen. Zwischen der Kieselsäure des Gefässmateriales, freiem Sauerstoff in der Flamme und aufgesogenem Kochsalze aus der Schmelze kommt gar zu leicht die Bildung von leicht schmelzbarem Natriumsilikat zu Stande, und das Gefäss ist damit verloren. Ich stelle daher den Zersetzungsapparat auf eine Brücke und baue den Anodenbehälter vollständig in eine enge Kammer ein, welche nun mit Holzkohlepulver gefüllt wird.

Die Art der Ableitung des Chlores ist aus Figur 36 deutlich genug ersichtlich.

Zur Einschaltung der Apparate in den Stromkreis habe ich eine Methode gewählt, die zwar in Bezug auf den Verbrauch von Leitungsmaterial nicht sehr sparsam erscheint, mit Rücksicht auf die von allen Seiten nöthige Zugänglichkeit der Ofenblöcke aber kaum zu umgehen war. Das nachstehende Schema (Figur 37) zeigt die Lage der aus Metallstäben L bestehenden Hauptleitung. Jedes Stück dieser Leitung steht mit dem folgenden durch einen Ausschalter S in Verbindung. Von den Punkten P aus gehen Abzweigungen nach den Anoden, von N aus nach den Kathoden der Zersetzungsgefässe. Um nun ein beliebiges Gefäss der ganzen Reihe einzuschalten, öffnet man den Schalter S, während derselbe zum Ausschalten des betreffenden Apparates geschlossen wird.

Mit Rücksicht auf die Kühlung der Verbindungsringe der Apparate können nicht gut mehr als zwei derselben in einen Mauerblock vereinigt werden, denn die Wasserzu- und -abflussrohre müssen leicht zugänglich sein. Da übrigens die Blöcke nicht hoch sind, so ist dies kein so grosser Nachtheil der Anlage. Mehrere Apparate in eine Heizkammer zu legen, ist aus Gründen, die schon beim Magnesium erörtert sind, nicht rathsam.

Dem Schaltungsschema (Figur 37) für die Natriumapparate habe ich einen Grundriss der Dynamo- (System Max Schorch & Co., Rheydt) und Gasmotorenanlage (System der Gasmotorenfabrik Deutz) in $^1/_{100}$ natürlicher Grösse beigefügt, um wenigstens ein annäherndes Bild des Raumbedarfes einer Anlage zu liefern, welche auf ca. 100 kg Natrium in 24 Stunden berechnet ist. Wegen der mit einer Betriebsstörung verbundenen Gefahren für die Apparate ist ausser den beiden Betriebsdynamos, welche je eine Apparatreihe mit Strom zu versorgen haben, eine Reserve-Dynamo vorgesehen. Die Anlage kommt nicht wesentlich theurer, wenn man statt dieser drei Dynamos à 50 P. S. zwei solche à 100 P. S. anschafft, von denen dann ebenfalls eine als Reserve dient. Man kann diese dann auch direkt an den Gasmotor kuppeln, um so alle Verluste in Riementransmissionen zu vermeiden. Im übrigen ist die Skizze mit allen nöthigen Erklärungen versehen. — Die Schalttafel für die drei

Dynamos würde natürlich an eine Wand des Maschinenraumes zu legen sein. Sie gestattet die Verbindung jeder Dynamo mit jeder Ofenreihe. Dieser Theil der Skizze entspricht der Deutlichkeit wegen nicht dem wirklichen Maassstabe.

Für die Berechnung der Kosten einer Anlage zur Fabrikation von etwa 100 kg Natrium mögen folgende Anhaltspunkte dienen:

In 24 Stunden liefert 1 elektrische Pferdekraft im günstigsten Falle 1 kg Natrium. Jeder der skizzierten auf etwa 300 Ampère berechneten Apparate liefert in 24 Stunden etwa 4,5 kg Natrium. Für die Anlage sind also erforderlich:

25 Zersetzungsapparate . . . . ℳ	1 500
Dynamos zur Lieferung von 100 elektrischen P. S. -	12 000
Dampfmaschinen oder Gasmotorenanlage mit einer	
Leistungsfähigkeit von 125 P. S. . . . . -	40 000
Bau-, Installationskosten u. dgl. . . . . -	20 000
	ℳ 78 000

Für den Betrieb sind täglich zu rechnen:

350 kg Salz . . . . ℳ	7,00
3 Tonnen Kohlen zur Krafterzeugung . . . . -	30,00
1 Tonne Kohlen zur Heizung der Apparate . . -	10,00
2 Heizer . . . . -	10,00
2 Maschinisten . . . . -	15,00
6 Mann Bedienung . . . . -	24,00
Abnutzung der Schmelzgefässe . . . . -	100,00
Zinsen und Amortisation . . . . -	34,00

100 kg Natrium kosten also ℳ 230,00

Man sieht, dass der Preis des Natriums nach diesem Anschlage kein hoher werden kann, selbst wenn man die einzelnen Posten möglichst hoch einsetzt. Bei der augenblicklichen Preislage der verschiedenen Gegenstände würde in Deutschland das kg Natrium zu 2-3 Mark, dem Marktpreise gegenüber also sehr billig, herzustellen sein.

Die Aussichten auf Verwendung des Natriums zur Aluminiumfabrikation sind heute nur noch sehr geringe. Doch haben sich in neuerer Zeit ausser den bekannten zwei neue Absatzquellen für das Metall eröffnet, die eine ist die Natriumsuperoxyd-, die andre die Cyankaliumfabrikation [31]. Ersteres hat als Ersatz des Barium- und Wasserstoffsuperoxydes bereits ausgedehnte Anwendung gefunden; während

---

[31] Nach ERLENMEYER wird ein für die meisten technischen Zwecke vorzüglich geeignetes Cyanid durch Erhitzen von Blutlaugensalz mit Natrium erhalten

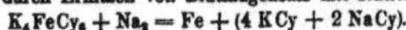

$$K_4FeCy_6 + Na_2 = Fe + (4 KCy + 2 NaCy).$$

gleichzeitig die Nachfrage nach Cyankalium zur Goldextraktion in letzter Zeit ganz bedeutend gewachsen ist. Von den älteren Verwendungsarten des Natriums sind zu erwähnen: Herstellung von chemisch reinem Aetznatron, Reduktion organischer Substanzen für die Anilinfarbenfabrikation und Reduktion der Verbindungen seltenerer oder schwer reducierbarer Elemente.

Natriumlegierungen.

Die Schwierigkeiten bei der Darstellung reinen Natriums lenkten schon früh die Aufmerksamkeit der Elektrochemiker auf die Herstellung solcher Legierungen, welche ihres Natriumgehaltes wegen gerade so gut wie das Natrium selbst Verwendung finden konnten. Von diesen Legierungen haben besonders die mit Quecksilber und mit Blei Eingang in die Technik gefunden. In neuerer Zeit werden auch Natrium-Zinnlegierungen in Vorschlag gebracht.

Quecksilber bei der Elektrolyse von Alkali- und Erdalkaliverbindungen als Kathode zu benutzen, um so die schwer abzuscheidenden Metalle der Wiederauflösung durch den Elektrolyten zu entziehen, ist ein Kunstgriff, den schon Davy anfangs dieses Jahrhunderts anwandte. Für die Darstellung der Metalle dieser Gruppen hat sich die Amalgamation aber trotzdem keinen Eingang verschaffen können, weil das Lösungsvermögen des Quecksilbers für Natrium unterhalb des Erstarrungspunktes der entstehenden Amalgame ein sehr geringes ist. Seitdem sich aber die Soda- und Potasche-Industrie mit der elektrolytischen Zerlegung von Salzlösungen beschäftigt, hat auch die Bildung von Natrium- und Kalium-Amalgam, wenn auch als schnell sich wieder zersetzendes Zwischenprodukt, in mehreren patentierten Verfahren wieder Berücksichtigung gefunden.

Das erste Patent dieser Art wurde im Jahre 1891 von Askins und Applegarth [22] in Deutschland und anderen Ländern angemeldet; es betraf ein Verfahren und Apparate zur Darstellung von Alkali- und Erdalkalimetallen und der Hydrate derselben. Das Wesen dieser Erfindung bestand in der Benutzung cylindrischer Metallgefässe als Kathoden, deren Innenwandung amalgiert und während der Elektrolyse von Quecksilber berieselt wurde. Die Form der Apparate war übrigens eine derartige, dass eine erfolgreiche Durchführung dieses gewiss guten Gedankens absolut ausgeschlossen war.

Eine wesentliche Verbesserung bedeutete der im Jahre 1892 in Norwegen und anderen Ländern zum Patente angemeldete Apparat von Sinding-Larsen [23] (Figur 38) zur Darstellung von Chlor, Alkali-

---

[22]) D. R.-P. Nr. 64 409.
[23]) Norweg. P. Nr. 2925 von 1892.

amalgamen und Aetzalkali. Er besteht aus den Behältern *A* und *B*.
B ist unten offen, wird aber während der Elektrolyse durch das in *A*
befindliche Quecksilber *Q* geschlossen. Durch das Gewölbe von *B* ist
ein als Anode dienender
Kohlestab *C* in den Apparat eingelassen. Das
Rohr *E* führt dem Behälter *B* die zu zersetzende Salzlösung zu.
Zur Abführung des sich
entwickelnden Chlores
und überschüssiger Flüssigkeit ist das Rohr *X*
vorgesehen. Das Metall,
also Natrium z. B., wird
von dem als Kathode
dienenden Quecksilber
aufgenommen. Soll nun
das Amalgam als solches
gewonnen werden, so

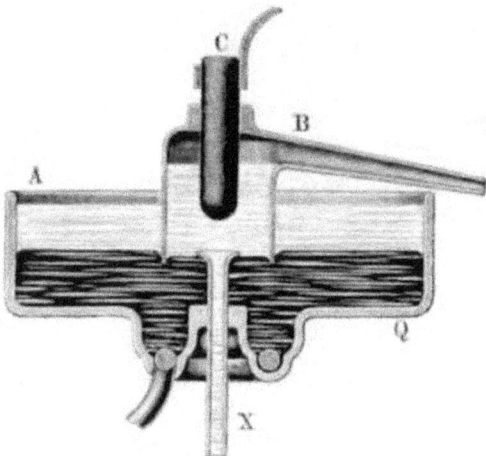

38

schichtet man Petroleum auf das Quecksilber im äusseren Behälter;
handelt es sich um die Gewinnung von Alkalihydraten, so wendet man
statt des Petroleums Wasser an. Nach zwei neueren Patenten [24] ist es
rathsamer, das Quecksilber in Bewegung zu erhalten.

In unpraktischster Weise haben HERMITE und DUBOSE [25] in ihren
Erfindungen die Vermittlung von Amalgamen zur Gewinnung von Alkaliverbindungen benutzt. HERMITE scheint, trotz der grossen Zahl seiner
Patente, kein rechtes Geschick in der Konstruktion brauchbarer Apparate
zu haben.

Der dem Apparate von SINDING-LARSEN zu Grunde liegende Gedanke ist von CASTNER und KELLNER weiter vervollkommnet worden.
Das älteste der Patente dieser Erfinder ist das unten näher bezeichnete
englische von CASTNER [26]. Dasselbe ist durch ein späteres Patent [27] ergänzt, so dass das Verfahren jetzt in Folgendem besteht: In das Zersetzungsgefäss sind zwei Scheidewände so eingefügt, dass alle drei
Abtheilungen durch weite Nuthen im Boden des Gefässes unter den
Scheidewänden in Verbindung stehen. Der Boden des Gefässes ist nun

---

[24]) Zeitschrift für Elektrotechnik und Elektrochemie Bd. I, 1894, Heft 13 u. 15.
[25]) D. R.-P. Nr. 67851.
[26]) Engl. P. Nr. 16046 von 1892.
[27]) Engl. P. Nr. 10084 von 1893 und D. R.-P. Nr. 77064.

mit einer dünnen Quecksilberschicht gefüllt. In der mittleren Abtheilung taucht die aus Metallblechen bestehende Kathode in Wasser ein, während die Kohleanoden in den äusseren Abtheilungen von Salzlösungen umgeben sind. Da die Scheidewände selbst undurchdringlich für Flüssigkeiten sind, wird die Richtung des Transportes der positiven Elektricität folgende sein: Von den Anoden durch die Salzlösung zu der in den äusseren Abtheilungen als Kathode fungierenden Quecksilberschicht; von hier aus zu der im mittleren Raume als Anode fungierenden Amalgamschicht durch das Wasser zu den Kathoden. Um die Bewegung der Amalgammasse und damit den Austausch des vom Quecksilber aufgenommenen Natriums zu beschleunigen, wird dem Gefässe eine schwach schaukelnde Bewegung ertheilt. Unter Vermittlung einer Walze oder Schneide ruht es beweglich an der einen Seite auf einer fundamentierten Platte. An der andren Seite ist es auf einem durch eine Welle bewegten Excenter gelagert. Bei einer Quecksilberhöhe von etwa 3 mm auf dem Boden des Gefässes soll das auf den Excentern lagernde Apparatende nur 3 mm über und 3 mm unter die wagerechte Lage geschaukelt werden.

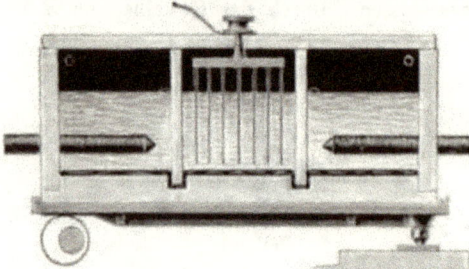

Dasselbe Princip hat KELLNER[28] mehreren seiner Apparate zu Grunde gelegt. Er füllt schmale poröse Zellen, in welche ein Stromableitungsstab eintaucht, mit Quecksilber. Auf letzteres wird Wasser geschichtet. Diese Vorrichtung steht zwischen den Anoden in einem mit Salzlösung gefüllten elektrolytischen Zersetzungsgefässe.

Obwohl neueren Datums, stehen doch die auf das gleiche Princip fussenden Apparate von VAUTIN[29] hinter den eben beschriebenen so weit zurück, dass ein näheres Eingehen auf dieselben überflüssig erscheint.

So wichtig dies eine oder andre der erwähnten Verfahren für die Alkali- und Chlorindustrie sein oder werden mag, so wenig Bedeutung scheinen dieselben für die Metallurgie zu haben. Die Alkalimetalle wird man auf diese Weise jedenfalls nicht herstellen. Auch die so erhaltenen

---

[28]) D. R.-P. Nr. 70 007.
[29]) D. R.-P. Nr. 73 304. U. S. A.-P. Nr. 513 661. Engl. P. Nr. 2267 von 1893.

Amalgame weisen einen zu geringen Natriumgehalt auf, als dass sie je
aus ihrer Rolle als Metallüberträger während der Elektrolyse hervorzu-
treten Aussicht hätten.

Grössere Wichtigkeit scheinen die Blei- und Zinn-Natriumlegierungen gewinnen zu sollen. Obgleich die Lösungsfähigkeit des
Bleies und Zinnes für Natrium bekannt ist, sind doch erst im Jahre 1889
die ersten Nachrichten über erfolgreiche Versuche zur Herstellung von
solchen Legierungen in die Oeffentlichkeit gelangt. Rogers [80] berichtet
darüber folgendes: „Während der letzten drei Jahre (1886-1889) habe
ich viele Versuche angestellt, Chlornatrium unter Benutzung geschmolzener
Kathoden (besonders aus Blei) zu elektrolysieren. Blei, Zinn, Zink, Cadmium und Antimon legieren sich leicht mit Natrium. Ein Theil des
letzteren kann durch Destillation aus diesen Legierungen auch wieder
abgeschieden werden. Bei einem Versuche wurde ein Strom von 33 Volt
und 77 Ampère zwei Stunden lang durch zwei hintereinander geschaltete
Tiegel geleitet, von denen jeder 14 kg Salz, der erste 0,104 kg Zinn,
der zweite 0,470 kg Blei, als Kathodensubstanz enthielt. Als Anoden
dienten Kohlestäbe. Nach Beendigung der Elektrolyse und Untersuchung
der abgekühlten Tiegelinhalte stellte sich heraus, dass eine Blei-Natrium-
legierung mit 17 % Na und eine Zinn-Natriumlegierung mit 45-50 % Na
entstanden war".

Die aufgewandte Stromspannung war jedenfalls ungewöhnlich hoch;
doch lässt sich mangels jeder Angabe über die Dimensionen der Apparate
kein Schluss auf die Stromdichte u. dgl. ziehen. Die Mittheilungen genügen aber, die Thatsache festzustellen, dass schon damals der Weg für
eine elektrolytische Herstellung der Blei- und Zinn-Natriumlegierungen
klar vorgezeichnet wurde. In einer andern Veröffentlichung [81] lässt sich
Rogers etwas stark optimistisch über den Kraftverbrauch für die Natriumgewinnung aus. Er will nämlich mit einer elektrischen Pferdekraft in
24 Stunden 2,5-3 kg Natrium aus dem geschmolzenen Chloride abscheiden.
Dies ist nach den obigen Versuchen allerdings nicht zu erwarten, zumal
er noch die Beschränkung hinzufügt: „vorausgesetzt, die Apparate halten
genügend, um ein ununterbrochenes Arbeiten zu ermöglichen".

Die Schwierigkeit der Apparatfrage tauchte also auch hier wieder
als Hindernis auf, um zunächst von Herrn Vautin auf geduldigem Papiere als gelöst behandelt zu werden. Seine ersten Patente [83] mögen

---

[80]) Proceedings of the Wisconsin Natural History Society 1889 (nach Richards'
Aluminium).

[81]) Journal of the Franklin Institute vol. CXXVIII, 1889, p. 486.

[83]) Engl. P. Nr. 13 568 von 1893 (vergl. Zeitschrift für Elektrotechnik und
Elektrochemie Bd. I, 1894, S. 139).

hier mit Stillschweigen übergangen werden; seine neueste Erfindung[33] kann aber deswegen nicht unerwähnt bleiben, weil darin mit der unschuldigsten Miene ein Apparat als neu bezeichnet wird, welcher bereits im Jahre 1844 in England[34] patentiert wurde. NAPIER, dies ist der Name des damaligen Erfinders, benutzte als Kathode einen Tiegel aus leitendem Materiale, dessen Inneres bis auf den Boden mit nichtleitendem Materiale (Schlacke) ausgekleidet war, um aus geschmolzenen Substanzen Metalle abzuscheiden. Wie die beigefügte Figur aus einer der letzten Veröffentlichungen VAUTIN's zeigt, passt die Beschreibung NAPIER's genau auf dieses Schmelzgefäss (Figur 40). Aber ganz abgesehen von dem Mangel irgend eines eignen Gedankens in den VAUTIN'schen Erfindungen ist dieser „neue" Apparat für den Dienst, zu dem er durch die Patentschrift bestimmt wird, dauernd jedenfalls nicht tauglich. Es giebt kein Material, das, in Berührung mit einem als Kathode dienenden, von Aussen erhitzten Gefässe in einer Schmelze von Alkali-, Erdalkali- und Erdhaloidsalzen zur Isolation eines Theiles der Gefässwandungen, so widerstandsfähig wäre, um nur für die Dauer weniger Tage einen ununterbrochenen Betrieb

40

zu gestatten. Man wird einwenden, dass die von VAUTIN empfohlene Ausfütterung (Magnesia) billig sei. Ja und wenn sie nichts kosten würde, wäre sie zu verwerfen, da mit ihr ein Dauerbetrieb — und ein solcher ist hier zur vortheilhaften Ausnutzung von Wärme und elektrischer Energie ganz besonders am Platze — vollständig ausgeschlossen ist.

Der erste Apparat, mit dem ich sowohl Natriumblei- wie andere leicht schmelzbare Legierungen erfolgreich dargestellt habe, ist in Figur 41 abgebildet. Das eiserne Schmelzgefäss K setzt sich aus einem kurzen Cylinder und einem umgekehrten Hohlkegel zusammen. Die Innenwand des konischen Apparattheiles ist mit Vertiefungen, bezw. Vorsprüngen versehen, so dass dadurch terrassenartig übereinanderliegende Rillen entstehen. Die oberste tiefste Rille dient als Sammel- und Schmelzraum für das durch einen oder mehrere Trichter in den Apparat einzuführende Blei. Die übrigen sollen das Hinunterrieseln des flüssigen Bleies möglichst verzögern, damit es unter häufigem Wechsel seiner Oberfläche auf diesem Wege viel Natrium aufnehme. Als Elektrolyt dient eine

---

[33]) Engl. P. Nr. 20 404 von 1893.
[34]) Engl. P. Nr. 10 362 von 1844 und Nr. 684 von 1845.

— 69 —

Schmelze der bereits mehrfach erwähnten Salzgemische. Durch den Chamottedeckel sind die mit Porzellanhüllen *C* umgebenen Kohleanoden *A* eingehängt Wie bei früher beschriebenen ähnlichen Apparaten stützen sich die Kohlestäbe mittels der Klammern *V* auf die Deckel *d*. Die Klammern *V* stellen auch die Verbindung mit der Stromleitung *P* her, während der Tiegel mit der Rückleitung *N* verschroben ist. Zur Chlorableitung während des Betriebes dienen die Rohre *R*, die sich im unteren Tiegeltheile ansammelnde Legierung fliesst durch das vom Boden aus abgehende Rohr ab. Dass während der Elektrolyse für Ersatz des zersetzten Salzes gesorgt werden muss, bedarf wohl nicht besonders betont zu werden. Um

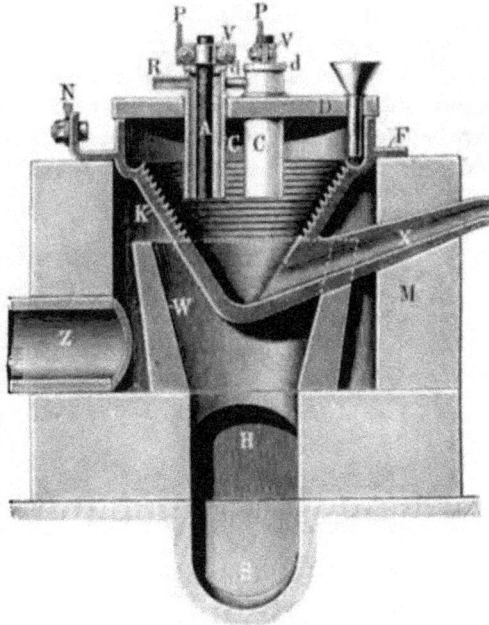

41

den Tiegelinhalt zu schmelzen und flüssig zu erhalten, ist der Tiegel mit Hülfe des Flansches *F* in eine Heizkammer eingehängt, welche bei der in Figur 41 angedeuteten Konstruktion nur wenig Brennstoff verbraucht. Man legt die Feuerung selbst seitlich an. Für kleine Versuchsapparate genügt ein grosser FLETCHER-Brenner. Die Verbrennungsgase treten dann durch die Oeffnung *H* in die Heizkammer ein, werden durch die Chamottewand *W* zunächst nach oben geführt, um sich in dem Zwischenraume zwischen *W* und der äusseren Ofenwand *M* zu sammeln und bei *Z* in den Fuchs zu ziehen. Um für den Fall des Leckwerdens eines Tiegels den Inhalt zu retten, ist vor der Feuerbrücke eine Sammelrinne *S* vorgesehen, aus welcher die durchgelaufenen Massen abgelassen werden können.

Diesen Apparat habe ich später durch Beseitigung der zerbrechlichen und anderweitige Störungen veranlassenden Porzellanhülsen verbessert. Es wurde lediglich der obere cylindrische Theil des Schmelzgefässes erhöht und mit einem Kühlringe umgeben (Figur 42). Die Innenwand dieses Gefässtheiles bedeckt sich nun mit erstarrter Schmelze und wird dadurch vor der Einwirkung des von der Kohle nach oben steigenden Chlores geschützt. Das Blei kann wie vorher oder von einem über der Feuerung aufgestellten Einschmelzgefässe E der obersten Rinne des Legierungsgefässes zugeführt werden. Letzteres steht durch ein vom Boden ausgehendes Rohr mit einem, durch abgehende Heizgase warm gehaltenen Sammelbehälter B in Verbindung, aus welchem die Legierung zum Verbrauche oder zur Aufbewahrung entnommen wird. Als Anode dient entweder ein dicker Kohlestab oder eine entsprechende Anzahl dünnerer.

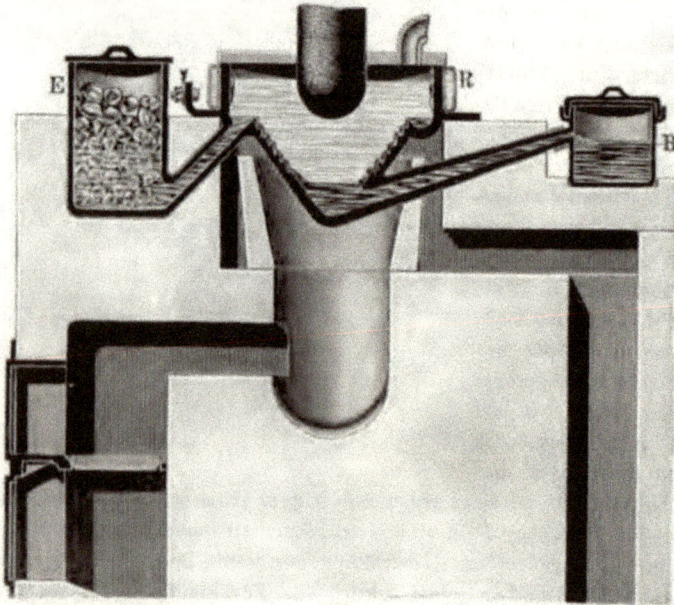

42

Figur 42 zeigt gleichzeitig eine für grösseren Betrieb geeignete Einmauerung. In fünfzehnfacher Grösse der Skizze ausgeführt, eignet sich der Apparat für Ströme von 300 Ampère, entsprechend einer Stromdichte von 5000 Ampère per Quadratmeter Kathodenfläche. Gegenüber der Natriumabscheidung ohne lösendes Metall kommen wir hier mit einer Stromspannung von 6-8 Volt aus. Die Herstellungskosten des Natriums reducieren sich dadurch ganz wesentlich, besonders da ausserdem diese Apparate bedeutend billiger und haltbarer sind, als die Apparate für die Rein-Natrium-Gewinnung.

Lässt man das Blei nicht mehr als 10 % Natrium aufnehmen, so wird während der ganzen Betriebsdauer die Stromspannung nicht über

8 Volt steigen. Einen Kostenanschlag wird man sich nach den Angaben auf Seite 63 leicht aufstellen können, wenn man in die dortigen Posten eine Natriumausbeute von 150 kg bei dem gleichen Kraftaufwande und einen Salzverbrauch von etwa 450 kg einsetzt, ausserdem aber den Apparatverschleiss auf etwa ein Drittel reduciert.

Ueber die Verwendungsarten dieser Legierung, in welcher natürlich das Blei auch durch andere leicht schmelzbare Metalle ersetzt werden kann, gilt dasselbe wie für Natrium. Blei besonders ist selten den mit Natrium auszuführenden Reaktionen hinderlich, dämpft vielmehr die oft sehr unerwünschte Heftigkeit derselben.

Kalium.

Das Kalium (K, Atomgewicht 39, specifisches Gewicht 0,865) ist gleich dem Natrium ein auf frischen Schnittflächen weisses, glänzendes Metall, weicher als Natrium und von niedrigerem Schmelz- und Siedepunkte; ersterer liegt bei 62°, letzterer zwischen 700 und 750°. In Dampfform hat es eine grüne Farbe.

Bezüglich seiner chemischen Eigenschaften kann ganz auf Natrium verwiesen werden. Kalium ist in seinen Wirkungen meist stürmischer als jenes Metall, so besonders bei der Wasserzersetzung.

In der Natur findet es sich nur in Salzen und zwar als Haloidsalz im Sylvin, KCl und Carnallit, $KCl \cdot MgCl_2 \cdot 6H_2O$; als Sulfat in den Alaunen, $K_2SO_4 \cdot Al_2(SO_4)_3 \cdot 24H_2O$; als Silikat in den Feldspathen $K_2Al_2(SiO_4)_2$, dem Glimmer und zahlreichen anderen Mineralien und deren Verwitterungsprodukten. Es scheint eine wichtige Rolle in den pflanzlichen und thierischen Lebensprozessen zu spielen. Pflanzliche und thierische Abfälle wie Holzasche, Asche der Rübenmelasse-Schlempe, Wollschweiss der Wollwäschereien, bilden wichtige Rohstoffe für die Potasche-Industrie.

Auch in den Darstellungsmethoden dieses Metalles finden wir dieselbe Uebereinstimmung mit Natrium, wie in den Eigenschaften, so dass fast ganz auf das im vorigen Abschnitte Gesagte verwiesen werden kann. Nur mag kurz daran erinnert sein, dass sich bei der direkten Reduktion von Potasche oder Aetzkali durch Kohlenstoff haltiges Material in den Vorlagen und Retorten vielfach eine schwarze poröse Verbindung von Kalium mit Kohlenoxyd absetzt, die ihrer leichten Zersetzbarkeit wegen zu heftigen Explosionen Veranlassung gegeben hat.

Die elektrolytische Abscheidung des Metalles gelingt, bei Abwesenheit von Natrium-, Lithium- und Magnesiumsalzen, unter fast gleichen Bedingungen aus Kalium- und Erdalkalihaloidsalz-Gemischen, wie die des

Natriums. Es genügt daher, hier nur einige speciell für die Kaliumgewinnung in Vorschlag gebrachte Methoden zu berücksichtigen.

MATTHIESSEN's[1] Beobachtung z. B., dass sich bei der Elektrolyse
eines geschmolzenen Gemisches von 2 Molekülen Kaliumchlorid und
1 Molekül Calciumchlorid Kalium abscheidet, ist an sich interessant
genug; die Elektrolyse calciumchloridhaltiger Schmelzen bietet aber derartige Schwierigkeiten, dass die Vortheile, welche durch Erniedrigung des
Schmelzpunktes des Kaliumchlorids bei Anwesenheit von Calciumchlorid
erreicht werden, mehr als aufgewogen werden.

LINNEMANN's Verfahren[2] beruht auf der Zersetzung von Cyaniden.
Der Strom geht durch das in einem Tiegel geschmolzen zu erhaltende
Kaliumcyanid von einer Kohlenplatte in einen zugespitzten Kohlenstab.
Wird die Temperatur so gehalten, dass die Schmelze oberflächlich erstarrt, so sammelt sich unter der Kruste das reducirte Metall. Die
hohen Gestehungskosten des Rohmateriales machen jede Erörterung einer
praktischen Verwendbarkeit von vornherein überflüssig.

Alle übrigen Vorschläge sind bereits unter ‚Natrium' berücksichtigt;
es kann also ganz auf das dort Gesagte verwiesen werden.

Die Verwendung des Kaliums ist wegen der grösseren Heftigkeit
der Reaktionen, der bisher gefährlicheren Darstellungsweise und des
höheren Preises der Kaliumverbindungen noch bis heute eine so unbe-
deutende geblieben, dass von einer industriellen Anwendung überhaupt
nicht gesprochen werden kann.

Dritte Gruppe.

Calcium, Strontium, Barium.

Die drei Metalle dieser Gruppe zeigen in allen ihren Eigenschaften,
also auch in ihren Darstellungsmethoden, die grösste Uebereinstimmung.

	Zeichen	Atomgewicht	Specifisches Gewicht	Farbe	Schmelz-punkte
Calcium ..	Ca	40	1,6	gelb	800-1000
Strontium .	Sr	87	2,5	gelb	1000-1200
Barium ...	Ba	137	3,75	gelb	über 1200

Ihr chemisches Verhalten ist im wesentlichen das der Alkalimetalle. Sie
oxydieren sich, bei Luftzutritt erhitzt, mit grosser Lebhaftigkeit und

---

[1] LIEBIG's Annalen der Chemie Bd. XCIII, 1855, S. 277.
[2] Journal für praktische Chemie Bd. LXXIII, 1848, S. 415.

starker Wärmeentwicklung, zeigen auch den übrigen Metalloïden gegenüber ein starkes Vereinigungsbestreben. Wasser wird bei gewöhnlicher Temperatur unter Bildung der entsprechenden Hydrate von ihnen zersetzt. Sie reducieren, wie die Alkalimetalle, die meisten Oxyde, auch solche der Nichtmetalle, z. B. CO_2, SiO_2, B_2O_3. Auch aus den meisten Salzen verdrängen sie die Metalle. Dass die Einwirkung von Säuren auf diese, schon bei gewöhnlicher Temperatur das Wasser zersetzenden Metalle, eine äusserst energische sein muss, braucht kaum betont zu werden.

Die chemischen Eigenschaften der Metalle lassen es nicht zu, dass andere Verbindungen als Salze in der Natur vorkommen. Als Haloidsalz findet sich vorwiegend das Calcium im Flussspathe, CaF_2; als Sulfate kommen alle drei Metalle in mächtigen Lagern vor, das Calcium im Gyps: $CaSO_4 + 2H_2O$, und Anhydrit: $CaSO_4$, das Strontium im Coelestin: $SrSO_4$, das Barium im Schwerspath: $BaSO_4$; auch als Carbonate sind sie stark vertreten: in Kalkspath, Marmor, Kreide und Kalkstein: $CaCO_3$, im Strontianit: $SrCO_3$ und im Witherit: $BaCO_3$; schliesslich wären auch noch Phosphate, Borate und Silikate zu nennen, in denen aber vorwiegend das Calcium vertreten ist.

Die Abscheidung dieser drei Erdalkalimetalle aus ihren Oxyden oder Halogensalzen ist im Vergleich mit derjenigen der Alkalimetalle und des Magnesiums mit sehr grossen Schwierigkeiten verknüpft und trotz einiger kürzlich genommenen Patente nur in verhältnismässig sehr kleinem Maassstabe ausführbar. Es war wiederum DAVY, welchem die elektrolytische Zerlegung der alkalischen Erden zuerst gelang [1]. Er formte die feuchten Hydrate für sich oder mit Quecksilberoxyd gemischt zu kleinen Schalen, setzte dieselben auf Platinbleche, welche gleichzeitig als positive Pole dienten, und liess die negativen Pole in Quecksilber endigen, welches er in die aus den Hydraten geformten Schälchen gegossen hatte. Es bildeten sich Amalgame, aus denen er das Quecksilber durch Erhitzen ausgetrieben haben will. Nach späteren Untersuchungen scheint DAVY jedoch noch kein reines (quecksilber- und siliciumfreies) Metall in Händen gehabt zu haben. Erst BUNSEN und MATTHIESSEN gelang es, durch Zersetzung der Chloride die Erdalkalimetalle in reinem Zustande darzustellen. Es war in BUNSEN's Laboratorium lange vergeblich versucht, auch die Cloride dieser Metalle in dem zur Elektrolyse des Magnesiums so bewährt befundenen Apparate zu zersetzen, bis BUNSEN bei Gelegenheit seiner Versuche über Chrommetall im Jahre 1854 die Ursache des bisherigen Misserfolges erkannte. Er

---

[1] Philosophical Transactions. London 1808.

stellte damals [2] folgende bemerkenswerthen Sätze auf, welche sich als die Grundbedingungen für das Gelingen einer grossen Anzahl elektrolytischer Zersetzungen erwiesen:

„Den wichtigsten Einfluss auf die chemischen Wirkungen übt die Dichtigkeit des Stromes aus, d. h. das Verhältnis der Stromstärke zur Polfläche, an der die Elektrolyse erfolgt. Mit dieser Dichtigkeit wächst die Kraft des Stromes, Verwandtschaften zu überwinden . . . . . Ein nicht minder erhebliches Moment bildet die relative Masse der Gemengtheile des vom Strome durchflossenen Elektrolyten".

In derselben Abhandlung weist BUNSEN schon darauf hin, dass bei genügender Stromdichtigkeit auch die Abscheidung des Calciums und Bariums aus den mit Salzsäure angesäuerten kochend heissen koncentrierten Lösungen ihrer Chloride möglich sei. Er benutzte als negativen Pol einen amalgamierten Platindraht, welcher in die zu zersetzende Masse eintauchte. Letztere befand sich in einer Thonzelle und diese wiederum stand in einem theilweise mit Salzsäure angefüllten, in einen Porzellantiegel eingesetzten und im Wasserbade heiss gehaltenen Kohlentiegel, welcher gleichzeitig als Zersetzungszelle und als positiver Pol diente. Bei der Zersetzung des Calciumchlorides stellten sich jedoch Schwierigkeiten ein, indem sich der Pol schon nach wenigen Minuten mit einer Kruste Kalkerde überzog, die den Strom unterbrach. Es war daher nöthig, den Platindraht herauszunehmen, die rasch getrocknete Amalgamkruste zu entfernen und von neuem zu amalgamieren.

Bariumamalgam liess sich, bei Anwendung eines mit schwach salzsaurem Wasser angerührten Breies von krystallisiertem Bariumchlorid bei 100 ⁰ C. leicht in 1 g schweren Mengen erhalten.

Zu diesen Zersetzungen war eine Stromdichte von annähernd 1 Ampère pro qmm eintauchender Kathodenfläche erforderlich.

Auf diesen Erfahrungen fussend, gelang es MATTHIESSEN [3] in BUNSEN's Laboratorium im Jahre 1855 aus den geschmolzenen Chloriden die Metalle der Erdalkalien direkt in reinem Zustande darzustellen. „Allein", schreibt er, „so leicht diese Reduktion ist, so schwierig ist es, das reducierte Metall in zusammenhängenden Stücken zu erhalten und von der geschmolzenen Masse zu trennen. Die abgeschiedenen Metalle steigen nämlich meistens, vermöge ihres geringen specifischen Gewichts an die Oberfläche empor, ehe sie zu Kügelchen von erheblicher Grösse angewachsen sind, und verbrennen dann so schnell, dass es zur Unmöglichkeit wird, sie zu sammeln. Versucht man es, das Polende mit einer

---

[2] POGGENDORFF's Annalen Bd. XCI, 1854, S. 619.
[3] LIEBIG's Annalen der Chemie Bd. XCIII, 1855, S. 277.

glockenartigen Vorrichtung von Glas oder gebranntem Thon zu überdachen, um das Metall darin aufzufangen, so reduciert es eine kleine Menge Silicium, welches in Gestalt eines schwarzen Pulvers sich ausscheidet und das Zusammenfliessen des Metalles zu einem Regulus verhindert". Er schlug drei Wege ein, um diesen Uebelständen zu begegnen. Der erste Weg, durch den man indessen nur ein sehr unreines Metall oder richtiger eine Legierung desselben erhält, besteht darin, dass man als negativen Pol einen Platindraht anwendet. Das Erdmetall legiert sich dann mit etwas Platin und erlangt dadurch ein so grosses specifisches Gewicht, dass es in dem geschmolzenen Chloride untersinkt und nach dem Erkalten und Zerschlagen der Masse in Gestalt von grossen Körnern ausgelesen werden kann.

Ein zweiter Weg ist der, dass man zwei Chloride in einem einfachen Atomverhältnisse zusammen schmilzt und dadurch ein so leichtflüssiges Doppelchlorid erzeugt, dass sich leichtflüchtige Metalle, wie Kalium, Natrium, ohne zu verdampfen, darin ausscheiden können. Reguliert man die Temperatur in der Weise, dass sich nur um den negativen Pol eine erstarrte Kruste an der Oberfläche der geschmolzenen Flüssigkeit bildet, so findet man diese nach dem völligen Erkalten mit Metallkörnern durchzogen, die sich leicht auslesen lassen, wenn man den erkalteten Inhalt des kleinen Porzellantiegels, worin die Schmelzung geschah, unter Steinöl mit einem Pistill in der Reibschale zerdrückt, wobei das Metall in kleinen Blechen oder Blättchen zwischen der pulverisierten Masse sichtbar wird.

Der dritte Weg gründet sich darauf, dass man die Abscheidung des Metalles unmittelbar unter der Oberfläche der geschmolzenen Chloride durch einen aus zugespitztem Eisendrahte bestehenden Pol vornimmt, wodurch das Metall, auf der Oberfläche schwimmend und, an der Eisendrahtspitze durch Adhäsion haftend, abgesetzt wird. Bei dieser Methode wird das freigewordene Metall durch eine dünne, es firnissartig überziehende Schicht geschmolzenen Chlorides vor der Oxydation so weit geschützt, dass es sich zu Senfkorngrösse ansammeln kann.

Calcium. Eine Darstellungsweise, die im höchsten Grade unsicher ist, die aber, wenn sie gelingt, Calciumstücke von mehr als Erbsengrösse geben kann, besteht aus Folgendem: Man schmilzt ein Gemisch von zwei Atomgewichten Chlorcalcium mit einem Atomgewichte Chlorstrontium und Salmiak bis zur Verflüchtigung des letzteren in einem hessischen Tiegel, stellt einen als positiven Pol dienenden Eisencylinder in die geschmolzene Masse und senkt in denselben eine vorher glühend gemachte, fingerlange enge Thonzelle, die ebenfalls mit derselben geschmolzenen Mischung angefüllt wird und zur Aufnahme eines als negativen Pol dienenden strick-

nadeldicken Eisendrahtes oder Kohlenstabes dient. Wenn die geschmolzenen Chlorverbindungen in der Zelle ungefähr $1/2$-1 Zoll höher stehen
als im äusseren Tiegel, so kann man das Feuer leicht so reguliren, dass
sich nur in der Thonzelle eine feste Kruste an der Oberfläche bildet,
unter welcher sich das abgeschiedene Metall ansammelt, ohne mit der
Thonzelle in Berührung zu kommen. Lässt man, wie es bei fast allen
seinen Versuchen geschah, einen Strom von 6 Kohle-Zink-Elementen
$1/2$-1 Stunde lang wirken, so erhält man eine grosse Menge reducirtes
Calcium. Allein es haben sich nur einmal ein Paar erbsengrosse geschmolzene Stücke bei diesem Verfahren gebildet. Fast immer war das
Metall an einzelnen Stellen der erkalteten und zerschlagenen Chlorid-
mischung in der Gestalt eines feinen Pulvers gleichsam eingesprengt.

Einfacher und sicherer erhält man das Calcium in kleinen geschmolzenen Kugeln, wenn man den Strom in einem kleinen zwischen Kohlen
oder über der Spirituslampe erhitzten Porzellantiegel, wie er zum Glühen
der Niederschläge benutzt wird, von einem möglichst grossen Kohlenpole
durch die Mischung in einen nur 2 Linien langen eisernen Claviersaiten-
draht (Nr. 6) der durch einen stärkeren bis an die Oberfläche reichenden Draht mit dem negativen Pole verbunden ist, gehen und um den
Draht herum sich eine kleine Kruste an der Oberfläche bilden lässt.
Man kann den Draht von Zeit zu Zeit (alle 3 Minuten) herausziehen und
Kruste und Metall in einer Reibschale abdrücken.

In ähnlicher Weise erhält man das Metall, wenn man die Oberfläche
der geschmolzenen Chloridmasse nur 1-2 Minuten lang mit der Drahtspitze eben berührt, so dass um dieselbe eine durch den Strom selbst
bewirkte Glüherscheinung eintritt.

Man kann auch die Drahtspitze in einzelnen Intervallen eintauchen
und wieder bis zum Erscheinen eines kleinen elektrischen Flammbogens
an die Oberfläche emporziehen, wodurch abwechselnd eine Abkühlung und
starke Erhitzung bewirkt wird, die das Zusammenschmelzen des pulverförmig ausgeschiedenen Metalles befördert.

Calcium wird aus seiner Chlor-Verbindung durch Natrium und Kalium
nicht reducirt. Schmilzt man ein Atom Chlorcalcium mit zwei Atomen
Chlornatrium oder gleiche Atome Chlorcalcium und Chlorkalium mit Salmiak zusammen, so erhält man ein Doppelchlorür, welches noch unter
der Temperatur, bei welcher Natrium oder Kalium flüchtig, schmilzt.
Zersetzt man diese bis zur starken Rothgluth erhitzte Masse mit einem
Kohlenpole und einer Eisendrahtspitze, so sieht man von der Drahtspitze,
welche nur wenig unter die Oberfläche der Flüssigkeit eintaucht, eine
Menge erheblich grosser Natrium-Kugeln aufsteigen, die auf der Oberfläche
der geschmolzenen Masse fortrollen und langsam verbrennen. Gelingt es,

ein solches Kügelchen aufzufischen, so findet man darin kaum eine Spur von Calcium enthalten.

MATTHIESSEN glaubt, dass, wenn es erreichbar wäre, ohne Schmelzung einer auf der Oberfläche der Schmelze von $2\,CaCl_2 + SrCl_2$ sich bildenden Kruste, dem unteren Theile eine sehr hohe Temperatur zu ertheilen und dadurch ein Zusammenschmelzen des Calciums zu einem grösseren Regulus zu bewirken, so würde diese Methode jeder andren vorzuziehen sein. Die Bedingung der partiellen höheren Erhitzung eines Zersetzungsgefässes ist leicht zu erfüllen. Man braucht nur einen Tiegel zu benutzen, wie ich ihn zur Gewinnung von Magnesium angegeben habe (S. 25); aber das Zusammenschmelzen des Calciums zu einem Regulus wird dadurch noch nicht erreicht.

Strontium. Weniger schwierig scheint die Darstellung des Strontiums nach MATTHIESSEN's Angaben zu sein [4], [5]: Ein kleiner Tiegel und eine darin befindliche Thonzelle werden mit wasserfreiem Chlorstrontium, welchem etwas Chlorammonium zugemischt ist, gefüllt, so dass die geschmolzene Masse in der Thonzelle höher steht, als im Tiegel. Die Thonzelle ist von einem, als positives Polende dienenden Cylinder von Eisen umgeben, und in die Thonzelle taucht ein kurzer und sehr dünner Eisendraht, welcher an einem dickeren befestigt ist und sammt diesem, bis auf das untere hervorragende kurze Stück, von einer irdenen Pfeifenröhre umgeben ist. Wird die Temperatur so reguliert, dass die in der Thonzelle enthaltene Masse oberflächlich eine erstarrte Kruste bildet, so scheidet sich das Strontium in Stücken bis zu 0,5 g unter derselben ab, ohne mit den Seitenwänden der Thonzelle in Berührung zu kommen. Das Barium lässt sich auf diese Art nicht in grösseren Massen, sondern nur als fein zertheiltes Pulver erhalten. Die Angabe in GMELIN-KRAUT's Handbuch [6], dass MATTHIESSEN bei der Elektrolyse geschmolzenen Chlorbariums, am eisernen Pole haftend, senfkorngrosse Metallkugeln erhalten habe, beruht wohl auf einem Irrthume. Die angegebenen Quellen [7], [8] enthalten keine derartige Behauptung.

Speciell für die Darstellung von Strontium empfiehlt HILLER den unter Lithium beschriebenen Apparat (S. 36). So gut sich derselbe für Lithium bewährt hat, so wenig brauchbar ist er, wenn es sich um die Herstellung einigermaassen greifbarer Mengen Strontiums handelt. Man wird in den meisten Fällen beim Zerschlagen des Tiegels enttäuscht sein,

---

[4]) LIEBIG-KOPP's Jahresbericht 1855 S. 323.
[5]) Quarterly Journal of the Chemical Society [London] vol. VIII p. 107.
[6]) Handbuch der anorganischen Chemie Bd. II S. 255. Heidelberg 1886, Winter.
[7]) LIEBIG's Annalen der Chemie Bd. XCIII, 1855, S. 277.
[8]) LIEBIG-KOPP's Jahresbericht 1855 S. 320.

zu finden, dass der bei weitem grösste Theil des am negativen Pole abgeschiedenen Metalles zu Boden gesunken und dort die Tiegelwandungen zu Silicium und Aluminium reduciert hat oder auch, fortgerissen durch die in Folge der erforderlichen grossen Stromdichte in der Schmelze entstehenden Strömung, am positiven Pole wieder verbrannt ist.

Geradezu als Rückschritt in der Lösung dieser Frage ist A. FELD-MANN's Verfahren zu bezeichnen [9]. Er setzt den einfachen Halogenverbindungen der alkalischen Erd- und Erdmetalle oder deren Alkalidoppelsalzen ein Oxyd zu, dessen Metall elektropositiver, als das abzuscheidende Metall ist; auch will er das Oxyd des abzuscheidenden Metalles mit dem Haloidsalz eines oder mehrerer elektropositiverer Metalle zusammenschmelzen und derartige Gemische in geschmolzenem Zustande durch den Strom zersetzen. Das abzuscheidende Metall soll in der Schmelze nur als Oxyd oder nur als Haloidverbindung (bei gleichzeitiger Anwesenheit hinreichender Mengen von Halogensalzen oder Oxyden elektropositiverer Metalle ist überhaupt nur ein Fall denkbar, Verf.), nicht aber gleichzeitig als Oxyd und als Haloidverbindung vorhanden sein.

Das Nachtheilige der Anwesenheit von Oxyden ist bei den bisher beschriebenen Methoden der Elektrolyse geschmolzener Alkali- und Erdalkalihalogensalze zur Genüge erörtert, so dass eine Wiederholung der gegen dieses Verfahren vorliegenden Gründe wohl unterbleiben darf.

Aus allem geht hervor, dass für die elektrometallurgische Technik scheinbar keine schwierigere Aufgabe existiert als die der Abscheidung von Calcium, Strontium und Barium, sobald es sich um grössere Metallmengen handelt. Auf der andren Seite aber können wir fast alle Bedingungen für die Lösung dieses Problems aus den Arbeiten von BUNSEN und MATTHIESSEN ableiten; sie sind dort klar ausgesprochen. Es wird gefordert:

1. hohe Stromdichte (500 000-1 000 000 Ampère per qm) an der Kathode,
2. hohe Temperatur an der Kathode,
3. niedrige Temperatur der Schmelze.

Die Forderungen 1 und 2 lassen sich ja sehr leicht in Einklang bringen; schwieriger die Bedingungen 2 und 3. Aber gerade diese müssen erfüllt werden, denn: das sich abscheidende Metall muss sofort zu grösseren Massen zusammenschmelzen; fein vertheiltes Metall wird sich sehr leicht unter Chlorürbildung wieder in der Schmelze lösen, also an der Anode wieder verbrennen; eine hohe Temperatur und die schnelle Abscheidung grosser Metallmengen an der Kathode sind daher unerlässlich und, wie

---

[9] D. R.-P. Nr. 50 370.

gesagt, beide durch hohe Stromdichte an der Kathode mit einem Schlage zu erfüllen. Gleichzeitig soll aber — und hierin liegt der Kernpunkt für die Schwierigkeit der technischen Ausführung — die nächste Umgebung der Kathode, also der Elektrolyt eine möglichst niedrige Temperatur haben, denn es werden sonst auch grössere Metalltropfen leicht wieder von den Haloidsalzen gelöst und der Anode zugeführt. Von der zerstörenden Wirkung hoch erhitzter Erdalkalisalzschmelzen auf alle Gefässmaterialien mag ganz abgesehen werden. Nun, ohne viel zwischen den Zeilen lesen zu müssen, finden wir auch für diesen Fall die nöthigen Winke in den mehrfach genannten Arbeiten von BUNSEN und MATTHIESSEN. Die aus einem dünnen, nur wenig in die Schmelze eintauchenden Eisendrahte bestehende Kathode musste sich bei der hohen Stromdichte naturgemäss stark erhitzen — damit wäre die obige Forderung 2 erfüllt. Dass ausserdem die Temperatur der Hauptmasse der Schmelze so niedrig zu halten sei, dass sich, wenn möglich, auf der Oberfläche derselben eine erstarrte Kruste bilde, ist in jenen Abhandlungen ebenfalls mehrfach betont. Die dort beschriebene Ausführungsform des Versuchsapparates, sowie die ganze Arbeitsweise mit demselben schliessen leider, wie ja die Verfasser selbst zugeben, einen irgendwie sichern und lohnenden Betrieb vollständig aus. Das anfangs abgeschiedene Metall besitzt eine sehr hohe Temperatur; seine Dichte ist derjenigen der Schmelze gegenüber momentan eine geringere; es steigt also an die Oberfläche und ein grosser Theil desselben verbrennt. Diesem Uebelstande könnte man ja durch einen Apparat, wie er zuerst von HILLER (S. 36) angegeben wurde, entgegentreten. Leider aber ändert sich das Verhältnis der Volum-Gewichte zwischen Metall und Schmelze sehr leicht. Sobald sich grössere Mengen Metall an dem dünnen Pole abgeschieden und damit zur Vergrösserung der Kathodenfläche beigetragen haben, ist eine Temperaturerniedrigung an dieser Stelle die nächste Folge. Das Metall selbst wird dadurch schwerer und, noch ehe es wieder erstarren kann, ist seine Dichtigkeit so gross geworden, dass es, von dem Pole abtropfend, in der Schmelze untersinkt. Was unterwegs nicht gelöst wird, findet am Boden reducible Silikate (Porzellan). Diesen Uebelständen zu begegnen, gab ich der Kathode folgende Form (Figur 43): In ein weites, mit nach innen gewölbtem Boden versehenes Eisenrohr R ist ein engeres Rohr r, bis fast auf den Boden reichend eingeführt. Letzteres dient zur Zuführung von kaltem Wasser, welches, erwärmt, durch das Rohr S abfliessen kann. An der Aussenseite des Bodens ist mitten ein eiserner Stift angebracht, dessen Dimensionen so gewählt werden müssen, dass er durch den zur Verfügung stehenden elektrischen Strom beim Eintauchen in das geschmolzene Salz sehr lebhaft zum Glühen, also auf eine höhere Temperatur erhitzt wird, als die Schmelze selbst. Man senkt das Rohr R nur etwa 3-5 mm in die Schmelze ein. Sorgt man dafür, dass schon vor dem Eintauchen und während der ganzen Operation durch r Wasser zugeführt wird, so überzieht sich der Boden des Rohres mit einer nichtleitenden Kruste erkalteten Salzes und die ganze Strommenge koncentriert sich auf den dünnen Stift. Das von demselben abtropfende Metall fällt in den eisernen Tiegel T, welcher, isoliert von dem Rohre R, unter dem Boden desselben hängt. Der Kupferdraht K, welcher an das obere Ende des Rohres R angelöthet ist, vermittelt die Verbindung mit der Stromquelle. Das Verbrennen des anfangs abgeschiedenen stark erhitzten leichten Metalles zu verhindern, ist der Zweck des konkaven Bodens des Rohres R (Figur 43). Die durch Kühlung erreichte Inkrustierung und daraus resultierende Isolation des in die Schmelze eintauchenden Rohrtheiles soll zur Verkleinerung der leitenden Oberfläche der eintauchenden Kathode beitragen. Es handelt sich nun darum, das von dem Eisenstifte abtropfende Metall möglichst schnell aus dem Bereiche der in Folge

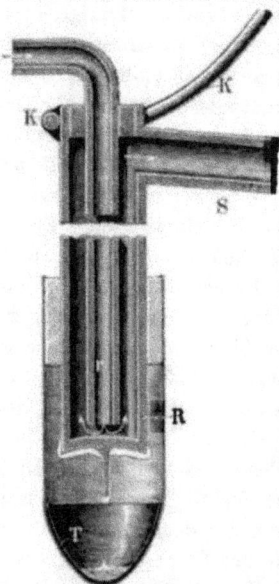

43 (¹/₃ nat. Gr.)

der grossen Stromdichte zwischen den Polen herrschenden sehr starken Strömung zu entfernen. Diesen Zweck erfüllt der in geringer Entfernung untergehängte Tiegel T. Unter dem Schutze der Tiegelwandungen gelangt das abtropfende Metall schnell in eine ruhende Flüssigkeitsschicht, in welcher es ungehindert untersinkt, um am Boden des Tiegels T bald zu erstarren.

Die in Figur 43 gewählten Dimensionen innehaltend, genügt für Ca und Sr eine Stromstärke von 15-20 Ampère, für Ba dagegen sind mindestens 30 Ampère nöthig. In ersterem Falle muss man eine elektromotorische Kraft von nahezu 20 Volt, in letzterem von über 40 Volt aufwenden. Wenn man dann noch hinzurechnet, dass man von Ca etwa 2, von Sr etwa 5, von Ba etwa 1 % der theoretisch möglichen Ausbeute zu erhalten im Stande ist, so kann man sich von den Schwierigkeiten, welche mit der Herstellung dieser Metalle verknüpft sind, einen Begriff machen. Der geringe quantitative Erfolg bei der Arbeit mit diesem Apparate legte den Verdacht nahe genug, dass auch jetzt noch ein beträchtlicher Theil des abgeschiedenen Metalles wieder in Lösung gehe. Lag das letztere in dem Hauptablagerungsraume, dem Tiegel T noch zu warm, so war eine Abhülfe wohl denkbar. War aber die Wiederauflösung dem Umstande zuzuschreiben, dass sich die isolierten Eisentheile Drahtnetz und Tiegel als Zwischenpole in den Stromkreis einschalteten, so gab es vielleicht überhaupt keinen Apparat, der eine Verbesserung erhoffen liess. Unter Berücksichtigung dieser Verhältnisse konstruierte ich den nachstehend abgebildeten Apparat (Figur 44): Als Zersetzungsgefäss dient ein schmiedeeiserner Tiegel T, in welchen ein Einschnitt gemacht ist. Dieser Einschnitt wird durch ein gut passendes, U-förmig gebogenes Eisenblech U ausgefüllt. Unterhalb desselben sind in die Tiegelwandung Stifte K eingeschraubt, welche als Kathoden dienen sollen. Die Grösse derselben ist so gewählt, dass auf jeden qmm während der Elektrolyse frei bleibender Oberfläche etwa 1 Ampère Strom trifft. Als Anode dient ein kräftiger Kohlestab A, oder ein Bündel von dünneren Kohlenstäben oder Platten. Zur Ableitung des Halogenes ist ein Rohr C vorgesehen. Die Arbeitsweise ist folgende: Der Elektrolyt, geschmolzene Haloid-

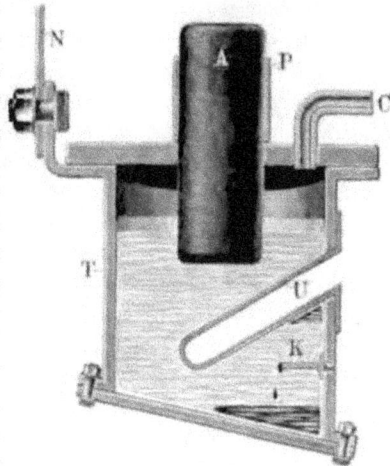

44

salze der Erdalkalimetalle, wird in den kalten Tiegel eingegossen. Gleich darauf taucht man oben in die Schmelze den erhitzten Kohlestab ein und stellt Verbindung mit der Stromquelle her. Die Wandungen des Behälters T werden sich mit einer Kruste erstarrter Schmelze bedecken. Man erhält diese Kruste an den Wandungen dadurch, dass man dem Gefässe von aussen dauernd oder von Zeit zu Zeit irgend ein Kühlmittel, kaltes Wasser oder kalte Luft, zuführt. Die Kruste isoliert die Tiegelwandungen vollständig. Nur von den tiefer in die Schmelze hineinragenden Stiften K wird dieselbe schnell wieder abgeschmolzen sein. Es beginnt dann sofort die Stromarbeit. Den Widerstand der Schmelze wählt man so gross, dass der elektrische Strom eine hinreichend starke Erwärmung veranlasst, um den Elektrolyten flüssig zu erhalten. In Folge der grossen Stromdichte an der Kathode wird diese ausserdem weit über die Temperatur der Umgebung erhitzt. Das sich hier abscheidende Metall kann sich daher an dieser Stelle zu geschmolzenen Massen vereinigen, welche abfallen oder in die Höhe steigen, um am Boden des

Tiegels oder unter dem schräg eingefügten Einsatze U zu erstarren. Es wurde schon darauf hingewiesen, dass das Verhältnis der specifischen Gewichte von Metall und Schmelze mit Temperaturschwankungen ganz wesentlichen Aenderungen unterworfen sei. Das Metall wird also, diesen Temperaturschwankungen entsprechend, zum Theil zu Boden sinken, zum Theil nach oben steigen. Durch eine Einrichtung, wie sie der Apparat zeigt, sind jedoch viele Metallverluste vermieden. Alle Metallverluste sind nicht zu umgehen. Die grosse Stromdichte verursacht in der Schmelze starke Strömungen, so dass viel Metall in den Anodenraum hineingeschwemmt wird, wo es natürlich verbrennt. Ein Theil des Metalles wird auch nach wie vor beim Abtropfen von der Kathode von den Haloidsalzen unter Bildung von Oxydulsalzen gelöst. Ich habe auch mit diesem Apparate nur Ausbeuten von höchstens 20 % der theoretischen erreicht. Es ist dies aber immerhin ein ganz wesentlicher Fortschritt, wenn man bei Benutzung der bisher bekannten Vorrichtungen mit einer Ausbeute von höchstens 5 % der theoretischen zufrieden sein musste.

Trotz gegentheiliger Behauptungen der meisten chemischen Lehrbücher sind auch die Oxyde dieser Metalle durch Kohlenstoff reducierbar. Erhitzt man ein Gemisch der Oxyde mit der zur Reduktion gerade hinreichenden Menge Kohlenpulver in einer Vorrichtung, wie sie auf Seite 84 beschrieben ist, so erhält man Dämpfe, welche augenscheinlich aus Metall und Kohlenoxyd bestehen. Leider lässt sich das Metall aus diesem Dampfe nicht abscheiden, da während der Abkühlung eine Rückzersetzung: $Ca + CO = CaO + C$, eintritt, welche sich auch in einer Wasserstoffatmosphäre nicht verhüten lässt. Wendet man einen grösseren Ueberschuss von Kohlenstoff an, so bleibt ein stark gesinterter oder geschmolzener Rückstand, aus dem betreffenden Erdalkalimetalle und Kohlenstoff bestehend.

Die Thatsache der Reducierbarkeit der Erdalkalimetalloxyde wurde später durch Versuche von MOISSAN [10] bestätigt, welcher durch Erhitzen von Gemischen der Oxyde oder Carbonate dieser Metalle in seinem elektrischen Schmelzofen die entsprechenden Carbide als Rückstände erhielt.

Den Schwierigkeiten der Darstellung entsprechend, sind, trotz billiger Rohstoffe, die Preise dieser Metalle noch derartig hohe, dass eine technische Verwendung derselben vorläufig ausgeschlossen sein dürfte.

---

[10] Comptes rendus t. CXVIII, 1894, p. 501 und 684.

Anhang zur dritten Gruppe der Alkali- und Erdalkalimetalle:

Erdalkalicarbide.

Es wurde soeben bei Besprechung der Darstellungsmethoden der
Metalle Calcium, Strontium und Barium (S.

82) hervorgehoben,
dass die Oxyde der letzteren durch elektrisch erhitzten Kohlenstoff zwar
reducierbar seien, dass aber diese Reduktionsmethode keine brauchbaren
Metalle liefere. Arbeitet man nämlich, wie dies zur Vermeidung von
Apparat-Komplikationen wohl meist geschehen wird, mit einem Kohlen-
stoff-Ueberschusse, so erhält man in diesem Falle, wie bei Reduktions-
versuchen, mit Aluminium stets kohlenstoffhaltige Metalle, die, fast aller
metallischen Eigenschaften baar, in der That als Carbide betrachtet
werden müssen.

Bei der Bearbeitung der ersten Auflage dieses Buches habe ich
diesen Carbiden nur wenig Beachtung zu theil werden lassen, da zu
jener Zeit das Ziel meiner Arbeiten darin bestand, brauchbare Arbeitsmethoden für die Gewinnung brauchbarer Metalle ausfindig zu machen.
Inzwischen haben jedoch gerade die Erdalkalimetall-Carbide nicht nur
für die Metallurgie, sondern für die gesammte chemische Technik eine
derartige Bedeutung erlangt, dass ein näheres Eingehen auf diese Produkte des elektrometallurgischen Schmelzofens, trotzdem sie nicht mehr
als Metalle betrachtet werden können, hier doch am Platze ist.

Bei den technischen Darstellungsmethoden werden natürlich nicht
reine Carbide erhalten; es ist auch zweifelhaft, ob bei Verwendung ganz
reiner Rohmaterialien immer konstant zusammengesetzte Carbide entstehen.

Die Schmelzprodukte der verschiedenen elektrischen Oefen weichen
wenig von einander ab. Man erhält gesinterte oder geschmolzene schwarze
Massen, welche sich besonders durch ihre leichte Oxydierbarkeit auszeichnen. Mit Wasser und verdünnten Säuren zersetzen sich die Erdalkalicarbide unter Entwicklung von Acetylen:

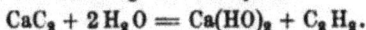

$$CaC_2 + 2 H_2 O = Ca(HO)_2 + C_2 H_2.$$

Alle diese Carbide zeichnen sich durch äusserst kräftige reducierende
(entschwefelnde, entphosphorende) Wirkung aus, was für die Metallraffination wohl zu beachten ist.

Darstellung: Nachdem schon DAVY im Jahre 1836[1] die Thatsache festgestellt hatte, dass der bei der Kaliumgewinnung erhaltene
Rückstand mit Wasser ein übelriechendes, brennbares Gas liefere, also
jedenfalls Calciumcarbid enthielt, gelang es WÖHLER[2] im Jahre 1862,

---

[1]) Annalen der Chemie und Pharmacie Bd. XXIII, S. 144.
[2]) Annalen der Chemie und Pharmacie Bd. CXXIV, S. 220.

durch direkte Vereinigung von Calcium mit Kohlenstcff ein Carbid der Formel CaC_2 zu erhalten. Er erhitzte eine Calcium-Zink-Legierung mit Kohle und empfahl das erhaltene Produkt zur synthetischen Darstellung des Acetylens.

Während der achtziger Jahre gelang es mir, sämmtliche bis dahin für unreducierbar gehaltene Metalloxyde durch elektrisch erhitzten Kohlenstoff zu reducieren. Bei Anwendung eines Ueberschusses von Kohle entstanden kohlenstoffreiche Rückstände, denen ich aber, wie gesagt, damals keine Beachtung schenkte, weil ich nach Darstellungsmethoden technisch brauchbarer Metalle suchte. Ich habe diese Thatsachen übrigens verschiedentlich, zuerst in der ersten Auflage dieses Buches, veröffentlicht.

45

Vorstehenden Apparat (Figur 45) habe ich bei meinen eignen Versuchen für Ströme von 12 V. und 120 A. (also 2 El. P. S.) benutzt. Er lässt sich leicht aus einigen Chamottesteinen und Kohlestäben zusammenlegen. Zwischen die 40 mm dicken Kohlestäbe K ist ein 4 mm dicker und 40 mm langer Kohlestab k eingefügt. Die dicken Stäbe legt man zwischen die Steine A und B, bezw. C und D, in welche je eine halbcylindrische Oeffnung ausgehauen ist; die Kabel L, L und Klammern V, V verbinden die Kohlepole mit dem Stromkreise. Nachdem man diese einfache Erhitzungsvorrichtung auf einer Unterlage von Chamottesteinen F aufgebaut und auch seitlich durch Steine S geschlossen hat, füllt man die um den Kohlestab k entstandene kleine Grube mit dem Oxyd-Kohle-Gemisch und schickt nun sofort den Strom hindurch. Es macht sich sofort eine Kohlenoxyd-Entwicklung bemerkbar. Nach wenigen Minuten ist die ganze zwischen den Stäben K, K befindliche Masse in Carbid verwandelt. Der übrige nicht reducierte Theil des Gemisches dient zur Verhinderung des Luftzutrittes und der Verunreinigung des Reduktionsproduktes durch die Ofenwandungen. Die nach der Abkühlung aus dem Ofen genommene, gesinterte oder geschmolzene Masse entwickelt, in

Wasser geworfen, mit grösster Lebhaftigkeit Acetylen und andere Kohlenwasserstoffe.

Dass sich eine derartige Vorrichtung auch leicht in grösserem Maassstabe ausführen lässt, brauche ich kaum besonders zu betonen. Als Beispiel mögen zunächst die Skizzen von Apparaten folgen, die ich für das Versuchslaboratorium einer grösseren, an der Carbiddarstellung interessierten Fabrik konstruiert habe. Es stehen hier 20 El. P. S. zur Verfügung, welche in Form eines Stromes von 24 Volt und 610 Ampère gegeben waren.

46

Die einzelnen Oefen sind durch die Figuren 46 und 47 in vertikalen Längs- und Querschnitten durch Figur 48* in Ansicht von oben dargestellt.

Auf einer steinernen Tischplatte oder auf einem niedrigen langen Mauerblocke sind, ausser der für alle Oefen gemeinschaftlichen, eisernen oder kupfernen Leitungsschiene L, die Leitungsplatten L_1 für jeden einzelnen Ofen durch Ankerbolzen B befestigt. Die Platten L_1 können durch die mit Schaltern A versehenen Zweigleitungen z und die Kontaktschrauben c mit der zweiten Hauptleitung L_2 nach Belieben in Verbindung gebracht werden. Auf den Leitungen L und L_1 werden nun die Kohleplatten K und zwischen diesen die 4 mm dicken und 80 mm langen Kohlestäbe k mit Hülfe der

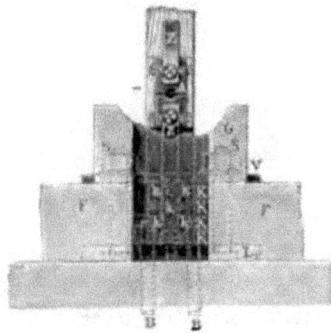

47

*) In dieser Figur ist die Wand, an welcher sich die Leitungen z und L_2 befinden, ebenfalls in Ansicht dargestellt.

Schraubenbolzen S und der Klammern V festgeklemmt. Die so zusammengefügten Kohleplatten bilden die Vorder- und Rückwände der Oefen. Als Seitenwände dienen trocken zusammengelegte Chamottesteine F. Ein Chamotteaufsatz G soll einen Ueberschuss von Beschickung oder grobes Kohlepulver zur Abhaltung der Luft aufnehmen.

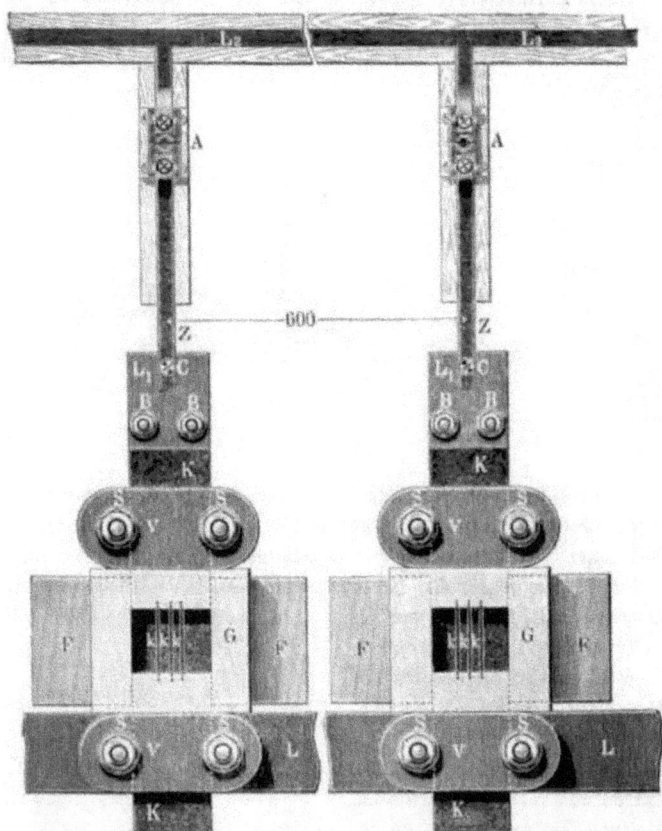

48

Wie man sieht, lässt sich der Ofen leicht zusammensetzen und auseinandernehmen. Der ganze Raum, in welchem die Kohlestäbe k liegen, wird nun mit dem Oxyd-Kohlegemisch gefüllt, und zwar geschieht diese Beschickung am besten, während man die Kohleplatten K und die Stäbe k zusammensetzt. Den als Gicht dienenden Aufsatz G füllt man am besten zum Theil mit überschüssiger Beschickung und deckt diese mit grobem

Holzkohlepulver ab. Eine Stromdichte von 9-10 A. auf den Quadratmillimeter Querschnitt der Stäbe k genügt vollständig zur Durchführung
der Reaktion. In etwa 5 Minuten ist die Hauptmasse des Ofeninhaltes
reduciert. Man schaltet nun einen zweiten Ofen ein, um dann gleich
den ersten Ofen auszuschalten.

Es ist auf den ersten Blick ersichtlich, dass sich das gleiche Kon-
struktionsprincip auf die grössten Anlagen übertragen lässt; es ist ja
auch thatsächlich für die Fabrikation von Ferroaluminium und Aluminiumbronze von COWLES im Grossbetriebe benutzt worden, wie ein Blick auf
die beigefügte Abbildung (Figur 49) des COWLES-Ofens zeigt. Die nähere
Beschreibung betreffend, mag auf den Artikel Aluminium, speciell auf
Aluminiumbronze verwiesen sein.

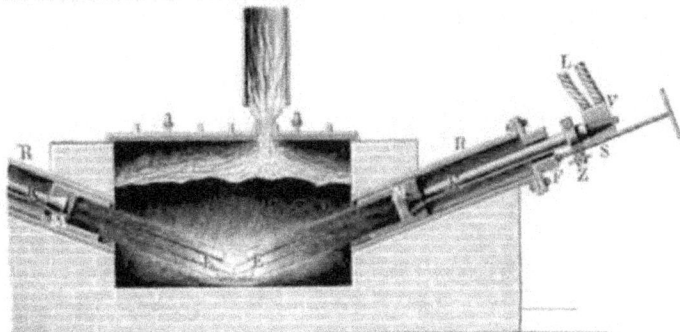

49

Was also das Arbeitspincip der Kalkreduktion und das Konstruktions-
princip der dazu erforderlichen Apparate betrifft, so hatte ich beides
schon vor etwa 10 Jahren festgestellt und beides schon im Jahre 1891
veröffentlicht. Nur dachte man zu jener Zeit nicht an eine technische
Verwendung jener gekohlten Metalle. Erst spätere Versuche von MA-
QUENNE, TRAVERS und MOISSAN regten eine Beachtung dieser Klasse
von Verbindungen wieder an.

MAQUENNE[3] erhitzte ein Gemisch von 26,5 g Bariumcarbonat, 10,5 g
Magnesiumpulver und 4 g Holzkohle in einer eisernen Flasche 4 Minuten
lang im PERROT-Ofen:

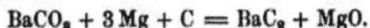

$$BaCO_3 + 3\,Mg + C = BaC_2 + MgO.$$

Von dem erhaltenen amorphen, blaugrauen, bröckligen Produkte lieferten
100 g 5200-5400 ccm Acetylen mit etwa 0,6 % freiem Wasserstoff.

TRAVERS[4] erhitzte ein in eine eiserne Flasche eingeschlossenes

[3] Comptes rendus t. CXV, 1892.
[4] Proceedings of the Chemical Society of England vol. CXVIII, 1893, p. 15.

Gemisch von Natrium, Calciumchlorid und pulverisiertem Retortengraphit 10 Minuten lang und erhielt ein Schmelzprodukt mit etwa 16 % CaC_2.

Es gelangten dann die Angaben MOISSAN's in die Oeffentlichkeit, in seinem elektrischen Schmelzofen ebenfalls den Kalk reduciert und, bei Anwesenheit einer hinreichenden Menge Kohle, Calciumcarbid der Formel CaC_2 erhalten zu haben [5]. Nach Allem, was bisher über die Darstellung des Calciumcarbides bekannt geworden war, konnte die Thatsache der Darstellbarkeit des letzteren in MOISSAN's Ofen gewiss nicht überraschen. Ich zweifle durchaus nicht, dass es MOISSAN gelingen wird, in seinem Schmelzofen noch viele der Reaktionen zu bestätigen, welche ich im Jahre 1891 in die wenigen Worte zusammenfasste: Alle Oxyde sind durch elektrisch erhitzten Kohlenstoff reducierbar. Wunderbar ist es nur, dass im Jahre 1894 auf den Namen BULLIER in Deutschland ein Patent auf die Darstellung von Erdalkalicarbiden ertheilt werden konnte, das sich auf die seit 1891 bekannte Thatsache der Reducierbarkeit sämmtlicher Metalloxyde durch elektrisch erhitzten Kohlenstoff und auf die seit 1862 bekannte Thatsache der Vereinigung von Calcium mit Kohlenstoff bei hohen Temperaturen zu Calciumcarbid stützte.

Nach BULLIER's Patentschrift [6] ist die Darstellungsweise, übereinstimmend mit MOISSAN's Veröffentlichung, folgende: „Wenn man in einem elektrischen Ofen des Systems MOISSAN ein Gemisch von 56 Th. gebrannten Kalk und 36 Th. Kohlenstoff erhitzt, so erhält man ein bestimmtes, etwa der Formel C_2Ca entsprechendes Calciumcarbid. Fügt man einen Kalküberschuss zu, so kann man Carbide verschiedener Zusammensetzung erhalten. Man erhält ebenso und ebenfalls mit Leichtigkeit die Carbide des Bariums und Strontiums.

Selbstverständlich kann man auch das Oxyd des betreffenden Metalles durch sein Carbonat oder jeden andern erdalkalimetallhaltigen Körper ersetzen".

Nach meiner oben angezogenen Veröffentlichung im Jahre 1891 steht es jedermann frei, kohlenstoffhaltige Metalle, also Metallcarbide, durch elektrisches Erhitzen von Mischungen der betreffenden Metalloxyde mit Kohlepulver herzustellen, mag man sich dazu der von mir beschriebenen Vorrichtung, des SIEMENS'schen oder irgend eines andern elektrischen Flammofens bedienen.

Gegen Ende des Jahres 1894 schliesslich tritt auch WILLSON von

---

[5]) Comptes rendus t. CXVIII, 1894, p. 501.
[6]) D. R.-P. Nr. 77 168.

der vergeblich das Aluminium-Gewinnungs-Problem bearbeitenden Will-
son-Aluminium-Co. zu Spray (Nord-Carolina) mit der Behauptung
auf, schon im Jahre 1893 zufällig bei
seinen Versuchen, Calcium und dessen
Legierungen darzustellen, Calciumcarbid erhalten zu haben. Ohne Zweifel
hat er dieses Produkt erhalten. Aber
wie? Durch elektrisches Erhitzen eines Gemisches von
Kalk und Kohle und zwar in einem
in Amerika und England patentierten
Apparate. Und worin besteht dieser
Apparat? Wir haben lediglich einen
SIEMENS'schen Schmelztiegel vor uns,
der nach dem Vorbilde des HÉROULT'-
schen Ofens vergrössert ist. Neben-
stehende Figur 50 wird dies sofort
zeigen: Mauerwerk A umhüllt den aus
Kohle B hergestellten Tiegel, der die
Beschickung aufnimmt. Dieser Tiegel
ruht auf einer Metallplatte b, um durch
diese mit der Stromleitung in Verbindung gebracht zu werden. Durch

50

den Deckel wird ein kräftiger Kohlestab C so eingeführt, dass zwischen
diesem und der Beschickung ein Lichtbogen überspringen kann.

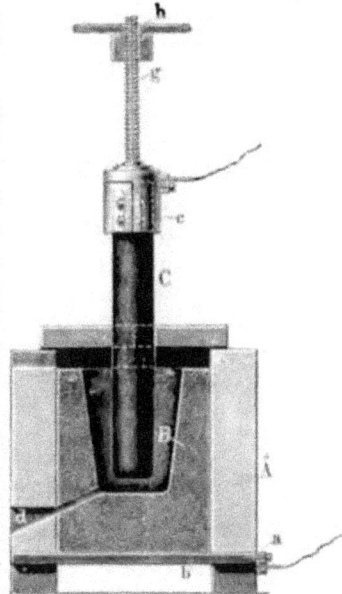

Als Beschickung dient ein Gemisch aus Kalk und Kohle. Der
Apparat selbst war so konstruiert, dass er die Benutzung einer Stromstärke von 4000-5000 Ampère gestattete.

Auf Grund der bereits ausgeführten Versuche wird nun folgender
Kostenanschlag für das Calciumcarbid und das Acetylen (nach amerikanischen Preisen) aufgestellt:

555 kg Kohlenstaub	ℳ 12,00
1000 kg gebrannter Kalk	- 19,00
202 El. H. P., 12 Stunden	- 28,00
Arbeit u. s. w.	- 12,00
1000 kg CaC_2	ℳ 71,00
1000 kg C_2H_2	- 178,00

Zu dieser Rechnung kann ich leider aus verschiedenen Gründen
kein rechtes Vertrauen fassen. Wie erklärt sich z. B. das Verhältnis
von Kalk zu Kohlenstaub?

Die Reaktion soll nach der Formel:

$$CaO + 3\,C = CaC_2 + CO$$

vor sich gehen. Danach kämen auf

1000 kg Kalk allein 643 kg **Kohlenstoff.**

Welche Sorte Kohlepulver wurde nun benutzt? Bei einigermaassen reinem Kalk müsste man der Formel nach doch auf etwa 800 kg einigermaassen reinen Koks-, Holzkohle- oder Steinkohlepulvers rechnen? Dann verlangt der Kostenanschlag 202 elektr. H. P., im günstigsten Falle also doch 225 ind. H. P. Für diese Kraft während der Dauer von 12 Stunden nur 28 $\mathcal{M}$ in Rechnung zu bringen, dürfte doch etwas optimistisch sein. Von den Preisen für Kohlenstaub und Kalk ganz abgesehen, scheint ausserdem der Posten „Arbeit u. s. w." sehr gering veranschlagt zu sein.

Wir brauchen jedoch, **wenn wirklich der Kraftverbrauch kein höherer sein sollte,** einiger Mark wegen nicht zu geizen. Wenn auch die Selbstkosten auf das Doppelte steigen würden, müsste die technische Herstellung des ‚Carbides' immer noch genug Interesse bieten. — Nach meinen Erfahrungen mit diesen elektrischen Erhitzungsprozessen stellt sich aber der Kraftverbrauch ganz wesentlich höher. Dieselben stützen sich allerdings nur auf Versuche mit höchstens sechspferdigen Dynamos, und **ist es ja natürlich, dass man im Grossbetriebe günstiger arbeiten wird.** Wenn ich aber auf Grund meiner kleinen Versuche heute ohne Schön- oder Schwarzfärberei einen Kostenanschlag aufstellen sollte, so müsste ich, von Arbeits-, Apparat- und sonstigen Unkosten zunächst absehend, für Material und Kraftverbrauch folgende Zahlen als zur Herstellung von 1000 kg Calciumcarbid nöthig annehmen:

900-1000 kg gebrannten Kalk (je nach der Reinheit),

800 kg Koks-, Holzkohle- oder mageres Steinkohlepulver und

450-480 elektr. P. S. 12 **Stunden** lang.

Ich will diese Zahlen nicht als Norm hinstellen, aber immerhin liegen sie im Bereiche der Möglichkeit. Man mag sie also vorläufig als äusserste Grenze im ungünstigen Sinne des Wortes ansehen.

Was die Verwendung der Carbide betrifft, so werden sich dieselben möglicherweise bei der Metallraffination, besonders zu Desoxydationszwecken bei der Flusseisenerzeugung, Eingang verschaffen, denn man kann sich kaum ein wirksameres Reduktionsmittel für geschmolzene Erz-Metalloxyde denken.

Die Hauptmenge der Carbide wird aber jedenfalls gleich am Herstellungsorte zu Acetylen verarbeitet werden müssen.

Die zukünftige Arbeitsweise wird dann darin bestehen, dass man das Calciumcarbid durch Wasser zersetzt, das erhaltene Gas trocknet, durch Druck und Abkühlung zu einer Flüssigkeit verdichtet und diese, ähnlich der Kohlensäure, der schwefligen Säure oder dem Ammoniak, in Stahlflaschen in den Handel bringt.

Acetylen, C_2H_2, ist ein farbloses, unangenehm riechendes Gas. Es lässt sich durch einen Druck von etwa 48 Atmosphären zu einer farblosen Flüssigkeit verdichten. Ohne Zweifel wird es in dieser Form später in den Handel gebracht werden.

Für seine künftige Verwendung als Leuchtgas bezw. zur Beimischung zu demselben ist zu beachten, dass es in Wasser nicht unlöslich ist. Letzteres löst etwa die gleiche Raummenge Acetylengas (Alkohol das sechsfache Volumen). Von sonstigen Absorptionsmitteln sind ammoniakalische Kupferchlorür- und Silbernitratlösungen zu nennen. Aus diesen fällt es $C_2H_2 \cdot Cu_2O$, bezw. $C_2H_2Ag_2O$, als in Wasser unlösliche, durch Säuren unter Acetylenabscheidung zersetzbare Niederschläge, die sich im trockenen Zustande durch Stoss oder beim Erwärmen unter heftiger Explosion zersetzen.

Das Acetylengas verbrennt in gewöhnlichen Brennern mit stark russender Flamme. In besonders konstruierten Brennern, in denen das Russen verhindert wird, entwickelt es eine hohe Lichtintensität. Seine Leuchtkraft übertrifft die des Leuchtgases um etwa das Zehnfache. Es ist also nicht unwahrscheinlich, dass man es zur Erhöhung der Leuchtkraft des jetzigen Leuchtgases benutzen wird, indem man es dem letzteren beimischt. Grosse Wahrscheinlichkeit hat aber die Annahme, dass bei der erfolgreichen Lösung des technischen Darstellungsproblems des Carbides die Leuchtgasfabriken ihr jetziges Arbeitsverfahren ganz abzuändern für richtiger finden werden. An die Stelle des theuren sog. Destillationsprozesses der Kohlen würde dann die Generatorvergasung der letzteren treten, und unter diesen Prozessen würde jedenfalls die Halbwassergas-Erzeugung zunächst in Betracht kommen. Gerade dieses Gas hat sich bereits für Heizzwecke und Gaskraft-Maschinenbetrieb bewährt. Wenn sich dasselbe nun durch Beimischung von Acetylen in ein geeignetes Leuchtgas verwandeln lässt, was wohl keinem Zweifel unterliegt, so müssten unsere Leucht-, Heiz- und Kraftgasfabriken zur Halbwassergasfabrikation übergehen. Sie könnten dann bei einheitlichem Betriebe ein billiges Heiz- und Kraftgas liefern, von welchem ein Theil für Beleuchtungszwecke mit Acetylen zu mischen sein würde.

Das sonstige chemische Verhalten des Acetylens betreffend, wird folgendes für die chemische Industrie Beachtung verdienen.

Unter Vermittlung von Platinschwarz vereinigt sich das Acetylen direkt mit Wasserstoff unter Bildung von Aethan, C_2H_6. Die Addition von Wasserstoff an das Acetylen bis zur Bildung von Aethylen, C_2H_4, ist durchaus nicht so glatt ausgeführt, wie dies in neueren Veröffentlichungen hingestellt wird. Jedenfalls hängt die Durchführbarkeit der technischen Darstellung des Alkoholes aus dem Acetylen durch Bildung von Aethylen, Ueberführung des letzteren in Aethylenschwefelsäure und Zersetzung dieser Verbindung zu Alkohol noch von vielen Zwischenfragen ab.

Die Möglichkeit, aus dem Acetylen durch Polymerisierung beim Hindurchleiten durch glühende Röhren Benzol und höhere Kohlenwasserstoffe zu erhalten, ist für die Technik unter Berücksichtigung der nie billigen Darstellungsweise des Acetylens ganz ohne Bedeutung. Wenn sich nur alle Kokereien die Mühe geben wollten, die Nebenprodukte nach dem Vorbilde der Otto'schen und anderer Kokereien zu gewinnen, würde der Markt mit Benzol und anderen Kohledestillationsprodukten überschwemmt werden.

Höchst beachtenswerth ist die Thatsache, dass sich Acetylen unter dem Einflusse elektrischer Funken mit Stickstoff direkt zu Cyanwasserstoff vereinigen kann: $C_2H_2 + N_2 = 2\,CNH$. Vielleicht gelingt unter ähnlichen Bedingungen auch die Addition von Stickstoff direkt zu den Metallcarbiden?

Durch Oxydationsmittel in wässeriger Lösung kann das Acetylen zu Oxalsäure oder zu Essigsäure oxydiert werden.

———

Wie aus allen diesen Angaben hervorgeht, verdienen sowohl die Erdalkalicarbide, sowie deren nächstliegendes Zersetzungsprodukt, das Acetylen, die grösste Beachtung. Bevor man sich aber auf weitgehende Spekulationen einlassen kann, ist zunächst die Frage der Herstellungskosten, besonders des Calciumcarbides, zu entscheiden. Es sollte mich freuen, wenn sich nicht nur meine, sondern sogar die Rechnung Willsons als zu hoch erweisen würde. Sobald über diesen Punkt praktische Erfahrungen in grossen Anlagen gewonnen sind, ergeben sich die Schlussfolgerungen von selbst.

Wenn wir nun zum Schlusse noch die Frage aufwerfen, wo sich die Carbid-Industrie eventuell entwickeln kann, so unterliegt es keinem Zweifel, dass in erster Linie die glücklichen Besitzer grosser Wasserkräfte diese Fabrikation an sich ziehen werden. Es liegen aber auch noch andere Kraftquellen unbenutzt, die jeden Augenblick mit in die Konkurrenz eintreten können, und diese Quellen sind in den Händen unserer Hochofenwerke und Kokereien. Die Gichtgase grösserer Hochofenanlagen und Abgase der Kokereien sind in den meisten Fällen mehr als ausreichend, die maschinellen Anlagen der eigenen Werke zu betreiben. Die meisten dieser Werke arbeiten absichtlich verschwenderisch in ihren Dampfkessel- und Maschinenanlagen, um diesen lästigen Reichthum nur los zu werden. Nicht nach Hunderten, nach Tausenden von Pferdekräften muss man das messen, was von einzelnen Werken unbenutzt fortgejagt wird. Hier liegt also ein Feld offen, das vom national-ökonomischen Standpunkte in erster Linie von der Elektrochemie erfolgreich bestellt werden könnte und auch jedenfalls bestellt werden wird. Gerade der elektrische Schmelzprozess passt sich am leichtesten den oft schwankenden Betriebsverhältnissen an, und Sache der Eisenindustrie ist es, die junge Technik der Elektrometallurgie auch ihren Zwecken nutzbar zu machen.

Erdmetalle.

1. Aluminium.

Aluminium (Al, Atomgewicht 27, specifisches Gewicht 2,6-2,74) ist das wichtigste der Erdmetalle. Es besitzt eine weisse Farbe und hohen Glanz. Die Bruchflächen zeigen krystallinische Struktur. Der Schmelzpunkt liegt bei etwa 700°. Sein niedriges specifisches Gewicht ist für viele Verbrauchszwecke von grösster Bedeutung. Gegen atmosphärische Einflüsse ist es bei gewöhnlicher Temperatur merkwürdig widerstandsfähig. Schon eine kaum wahrnehmbare Oxydschicht auf der Oberfläche schützt das Metall auch bei höherer Temperatur, so z. B. beim Schmelzen und Giessen, vor weiterer Oxydation. Wasser und verdünnte organische Säuren wirken fast gar nicht, letztere erst beim Kochen, langsam ein. Salpetersäure ist fast ganz unwirksam auf Aluminium; Schwefelsäure löst es träge, dagegen Salzsäure und Natronlauge sehr lebhaft. Es fällt die meisten Metalle aus den Lösungen ihrer Salze aus, reduciert im geschmolzenen Zustande die meisten Oxyde, sogar die des Kohlenstoffes, des Siliciums und des Bors, indem überschüssig vorhandenes Aluminium sich mit den reducierten Stoffen legiert.

Das Aluminium findet sich in der Natur nur chemisch gebunden, nie gediegen. Sämmtliche Aluminiumverbindungen leiten sich von dem Oxyde, Al_2O_3, und dem Oxydhydrate, $Al_2(OH)_6$, ab; von ersterem zunächst das Sulfid, Al_2S_3, dann diejenigen Salze, welche das Aluminium als Basis enthalten; von dem Oxydhydrate die Aluminate, Salze, in denen sich das Aluminium im Säureradikale befindet. Von den natürlich vorkommenden Verbindungen ist das Oxyd im Korund, Saphir, Smirgel, das Oxydhydrat im Diaspor, Beauxit, Hydrargillit enthalten; Salze finden sich: als Fluoride im Kryolith, als Sulfate in den Alaunen,

im Alunit und Alaunschiefer, als Silikate in den besonders wichtigen
Feldspathen und deren Zersetzungsprodukten, den Thonarten (Kaolin u. a.).
Als solche finden Verwendung Korund und Saphir als Edelsteine, Smirgel
als Polir- und Schleifmaterial, die Feldspathe und Thone zur Herstellung von Bausteinen, feuerfesten Thonwaaren, Töpferwaaren, Steingut, Steinzeug und Porzellan. Einer mehr oder weniger einfachen
chemischen Verarbeitung werden unterworfen: Alunit und Alaunschiefer
zur Alaunfabrikation; Kryolith zur Fabrikation von Soda, reinem Alu-
miniumoxydhydrat und Aluminiumoxyd; die Hydrate, besonders Beauxit
zur Darstellung reinen Oxydhydrates und Oxydes; der Korund wird
bei der Gewinnung von Aluminiumlegierungen nach COWLES direkt reduciert. Für die Gewinnung des reinen Aluminiums eignet sich keines
der Mineralien.

Das häufige Vorkommen der Aluminiumverbindungen, die werthvollen
Eigenschaften des Metalles und schliesslich die nicht zu unterschätzenden
Schwierigkeiten einer erfolgreichen Zerlegung der in so reichem Maasse
vorhandenen Rohstoffe erklären zur Genüge, wenn die Zahl der Versuche,
der wirklichen und Patent-Erfindungen, sowie der mehr oder weniger
schüchternen Vorschläge fast ins Unendliche angewachsen ist. Um das
für unsre heutigen Verhältnisse wirklich Brauchbare besser würdigen zu
können, wird es sich daher empfehlen, die einzelnen Arbeiten zunächst
in folgende Gruppen zu sichten, welche sich vom hüttenmännischen Standpunkte vielleicht am besten als Niederschlags-, Reduktionsarbeit und Elektrolyse bezeichnen lassen.

Die Niederschlagsarbeit.

Mit Rücksicht auf die Ziele unsres Buches können wir uns auf eine
kurze Uebersicht über die hervorragenderen Leistungen dieser Richtung
beschränken, denn die Niederschlagsarbeit, Abscheidung des erwünschten
Metalles durch ein andres Metall, umfasst rein chemische Prozesse.

Als erster versuchte OERSTEDT[1] im Jahre 1824 die Zerlegung des
Aluminiumchlorides mit Hülfe von Kaliumamalgam, augenscheinlich aber
ohne Erfolg; nach seinen Vorschriften konnten auch andere gewissen-
hafte Experimentatoren kein Aluminium erhalten. Unter diesen gelang
es aber WÖHLER[2] 1827, ein wirklich ausführbares Verfahren zur Darstellung des Aluminiums ausfindig zu machen, indem er das wasserfreie
Chlorid mit Kalium zersetzte. Die Schwierigkeiten in der Behandlung

---

[1] OERSTEDT: Overs. o. d. Danske Vidensk. Selsk. Forhandl. etc. 1824/25.
[2] WÖHLER: POGGENDORFF's Annalen Bd. XI, 1827, und LIEBIG's Annalen
Bd. LIII.

und Darstellung des Aluminiumchlorides umging DEVILLE[3][4] durch die Verwendung von Aluminium-Natriumchlorid an Stelle jenes Salzes; auch ersetzte er das von WÖHLER empfohlene Kalium durch das weit billigere Natrium. Nach diesem Verfahren wurde in Frankreich (anfangs in Nanterre, später in Salindres) etwa 30 Jahre lang gearbeitet. Auch in England entstand eine dieses Verfahren benutzende Aluminiumfabrik. Im Jahre 1855 empfahl ROSE[5] die Chloride durch das natürlich vorkommende Fluorid, den Kryolith zu ersetzen. An Stelle des Natriums, welches ROSE noch als Niederschlagsmittel benutzte, führte dann BEKETOFF[6] im Jahre 1865 das Magnesium ein. Unter den neuesten Arbeiten nimmt entschieden das in allen Einzelheiten vorzüglich durchgearbeitete Verfahren von GRABAU[7] das grösste Interesse in Anspruch. Aluminiumsulfatlösungen werden zunächst durch Behandlung mit Kryolith zu Aluminiumfluorid umgesetzt:

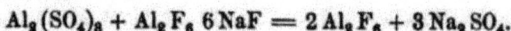

$$Al_2(SO_4)_3 + Al_2F_6 \, 6NaF = 2Al_2F_6 + 3Na_2SO_4.$$

Das in Wasser unlösliche, abfiltrierte, gewaschene, getrocknete und auf beginnende Rothglut erhitzte Fluorid wird nun in ein mit reinem Kryolith ausgefüttertes kaltes Gefäss geschüttet. Auf das heisse Pulver setzt man die berechnete Menge reines trocknes Natrium in Form eines Würfels oder Cylinders und bedeckt nun das Gefäss. Unter starker Wärmeentwicklung, im übrigen aber ganz ruhig verlaufend, findet folgende Umsetzung statt:

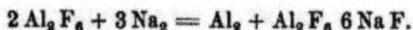

$$2Al_2F_6 + 3Na_2 = Al_2 + Al_2F_6 \, 6NaF.$$

Man findet nach dem Erkalten der Masse das Aluminium als Regulus am Boden des Gefässes, bedeckt von einer Schlacke von Kryolith, welcher während der Reaktion vollständig zum Schmelzen gekommen war. Dieses Nebenprodukt wird wieder zur Herstellung frischer Mengen Aluminiumfluorid in den Betrieb zurückgeführt. Von allen chemischen Verfahren ist dieses das einzige, welches bei billiger Natriumgewinnung Aussicht hat, mit den elektrochemischen in Konkurrenz zu treten. Das so erhaltene Metall besitzt den Vorzug hervorragender Reinheit.

---

[3]) Annales de Chimie et de Physique vol. XLIX, 1854, und deutsch im Journal für praktische Chemie Bd. LXI, 1854.

[4]) ST. CLAIRE-DEVILLE, H., De l'Aluminium. Paris 1859, Gauthier-Villars & fils.

[5]) POGGENDORFF's Annalen Bd. XCVI, 1855.

[6]) Jahresbericht der Chemie 1865; Auszug in GMELIN-KRAUT, Anorganische Chemie Bd. II, Abt. I, S. 668. Heidelberg 1886, Winter.

[7]) D. R.-P. Nr. 47031.

Die Reduktionsarbeit.

Aluminiumoxyd galt lange Zeit für unreducierbar. Noch heute findet sich diese Ansicht in chemischen Lehrbüchern vertreten; sie hat sich vielleicht durch die irrige Auffassung der Thatsache erhalten, dass durch direkte Reduktion des Oxydes nie ein reines, bezw. technisch brauchbares Aluminium erhalten werden kann. Dazu kommt ferner, dass sich die erforderliche Reduktionswärme — diese ist, nebenbei gesagt, sehr hoch — vortheilhaft oder überhaupt nur durch Umsetzung aus elektrischer Energie erzeugen und übertragen lässt. Dieser Umstand hat vielfach zu der Annahme Veranlassung gegeben, als sei die Reduktion des Aluminiumoxydes ein ganz oder theilweise elektrolytischer Prozess. Die Reduktionsarbeit besteht aber, wie später nachgewiesen werden wird, lediglich in einer Reduktion des Aluminiumoxydes durch elektrisch erhitzten Kohlenstoff.

Der Gedanke, durch einen kräftigen Strom einen Widerstand zu erhitzen, welcher mit der zu reducierenden Mischung in innigste Berührung gebracht werden kann, dieselbe möglichst gleichmässig durchdringt und eventuell einen nothwendigen Bestandtheil eines solchen Gemisches ausmacht, verdient unstreitbar sehr grosse Beachtung. Er ist durchaus nicht neueren Datums; und zu bewundern ist eigentlich weniger, was unter Benutzung dieses Princips erreicht ist, als, dass diese Erfolge so lange auf sich warten liessen. Denn über den ersten Versuch, die durch den elektrischen Strom in einem Widerstande erzeugte Wärme für einen metallurgischen Prozess zu benutzen, berichten schon die Philosophical Transactions (London) vom Jahre 1815[8]:

„PEPYS . . . bog einen Draht aus reinem weichen Eisen zu einem Winkel und durchschnitt denselben von der Biegung aus der Länge nach mittels einer feinen Säge. In den so gebildeten Spalt streute er Diamantstaub, welchen er durch feinere Drähte am Herausfallen hinderte. Der Theil des Drahtes, welcher den Diamantstaub enthielt, wurde noch in Talkblätter eingewickelt. So vorbereitet, wurde der Draht in den Stromkreis einer Batterie eingeschaltet, wo er sehr bald rothglühend wurde und sechs Minuten dieser Temperatur ausgesetzt blieb . . . Beim Oeffnen des Drahtes fand PEPYS, dass der Diamantstaub verschwunden und dass der Theil des Drahtes, in welchem derselbe eingeschlossen war, sich vollständig in Stahl verwandelt hatte".

Zunächst beschrieb DEPRETZ[9] einen für viele Versuche immer noch empfehlenswerthen kleinen Apparat: Ein 7 mm weites, 23 mm langes

---

[8] Philosophical Transactions vol. CV, 1815, p. 870.
[9] Comptes rendus t. XXIX, 1849.

Rohr aus Zuckerkohle, welches mit zwei Stöpseln aus demselben Materiale verschlossen war, wurde in einen kräftigen Stromkreis eingeschaltet und mit seinem Inhalte zum Weissglühen gebracht.

Wenn auch die beiden soeben angeführten Arbeiten nicht direkt auf Aluminiumgewinnung Bezug nehmen, so durften dieselben mit Rücksicht auf einige spätere Patentansprüche nicht unerwähnt bleiben. Für die Aluminiumgewinnung wurde dieses Princip zuerst in einer englischen Patentschrift von Mouckton [10] in Vorschlag gebracht: Ein starker elektrischer Strom soll durch eine mit Thonerde und Kohle beschickte Reduktionskammer geleitet werden, um dadurch das Gemisch (natürlich unter Vermittlung der Kohle) so hoch zu erhitzen, dass die Thonerde durch die Kohle reduciert werde. Zu damaliger Zeit wäre dieses Verfahren auch dann nicht durchführbar gewesen, wenn es ein technisch brauchbares Metall geliefert hätte, denn hinreichend billige elektrische Energie war erst lange nach Erfindung der Dynamomaschine (1867) zu haben. Aber auch das auf diesem Wege erhaltene Metall würde den Arbeitsaufwand nicht gelohnt haben. Geringe Mengen Kohlenstoff genügen, dem Aluminium fast jeden Werth für technische Zwecke zu nehmen. Die Aufnahme von Kohlenstoff ist unter diesen Umständen gar nicht zu umgehen [11], ein Verdampfen von Metall ist ebenfalls unvermeidlich, und das Reduktionsprodukt schliesslich ist eine graue zusammengesinterte, kaum schmelzbare, spröde, leicht zerbröckelnde Masse, bestehend aus Aluminium, Aluminiumcarbiden, Kohlenstoff und anderen, bei Benutzung der üblichen Reduktionskohlen nicht auszuschliessenden Verunreinigungen. Immerhin liegt dem Verfahren ein gutes, vielfacher Verwendung fähiges Princip zu Grunde, welches am richtigen Platze der Metallurgie schon mehrfach erheblichen Nutzen gebracht hat und jedenfalls noch weiter nützen wird.

Nach einer längeren Pause traten dann im Jahre 1884 die Gebrüder Cowles mit einem Verfahren hervor, durch welches der Industrie endlich die Benutzung einer Reihe von Legierungen ermöglicht wurde, deren

---

[10]) Engl. P. Nr. 264 von 1862.

[11]) Da die Existenz von Aluminium-Kohlenstoffverbindungen oder -Legierungen vielfach bestritten wird, mag hier auf eine Notiz der Zeitschrift für Elektrotechnik und Elektrochemie (1894 Heft 6) hingewiesen werden, nach welcher es Moissan gelang, ein krystallisiertes Auluminiumcarbid der Zusammensetzung $C_2 Al_4$ auf folgende Weise zu erhalten (Comptes rendus t. CXIX, 1894, fasc. 1 p. 16): Er erhitzte in seinem elektrischen Flammofen innerhalb eines Kohlerohres mit 15-20 g Aluminium gefüllte Schiffchen aus Kohle 5-6 Minuten lang durch einen Strom von 65 Volt ✕ 300 Ampère. Während des Erhitzens und Erkaltens der Masse wurde in dem Schmelzapparate eine Wasserstoffatmosphäre gehalten. Die erkaltete Masse war mit gelben durchscheinenden Krystallen des Carbides durchsetzt.

werthvolle Eigenschaften zum Theil schon lange erkannt waren. Nachdem sie die Unmöglichkeit, durch Reduktion von Thonerde durch Kohle
ein brauchbares Metall zu erhalten, festgestellt hatten, muss der Gedanke,
das reducierte, mit Kohlenstoff verunreinigte und hiervon durch eine nach-
trägliche Operation kaum zu befreiende Metall im Momente seiner Entstehung mit einem andern Metalle zu legieren und so die Aufnahme von
Kohlenstoff zu verhüten oder auf ein unschädliches Minimum zu beschränken, als ein sehr glücklicher bezeichnet werden. Aber, so weit
entfernt ich davon bin, den Erfindern die ihnen so allgemein gezollte
Anerkennung zu missgönnen, so sehr halte ich es an diesem Platze für
meine Pflicht, eine etwas zu weit gehende Behauptung der Patentschrift
zurückzuweisen. In dem Hauptpatente [18] heisst es unter anderem: „Die
vorliegende Erfindung bezieht sich auf eine Klasse von Schmelzöfen,
welche den elektrischen Strom nur als Wärmequelle benutzen. Bisher
hat man versucht, mit Hülfe des elektrischen Lichtbogens Erze zu reducieren und andere metallurgische Operationen auszuführen etc. Diese
Erfindung besteht hauptsächlich in der Anwendung seines granulierten Materials von hohem Widerstande oder geringer Leitungsfähigkeit, welches
derartig in einen Stromkreis eingeschaltet wird, dass es einen fortgesetzten
ununterbrochenen Theil desselben bildet und in Folge seines hohen Widerstandes ins Glühen geräth und alle erforderliche Wärme liefert. Die zu
reducierende Substanz wird mit diesem körnigen Materiale gemischt und
empfängt so die Wärme am Punkte ihrer Entstehung".

Die Umwandlung von Eisen in Stahl ist zweifelsohne eine metallurgische Operation zu nennen. Wenn nun PEPYS, wie kurz vorher erwähnt
wurde, im Jahre 1815 (S. 97) eine solche Operation dadurch ausführte,
dass er einen an der Reaktion theilnehmenden Bestandtheil der Mischung
als Widerstand in einen Stromkreis einschaltete, in welchem derselbe
durch einen starken Strom zum Glühen gebracht wurde, während der
andere Bestandtheil der Mischung sich in unmittelbarer Berührung mit
dem ersteren befand, so arbeitete er jedenfalls ganz im Sinne der etwa
70 Jahre später veröffentlichten etwas allgemein gehaltenen amerikanischen Patentschrift der Gebrüder COWLES.

Nach genau demselben Princip arbeitete im Jahre 1849 DEPRETZ
(S. 97), welcher einen Diamanten, um dessen Verhalten bei sehr hohen
Temperaturen in einer neutralen Atmosphäre zu beobachten, in ein Rohr
aus Zuckerkohle einschloss und dieses in einen kräftigen Stromkreis einschaltete.

Schliesslich darf auch besonders das Patent MOUCKTON (S. 98) den

---

[18]) U. S. A.-Pat. Nr. 319 795.

Anspruch erheben, die sich auf die Thonerde-Reduktion beziehenden Gedanken des Cowles'schen Patentes schon im Jahre 1862 ausgesprochen zu haben.

Diese Thatsachen werden jedoch das Verdienst der Gebrüder Cowles, welches sich dieselben durch die Ermöglichung einer einfachen Herstellungsweise der Aluminiumlegierungen erworben haben, in keiner Weise schmälern.

Statt auf die verschiedenen Ofenformen näher einzugehen, welche in den zahlreichen Cowles'schen Patenten vorgeschlagen sind, wird es genügen, die Beschreibung einer Schmelzanlage dieses Systems hier folgen zu lassen, über welche die ausführlichsten Angaben in die Oeffentlichkeit gelangt sind. Es ist dieses die seit längerer Zeit als unrentabel ausser Betrieb gesetzte Fabrik der „Cowles Syndicate Company", welche vor wenigen Jahren errichtet wurde [18]. Eine 400pferdige Crompton'sche Dynamomaschine lieferte einen Strom von 60 Volt und 5-6000 Ampère.

Die Schmelzöfen selbst bestehen aus Gruben von rechteckigem Querschnitt, deren Wände aus Chamotte aufgeführt sind. Sie liegen in einer langen Reihe neben einander, doch ist immer nur ein Ofen im Betriebe, während die anderen abkühlen, frisch gefüllt oder entleert werden.

Zur Leitung des Stromes dienen zwei kräftige Kupferstäbe; der eine läuft oberhalb der Vorderseite, der andere oberhalb der Rückseite der Ofenreihe durch den ganzen Schmelzraum. Dieselben dienen gleichzeitig als Laufschienen für zwei mit Rollen versehene kupferne Klammern. In letztere werden biegsame Kupferdrahtkabel eingeklemmt, welche an ihren unteren Enden ebenfalls mittels einer Klammer zusammengehalten werden. Eine passende Oeffnung in den unteren Klammern gestattet das Aufhängen derselben auf entsprechend geformte Kupferstäbe, und ist damit die Verbindung mit den Elektroden hergestellt. Jede Elektrode besteht aus einem Bündel von 7-9 Kohlenstäben von je 64 mm Durchmesser, um welche ein cylindrisches Kopfstück gegossen wird — aus Eisen, wenn Ferroaluminium, aus Kupfer, wenn Aluminiumbronce hergestellt werden soll. In der Mitte des Kopfstückes ist einer der bereits erwähnten Kupferstäbe angebracht. Die Einführung der Elektroden geschieht durch geneigt liegende gusseiserne Rohre in einander gegenüberliegenden Wänden der Oefen. Durch eine einfache Schraube lassen sich die Elektroden vor- und rückwärts bewegen, wie es zur Stromregulierung erforderlich ist. Auf die Sohle des Ofens kommt eine Schicht gekalkter Holzkohle, dann werden die Elektroden eingeführt, und nach Einsetzen eines Rahmens aus Eisenblech in den Ofen wird der Raum innerhalb

---

[18] Industries vol. CXV, 1888, p. 237.

dieses Rahmens mit Erz, Metall und Holzkohle, der Raum zwischen diesem und den Ofenwandungen mit Holzkohle gefüllt und der Rahmen dann herausgezogen. Man wirft nun einige Stücke Retortenkohle in den Ofen, um eine Brücke für den Strom herzustellen, bedeckt den noch leeren Raum mit Holzkohle und setzt schliesslich einen in der Mitte durchlochten gusseisernen Deckel auf. Die aus der Oeffnung im Deckel entweichenden Gase werden angezündet und durch ein Rohr in eine Kammer geleitet, in welcher sich mitgerissene Thonerde absetzt. Durch eine Abstichöffnung in der Ofensohle wird die sich dort ansammelnde Legierung abgelassen. Die Schlacke, welche aus einem sehr innigen Gemische von Legierung und Kohle besteht, wird zerkleinert und von der Kohle durch Waschen getrennt. Die so gewonnene Legierung wird einer neuen Beschickung zugesetzt.

In den Oefen dieser Anlage wurden täglich **750-1000 kg** Ferroaluminium bezw. Aluminiumbronce mit **15-17 %** Aluminium hergestellt. Die Bronce wurde durch Umschmelzen unter Zusatz von Kupfer auf die zum Verkauf bestimmten Sorten von **1,25, 2,5, 5, 7,5** und **10 %** Aluminium gebracht und in Barren von **5-6 kg** gegossen. Der elektrische Kraftaufwand für 1 kg Aluminium betrug durchschnittlich 50 Stundenpferdekräfte.

51

Figur 51 zeigt die Ansicht eines Schmelzraumes, Figur 52 stellt den Längs-, Figur 53 den Querschnitt eines Einzelofens dar. Hierin

sind *EE* Elektroden, bestehend aus je 9, etwa 30 mm dicken Kohlenstäben, um welche die cylindrischen Metallblöcke *M* gegossen sind. In
jeden dieser Metallblöcke ist an der den Kohlen entgegengesetzten Seite
ein Kupferstab *K* eingelassen. Die ganze Vorrichtung bewegt sich in

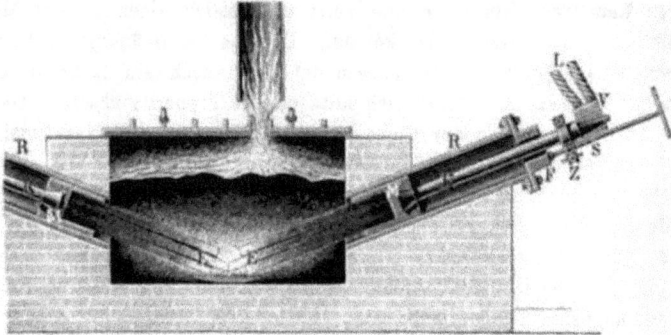

52

dem Rohre *R*, in welchem sie durch die Schraube *S* vorwärts oder rückwärts geschoben werden kann. Die Stromzuleitung vermitteln die Kupferdrahtkabel *L*, welche in die ebenfalls aus Kupfer bestehenden Verbindungs-
stücke *V* eingeklammert und mit diesen auf die aus den Rohren *R* hervorragenden konischen Enden der Stäbe *K* aufgehängt werden können.
Zur Führung der Stäbe *K* dienen die eisernen Formstücke *F*. Die
Schraubenmutter liegt in an K befestigtem Kragen *Z*.

Aus Figur 53, welche die jetzt gebräuchliche Anordnung der Kohlenstäbe innerhalb des Ofens während des Betriebes zeigt, ist klar ersichtlich,

dass diese Kohlenstäbe, welche in den
Beschreibungen eigentlich fälschlich
als Elektroden bezeichnet werden,
nur Widerstände in dem Schliessungs-
kreise einer kräftigen Stromquelle
bilden. Sie sind es, welche zunächst
erhitzt werden und ihre Wärme der
um sie herumgepackten Mischung
mittheilen. Nach und nach werden
auch die in der Mischung befindlichen Kohlentheile als Widerstände

53

mit in den Stromkreis eingeschaltet, während die Stäbe *E* zum Theil
durch den Sauerstoff des Metalloxydes verbrannt werden.

HAMPE [14] will nicht zugeben, dass die durch den Strom erzeugte

---

[14] Chemiker-Zeitung 1888 S. 391.

Wärme allein hinreichend sei, die Reduktion von Thonerde durch Kohle zu vermitteln. Mehrfache von ihm angestellte Versuche, Thonerde in Gegenwart von Kupfer oder Kupferoxyd durch Kohle bei Hitzegraden zu reducieren, wie sie im DEVILLE'schen Ofen erreicht werden, ergaben negative Resultate. Auf Grund dieser Versuche kommt er zu folgendem Schlusse:

„Wenn aber eine, dem Schmelzpunkte des Quarzes nahe Temperatur nicht hinreicht zur Reduktion von Thonerde neben Kupfer durch Kohle, so thut es auch sicher nicht die Hitze des elektrischen Schmelzofens, obgleich sie allerdings noch höher ist. Ich glaube deshalb, dass die Vorgänge bei der Erzeugung der Aluminiumbronce nach dem COWLES-Prozess nicht sowohl in einer Dissociation der Thonerde im elektrischen Schmelzofen beruhen, sondern vielmehr auf einer elektrolytischen Zersetzung der vom Flammenbogen geschmolzenen Thonerde durch den Strom. Es wäre also die Wirkung des Flammenbogens nach meiner Ansicht zuerst eine elektrothermische, dann aber wesentlich auch eine elektrolytische".

Dieser Ansicht kann ich durchaus nicht beistimmen, glaube im Gegentheil, nach meinen Beobachtungen behaupten zu können, dass die Zersetzung der Thonerde im COWLES-Ofen lediglich eine Wirkung der durch den Strom in dem Widerstande erzeugten Wärme ist und dass nicht einmal die höchste Temperatur, welche sich durch den elektrischen Strom erzeugen lässt, zu dieser Zersetzung erforderlich ist. Es ist auch gar nicht ausgeschlossen, dass die Temperatur eines DEVILLE'schen Ofens vollständig zur Einleitung und Durchführung der Reaktion ausreichen würde. Aber trotzdem ist man mit einer derartigen Vorrichtung nicht im Stande, die Bedingungen zu erfüllen, die im elektrischen Schmelzofen gegeben sind. Wenn ich die in einen oder, wie bei HAMPE's Versuchen, in zwei Tiegel eingeschlossene Beschickung innerhalb eines der besten Schmelzöfen auf eine sehr hohe Temperatur erhitzen will, so theilt sich die Wärme der Umgebung nur sehr langsam der so eingekapselten Mischung mit. Die Temperatur derselben steigt ganz allmählich bis auf den Schmelzpunkt des Kupfers oder auf die Reduktionstemperatur des Kupferoxyds, und bis Kohle und Thonerde auch nur annähernd die Reduktionstemperatur der Thonerde erreichen können, ist alles Kupfer längst ausgesaigert. Die von HAMPE erhoffte, den Prozess begünstigende Wärmeentwicklung, welche bei der Vereinigung von Kupfer und Aluminium stattfindet, kann nicht eher eintreten, bis nicht wirklich etwas freies Aluminium vorhanden ist.

Anders liegen die Verhältnisse in dem COWLES'schen Ofen. Hier wird ein an der Reaktion theilnehmender Bestandtheil der Beschickung, die zur Reduktion dienende Kohle fast momentan auf eine Temperatur gebracht, welche, wie sich leicht durch einen gleich noch zu erwähnenden Versuch zeigen lässt, vollständig hinreicht, auch Thonerde zu reduciren. Kupfer oder Kupferoxyd werden nicht zur Beförderung der Reaktion, sondern lediglich aus dem Grunde zugesetzt, das abgeschiedene Aluminium in Form einer brauchbaren Legirung zu gewinnen, da es sich ohne diesen Zusatz mit überschüssigem Kohlenstoffe zu einer vollständig werthlosen, allen nachherigen Raffinationsversuchen Trotz bietenden Masse vereinigen würde.

Meine Behauptung lässt sich leicht durch folgenden Versuch (Figur 54) bestätigen: Man befestige zwischen zwei kräftigen Kohlenstäben K von etwa 25-30 mm Durchmesser einen dünnen Kohlenstift W von etwa 3 mm Durchmesser und 45 mm Länge. Dieser Kohlenstift durchdringt in seiner Längsrichtung eine kleine, mit einer innigen Mischung M von Thonerde und Kohle (erhalten durch wiederholtes Mengen und Glühen von Thonerdehydrat mit Theer) gefüllte cylindrische Papierhülse P von etwa 40 mm

54

Länge. Zwei kleine Korkplatten dienen zum Verschluss der Patrone. Nachdem nun die Patrone mit grobem Holzkohlepulver gut überschichtet ist, schaltet man diese ganze Vorrichtung in einen Stromkreis ein, in welchem ein Strom von 35-40 Ampère circulirt, und unterbricht die Leitung nach etwa 2-3 Minuten. Man lässt die so erhitzte Patrone genügend abkühlen und wird nach Entfernung der über geschichteten Holzkohle den Kohlestift mitsammt einer zusammengesinterten Masse vorfinden, welch' letztere sich als stark kohlenstoffhaltiges Aluminium erweisen wird. Die absolute Unmöglichkeit der Bildung eines Lichtbogens liegt in diesem Falle wohl klar genug auf der Hand, und kann, so lange innerhalb der Mischung keine Unterbrechung des Stromleiters stattfand, auch von einer elektrolytischen Zersetzung nicht die Rede sein. Dass bei Zumischung von Kupfer oder Kupferoxyd zu obiger Mischung Aluminiumbronce entsteht, bedarf wohl kaum noch einer Erwähnung.

Mit einer derartigen einfachen Vorrichtung ist es in der That eine leichte Aufgabe, zu beweisen, dass jedes Metalloxyd durch Kohle bei genügend hoher Temperatur reducierbar ist.

Wie oben erwähnt, war es nöthig, um die zur Reduktion der Thonerde erforderliche Temperatur hervorzurufen, einen Strom von 35-40 Ampère durch den 3 mm dicken Kohlenstift zu schicken, also eine Stromdichtigkeit von 5-6 Ampère per qmm Querschnitt innerhalb des Widerstandes zu erzeugen. Eine Stromdichtigkeit von 10 Ampère per qmm genügt für die schwierigsten Fälle, und lässt sich bei einer Temperatur, welche unter diesen Verhältnissen entsteht, jedes Metall zum Schmelzen bringen. Die zur Ueberwindung des bei solcher Stromdichte in einem Kohlenstifte von 45 mm Länge herrschenden Widerstandes erforderliche Stromspannung beträgt zwischen den genannten Grenzen 10-17 Volt, und kann man sich nach diesen Angaben für jeden zur Verfügung stehenden Strom bequem einen geeigneten Widerstand konstruieren. Nur möchte ich darauf aufmerksam machen, dass das Arbeiten mit schwächeren als den angegebenen Stromstärken grosse Unbequemlichkeiten und häufige Störungen verursacht, dass schwächere Kohlenstifte sehr zerbrechlich sind und auch bei Ueberschuss von Kohle in der sie umgebenden Mischung durch den Sauerstoff der Metalloxyde leicht in der ersten Minute durchgebrannt werden.

Nach Benutzung der verschiedensten Sorten von Kohlestäben, wie sie für Bogenlampen gebraucht werden (3 und 4 mm dicke Stifte wurden besonders für diesen Zweck hergestellt), kann ich für Berechnungen folgende Durchschnittszahlen als hinreichend genau empfehlen: Um einen Strom von 1 Ampère durch einen Kohlestift bei Stromdichten von 6-10 Ampère pro qmm Querschnitt durch eine Länge von 1 mm hindurch zu schicken, sind bei den unter diesen Umständen herrschenden Temperaturen 0,3-0,4 Volt elektromotorische Kraft erforderlich.

Es mag mir gestattet sein, an dieser Stelle auf einige Apparatformen hinzuweisen, welche auf demselben Principe beruhen und für Versuchszwecke in dieser Richtung von mir konstruiert wurden. Sie unterscheiden sich lediglich durch verschiedenartige Ausführung der sogenannten Armatur.

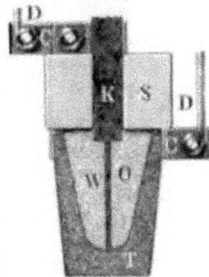

55

Eine der einfachsten Formen ist in Figur 55 abgebildet: Der Graphittiegel T enthält das zu erhitzende Oxyd-Kohle-Gemisch O und bildet eine der Elektroden. Die andere wird durch den dicken Kohlenstab K gebildet. Zwischen beide ist der dünne Kohlenstab W eingeschaltet. Als Deckel für den Tiegel und als Führung für den Kohlenstab K wird ein durchbohrter Chamottestein S benutzt. Die Kupferklammern C und die Kupferdrähte D führen einen Strom von und zu der Stromquelle, welcher genügt, den Kohlenstab W auf die gewünschte Temperatur zu bringen.

Zwei etwas stabilere Apparatformen [16] sind in den Figuren 56, 57

---

[16]) BORCHERS, Proben in Zeitschrift für angewandte Chemie 1892 S. 133.

und 58 dargestellt. In den ersteren (Figuren 56 und 57) ist ein gusseiserner Tiegelhalter gewählt; derselbe besteht aus der Fussplatte F mit darauf befestigter oder in einem Stücke mit dieser gegossenen Backe B und einer zweiten frei beweglichen Backe S, welche durch das schmiedeeiserne Band Z mit Schraube oder Feder an B herangezogen werden kann. In beiden Backen ist eine Nuth ausgespart zur Aufnahme der kleinen Eisenplatte G. Diese Anordnung erfüllt einen doppelten Zweck, einmal die Unterstützung des Tiegels T, dann die Führung der Backe S beim Anziehen gegen B. Wenn nöthig, d. h. sobald der Tiegel zu kurz wird, legt man unter denselben kleine Chamotte- oder Abestplatten A. Man kann nämlich unter Umständen gute und dichte Kohle- bezw. Graphittiegel mehrere Male benutzen, da sich die erstarrte Beschickung oft sehr leicht ohne sonderliche Beschädigung des Tiegelinnern loslösen lässt. Die Aussenwandungen des Tiegels werden überhaupt nicht angegriffen, da die Heizung von dem Innersten der Beschickung ausgeht. Man hat also nur nöthig, den oberen, durch Ausbrennen und Ausbröckeln sich abnutzenden Theil von Zeit zu Zeit etwas abzuschneiden bezw. abzuschleifen und die Tiegelhöhlung vermittels eines passend geformten Bohrers etwas zu vertiefen.

56

57

Um nicht für jede Tiegelform und Grösse besonderer Halter zu bedürfen, benutzt man geeignete, der äusseren Tiegelgestalt entsprechende Formstücke L aus gut leitendem Metalle. Dieselben bestehen, ähnlich den Lagerschaalen, der Wellen und Zapfenlager, aus zwei Theilen und können einfach in die Backen B und S eingehängt werden.

Die übrigen Theile des Apparates, Chamottehülle C, Kohlestäbe k und K, sowie Kohlebehälter z entsprechen ganz denjenigen des zuvor beschriebenen Apparates und bedürfen keiner nochmaligen Beschreibung.

Bis auf einige unwesentliche Einzelheiten zeigt Figur 56 den Apparat im Vertikalschnitt; Figur 57 giebt einen Horizontalabschnitt durch den Tiegelhalter, das Band Z abgenommen gedacht. Aus dieser Figur ist die Art der Führung der beiden Gussstücke B und S durch die Platte G ersichtlich.

In Figur 58 schliesslich habe ich noch einen Tiegelhalter dargestellt, welcher Tiegel mit verschiedenen Durchmessern, wenn letztere nicht zu sehr von einander abweichen, einzuklemmen gestattet. In die Fussplatte F ist eine Schraubenspindel S eingelassen. Die Schraubenmutter M ist an ihrem äusseren Umfange mit Aussparungen versehen, in welche Federn E aus etwa 1 mm dicken und 5 mm breiten Metallblechstreifen durch den ringförmigen Keil R eingeklemmt werden können. Die Anzahl dieser Federn richtet sich nach dem Umfange der Schraubenmutter und der Tiegel, sollte jedoch mit Rücksicht auf guten Kontakt mit dem Kohletiegel unter 8 nicht heruntergehen. Auf diese Federn lässt sich je nach der Grösse des zu benutzenden Tiegels ein weiterer oder engerer Ring O aus Eisenblech aufschieben, wodurch das Einklemmen grösserer oder kleinerer Tiegel ermöglicht wird. Bevor man die Klemmvorrichtung auf die Spindel aufschraubt, legt man um dieselbe einen mit der Stromquelle in Verbindung stehenden Metallring P. Die

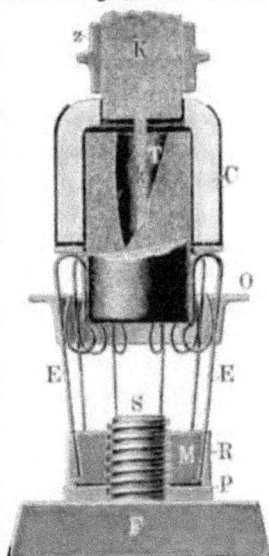

58

übrigen Buchstaben T, k, K, C, z bezeichnen dieselben Theile, wie bei dem zuletzt beschriebenen Apparate.

Die Arbeitsweise mit den verschiedenen Apparaten ist im Allgemeinen folgende: Man führt zunächst den dünnen Kohlestab, dann die Beschickung in den Tiegel ein, stampft letztere etwas nieder, stülpt die Chamottehülle über den Tiegel und lässt schliesslich den dicken Kohlestab bis zu inniger Berührung unter schwachem Drucke auf den dünneren herab. Man kann nun den Stromkreis schliessen.

Durch geeignete, sehr einfache Regulatoren hat man es in der Hand, die Stromdichte und damit die Wärmezufuhr zu dem Tiegel momentan vom Maximum bis auf Null zu reducieren und zwischen diesen Grenzen beliebig zu verändern.

Die Elektrolyse.

Um die Entwicklungsgeschichte der beim heutigen Standpunkte der Technik einzig brauchbaren elektrolytischen Arbeitsmethoden ungestörter verfolgen zu können, dürfte es gerathen sein, eine ganze Klasse unmöglicher Erfindungen zur Aluminiumgewinnung von vornherein auszuscheiden, nämlich diejenigen, welche die

Elektrolyse wässriger Lösungen

von Aluminium zum Gegenstande haben. Die Elektrolyse von Aluminiumsalzen in wässriger Lösung oder in Lösungsmitteln, welche Wasserstoff und Sauerstoff enthalten, liefert stets Oxydhydrate, niemals Metall. Wenn trotz dieser allgemein bekannten Thatsache hin und wieder Erfinder auftauchen, welche behaupten, aus wässrigen Lösungen von Aluminiumsalzen unter geeigneten Bedingungen durch den Strom direkt Metall erhalten zu haben, so bin ich durch zahlreiche Versuche in dieser Richtung zu der Ueberzeugung gekommen, dass die Herren durch irgend welche Zufälligkeiten irregeführt sind. In einigen Fällen kann man mit ziemlicher Sicherheit nachweisen, dass zwar ein bekanntes Metall, aber nicht Aluminium, niedergeschlagen wurde, und ist auch in diesen Fällen der Ursprung des in einigen Eigenschaften mit Aluminium oder Aluminiumlegierungen übereinstimmenden Metalles leicht zu entdecken. Ich will es trotzdem nicht unterlassen, über einige der zum Theil patentierten Vorschläge kurze Angaben folgen zu lassen. Die ältesten Nachrichten über diesen Gegenstand entstammen zwei englischen Patentschriften.

THOMES und TILLY[16] elektrolysieren eine wässrige Lösung frisch gefällten Aluminiumoxydhydrates in Cyankalium.

Von CORBELLI[17] wird folgender Elektrolyt vorgeschlagen: 2 Th. Aluminiumsulfat oder Alaun mit 1 Th. Calciumchlorid oder Kochsalz in 7 Th. Wasser gelöst. Anode Quecksilber (!); Kathode Zink.

Das erste Augustheft des Jahres 1854 von DINGLER's Journal enthält folgendes Referat mit einer für den Erfinder nicht eben schmeichelhaften Kritik: „Angebliches Verfahren, das Kupfer auf galvanischem Wege mit Aluminium und Silicium zu überziehen. Um das Aluminium zu erhalten, kochte ich einen Ueberschuss von trocknem Thonerdehydrat in Salzsäure eine Stunde lang, goss dann die klare Flüssigkeit ab und verdünnte sie mit beiläufig dem Sechstel ihres Volumens Wasser; in diese Flüssigkeit stellte ich ein poröses Thongefäss, welches eine amalgamierte Zinkplatte und mit 12 Volumen Wasser ver-

---

[16]) Engl. P. Nr. 2756 von 1855. } Nach RICHARDS, J. W., Aluminium. 2. ed.
[17]) Engl. P. Nr. 507 von 1858. }   London 1890.

dünnte Schwefelsäure enthielt. Die Zinkplatte wurde dann mit einem gleich grossen Kupferbleche, welches in der Thonerdelösung stand, durch einen Kupferdraht verbunden. Nach einigen Stunden war das Kupferblech mit einem bleifarbigen Ueberzuge von Aluminium versehen, welcher poliert, weiss wie Platin wurde, an der Luft und in Wasser nicht anlief, aber sowohl durch koncentrierte, als durch verdünnte Schwefelsäure oder Salpetersäure angegriffen wurde.

In der Wärme und bei Anwendung einer Kupferplatte, welche kleiner war als die Zinkplatte, bildete sich der Ueberzug in sehr kurzer Zeit, manchmal schon in einer halben Minute. — Er entstand auch in Alaunlösung und in essigsauer Thonerde, desgleichen in der durch Kochen von Pfeifenthon mit Salzsäure dargestellten unreinen salzsauren Thonerde.

Silicium setzte sich in einem ähnlichen Apparate ab aus einer Lösung, die durch Zusammenschmelzen von 1 Th. Kieselerde mit $2^1/_4$ Th. kohlensaurem Kali und Auflösen von 40 Gran in 1 Unze Wasser bereitet war; wenn ein Paar einer kleinen Smee'schen Batterie in die Kette eingeschaltet wurde, erfolgte die Ablagerung des Siliciums viel schneller. Das abgesetzte Metall war fast silberweiss. George Gore in Birmingham [16].

Der Verfasser bemerkt, dass das auf dem Kupferblech abgelagerte Aluminium selbst in verdünnter Schwefelsäure oder Salpetersäure sich auflöste; das von Herrn Deville dargestellte Aluminium zeigt aber gegen diese Säuren ein ganz andres Verhalten. Die Eigenschaften, welche Herr Gore seinem Metalle zuschreibt, sind ungenügend, um es für Aluminium zu erklären; dasselbe gilt von seinem Silicium. Die metallische Schicht, welche sich in beiden Fällen auf dem Kupferbleche absetzte, ist höchst wahrscheinlich nichts als — Zink, welches aus dem schwefelsauren Zinkoxyde reduciert wurde, das sich auf Kosten der verdünnten Schwefelsäure und der Anode (Zinkplatte) im porösen Thongefässe gebildet hatte. J. Nickles" [19].

Jeanson [20] elektrolysiert Aluminiumsalzlösungen von 1,15-1,16 specifischem Gewichte bei Temperaturen von 60 ° C.

Haurd [21] empfiehlt eine wässrige Lösung von Kryolith in Magnesiumoder Manganchloriden.

Bertram [22] will aus Aluminium-Ammoniumchloridlösungen durch einen starken Strom das Metall abgeschieden haben.

---

[16]) Philosophical Magazine 1854 March p. 227.
[19]) Journal de Pharmacie 1854 Juin p. 476.
[20]) Annual Record of Science and Industry 1875.
[21]) U. S. A.-P. Nr. 228 900 vom 15. Juni 1880.
[22]) Comptes rendus vol. LXXXIII, 1876, p. 854.

} Nach Richards, J. W., Aluminium. 2. ed. London 1890.

J. Braun (Berlin) will [23] durch Elektrolyse einer Alaunlösung vom spec. Gew. 1,03-1,07 bei gewöhnlicher Temperatur Aluminium erhalten haben. Die während der Elektrolyse frei werdende Schwefelsäure soll durch Alkali neutralisiert und die Ausscheidung von Thonerde durch Zusatz einer nicht flüchtigen organischen Säure verhindert werden.

Nach einem englischen Patente von Overbeck und Niewerth [24] wird eine wässrige Lösung von organischen Aluminiumsalzen, von Gemischen, welche solche Salze liefern, oder von Aluminiumsulfat mit anderen Metall-chloriden elektrolysiert.

Den letzten Theil dieses Verfahrens nimmt auch Senet [25] als seine Erfindung in Anspruch. Mit dem von ihm empfohlenen, bescheidenen Strome von 6-7 Volt und 4 Ampère wird er allerdings kein grosses Unheil angerichtet haben.

Dann tritt A. Walter mit einem Patente [26] hervor, nach welchem die Herstellung von Aluminium auf folgende Weise möglich sein soll: Eine Lösung von Aluminiumnitrat soll bei geringer Stromdichtig-keit durch einen starken Maschinenstrom unter Anwendung platinierter Kupferbleche derartig zersetzt worden, dass sich Aluminium an der Kathode in pulverförmigem Zustande abscheidet.

Ungefähr zur Zeit der Ausgabe dieses Patentes im Jahre 1887 erschien eine Vorschrift von Reinbold [27] zur Herstellung von Aluminium-Ueberzügen auf anderen Metallen. 50 Th. Alaun werden in 300 Th. Wasser gelöst, mit 10 Th. Aluminiumchlorid versetzt und auf 93° C. erhitzt. Nach erfolgter Abkühlung werden der Lösung noch 39 Th. Kaliumcyanid zugesetzt. Bei Anwendung eines schwachen Stromes und einer Aluminiumplatte als Anode soll sich auf der Kathode ein gut polierbarer Aluminiumniederschlag absetzen. Wenn dieses Verfahren auch nicht vorgeschlagen wurde, einen Weg zur Herstellung von Aluminium anzugeben, so würde doch, wenn es sich wirklich ausführen liesse, damit der Beweis geliefert sein, dass das Metall aus wässrigen Lösungen niedergeschlagen werden kann. Ich kann jedoch auch für diesen speciellen Fall von meiner eingangs aufgestellten Behauptung keine Ausnahme konstatieren.

R. de Montgelas [28] schlägt aus einer Aluminiumchloridlösung zuerst das Eisen elektrolytisch nieder und nach Zusatz von Blei-, Zink- oder

---

[23]) D. R.-P. Nr. 28 760.
[24]) Engl. P. Nr. 5756 von 1883. ⎫ Nach Richards, J. W., Aluminium. 2. ed.
[25]) Cosmos les mondes 1885. ⎬ London 1890.
[26]) D. R.-P. Nr. 40 626.
[27]) Jeweller's Journal 1887.
[28]) Engl. P. Nr. 10 607 von 1886.

Zinkoxyd das Aluminium in Gemeinschaft mit dem Metalle des zugesetzten Oxydes.

Nach FALK und SCHAAG[29] werden Aluminiumsalze nicht flüchtiger organischer Säuren in wässriger Lösung mit Cyaniden des Kupfers, Goldes, Silbers, Zinns oder Zinks gemischt und, nachdem das so erhaltene Bad noch durch Zusatz von Alkali-Nitrat oder -Phosphat leitungsfähiger gemacht ist, durch den Strom die entsprechenden Legierungen abgeschieden.

BURGHARDT und TWINING besitzen eine Anzahl Patente, welche die Herstellung von Aluminium und dessen Legierungen durch Elektrolyse der wässrigen Lösung von Alkalialuminaten zum Gegenstande haben. Nach Zusatz von Cyaniden, eventuell auch anderer Metalloxyd-Alkali-Verbindungen soll sich bei einer Temperatur von ca. 80° C. Aluminium resp. eine seiner Legierungen elektrolytisch fällen lassen.

NAHNSEN und PFLEGER's[30] Erfindung besteht darin, dass die Abscheidung von Aluminium, Aluminium-Legierungen und Magnesium in kohärenter Form und ohne Nebenzersetzung vor sich gehen soll, wenn man im Gegensatz zu dem bisher üblichen Verfahren den Elektrolyten abkühlt und durch geeignete Abkühlmittel der Erhöhung der Temperatur der wässrigen Lösung der Salze während der Elektrolyse vorbeugt. So habe bei einer Temperatur der Salzlösung von + 40° C. die Ausscheidung der Metalle in beträchtlichem Maasse als Oxydhydrate stattgefunden, während bei einer Temperatur von + 4° C. sämmtliches Metall als solches gewonnen worden sei.

RIETZ und HEROLD[31] halten eine Aluminium-Stärke-Traubenzuckerlösung für einen geeigneten Elektrolyten zur Aluminiumgewinnung. Nach Beschreibung der Darstellung dieser Lösung behaupten sie, dass sich daraus durch einen starken Strom, unter Benutzung von Platinelektroden, Aluminium, allerdings in schwammigem Zustande, abscheiden lasse. Das durch starken Druck zusammengepresste Metall soll in Barren gegossen werden, während die zurückbleibende Lösung auf Traubenzucker zu verarbeiten sei.

Ueber eine elektrolytische Aluminiumplattierung von Eisenkonstruktionen, welche auf den Werken der Tacony Iron and Metal Company in Tacony, Pennsylvanien, wirklich ausgeführt werden soll, berichten amerikanische[32] und deutsche[33] Zeitschriften, ohne aber auf den für den Elektrometallurgen wichtigen Kern der ganzen Sache, nämlich das Ver-

---

[29]) D. R.-P. Nr. 48078.
[30]) D. R.-P. Nr. 46753.
[31]) D. R.-P. Nr. 58136.
[32]) Iron Age 1892, February 25, June 2.
[33]) Stahl und Eisen 1892, Nr. 7 und 14.

fahren der Aluminiumabscheidung, irgendwie einzugehen. Es sei daher
auf die Quellen verwiesen.

Auf eine Kritik der einzelnen Vorschläge glaubte ich verzichten zu
dürfen. Meine einleitenden Worte über die Elektrolyse wässriger Alu-
miniumlösungen lassen hoffentlich keinen Zweifel darüber, dass auf diesem
Gebiete keine Lorbeeren zu pflücken sind.

Eine erfolgreiche Aluminiumgewinnung ist bei dem heutigen Stande
der Technik nur möglich durch

Elektrolyse geschmolzener Aluminiumverbindungen.

Die ersten, wenn auch erfolglosen Versuche, Aluminium darzustellen, beschäftigen sich mit der elektrolytischen Zerlegung des Oxydes;
sie wurden im Jahre 1807 von DAVY[84] ausgeführt, nachdem ihm die
Zerlegung der Alkalihydrate auf demselben Wege gelungen war. Das
Aluminiumoxyd widerstand der Wirkung der ihm zur Verfügung stehenden Ströme. Nicht unwahrscheinlich ist es jedoch, dass ihm spätere Versuche[85] eine Aluminium-Eisen-Legierung lieferten. In einem, mit einer
Wasserstoffatmosphäre gefüllten Behälter hatte er folgende Vorrichtung
angebracht: Ein Platinblech war mit dem positiven Pole einer aus 1000
Plattenpaaren gebildeten VOLTA'schen Säule in Verbindung gebracht.
Dieses Blech trug eine Schicht mit Wasser angefeuchteter Thonerde,
welche fest zusammengeknetet war. In diese Masse wurde oben ein mit
dem negativen Pole genannter Säule in Verbindung gebrachter Eisendraht
eingeführt. Derselbe erhitzte sich alsbald auf Weissgluth und schmolz
da, wo er sich mit der Thonerde in Berührung befand. Die erkaltete
metallische Masse erwies sich spröder und weisser als Eisen. Durch
Behandlung mit Säuren wurde eine Lösung erhalten, aus welcher sich
Thonerde abscheiden liess.

Der erste, welchem die elektrolytische Abscheidung des Aluminiums
aus seinen geschmolzenen Verbindungen gelang, war BUNSEN[86]. Er benutzte seinen zur Gewinnung von Magnesium (S. 17) konstruierten Apparat, in welchem er das leicht schmelzbare Aluminium-Natrium-Chlorid
zersetzte. Da sich das Metall bei der niedrigen Schmelztemperatur pulverförmig ausschied, so trug er während der Elektrolyse so viel pulverisiertes
Kochsalz in die Mischung ein, dass die Temperatur schliesslich bis fast
zum Schmelzpunkte des Silbers gesteigert werden konnte. In der nach
beendigtem Versuche erkalteten Schmelze fand sich das Metall in grossen

---

[84] Philosophical Transactions, London 1808.
[85] Philosophical Transactions, London 1810.
[86] POGGENDORFF's Annalen Bd. XCII, 1854.

regulinischen Kugeln, die durch Eintragen in weissglühend geschmolzenes
Kochsalz zu einem Regulus zusammengeschmolzen wurden.
BUNSEN's Mittheilung über dieses Verfahren wurde am 9. Juli 1854
an die Redaktion von POGGENDORFF's Annalen abgefertigt. Wenige Wochen
später, am 14. August 1854, legte H. ST. CLAIRE-DEVILLE der französischen Akademie der Wissenschaften seine Arbeit über Metalle, speciell
über Aluminium vor.

Da sich in verschiedene Lehrbücher die Ansicht eingeschlichen hat,
als habe DEVILLE BUNSEN's Verfahren absichtlich unerwähnt und un-
berücksichtigt gelassen, so möge der Theil der Abhandlung, welcher auf
DEVILLE's Versuche [37] und Erfahrungen mit dem BUNSEN'schen Magnesium-
Apparate Bezug hat und die Begründung für die Modifikationen des Apparates liefert, in möglichst wörtlicher Uebersetzung hier folgen:

„Ich habe bis jetzt die Darstellung von Aluminium aus wässriger
Lösung durch den galvanischen Strom für unmöglich gehalten, und würde
noch fest an diese Unmöglichkeit glauben, hätten nicht die glänzenden
Resultate BUNSEN's bei seinen Versuchen über die Darstellung des Bariums,
Chroms und Mangans meine Ueberzeugung ins Schwanken gebracht. Indessen muss ich zugestehen, dass mir alle kürzlich veröffentlichten diesbezüglichen Methoden nur negative Resultate gegeben haben.

Jedermann kennt das elegante Verfahren, nach welchem BUNSEN
durch Zersetzung des Magnesiumchlorüres das Magnesium dargestellt hat.
Der berühmte Professor hat einen Weg eröffnet, welcher in den mannig-
fachsten Richtungen zu interessanten Resultaten führen wird. Indessen
kann man nicht daran denken, das Aluminiumchlorid zur elektrolytischen
Zersetzung zu verwenden: dasselbe schmilzt nicht, sondern verflüchtigt
sich schon bei sehr niedriger Temperatur. Es handelte sich also darum,
eine Verbindung ausfindig zu machen, welche einmal schmelzbar sein
musste, dabei aber nur Aluminium als allein abscheidbares Element enthalten durfte. Ich habe dieselbe in dem Doppelchloride des Aluminiums
und Natriums entdeckt, dessen Gewinnung eine die Aluminiumdarstellung
aus Aluminiumchlorid und Natrium begleitende Bedingung ist. Dieses
Chlorid, welches bei 185° C. schmilzt und bei einer genügend hohen
Temperatur noch beständig ist, obgleich es sich schon unterhalb des
Schmelzpunktes des Aluminiums verflüchtigt, entsprach allen wünschens-
werthen Bedingungen. Ich brachte dasselbe in einen Porzellantiegel,
welcher durch eine Porzellanplatte in allerdings unvollkommener Weise
in zwei Zellen getheilt wurde, und zersetzte es durch eine Batterie von
fünf Elementen, indem die Erhitzung des mit fortschreitender Elektrolyse

[37] Annales de chimie et de physique t. XLIII, 1854, p. 27.

weniger und weniger schmelzbar werdenden Salzes fortwährend gesteigert wurde, ohne jedoch den Schmelzpunkt des Aluminiums zu überschreiten. Bei diesem Punkte angelangt, wurde der Strom unterbrochen, Diaphragma und Elektroden aus dem Tiegel herausgehoben, und dieser eine Zeit lang auf lebhafte Rothgluth erhitzt. Es fand sich dann am Boden des Tiegels ein Regulus von Aluminium, welcher, zu Platten ausgeschlagen, der Akademie in der Sitzung vom 20. März 1854 vorgelegt wurde. Darüber hatte sich eine beträchtliche Menge Kohle gelagert, welche von der stark angefressenen positiven Elektrode aus dichter Retortenkohle stammte. Eine derartige Anordnung des Apparates, wie sie BUNSEN für die Darstellung des Magnesiums in Anwendung gebracht hatte, konnte also für diesen Fall nicht genügen, und bin ich nach vielen Versuchen zu nachstehendem Verfahren gekommen:

Der Apparat (Figur 59) ist folgendermaassen zusammengesetzt: Ein Porzellantiegel P ist in einen hessischen Tiegel H eingesetzt. Das Ganze

ist mit einem Deckel D versehen, in welchem sich ein Spalt zur Einführung eines als negative Elektrode dienenden Platinblechstreifens K und eine grössere Oeffnung zur Einführung einer porösen Thonzelle R befindet. In letztere wird als positive Elektrode ein Stab aus Retortenkohle A eingehängt. Der Boden der porösen Zelle muss einige Centimeter vom Tiegelboden entfernt sein. Tiegel und Thonzelle werden bis zu gleicher Höhe mit geschmolzenem Chloraluminium-Chlornatrium gefüllt. Nach dem Eintauchen der Elektroden genügt eine kleine Anzahl (zwei) von Elementen zur Zersetzung.

Man hebt den Platinstreifen von Zeit zu Zeit heraus, bricht den erkalteten metallischen, mit Salz gemischten Ueberzug ab und führt diesen Pol von neuem ein. Die metallhaltige Salzmasse wird in einem Porzellantiegel eingeschmolzen, nach dem Erkalten mit Wasser behandelt und nachher noch mehrmals in dem Doppelchloride zusammengeschmolzen, bis sich das Metallpulver zu einem Regulus vereinigt.

Das Doppelchlorid wurde erhalten durch Mischen und Erwärmen von zwei Theilen trockenen Aluminiumchlorides mit einem Theile Kochsalz. Bei ungefähr 200° C. findet Vereinigung beider Salze unter Wärmeentwickelung statt, indem eine leichtflüssige Schmelze entsteht".

Die Grundlage für unsere heutigen Arbeitsmethoden, die Elektrolyse geschmolzener Aluminiumverbindungen, war durch diese Arbeiten festgestellt, wenn auch die direkte praktische Verwerthung derselben an verschiedenen Klippen noch scheitern musste.

Zunächst war ja schon durch DEVILLE's Versuche festgestellt, dass sich Kohle-Kathoden für die Aluminiumabscheidung durchaus nicht eigneten. Wie ich aus eigner Erfahrung bestätigen kann, geräth ein als Kathode benutzter Kohlestab oder Tiegel scheinbar ins Schmelzen, so sehr wird der Zusammenhang der Kohletheilchen durch das sich in den Poren solcher Stäbe oder Gefässe abscheidende Metall gelockert.

Ein geradezu unüberwindliches Hindernis für die Brauchbarkeit dieser Apparate war das chemische Verhalten von Elektrolyt und abgeschiedenem Metalle gegen jedes für die Herstellung derselben in Frage kommende Material. Bei Anwendung äusserer Wärmequellen lässt sich thatsächlich kein Material finden, welches sich zur Herstellung von Schmelz- und Elektrolysiergefässen für Aluminiumhaloidsalze eignete. Schmelze und Metall beladen sich während der Dauer der Elektrolyse derartig mit Verunreinigungen, dass die werthvollsten Eigenschaften des letzteren ganz wesentliche Einbusse erleiden. Die gewöhnlichen feuerfesten Thon- und Graphittiegel enthalten Silikate, welche durch Berührung mit dem ausgeschiedenen Metalle in Gegenwart von Flussmitteln reducirt werden und das Metall siliciumhaltig machen. Hierzu gesellt sich noch eine sehr geringe Widerstandsfähigkeit gegen die schmelzenden Haloidverbindungen (ganz abgesehen von den Fluoriden).

Porzellangefässe vereinigen die Uebelstände obiger Tiegel mit den beiden Fehlern grosser Zerbrechlichkeit und höheren Preises und sind nur in sehr beschränkten Dimensionen anwendbar.

Tiegel aus gepresster Kohle sind zu porös, als dass man sie ohne dichte Hülle, mit einer flüssigen Substanz gefüllt, von aussen erhitzen könnte.

Metalle, welche genügend feuerbeständig sind, von der Schmelze nicht angegriffen werden und sich nicht mit Aluminium legieren, giebt es nicht.

Die Reindarstellung des Aluminiums nach diesen Methoden ist daher wegen Mangels eines geeigneten Materials für die Schmelzgefässe und Kathoden absolut ausgeschlossen.

Ein in seinen schon mehrfach erwähnten Arbeiten bisher nicht berücksichtigter Vorschlag DEVILLE's verdient doch einiger darin ausgesprochenen Arbeitsprincipien wegen allgemeiner bekannt zu werden, als dies bisher der Fall gewesen zu sein scheint. DEVILLE giebt nämlich auch die Bedingungen an, um mit Hülfe seines elektrolytischen Verfahrens Metallgegenstände, speciell solche aus Kupfer mit Aluminium-Ueberzügen zu versehen. Um nämlich den Aluminiumgehalt der Aluminium-Natriumchlorid-Schmelze konstant zu erhalten, empfiehlt er die Benutzung von Anoden aus Aluminium oder aus einem gepressten Gemische von Aluminiumoxyd und Kohle[38]. Er stellt damit zwei höchst beachtenswerthe Grundsätze fest, welche später wieder und wieder erfunden, bezw. patentiert worden sind, nämlich:

1. Die Benutzung löslicher Anoden auch bei der schmelzflüssigen Elektrolyse, und

2. Den Ersatz von Aluminium während der Elektrolyse geschmolzener Verbindungen desselben durch Aluminiumoxyd.

Das erste Patent, welches denselben Gedanken benutzte, ist auf den Namen Le Chatellier in England ertheilt[39]. Für diesen Fall darf jedoch angenommen werden, dass die Patentanmeldung mit Vorwissen Deville's geschah, denn letzterer erwähnt den Namen Le Chatellier mehrfach lobend als einen seiner Mitarbeiter. Ausser der Benutzung von Aluminiumoxyd-Kohle-Anoden wird in dieser Patentschrift auch eine poröse Zelle zur Aufnahme dieser Anoden empfohlen, da die letzteren während der Elektrolyse in Folge allmählichen Zerfallens die Schmelze stark verunreinigen. Dass die Verwendung poröser Zellen in geschmolzenen Aluminium-Haloidsalzen bei der fabrikmässigen Aluminiumabscheidung ausgeschlossen ist, bedarf wohl kaum einer Erwähnung. Wenn dann die Oxyd-Kohle-Anoden ausser dem bereits von Le Chatellier erkannten Uebelstande des Zerfallens und der Verunreinigung des Elektrolyten noch den Nachtheil eines ungemein schwachen Stromleitungsvermögens mit sich bringen, so war damit die Unmöglichkeit der Durchführung des Deville'schen Vorschlages in dieser Form besiegelt.

Ich muss mich auf das strengste dagegen verwahren, mit dem Hinweise auf die Gründe, welche gegen die direkte praktische Verwerthung von Bunsen's und Deville's bahnbrechenden Arbeiten sprechen, die Verdienste dieser beiden Forscher schmälern oder bemäkeln zu wollen. Die Mängel von Versuchen zu erkennen, ist nothwendig für den endlichen Erfolg unsrer Bemühungen. Und dass zu den erst in der neuesten Zeit errungenen Erfolgen gerade diese Arbeiten die wichtigsten Grundlagen geliefert haben, wird sofort aus einigen Schlussfolgerungen erhellen, welche wir sowohl aus den positiven, wie aus den negativen Resultaten der Versuche von Bunsen und Deville unter Berücksichtigung der Eigenschaften von Rohstoffen, Endprodukten und Apparatmaterialien ziehen können:

---

[38] St. Claire-Deville, H., De l'aluminium p. 95. Paris 1859, Gauthier-Villars & fils.

[39] Engl. P. Nr. 1214 von 1861.

1. Durch Elektrolyse geschmolzener (wasserfreier) Aluminiumverbindungen lässt sich das Metall gewinnen.

2. Das aus der Schmelze abgeschiedene Aluminium lässt sich durch Zufuhr von Aluminiumoxyd ersetzen, so dass das Verfahren dadurch zu einem dauernderen wird.

3. Die Zufuhr von Aluminium zum Elektrolyten ist praktisch nicht durchführbar mit Hülfe von Anoden aus Aluminiumoxyd und Kohle, wenn auch

4. die Verwendung löslicher Anoden für die elektrolytische Metallraffination von hoher Wichtigkeit ist.

5. Kathoden aus Kohle sind unbrauchbar (S. 115).

6. Es giebt kein Material zur Herstellung von durch äussere Wärmequellen zu heizenden Schmelzgefässen für die Elektrolyse von Aluminiumverbindungen.

So weit war man also thatsächlich um etwa die Mitte dieses Jahrhunderts vorgeschritten. Mit der Lösung der Fragen 5 und 6 wurden endlich — fast 30 Jahre später — die letzten Schwierigkeiten überwunden.

Bevor ich zu den jetzt üblichen Arbeitsverfahren übergehe, wird es rathsam sein, diejenigen Vorschläge und Versuche vorweg auszuscheiden, welche in der Weise, wie sie beschrieben wurden, nicht zum Ziele führen konnten.

Hierher gehört zunächst das Verfahren von GAUDIN[40], nach welchem ein geschmolzenes Gemisch von Kryolith und Kochsalz durch den Strom in Aluminium und Fluor zerlegt werden soll.

Auch das Verfahren von KAGENBUSCH[41] bedarf kaum einer Kritik. Thon soll, mit Flussmitteln geschmolzen, unter Zusatz von Zink elektrolysiert werden. Das Zink wäre aus der gewonnenen Legierung durch Destillation oder einen Treibprozess zu entfernen.

Wie sich BERTHAUT's Patent[42] von dem DEVILLE'schen Vorschlage unterscheidet, ist mir nicht gelungen herauszufinden.

Auch FAURE's Apparat zur Zerlegung von Aluminiumchlorid aus dem Jahre 1880 kann füglich mit Stillschweigen übergangen werden.

Und nun „Patent GRAETZEL'[43], ein vielgenanntes, gänzlich werthloses Verfahren! Es wird von mehreren chemischen Lehrbüchern als brauchbar und in Ausführung befindlich genannt, muss daher hier etwas

---

[40]) Moniteur scientifique XI, p. 62. ⎱ Nach RICHARDS, J.W., Aluminium. 2. ed.
[41]) Engl. P. Nr. 4811 von 1872. ⎰ London 1890.
[42]) Engl. P. Nr. 4087 von 1879.
[43]) D. R.-P. Nr. 26 962.

eingehender berücksichtigt werden, als dies sonst nöthig sein würde.
Der Erfinder will geschmolzene Chloride oder Fluoride in beistehend
abgebildetem Apparate elektrolysieren. Das Schmelzgefäss s besteht aus
Porzellan, Steingut oder ähnlichem feuerfesten Materiale. Vor der direkten
Flammenberührung ist es durch einen Metallmantel geschützt. Als Kathode ist im Innern ein Einsatz aus Metall, besonders Aluminium vorgesehen. Als Anode dient ein Kohlestab K, welcher in ein Porzellanrohr G, mit Schlitzen g und einem Chlor-Abführungsrohre p versehen ist.

60

In den Schmelzraum B soll während der
Elektrolyse durch das Rohr o^1 ein reducierendes Gas eingeleitet und durch
Rohr o^2 abgeleitet werden. Behufs Verminderung der elektrischen Spannung
innerhalb des Apparates, sowie zur
Wiederanreicherung des sich erschöpfenden Schmelzbades werden im Einsatz G
neben der Kohlenelektrode und völlig
unabhängig von derselben Platten oder
Stangen M eingesetzt, welche aus einer
Mischung äquivalenter Mengen von Thonerde und Kohle bestehen. Die Kohle
soll sich mit dem Sauerstoffe des Metalloxydes verbinden, während das
Metall in die Schmelze übergeht. Unglücklicherweise hat die Kohle
diesem patentierten Wunsche nicht Folge geleistet, sondern das Bad
durch Zerfallen der Stangen in unangenehmster Weise verunreinigt. Um
Aluminium vortheilhaft und rein zu gewinnen, muss man es in geschmolzenem Zustande abscheiden. Was wird dann aber aus dem Aluminium-
einsatze, was aus dem thönernen Schmelzgefässe und was aus dem eingesetzten oder in günstigstem Falle abgeschiedenem Aluminium selbst?
Die Zuleitung reducierender Gase ist bei der Aluminium-Elektrolyse mindestens überflüssig. Was bleibt also schliesslich von der ganzen Erfindung
noch übrig? Zugegeben aber, dass diejenigen, welche sich verleiten liessen,
die Versuche zu wiederholen, bei der Ausführung derselben zu ungeschickt
waren, die Vortheile dieser Methoden zu erkennen, so bleibt es doch
immerhin bezeichnend, dass GRAETZEL in seiner Eigenschaft als Direktor
der Hemelinger Aluminium- und Magnesiumfabrik nicht nach
seiner Methode, sondern nach derjenigen von BEKETOFF[6] (S. 96) durch
Reduktion von Kryolith mittels Magnesiums Aluminium herstellen liess.
Er meldete dieses Verfahren in verschiedenen Ländern zum Patente an,
wurde jedoch, mit Ausnahme von England, meines Wissens überall damit abgewiesen.

Wenn auch in der beschriebenen Weise nicht vortheilhaft durchführbar, so ist doch das Verfahren von Boguski-Zdziarski[44] für einige
spätere Patentansprüche nicht ohne Bedeutung.

„Kryolith oder andere Aluminiumverbindungen werden mit geeigneten
Flussmitteln gemischt, in einem schmiedeeisernen oder Graphittiegel, in
irgend einem passenden Ofen geschmolzen. Am Boden dieses Tiegels
befindet sich ein mit Aluminium zu legierendes Metall. Während der
Elektrolyse bildet letzteres die Kathode, ein in die Schmelze eintauchender Kohlestab die Anode.

Das thatsächlich den Elektolyten bildende Flussmittel muss Substanzen enthalten, welche leicht das an der Anode auftretende Fluor
binden, ausserdem sollte es möglichst reich an Aluminium sein. Mischungen, welche diesen Anforderungen entsprechen, können durch Zusammenschmelzen von Kryolith oder anderen Aluminiumverbindungen mit Soda,
Potasche oder anderen gegen Fluor ähnlich wirkenden Carbonaten erhalten werden".

Nach einigen allgemeinen Bemerkungen über Stromaufwand, Stromwirkung, Schädlichkeit eines Siliciumgehaltes der Schmelze wird noch
bemerkt:

„Wenn eine Aluminiumoxyd enthaltende Mischung benutzt wird,
muss das Flussmittel in so reichlicher Menge vorhanden sein, dass eine
leichtflüssige Schmelze entsteht. In diesem Falle sollte das Flussmittel
Soda, Potasche oder ein Gemisch beider Salze sein".

Die in dieser Patentschrift ausgesprochenen Gedanken enthalten ohne
Zweifel beachtenswertheres Material als die meisten anderen, aus irgend
welchen praktischen Gründen undurchführbaren Erfindungen.

Farmer[45] will unter anderen Aluminiumverbindungen auch d a s
C h l o r i d i n o f f e n e n G e f ä s s e n s c h m e l z e n und elektrolysieren.
Dass Schmelzgefässe gleichzeitig als Kathoden dienen können, ist in der
alten Welt seit 1808 bekannt; in der neuen Welt gebührt Farmer das
Verdienst, im Jahre 1885 diesen Gedanken noch einmal ausgesprochen
zu haben.

Grousilliers hat beim Nachsuchen nach einem Patente[46] wenigstens
nicht vergessen, dass Chloraluminium beim Erhitzen unter gewöhnlichen
Verhältnissen flüchtig ist, und will die Elektrolyse dieses Salzes in geschlossenen Gefässen unter Druck ausgeführt wissen, doch hat auch von
dieser Seite den Aluminiumfabrikanten de facto seit dem Tage der Erfindung (16. Mai 1885) keine Konkurrenz gedroht.

---

44) Engl. P. Nr. 3090 von 1884.
45) U. S. A. P. Nr. 315 266.
46) D. R.-P. Nr. 34 407.

Auf den ersten Blick hat es den Anschein, als ob man durch Mittel, wie sie in der GRABAU'schen Patentschrift [47] ‚Gekühlte Polzellen' angegeben werden, im Stande wäre, die Verunreinigung des bei der Elektrolyse von geschmolzenen Aluminiumsalzen sich ausscheidenden Aluminiums zu verhindern; aber auch nur auf den ersten Blick. Zur Erläuterung seines Verfahrens führt GRABAU folgendes Beispiel an:

Bei der elektrolytischen Zersetzung eines feuerflüssigen Bades aus Kryolith und Chlornatrium wird bekanntlich am positiven Pole Chlor und am negativen Pole Aluminium in flüssigem Zustande ausgeschieden.

Da geschmolzener Kryolith jedes feuerfeste, elektrisch nichtleitende Material angreift, so ist dieser elektrolytische Prozess nur dann möglich, wenn, wie es das vorliegende Verfahren ermöglicht, die betreffenden Theile des Apparates durch Erzeugung einer isolierenden, unangreifbaren Hülle vor der Einwirkung des Schmelzbades oder der ausgeschiedenen Einzelbestandtheile des letzteren geschützt werden.

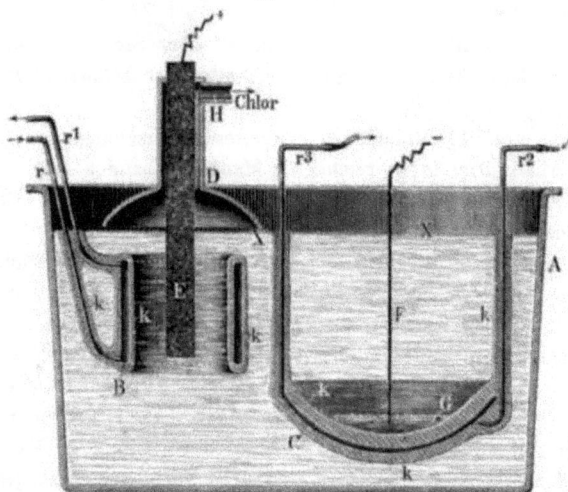

61

In beigegebener Figur 61 ist eine zur Ausführung des vorliegenden Verfahrens für das genannte Beispiel geeignete Vorrichtung veranschaulicht. Das eiserne Schmelzgefäss *A* wird durch eine Feuerungseinrichtung so hoch erhitzt, dass die Schmelze gut flüssig ist; dieselbe reicht bis zur Linie *XX*.

Die ringförmige, cylindrische, doppelwandige, metallene Zelle *B* wird

---

[47] D. R.-P. Nr. 45012.

durch eine Flüssigkeit, z. B. Wasser oder Luft, welche vermittels des Zuleitungsrohres r und Ableitungsrohres r^1 durch den von den Doppelwandungen der cylindrischen Zelle B gebildeten Hohlraum geführt wird, gekühlt. Ein ebenfalls doppelwandiges muldenförmiges Auffangegefäss C dient zur Aufnahme des ausgeschiedenen, flüssigen Aluminiums. Zwischen den Doppelwandungen dieses Gefässes hindurch wird vermittels der Zubezw. Ableitungsrohre r^2 bezw. r^3 die zur Kühlung bestimmte Flüssigkeit oder das betreffende Gas durchgeleitet. In Folge dieser Kühlung erstarrt die Schmelze überall an den gekühlten Flächen der Zelle, des Auffangegefässes und der Rohre und bildet an diesen Stellen eine elektrisch nichtleitende Kruste k, welche weder von der Schmelze noch von dem Aluminium angegriffen werden kann.

GRABAU geht von der Voraussetzung aus, dass nur die mit den abgeschiedenen Elementen in Berührung kommenden Theile einer mit Kryolithschmelze gefüllten Zersetzungszelle Verunreinigungen an die Schmelze und das Metall abgeben. In diesem Falle hätte er allerdings die wichtige Frage der Darstellung reinen Aluminiums auf elektrolytischem Wege fast gelöst. Ich muss sagen „fast gelöst", weil die Patentschrift noch einige Fragen offen lässt. Aus welchem Material besteht z. B. die Kathode, die doch mit den sich ausscheidenden Aluminiumtheilchen in innige Berührung kommt? Ferner scheint es zweifelhaft, dass bei der Anordnung der Anodenzelle, wie sie Figur 55 wiedergiebt, das Chlor vollständig genug abgeführt wird. Meine Beobachtung geht dahin, dass eine grosse Anzahl der an der Anode aufsteigenden Chlorbläschen, an der Oberfläche der Schmelze fortschwimmend, sich nach der Wandung des Schmelzgefässes hinzieht und von dort aus in Berührung mit Eisen die Schmelze und damit auch das abzuscheidende Aluminium verunreinigt. Aber abgesehen von diesen Unvollkommenheiten ist es mir nicht gelungen, fluorhaltige Mischungen von Aluminiumsalzen oder Aluminiumdoppelsalzen in eisernen Gefässen zu schmelzen, geschweige zu elektrolysieren, ohne dass Schmelze und Metall stark eisenhaltig wurden. Die geringe Haltbarkeit eiserner Gefässe für diese Arbeiten ist als Beweis für meine Behauptung, sowie als Hinderungsgrund für die Durchführung des Verfahrens gleich schwerwiegend.

HENDERSON [46] kommt mit seiner Arbeitsweise den Grundbedingungen der heutigen Methoden ziemlich nahe, indem er eine Lösung von Thonerde in geschmolzenem Kryolith elektrolysieren will, auch die zerlegte Thonerde fortdauernd durch Nachsetzen frischer ersetzt. Mit der Beschreibung seines Apparates zeigt er aber, dass er die Hauptfehler der

---

[46]) Engl. P. Nr. 7426 von 1887.

alten Versuche nicht erkannt hat; denn er erhitzt sein Schmelzgefäss von Aussen und benutzt einen Kohletiegel als Kathode. Nach Figur 62 bildet der Kohletiegel *A* die Kathode; er ist in den als Schutzhülle dienenden Graphittiegel *B* eingesetzt. Der Zwischenraum zwischen beiden Tiegeln ist mit Graphitpulver gefüllt. Die Verbindung mit der Leitung wird durch einen mit Thonrohr D^1 umhüllten Kohlestab E^1 bewirkt. Durch den Deckel *G* des Tiegels *A* wird die ebenfalls durch ein Thonrohr *D* geschützte Kohle-Anode *E* eingeführt. Der Deckel *G* ist zunächst mit einer Schicht Thonerde *H*, dann mit einer Thonschicht *K* bedeckt. Auf einer Chamotte-Unterlage *C* ruhend, ist die ganze Vorrichtung in eine Feuerung eingesetzt, mit Hülfe deren das Kryolith-Thonerde-Gemisch im Tiegel geschmolzen wird. Ein Strom von 3 Volt Spannung soll zur Abscheidung des Aluminiums aus der fortdauernd zu ersetzenden Thonerde genügen.

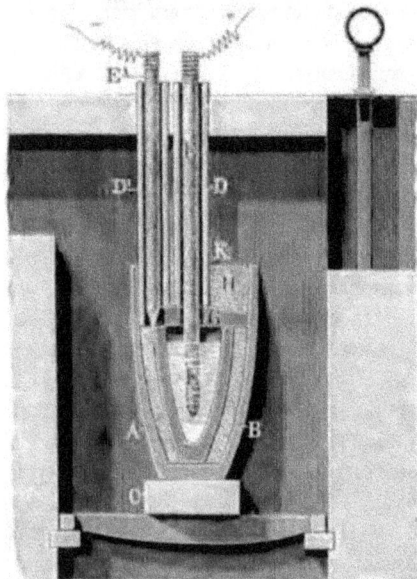

62

Aus Aluminiumsilikaten reines Aluminium elektrolytisch abzuscheiden, ist bisher nur Lossier laut seiner Patentschrift [49] gelungen.

Richards [50] berichtet über ein wahrscheinlich nicht patentiertes Verfahren von Rogers [51], welcher geschmolzenen Kryolith mit einer Kathode ausgeschmolzenem Blei elektrolysiert. Es soll sich zunächst eine Bleinatriumlegierung bilden, welche ihrerseits wieder Aluminium unter Abgabe von Natrium zur Abscheidung bringt. Die schon im Jahre 1887 zur Ausbeutung dieses Verfahrens gegründete American Aluminium Company of Milwaukee scheint sich jedoch mit der Einrichtung einer kleinen Versuchsanlage begnügt zu haben.

A. Winkler (Görlitz) [52] verschweigt zwar das Material, aus welchem

---

[49]) D. R.-P. Nr. 31 089.
[50]) Richards, J. W., Aluminium. 2. ed. London 1890.
[51]) Proceedings of the Wisconsin Natural History Society 1889 April.
[52]) D. R.-P. Nr. 45 824.

seine Zersetzungsgefässe bestehen, wird aber mit der Elektrolyse von Thonerde-Phosphaten und Boraten noch weniger Erfolg gehabt haben, als seine zahlreichen Vorgänger. Reines Aluminium in einem Bade von geschmolzenen B o r a t e n, und seien es auch Aluminiumborate, abscheiden zu wollen, wird kaum jemand, der die alten Wöhler'schen Arbeiten über Bor kennen gelernt hat, ernstlich unternehmen.

Patente von Feldmann empfehlen als Elektrolyten einmal Gemische der Aluminiumdoppelfluoride mit Barium-, Strontium-, Calcium-, Magnesium- und Zinkchloriden [53], dann Gemische der Aluminiumhaloidsalze mit Oxyden elektropositiverer Metalle [54].

Letzteres Verfahren ist auch von Cowles [55] zum Gegenstande von Patenten benutzt.

Einen unmöglichen Apparat zur Elektrolyse von geschmolzenem Aluminium-Natrium-Chlorid bringt Daniel [56] in Vorschlag. Er verbindet denselben zum Ueberflusse noch mit einer Anlage, in welcher das entweichende Chlor nach Wöhler's Verfahren auf Aluminiumchlorid verarbeitet werden soll.

Diel [57] will ein nach besonderem Verfahren hergestelltes Fluorid: $Al_2F_6 \cdot NaF$ in einer Schmelze von Kochsalz mit Kohle-Kathoden elektrolysieren. Die Unbrauchbarkeit derartiger Kathoden (S. 115) erkennend, benutzt er später Ferro-Aluminium-Kathoden (Al_3Fe), welche während der Elektrolyse Aluminium bis zu Al_9Fe aufnehmen sollen. Er arbeitet mit Stromdichten von 2-3 Ampère per qcm. Aus der aluminiumreichen Legierung soll der Ueberschuss von Aluminium durch Erhitzen wieder ausgetrieben werden, während das rückständige Al_3Fe wieder als Kathode benutzt wird.

Weitere in ihren Einzelheiten entweder bekannte oder uuausführbare Erfindungen sind in neuerer Zeit gemacht von Berg [58], Dixon [59], Graetzel [60], Diehl [61], Faure [62], Case [63], Gooch und Waldo [64] u. a.

[53]) D. R.-P. Nr. 49 915 von 1887.
[54]) D. R.-P. Nr. 50 370 von 1889.
[55]) Engl. P. Nr. 11 601 von 1890.
[56]) D. R.-P. Nr. 50 054 von 1889.
[57]) D. R.-P. Nr. 59 406, 59 447 und Engl. P. Nr. 813 von 1889.
[58]) D. R.-P. Nr. 56 913 von 1889.
[59]) Engl. P. Nr. 16 794 von 1889.
[60]) D. R.-P. Nr. 58 600 von 1890.
[61]) D. R.-P. Nr. 62 353 von 1891.
[62]) D. R.-P. Nr. 62 907 von 1892.
[63]) U. S. A. P. Nr. 512 801-512 803 von 1894.
[64]) U. S. A. P. Nr. 527 846-527 851 und 528 365 von 1895.

Vor etwa zehn Jahren machten sich endlich Bestrebungen geltend, die zum Schmelzen der zu elektrolysierenden Aluminiumverbindungen erforderliche Wärme durch elektrische Energie im Innern der Schmelzgefässe selbst zu erzeugen — und damit war endlich der Schlüssel zur erfolgreichen Lösung der Aluminiumfrage gefunden. Die Wärmeerzeugung durch elektrische Energie wurde in zwei Richtungen versucht: einmal durch Hervorbringen eines Lichtbogens im Innern des zu erhitzenden Schmelzraumes oder der zu erhitzenden Massen, dann durch Einschalten des Elektrolyten als Widerstand in einen Stromkreis. Nur der letztere Weg hat sich für die Aluminiumgewinnung ökonomisch genug erwiesen. Es mögen daher zunächst auch diejenigen Verfahren und Vorrichtungen ausgeschieden werden, welche

Die Zerlegung von Aluminiumverbindungen in der Zone des elektrischen Lichtbogens

zum Gegenstande haben. Der elektrische Lichtbogen bietet für die Zwecke der Aluminiumgewinnung des Guten entschieden zu viel. Wenn auch in dieser Wärmequelle die beiden erwünschten Bedingungen, Erhitzung und Elektrolyse, geschaffen sind, so ist doch die selbst in einem schwachen Lichtbogen herrschende Temperatur höher, als wir sie in diesem Falle nöthig haben. Dazu kommt, dass sich dieses Uebermaass von Wärme auf einen sehr kleinen Punkt konzentriert. Die Verwendung des Lichtbogens zur Aluminiumgewinnung muss daher entschieden als Verschwendung bezeichnet werden.

Die Anregung zur Ausnutzung dieser Wärmequelle ist auf die Veröffentlichungen von Ch. W. Siemens über einen von ihm konstruierten Schmelzofen zurückzuführen, dessen Beschreibung gleich folgen soll, nachdem einige ältere Versuche und Vorschläge Berücksichtigung gefunden haben.

Die im elektrischen Lichtbogen herrschende Temperatur scheint sich zuerst Depretz bei seinen Versuchen zu Nutze gemacht zu haben. In einer Mittheilung an die französische Akademie der Wissenschaften vom 17. December 1849[65] beschreibt er das Verhalten einer kleinen Retorte aus Zuckerkohle (von ca. 1,5 cm Durchmesser), innerhalb welcher, von einer Kohlenspitze ausgehend, ein Lichtbogen erzeugt wurde. Die Retorte selbst diente dabei als positive Elektrode.

Eine etwas spätere „Erfindung zum Schmelzen von Erzen", als britisches Patent angemeldet am 22. März 1853 von J. H. Johnson[66],

---

[65]) Comptes rendus t. XXIX, 1849.
[66]) Engl. P. Nr. 700 von 1853.

besteht darin, dass Erze mit Kohle gemischt durch einen elektrischen Lichtbogen fallen, welcher zwischen zwei grossen Elektroden erzeugt wird. Beim Passieren des Lichtbogens werden die Erze geschmolzen und in Schlacke und Metall verwandelt. Die beiden letzteren fallen in einen bereitstehenden Behälter, wo sie durch eine geeignete Feuerung im Flusse erhalten werden, bis sich das Metall von der Schlacke gesondert hat (vergl. GERARD-LESCUYER [S. 130]). Dieselbe Patentanmeldung enthält noch die Beschreibung eines etwas veränderten Apparates:

„Die beiden Elektroden sind unter einem Winkel gegen einander angeordnet. Die obere ist hohl und wird mit dem zu reducierenden Erz gefüllt, welches allmählich durch eine Schnecke nach abwärts gedrückt wird". Zur Illustration dieser Beschreibung kann ich mir nicht versagen, eine Skizze (Figur 63) beizufügen, welche einer englischen Patentschrift [67] von H. COWLES entnommen ist. E sind die Elektroden. In die obere derselben fällt das Erz aus einem Trichter ein und passiert die Zone des Lichtbogens. Die Schmelzprodukte sollen unten abfliessen.

Es ist nicht ausgeschlossen, dass der in oben erwähnter Patentschrift genannte JOHNSON nur Patentanwalt für einen andren Erfinder war, denn der erste Theil

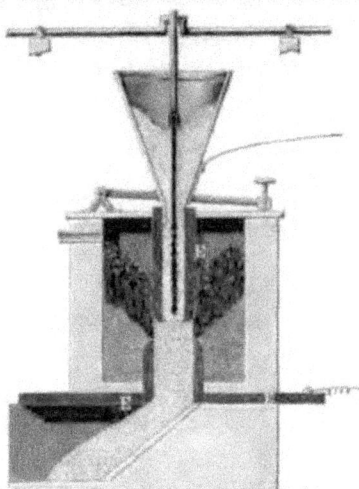

63

obiger Beschreibung würde auch auf nachstehenden, der Originalskizze entsprechend nachgebildeten, von ANDREOLI [68] als ersten elektrischen Schmelzofen bezeichneten, von PICHOU im Jahre 1853 in Vorschlag gebrachten Apparat passen.

In Figur 64 bedeuten C Kohlenstäbe, A die Halter derselben, × Leitungskabel, T Schrauben zum Vorschieben der Kohlen, M Mauerwerk, N Schmelzherd mit darunter befindlicher Feuerung, L Schornstein. Bei dem damaligen Stande der Technik war die praktische Ausführung dieses Vorschlages natürlich ganz undenkbar; man erwog aber doch immerhin schon deren Möglichkeit.

---

[67] Engl. P. Nr. 4664 von 1887.
[68] Industries 1893.

CH. W. SIEMENS' Schmelzverfahren [69] für schwerflüssige Stoffe ist nach dem vorher Gesagten im Princip kaum etwas Neues mehr. Es wurde auch nicht zur Gewinnung von Aluminium vorgeschlagen.

Die ganze Anordnung der einzelnen Theile bildet jedoch ein so interessantes Vergleichsobjekt für viele der später zu erwähnenden Geistesprodukte moderner Erfinder, dass ich die Beschreibung des Apparates (Figur 65) nicht gern fehlen lassen möchte.

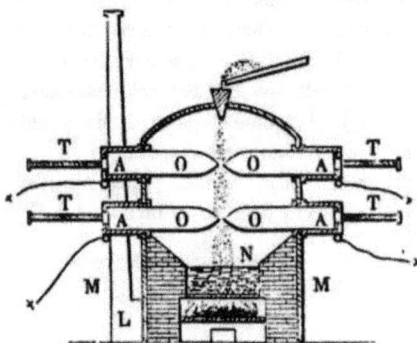

64

Einer Mittheilung von SIEMENS [70] sei hierüber folgendes entnommen:

„Ein Schmelztiegel T von Graphit oder einem andren sehr schwer schmelzbaren Materiale wird in ein metallisches Gefäss H, unter Ausfüllung des Zwischenraumes mit gestossener Holzkohle oder einem andren schlechten Wärmeleiter eingesetzt. Durch den durchbohrten Boden des Tiegels wird ein Stab von Eisen, Platin oder von Gaskohle, wie solche zur elektrischen Beleuchtung gebraucht wird, eingeführt. Der ebenfalls durchlöcherte Deckel des Tiegels nimmt die negative Elektrode auf. Als solche wird, wenn möglich, ein Cylinder aus gepresster Kohle von vergleichsweise beträchtlichen Abmessungen gewählt. Die negative Elektrode ist am Ende A eines in der Mitte unterstützten Balkens AB an einem aus Kupfer oder aus einem andren guten Leiter hergestellten Streifen aufgehängt, während am andren Ende B des Balkens ein hohler Cylinder von weichem Eisen

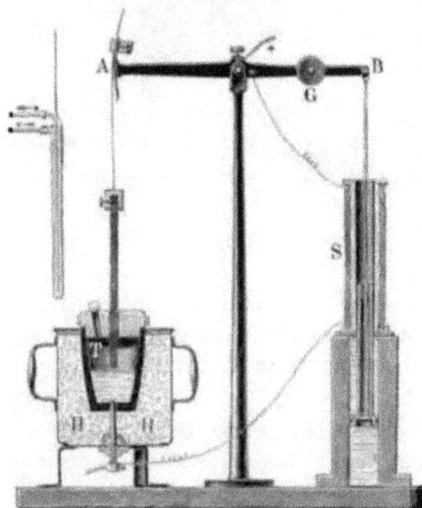

65

[69]) Engl. P. Nr. 2110 von 1879.
[70]) Elektrotechnische Zeitschrift 1880.

befestigt ist, welcher sich vertikal in einer Drahtspule S frei bewegen kann, die einen Gesammtwiderstand von ca. 50 Ohm'schen Elementen darbietet. Die magnetische Kraft, mit welcher der hohle Eisencylinder in die Solenoidrolle hineingezogen wird, wird durch ein auf dem nach der Drahtspule hin liegenden Balkenarme angebrachtes Lauf- oder Gleitgewicht G ausgeglichen. Durch Verschiebung dieses Gewichtes wird der Widerstand des Bogens bestimmt und innerhalb der Grenzen, welche die Kraftquelle zulässt, festgestellt. Das eine Ende der Drahtspule ist mit dem positiven, das andre ist mit dem negativen Pole des elektrischen Bogens verbunden. Bei vergrössertem Widerstande des Bogens taucht die negative Elektrode tiefer in den Schmelztiegel, während bei vermindertem Widerstande das Gewicht den Eisencylinder in die Spule zurücktreibt, wodurch sich die Länge des Bogens so lange vergrössert, bis das Gleichgewicht zwischen den wirkenden Kräften wieder hergestellt ist. Diese selbstregulierende Wirkung ist von grosser Wichtigkeit, denn einerseits würde ohne dieselbe die Temperatur im Schmelztiegel abnehmen, andrerseits würde die plötzliche Abnahme des elektrischen Widerstandes des unter Schmelzung befindlichen Materiales eine plötzliche Vergrösserung des Widerstandes des Bogens, wahrscheinlich ein Erlöschen des letzteren verursachen. Für das gute Gelingen der elektrischen Schmelzung ist es ferner wichtig, dass das zu schmelzende Material den positiven Pol des elektrischen Bogens bilde, da bekanntlich am positiven Pole Wärme erzeugt wird. Es ist diese Anordnung selbstverständlich nur bei Metallen anwendbar, bei nichtleitenden Erden oder bei Gasen ist es nothwendig, für einen nicht zerstörbaren positiven Pol zu sorgen, der aber auch der Schmelzung unterworfen sein und einen kleinen Teich am Boden des Schmelztiegels bilden kann. Die Anhäufung von Hitze erfolgt sehr rasch. Bei Anwendung einer mittelgrossen Dynamo-Maschine von 36 Weber'schen Einheiten wird ein in nichtleitendes Material eingesetzter Schmelztiegel von ca. 20 cm Tiefe in weniger als einer Viertelstunde auf Weissglühhitze gebracht, so dass 1 kg Stahl in einer weiteren Viertelstunde geschmolzen wird. Um eine Aufzehrung des negativen Poles zu verhindern, verwendet Verfasser einen Wasserpol oder ein Rohr von Kupfer, durch welches ein Abkühlungsstrom von Wasser fliessen gelassen wird. Es ist dies ein einfacher Kupfercylinder, der am unteren Ende geschlossen ist und ein inneres, bis nahe zum Boden reichendes, zur Einführung eines Wasserstrahles dienendes Rohr aus Gummi enthält".

Der englischen Patentschrift[71] sei noch die nachstehend skizzierte

---

[71] Engl. P. Nr. 4208 von 1878.

Anordnung entnommen. In Figur 66 besteht die Elektrode A aus Kohle, die Elektrode B aus einem mit Wasser oder kalter Luft kühlbaren Metallrohre, wie in Figur 65. Die Führung beider wird durch die Rollen rr und RR vermittelt.

Nach SIEMENS' Berechnungen kann man mit Hülfe einer dynamoelektrischen Maschine, welche durch eine Dampfmaschine getrieben wird, der Theorie nach mit einem Pfunde Kohle nahezu ein Pfund Gussstahl schmelzen.

66

Ein gewöhnlicher Gebläseofen braucht zum Schmelzen einer Tonne Stahl in Schmelztiegeln $2^1/_2$-3 Tonnen besten Kokes, ein Regenerativ-Gasofen nur eine Tonne, während beim Schmelzen im offenen Heerde desselben Ofens 12 Centner Kohle verbraucht werden. Der elektrische Schmelzofen kommt daher in Bezug auf die Oekonomie an Brennmaterial dem Regenerativ-Gasofen gleich. Es sprechen indess noch die folgenden Vortheile zu Gunsten des Verfahrens: 1. Dass der erreichbare Hitzegrad theoretisch unbegrenzt ist. 2. Dass die Schmelzung in einer vollkommen neutralen Atmosphäre vor sich geht. 3. Dass das Verfahren ohne viel Vorbereitung und unter dem Auge des Beobachters vorgenommen werden kann. 4. Dass bei Benutzung der gewöhnlichen schwer schmelzbaren Materialien die praktisch erreichbare Grenze der Hitze sehr hoch liegt, da im elektrischen Schmelzofen das schmelzende Material eine höhere Temperatur als der Schmelztiegel selbst hat, während im gewöhnlichen Verfahren die Temperatur des Schmelztiegels diejenige des darin geschmolzenen Materiales übersteigt. — Wenn der elektrische Schmelzofen die gewöhnlichen Schmelzofen auch nicht verdrängen wird, so dürften mit seiner Hülfe in Zukunft doch chemische Reaktionen der verschiedensten Art und unter Temperaturen ausführbar sein, die bis jetzt unmöglich waren.

Von Arbeiten, welche mit diesem Apparate ausgeführt wurden, seien folgende Beispiele angeführt:

Eine Tiegelfüllung von 10 kg Stahl wurde in einer Stunde vollständig zum Schmelzen gebracht.

Zur Verflüssigung von 4 kg Platin genügte eine Viertelstunde.

Ein Schmelzversuch mit Kupfer, welches in Kohlenstaub eingepackt war, ergab einen Verdampfungsverlust von mehr als 90 %.

Die Konstruktion von MENGES [72] bietet hiernach wenig Neues. Man denke sich eine Bogenlampe, deren untere feststehende Elektrode im Boden eines aus leitendem Materiale bestehenden Tiegels angebracht ist, während die obere, durch den Tiegeldeckel ragend, mittels eines geeigneten Mechanismus stets in passender Entfernung von der ersteren hängend gehalten wird. Diese bewegliche Elektrode besteht aus einem zusammengepressten Gemische eines geeigneten Elektricitätsleiters, wie z. B. Kohle und dem zu reducirenden Metalloxyde. Der ganze Apparat kann auch in einen verschliessbaren Kessel eingehängt werden, um die Schmelzung unter Druck vornehmen zu können. Figur 67 zeigt die Art des Aufhängens und die auf dem Kesseldeckel anzubringenden Ventile, Manometer und Klemmschrauben.

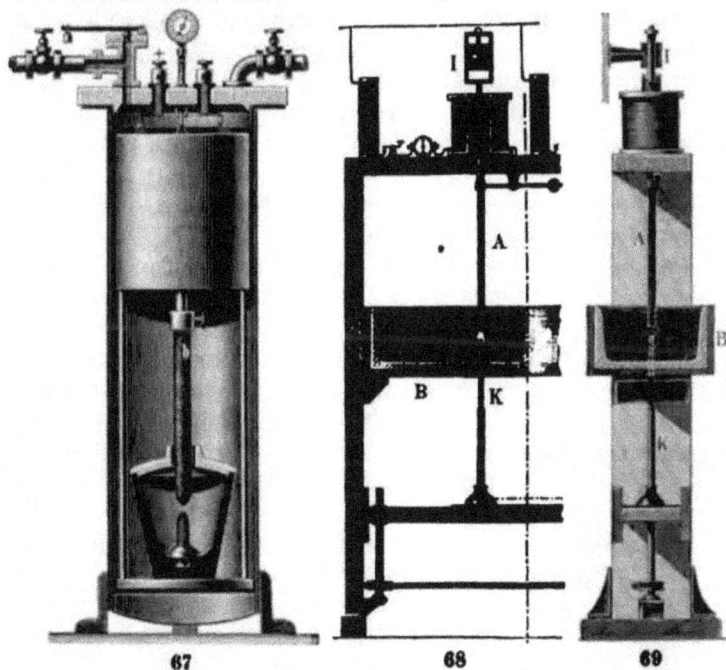

67   68   69

KLEINER-FIERTZ [73] will die Doppelfluorverbindungen des Aluminiums im Lichtbogen schmelzen und zersetzen. Die Elektroden des Apparates, Figuren 68 und 69, tauchen in einen mit Kryolith gefüllten und mit Bauxit oder Thon ausgefütterten Behälter B ein. Die negative (K) ist

[72]) D. R.-P. Nr. 40 354 von 1886.
[73]) D. R.-P. Nr. 42 022 von 1886.

in vertikaler Richtung verstellbar, während die Stellung der positiven A durch einen belasteten Hebel und ein Solenoid geregelt werden soll. Die Bewegungen des letzteren werden durch einen oberhalb angebrachten und in eine Flüssigkeit tauchenden Kolben I begrenzt und gehemmt.

Welche Vortheile dieser Apparat vor dem Siemens'schen haben soll, ist schwer einzusehen. Es sind ja auch die praktischen Erfolge des Verfahrens selbst sehr hinter den Erwartungen des Erfinders zurückgeblieben. Ein regelmässiges Arbeiten mit einer Substanz, welche zwar verhältnismässig leicht zum Schmelzen gebracht werden kann, aber bei der auf einen so kleinen Punkt konzentrierten Wärmewirkung des Lichtbogens in der nächsten Nähe mit kaltem Material zu Krusten zusammenzubacken Gelegenheit findet, ist absolut undenkbar. Eine Stromunterbrechung wird wohl häufiger wegen „Festfrierens" der Elektroden erforderlich geworden sein, als wegen vollendeter Zersetzung einer in der Umgebung der Elektroden befindlichen genügenden Menge Doppelfluorid.

Grabau's Verfahren und Apparate zur Schmelzung oder auch Reduktion mittels des elektrischen Lichtbogens [74] haben die besonders bei Kleiner-Fiertz erwähnten Nachtheile nicht aus dem Wege geräumt. Es hat sogar den Anschein, als müssten sich dieselben noch in erhöhtem Maasse fühlbar machen, resp. gemacht haben.

Das Schmelzgut soll unterhalb des Niveaus der flüssigen, gleichzeitig einen Pol bildenden Masse in den Schmelzraum (Tiegel) durch Rohre eingeführt werden.

Es sind in den Abbildungen der genannten Patentschrift verschiedene Modifikationen illustriert, welche gestatten, das zu reducierende Material getrennt von dem eventuell zu legierenden oder beide gemeinschaftlich ohne Unterbrechung zu ergänzen. Das zu legierende Metall übernimmt auch gleichzeitig die Stromzuführung. Durch eine Abflussöffnung wird die Polmasse auf konstanter Höhe erhalten. Die Abbildungen und eine genauere Beschreibung dieser Apparate dürften aus oben angeführten Gründen hier kaum vermisst werden.

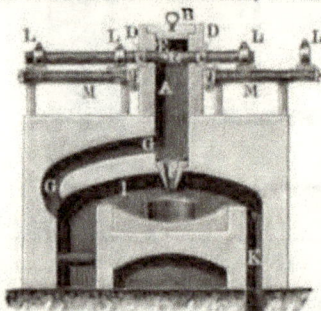

70

Der Apparat von Gerard-Lescuyer in Figur 70 [75] bildet eine sehr gute Illustration zu der bereits erwähnten englischen Patent-Anmeldung

---

[74]) D. R.-P. Nr. 44 511 von 1886.
[75]) D. R.-P. Nr. 48 040 von 1887.

von JOHNSON vom Jahre 1853. Statt die Erze mit Kohle gemengt durch den Lichtbogen fallen zu lassen, presst er Kupfer, Thonerde und Kohle mit Theer zu Barren und benutzt diese als Elektroden hei der Erzeugung des Lichtbogens. Im übrigen kann jedoch ganz auf JOHNSON's Patent-Beschreibung verwiesen werden (S. 124).

Der Ofen der Elektric Construktion Corporation[76] gestattet die Erhitzung der Beschickung durch den Lichtbogen, sowie durch zwischen die Elektroden eingeschaltete Widerstände. Als solcher Widerstand kann selbstverständlich auch eine leitungsfähige Beschickung dienen.

In dem Vertikalschnitt Figur 71 bedeutet F den Ofenschacht mit Einschütttrichter, a in diesem angeordneten Doppelschieber AA behufs Abschlusses der äusseren Luft bei der Beschickung und Schnecke B zum Einschieben des durch a eingeschütteten Materiales in den Ofenschacht. In den Schmelzraum ragen von beiden Seiten her die Elektroden $c'c'$ herein; dieselben sind als Kohlencylinder angenommen und in metallenen Hülsen cc befestigt, welche durch Leitungsdrähte d mit den betreffenden Polklemmen der Dynamomaschine D verbunden sind. Die Hülsen c (bezw. auch die Elektroden, wenn dieselben aus Metall hergestellt sind) können mit einer inneren Wasserkühlung versehen werden. $c''c''$ sind die zum Anfeuern bezw. zur Vermittlung der Herstellung des Stromkreises dienenden dünnen Kohlen- oder Metallstangen. Dieselben können durch besondere Löcher in den mit den Hülsen c elektrisch verbundenen Leitern c''', oder durch centrale Kanäle in den eigentlichen Elektroden c' entweder nur von einer Seite her bis an die gegenüberliegende Elektrode heran oder bis zum gegenseitigen Zusammentreffen von beiden Ofenseiten her in den Schmelzraum hereingeschoben werden.

71

Entwickelte Gase und Dämpfe ziehen im oberen Schachttheil durch g ab, und die Schlacke wird in h abgelassen. z sind mit Thonpfropfen oder durch Verschmieren mit Thon zu schliessende Arbeitslöcher.

Um die entwickelte Wärme gleichmässig zu vertheilen, kann man den unteren Ofentheil mit geschmolzenem Metalle oder mit einem ge-

---

[76] D. R.-P. Nr. 55 700 von 1890.

eigneten leitenden Bade gefüllt halten. Auch kann man beim Beschicken den Raum zwischen den Elektroden mit Kokesstücken ausfüllen, die dann ins Glühen gerathen. Um den Abbrand der Elektroden, wenn aus Kohle bestehend, auszugleichen, kann man durch die Löcher x hindurch die Elektrodenenden mit Kohlenpulver bestreuen.

Unter den in Ausführung begriffenen Aluminium-Gewinnungsverfahren findet man in der technischen Literatur hin und wieder auch das von WILLSON [77] erwähnt. Nach seinen Patentschriften ist jedoch eine vortheilhafte Abscheidung von Aluminium schon aus dem Grunde nicht zu erwarten, weil er, wie KLEINER-FIERTZ und andere, den kostspieligen und

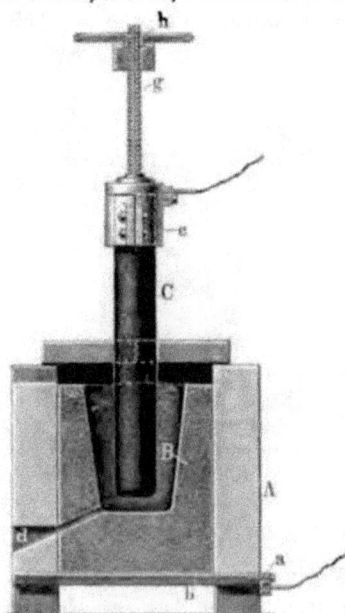

72

verschwenderisch arbeitenden Lichtbogen zur Erhitzung und Elektrolyse benutzt. Sein erster Ofen war wenigstens insofern keine unveränderte Copie des SIEMENS'schen Apparates, als er Vorrichtungen getroffen hatte, in den Lichtbogen reducirend wirkende Gase, Kohlepulver u. dgl., einzublasen, um durch diese die Elektrolyse gewissermaassen zu unterstützen. Welche Neuerungen aber seine jüngste Tiegelkonstruktion enthält, dürfte schwer festzustellen sein:

Ein in Mauerwerk A eingesetzter Kohletiegel B ist durch die Metallplatte b bei a mit der Stromleitung verbunden. Ein Kohlestab C, welcher vermittels der Klammer c an einer durch das Handrad h auf und ab zu bewegenden Schraubenspindel aufgehängt ist, bildet den andren Pol.

Dem zu reducirenden Materiale wird so viel Kohle beigemischt, dass es nicht ins Schmelzen geräth. Von dem reducirten Metalle erwartet jedoch der Erfinder, dass es aus dieser Kohlemasse aussaigere, um sich dann von Zeit zu Zeit aus dem Stichloche d abstechen zu lassen. Und das Verfahren soll praktisch ausgeführt werden!

---

[77]) U. S. A. P. Nr. 430 453 vom 17. Juni 1890.
  U. S. A. P. Nr. 492 377 vom 21. Februar 1893.
  Engl. P. Nr. 4757 von 1891.
  Engl. P. Nr. 21 696 von 1892.
  Engl. P. Nr. 21 701 von 1892.

**Elektrolyse geschmolzener Aluminiumverbindungen bei
sehr hohen Stromdichten zum Zwecke der gleichzeitigen
Erzeugung der Schmelzwärme durch den Strom.**

Es ist ja eine bekannte Thatsache, dass elektrische Ströme in allen
Leitern Wärme erzeugen. Aus dem in der Einleitung erwähnten, von
JOULE ermitteltem Gesetze ist ferner ersichtlich, dass die in Wärme
umgesetzte elektrische Energie im Verhältnisse des Quadrates der Stromstärke wächst. Die geringe Leitungsfähigkeit der als Elektrolyte bekannten flüssigen Leiter, gegenüber den einfachen Leitern, gestattet es
also den ersteren, durch die, wenn auch im Querschnitt geringeren eintauchenden Elektroden eine so grosse Strommenge zuzuführen, dass selbst
schwer schmelzbare Stoffe durch die erzeugte Wärme geschmolzen und
im flüssigen Zustande erhalten werden. Auf diese Weise wird während
der Elektrolyse die Gesammtmasse des Elektrolyten sehr gleichmässig
erhitzt — ein wesentlicher Vorzug gegenüber der auf einen engen Raum
begrenzten Erhitzung durch den Lichtbogen.

Erst die Anwendung jenes Erhitzungsprincipes ermöglichte die industrielle Durchführung der elektrolytischen Aluminiumgewinnung, denn
damit konnte auch gleichzeitig die bisher unbeantwortete Frage nach
einem geeigneten Baumaterial für die Schmelzgefässe entschieden werden.

Heute arbeiten alle Aluminiumwerke mit elektrisch im Flusse erhaltenen Elektrolyten. Der erste aber und fast der einzige, welcher bis
heute die Grundzüge dieser Arbeitsweise in seinen Patentschriften, sowie
den beigefügten Skizzen klar zum Ausdrucke brachte, war der französische
Chemiker PAUL HÉROULT. In seinen Patentschriften [78] bezeichnet er seine
Erfindung als „Verfahren der Herstellung von Aluminiumlegierungen durch
die erhitzende und elektrolytische Wirkung eines elektrischen Stromes
auf das Oxyd des Aluminiums Al_2O_3 und das Metall, mit welchem Aluminium legiert werden soll".

Wie die Erhitzung gemeint war, geht zur Genüge aus der nachfolgenden Beschreibung und Abbildung eines Apparates hervor, welcher
von der Schweizerischen Metallurgischen Gesellschaft,
späteren Aluminium-Industrie-Aktiengesellschaft zu Neuhausen in der Schweiz thatsächlich benutzt wurde.

Nach Figur 73 wird ein auf dem Boden isoliert aufliegender, oben offener
Kasten a aus Eisen oder andrem Metalle mit einer starken Ausfütterung A

---

[78] Französ. P. Nr. 170003 vom 15. April 1887.
Belg. P. Nr. 77100 vom 16. April 1887.
Engl. P. Nr. 7426 vom 21. Mai 1887.
D. R.-P. Nr. 47165 vom 8. December 1887.
U. S. A. P. Nr. 387876 vom 14. August 1888.

von Kohlenplatten versehen, welche unter sich durch einen Kohlenkitt verbunden werden. Dieser Verbindungskitt kann beispielsweise Theer, Zuckersyrup oder Fruchtzucker sein. Der das Bassin *A* umschlossen haltende Kasten *a* soll auch gut leitend sein. Will man eine sehr günstige Leitungsfähigkeit erzielen durch innigste Berührung der äusseren Bassin-Kohlenwände mit der Innenwand des Kastens *a*, so wird derselbe um den Kohlentiegel *A* herum gegossen, um durch das Erkalten die innigste Berührung mit der Kohle zu erzielen.

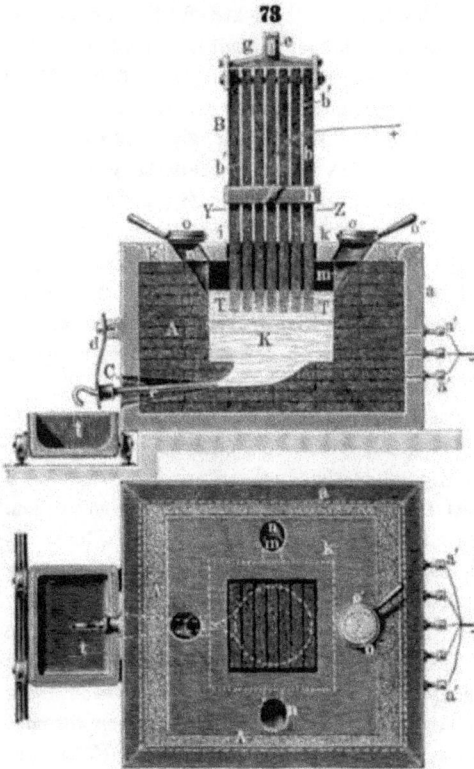

Im Kasten *a* befinden sich eine Anzahl Stifte *a'* aus Kupfer, welche den negativen elektrischen Strom mit geringstem Widerstande nach innen zum Bassin *A* führen. In dieses taucht die genannte positive Elektrode *B*, deren einzelne Kohlenstäbe entweder auf einander gelegt oder mit Zwischenräumen versehen sind, welche dann mit leitendem Materiale (Kupfer oder weicher Kohle) ausgefüllt sein müssen.

Am oberen Ende sind die Kohlenplatten *b* durch das Rahmenstück *g* zusammengefasst, dessen Oese *e* zum Einhängen in eine Kette dient, mittels welcher das Kohlenbündel *B* eingestellt (d. h. in seine Stellung gebracht) und höher oder tiefer gestellt werden kann. Dass die Peripherie des Kohlenbündels umschliessende Rahmenstück *h* ist mit den nöthigen Klemmvorrichtungen, wie Schrauben u. dgl., zur Fixierung des positiven Kabels versehen.

Mit Ausnahme eines für die senkrechte Bewegung des Kohlenbündels nöthigen Spielraumes *i* wird die Oeffnung des Bassins *B* durch Graphitplatten k überdeckt, worin einige Oeffnungen n zur Materialeinführung sind. Entsprechend diesen Oeffnungen n sind an den Seitenwänden des Bassins nöthigenfalls auch die Aussparungen m vorgesehen. Diese Kanäle mn dienen auch für die Ableitung der sich im Bassin entwickelnden Gase. Die mit einer Einfassung o' sammt Griff o'' versehenen beweglichen Platten o dienen zum Zudecken der Löcher n während der verschiedenen Phasen des Schmelzprozesses. Zwischen der Graphitplatte k und dem Rande des Kastens a ist eine Ausfüllung k' von Holzkohlenpulver.

Zum Beginne der Operation bringt man zuerst Kupfer, und zwar vortheilhafter Weise in zerkleinertem Zustande, in das Bassin A; das Kohlenbündel B wird hierauf dem Kupfer entgegen gebracht, der Strom geht durch das Kupfer und bringt dasselbe zum Schmelzen. Sobald das als negativer Pol dienende Bad aus flüssigem Kupfer vorhanden ist, bringt man auch Thonerde in das Bassin und hebt das Bündel B noch etwas höher. Nun geht der Strom durch die Thonerde, welche schmilzt und sich zersetzt. Der Sauerstoff geht an die Kohle b und verbrennt dieselbe, so dass Kohlenoxydgas aus dem Bassin entweicht. Das Aluminium scheidet sich aus seiner Sauerstoffverbindung ab und geht ans Kupfer, so dass direkt Aluminiumbronce erzeugt wird. Man speist nun das Bassin ganz nach dem Fortschreiten der elektrolytischen Metallgewinnung weiter, und zwar stetig oder mit Unterbrechungen, sowohl mit Kupfer als mit Thonerde.

Das Kohlenbündel muss, wie bereits erwähnt, entsprechend dem Widerstande höher oder tiefer gestellt werden. Diese Höhenregulierung kann übrigens auch automatisch stattfinden, indem man die das Kohlenbündel B tragende Kette z. B. mit einem reversiblen-dynamoelektrischen Motor (der vom Ampèremeter aus regulirt wird) in Verbindung setzt, welcher als elektrischer Regulatur wirkt.

Zum Ablassen der angesammelten flüssigen Aluminiumbronce wird die mit Kohle ausgefütterte Blockform t unter das Stichloch C gebracht und der Kohlenstab c so lange aus dem Stichloche entfernt, bis die Form gefüllt ist. Der elektrolytische Scheidungsprozess nimmt seinen Fortgang, indem das Kohlenbündel wieder tiefer gestellt wird und das Einfüllen von Kupfer und Thonerde ins Bassin A weiter fortgeht.

Die sich als vortheilhaft erweisende, zur Verwendung kommende Stromintensität beträgt ca. 13000 Ampères bei einer Spannung von ca. 12-15 Volt.

Soweit der Wortlaut der deutschen Patentschrift. Die ausländischen unterscheiden sich dem Sinne nach erklärlicherweise nicht von dieser; nur die denselben beigefügte Skizze stellt einen einfacheren Apparat dar, welcher, da er sich sehr gut für kleinere Versuche eignet und auch wohl einiges geschichtliches Interesse beansprucht, wieder gegeben sein mag

(Figur 75). Der Schmelztiegel *a* steht auf einer Platte *p* aus leitendem Materiale. Der Zwischenraum zwischen ersterem und dem Mauerwerke *m* ist mit Kohlepulver *g* ausgefüllt. Durch den Deckel *b* ist die Kohle-Anode eingeführt. Der Tiegel selbst bildet die Kathode.

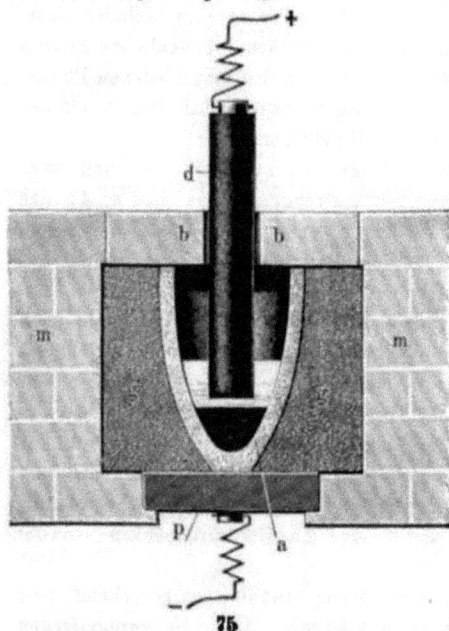

Wie die Patentschrift sagt, betrifft dieses Verfahren die Gewinnung von Aluminiumlegierungen, und zwar in erster Linie der Aluminiumbronce. Der Abscheidung des reinen Metalles standen besonders noch zwei Hindernisse im Wege: der hohe Schmelzpunkt des Aluminiumoxydes und das Material der Kathode. Mit einer Kohle-Kathode ist, wie schon DEVILLE richtig erkannte, ein glatter Betrieb unmöglich. Wie diese Uebelstände beseitigt wurden, werden die folgenden Erörterungen zeigen.

Neuere Veröffentlichungen über Aluminium sagen, dass man in Amerika nach HALL, in Europa nach HÉROULT und MINET arbeite. Diese Behauptung steht in offenbarem Widerspruch zu meiner Kritik der Verfahren von HALL und MINET, welche ich in der ersten Auflage dieses Buches in folgende Worte zusammenfasste: „Die amerikanischen Patente von CH. M. HALL, sowie A. MINET's Verfahren beruhen auf theils längst bekannten, theils praktisch als unausführbar erkannten Thatsachen".

Wenn HALL oder MINET Verfahren ausgearbeitet haben, welche von den in den Patenten beschriebenen abweichen, will ich der öffentlichen Meinung, dass die eine oder andre Fabrik nach HALL, bezw. nach MINET arbeite, nicht widersprechen. Hier handelt es sich aber um das Arbeiten nach CH. M. HALL's und A. MINET's Patenten, und das muss ich auch heute noch für praktisch unmöglich erklären.

Lassen wir also zunächst die Herren Erfinder in ihren eigenen, durch Skizzen ergänzten Worten aus ihren Patentschriften sprechen.

Die erste Patentanmeldung von CH. M. HALL kam am 9. Juli 1886 im Patentamte der Vereinigten Staaten Nordamerikas zur Auslage; dieselbe wurde getheilt und bildete dann Gegenstand der beiden Patentschriften Nr. 400 766 und Nr. 400 664 vom 2. April 1889 (Tag der Patent-Ertheilung).

Nr. 400 766.

„Die hierin beschriebene Erfindung betrifft die Reduktion von Aluminium aus seinem Oxyde durch Lösen solchen Oxydes in einem Bade, enthaltend ein geschmolzenes Aluminiumfluorid-Salz, und durch darauf folgende Reduktion des Aluminiums mit Hülfe eines durch das Bad geleiteten elektrischen Stromes. Allgemein ausgedrückt besteht also die Erfindung in der Elektrolyse einer Lösung von Thonerde in einem geschmolzenen Aluminiumfluorid-Salze g e n a u w i e n a c h s t e h e n d e i n g e h e n d e r b e s c h r i e b e n:

In der beigegebenen Skizze stellt Figur 76 einen Vertikal-Querschnitt, Figur 77 eine aufgebrochen gedachte Ansicht einer veränderten Apparatform dar.

Bei der praktischen Ausführung meiner Erfindung stelle ich mir die Thonerdelösung dadurch her, dass ich in einem geeigneten Tiegel A das Aluminiumfluorid mit dem Fluoride eines elektropositiveren Metalles (z. B. Natrium, Kalium u. s. w.) zusammenschmelze. Am besten mischt man diese Salze im Verhältnisse von 84 Th. Natriumfluorid und 169 Th. Aluminiumfluorid, entsprechend der Formel: $Na_2 Al_2 F_8$ zusammen. Eine bequeme Methode, das Bad herzustellen, besteht auch darin zu Kryolith $\frac{328}{421}$ seines Gewichtes an Aluminiumfluorid beizumischen. Der Zweck des Zusatzes von Aluminiumfluorid ist der, in dem Bade ein richtiges Verhältnis zwischen den Fluoriden des Aluminiums und des Natriums zu erzielen. Diesem geschmolzenen Bade wird eine hinreichende Menge Aluminiumoxyd zugesetzt, um nach Auflösung des letzteren mit Hülfe der an eine Dynamomaschine oder andre geeignete Elektricitätsquelle angeschlossenen, in die Schmelze eintauchenden Elektroden C und D einen elektrischen Strom hindurchzuleiten. Durch die Wirkung des Stromes, welcher am

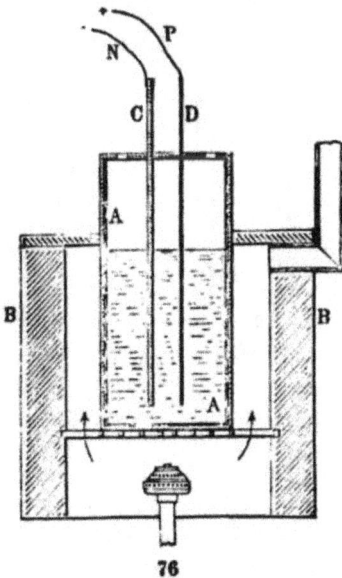

besten eine elektromotorische Kraft von 4-6 Volts erhält, wird an der positiven Elektrode *C* Sauerstoff in Freiheit gesetzt und an der negativen Elektrode *D* Aluminium reduciert. Letztere sollte, wenn es sich um die Darstellung reinen Aluminiums handelt, wegen der Affinität desselben zu anderen Metallen aus Kohlenstoff (!) bestehen. Für die positive Elektrode kann man Kohlenstoff, Kupfer, Platin oder ein andres geeignetes Material wählen. Kohleanoden verbrennen allmählich, müssen daher von Zeit zu Zeit erneuert werden. Kupferanoden indessen überziehen sich mit einer Schicht Kupferoxyd, welches das darunter liegende Metall vor weitergehender Zerstörung schützt, ohne die Leitungsfähigkeit wesentlich zu beeinträchtigen.

Wegen der Affinität des Aluminiums zu anderen Metallen, auch wegen der zerstörenden Wirkung der Schmelze auf erdiges Gefässmaterial wird der Tiegel am besten aus Eisen oder Stahl angefertigt und durch eine Kohlenstoff-Ausfütterung A^1 im Innern geschützt. Der so vorbereitete Tiegel wird in einer Feuerung *B* einer hinreichenden Hitze ausgesetzt, um das darin befindliche Material, dessen Schmelzpunkt etwa gleich dem des Kochsalzes ist, zu verflüssigen.

An Stelle der Elektrode *D* (Figur 76) kann auch das Kohlefutter A^1 (Figur 77) benutzt werden, indem dasselbe in geeigneter (!), bei N^1 angedeuteter Weise mit der Elektricitätsquelle verbunden wird.

Um die Schmelze leichtflüssiger zu machen, wird ein Theil, etwa ein Viertel, des Natriumfluorides durch die äquivalente Menge Lithiumfluorid ersetzt, so dass die Schmelze dann aus 26 Theilen Lithiumfluorid, 126 Theilen Natriumfluorid und 338 Theilen Aluminiumfluorid besteht. Diese Verhältnisse können indessen geändert werden, ohne die Arbeit wesentlich zu beeinflussen. Das an der Kathode abgeschiedene Aluminium sinkt zu Boden und kann von dort in passender Weise entfernt werden".

Es wird also, wie man sieht, ausdrücklich eine Feuerung vorgeschrieben, um den Tiegel, bezw. dessen Inhalt von aussen zu erhitzen; es werden ferner Kohlekathoden in Vorschlag gebracht. Diese beiden Forderungen beweisen auf das Klarste, dass der Erfinder um jene Zeit noch weit entfernt davon war, die Bedingungen für ein brauchbares Aluminium-Gewinnungsverfahren erkannt zu haben.

Nr. 400 664.

In dieser Patentschrift, welche in Sinn und Wortlaut durchgehends mit der vorigen übereinstimmt, wird zunächst ein andres Lösungsmittel für die Thonerde vorgeschlagen. „Diese Combination, welche als ein Aluminium-Kaliumdoppelfluorid bezeichnet werden kann, wird am besten durch Mischung von 169 Theilen Aluminiumfluorid und 116 Theilen Kaliumfluorid, entsprechend der Formel $K_3 Al_2 F_8$ erhalten. Eine grössere Menge des letzteren Salzes erhöht das Lösungsvermögen der Schmelze für Thonerde, verringert aber die Schmelzbarkeit, während ein erhöhter Zusatz von Aluminiumfluorid das Bad leichtflüssiger, aber weniger aufnahmefähig für Thonerde macht.

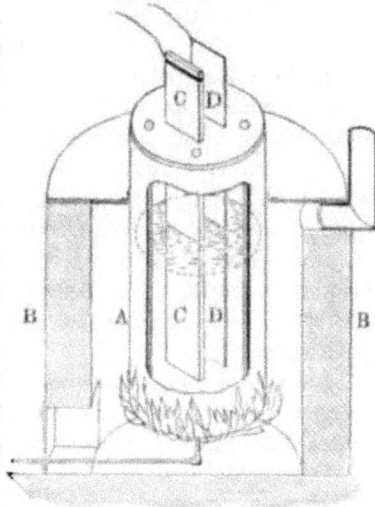

Ein theilweiser Ersatz des Kaliumfluorides durch Lithiumfluorid erhöht sowohl die Flüssigkeit wie das Lösungsvermögen der Schmelze für Thonerde. So sind z. B. die durch folgende Formeln $K Li Al_2 F_8$ bis $K_3 Li_3 Al_4 F_{18}$ begrenzten Salzgemische sehr wirksam". Es wird dann zur Ausführung der Elektrolyse der nebenstehend in Figur 79, 80, 81 abgebildete Apparat beschrieben:

„Der Tiegel A, gefüllt mit dem eben gekennzeichneten Lösungsmittel

78

wird in eine geeignete Feuerung B eingesetzt, um hierin bis zum Schmelzen des Salzgemisches erhitzt zu werden; es bedarf hierzu schwacher Rothgluht. Die mit einer geeigneten Stromquelle verbundenen Elektroden C und D werden nun in das Bad eingehängt; ausserdem wird dem letztern eine hinreichende Menge Thonerde zugesetzt. Dieselbe löst sich und wird durch den elektrischen Strom unter Abscheidung von Aluminium an der negativen Elektrode D zerlegt".

Bezüglich des Elektrodenmateriales ist hier insofern eine Abweichung von den Angaben der vor-

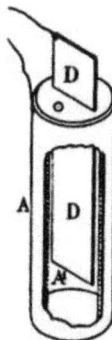

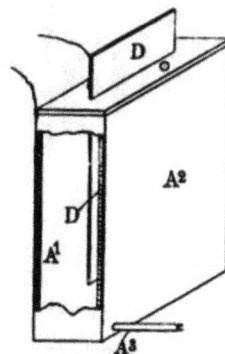

79   80

hergehenden Patentschrift festzustellen, als kohlenstoffhaltiges Material zur Herstellung der Anode ausdrücklich ausgeschlossen wird; es wird statt dessen Kupfer oder Platin empfohlen.

Wie vorher hält es der Herr Erfinder für möglich, bezw. selbstverständlich, die Kohleauskleidung A des Tiegels (Figuren 72, 73 und 74) als Kathode zu benutzen. Als Tiegelmaterial wird ausser Eisen und Stahl jetzt auch Kupfer zugelassen.

Für den Strom genügt jetzt eine Spannung von 3-4 Volts.

In der Patentschrift

Nr. 400665

werden die vorher patentierten Lösungsmittel oder Elektrolyten für ungeeignet erklärt. An Stelle derselben wird ein neues Recept, gleichzeitig auch ein neuer Apparat verschrieben:

„Das vorher patentierte Bad aus Aluminium-Alkali-Doppelfluoriden ermattet nach einiger Zeit in seiner Wirksamkeit, und zwar nicht etwa wegen Mangels irgend eines der wesentlichen Bestandtheile, sondern weil sich eine schwarze oder dunkle, augenscheinlich von den alkalischen Bestandtheilen herrührende (!) Substanz in der Schmelze bildet, welche den elektrischen Widerstand erhöht und in Folge dessen ein Absetzen des Bades verlangt".

Diese Uebelstände sollen auf folgende Weise gehoben werden:

„Das Salzgemisch besteht aus 169 Theilen Aluminiumfluorid und 78 Theilen Calciumfluorid (Flussspath), entsprechend der Formel $CaAl_2F_8$.

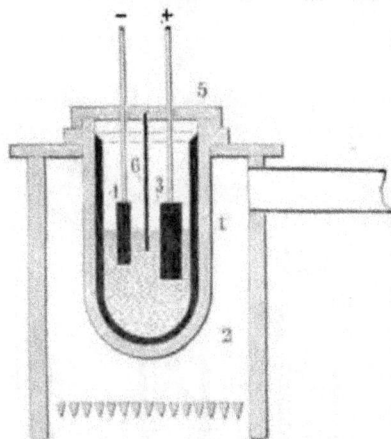

81

Dieses Doppelfluorid ist leicht flüssiger als Flussspath allein. Aber auch anders zusammengesetzte Doppelfluoride dieser beiden Metalle, so z. B. $Ca_3Al_2F_{12}$, ergeben befriedigende Resultate.

Die Fluoride werden nun in einem mit Kohle ausgefütterten Tiegel 1 innerhalb der Feuerung 2 zum Schmelzen erhitzt. Die mit der Stromquelle verbundenen Elektroden sollen, wenn es sich um die Darstellung reinen Aluminiums handelt, beide aus Kohle bestehen. Wird eine Legierung gewünscht, so ist die negative Elektrode 4 aus dem mit Aluminium zu legirenden Metalle herzustellen. In dem Bade wird dann Thonerde in Form von Beauxit (!) von wasserfreiem Oxyde oder in irgend einer andren geeigneten Form gelöst; am besten eignet sich das reine künstlich dargestellte Oxyd, Al_2O_3" (also doch!). Die Zersetzung des Oxydes ist natürlich in allen Patentschriften über-

einstimmend erklärt. „Mit fortschreitender Elektrolyse wird dem Bade
frische Thonerde nachgesetzt. Diese Lösung ist augenscheinlich schwerer
als Aluminium, welches, wenn nicht legiert, an die Oberfläche steigt und
dort oder an der Anode verbrennen würde, wenn nicht ein Deckel 5 zur
Abhaltung der Luft und eine Scheidewand 6 aus Kohlenstoff zur Scheidung der Elektroden vorgesehen wäre".

Abgesehen von dem Elektrolyten sind wir auf diesen Umwegen also
wieder beim alten Bunsen'schen Apparate angelangt! Doch weiter:

„Das Aluminium wird nun von Zeit zu Zeit aus dem Kathodenraume
von der Oberfläche der Schmelze entfernt. Das specifische Gewicht der
letzteren kann aber auch durch Zusatz leichterer Salze, wie des früher
erwähnten Kalium-Aluminium-Doppelfluorides, soweit reduciert worden,
dass das sich abscheidende Metall zu Boden sinkt.

An Stelle des Calcium-Aluminiumfluorides können schliesslich auch
die Doppelfluoride der übrigen Erdalkalimetalle benutzt werden. Den
Alkali-Doppelfluoriden gegenüber besitzen die Salze der Erdalkalimetalle
den Vorzug, dass bei ihrer Absättigung mit Thonerde die Stromwirkung
in keiner Weise beeinträchtigt wird".

Nr. 400 666

bringt wieder ein neues Flussmittel. Zwar sind mit den bisher genannten
Elektrolyten gute Resultate erhalten, aber der unangenehme schwarze
Niederschlag (s. vorige Beschreibung) macht noch Kopfschmerzen. Man
erfindet also „einen Elektrolyten
oder ein Bad aus Fluoriden des
Calciums, Natriums und Aluminiums.
Die Fluoride der beiden ersteren
Metalle werden in Form von Flussspath und Kryolith angewandt; das
noch erforderliche Aluminiumfluorid
wird durch Sättigen des Hydrates mit
Flusssäure erhalten. Die Mengenverhältnisse der einzelnen Salze sollen
der Formel $Na_2 Al_2 F_8 + Ca Al_2 F_8$
entsprechen. Man schmilzt das Gemisch in einem mit reinem Kohlenstofffutter versehenen Gefässe 1 ein.
In der Feuerung 2 erzeugt man
die zum Schmelzen nöthige

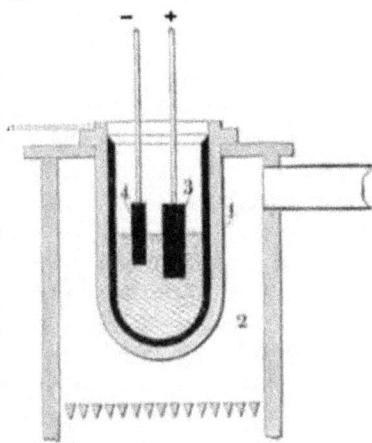

82

Wärme. Die Elektroden 3 und 4 bestehen, wie vorher, aus Kohle. An
Stelle der Elektrode 4 kann auch das Gefäss, bezw. das Kohlenstofffutter
als Kathode dienen, da das Metall in dieser Schmelze zu Boden sinkt".

Im übrigen weicht diese Beschreibung kaum von der vorhergehenden ab, bis auf die Neuerung, dem Bade 3-4 % Calciumchlorid zuzusetzen. Die elektromotorische Kraft wird jetzt zu 6 Volts eingeschätzt.

Nr. 400 667.

Dieses zuletzt angemeldete Patent endlich schützt folgende Vorschläge: „Ein besonders geeignetes Flussmittel besteht aus 234 Theilen Flussspath, 421 Theilen Kryolith, 845 Theilen Aluminiumfluorid und einem geeigneten Chloride, Calciumchlorid, z. B. bis zu 3, höchstens 4 % des ganzen Gemisches. Nachdem diese Substanzen zusammengeschmolzen sind, wird dem Bade Thonerde zugesetzt. Von den in das Bad eintauchenden Elektroden besteht die negative aus Kohlenstoff, die positive aus demselben oder andrem geeigneten (!) Materiale".

Es werden dann die bereits früher beschriebenen und patentierten Möglichkeiten und Unmöglichkeiten wiederholt, so dass ausser der etwas veränderten Zusammensetzung des Flussmittels und der jetzt auf 4-8 Volt begrenzten Badspannung nichts neues aus dieser Patentschrift zu entnehmen ist.

Das wären also die Patente von CH. M. HALL, auf welche sich meine oben citierte Kritik aus dem Jahre 1891 bezog. Ich habe auch heute kein Wort davon zurückzunehmen.

Ein späteres Patent (1893) von J. B. HALL wird weiter unten Berücksichtigung finden.

Nun zu dem Patente MINET, welches s. Z. mit der gleichen Kritik bedacht wurde. Zur Vermeidung von Missverständnissen, welche durch unrichtige Auffassung von Zeitungsberichten hervorgerufen werden können, mag vorausgeschickt werden, dass MINET's und BERNARD's Verfahren identisch sind. MINET's Verfahren wurde in der Fabrik der Gebrüder Bernard zuerst ausgeführt; auch sind die Patente auf den Namen dieser Herren ertheilt worden.

Die erste Anmeldung des englischen Patentes [79] geschah im Juli 1887 unter Einreichung einer provisorischen Patentschrift; die endgültige, mit Skizzen versehene Patentschrift wurde im Januar 1888 eingeliefert und am 17. Februar 1888 genehmigt. Letztere lautet: „Unter den Aluminiumverbindungen, welche für die Elektrolyse in Betracht kommen, sind einige sehr zähflüssig, andere wieder flüchtig. Für die Zwecke der Elektrolyse ist jedoch ein ganz besonderes Verflüssigungsstadium der Aluminiumsalze nothwendig, welches schwierig zu erreichen ist. So ist z. B. das Chlorid zu flüchtig, das Fluorid dem gegenüber nicht leichtflüssig genug.

---

[79] Engl. P. Nr. 10 057 von 1887.

Das erstere, Salz betreffend, ist bereits vorgeschlagen, demselben durch Beimischung anderer Salze eine grössere Beständigkeit zu verleihen, um ihm dann bei niedriger Temperatur durch den Strom das Aluminium zu entziehen. Immerhin besitzt dieses Doppelsalz, das Natrium-Aluminiumchlorid, eine geringe Beständigkeit. Seine Zersetzung ist mit der Entwicklung höchst schädlicher Dämpfe verknüpft, so dass es für die praktische Aluminiumgewinnung nicht in Betracht kommen kann, besonders da auch die mit seiner Benutzung verknüpften Verluste sehr grosse sind.

Man hat es sogar nicht unversucht gelassen, dem Salze durch Beimischung von Kochsalz und selbst Kryolith noch grössere Beständigkeit zu verleihen. Nun zeigen aber Versuche, dass, wenn der Strom durch ein Bad aus Aluminium-Natriumchlorid, Natriumchlorid und Kryolith geschickt wird, das Doppelchlorid sich in beträchtlichen Mengen verflüchtigt, während das beständigere Fluorid durch den Strom zerlegt wird (?).

Es ist daher ein Bad gewählt, in welchem das Aluminiumfluorid in grösserer Menge vorhanden ist, sei es in Form eines einfachen oder eines Doppelsalzes. Das Fluorid soll, dieser Erfindung zufolge, nicht als Flussmittel dienen, sondern den eigentlichen Elektrolyten bilden, welcher der Stromwirkung ausgesetzt wird. Versuche beweisen, dass die Ausbeute an Aluminium mit dem Aluminiumfluoridgehalte des Bades steigt; sie erreicht ihr Maximum, wenn das Bad nur noch aus geschmolzenem Aluminiumfluoride besteht.

Sehr gute Resultate sind mit einem Salzgemische von 40 % Aluminiumfluorid und 60 % Natriumchlorid erzielt worden.

Sogar ein Doppelsalz von Aluminium mit Natrium, wie natürlicher oder künstlicher Kryolith, kann Verwendung finden, und zwar nicht als Flussmittel, sondern als Elektrolyt in etwa folgenden Mischungsverhältnissen: 20-50 % Kryolith mit 80-50 % Kochsalz.

Selbstverständlich können auch Mischungen oder Verbindungen von Natrium- und Aluminiumfluoriden in anderen als dem Kryolith entsprechenden Mengenverhältnissen Verwendung finden, wie folgendes Beispiel zeigt: 35 % Aluminiumfluorid, 10 % Natriumfluorid und 55 % Natriumchlorid (oder andres Flussmittel).

Bei der Abscheidung reinen Aluminiums bestehen die Elektroden entweder beide aus Kohlenstoff oder die Anode aus Kohlenstoff und die Kathode aus Kupfer oder Eisen (Gusseisen).

Zu der Aluminiumbroncefabrikation benutzt man Anoden und Kathoden aus Kupfer oder Kohlenstoff.

Für die Herstellung des Ferroaluminiums wählt man Eisen- oder Kohlenstoffelektroden.

Der Tiegel kann aus einer widerstandsfähigen Erde, Graphit, Metall
(Eisen, Kupfer, Platin u. dgl.) bestehen; er kann auch, wenn Legierungen
hergestellt werden sollen, als Kathode oder Anode (!) dienen.

Ausser Platin, welches unveränderlich, aber kostspielig ist, werden
die anderen Metalle durch die Schmelze leicht angegriffen; sie haben
auch den Fehler, bei direkter Einwirkung der Flamme oder
bei zu hohen Temperaturen die Schmelze durchzulassen und daher grosse
Verluste zu veranlassen. Durch die nachstehend beschriebenen Vorrichtungen sollen diese Uebelstände vermieden werden.

Als Zersetzungsgefäss dient ein Metallbehälter *ab* (Figuren 83 und
84), welcher aussen mit dünnem Mauerwerk bekleidet ist (diese Be-
kleidung soll, wie die französischen Veröffentlichungen sagen, den Behälter vor dem Koksfeuer schützen, welches ihn auf Rothgluht bringt). Um zu verhindern, dass das Bad durch das Metall
des Behälters verunreinigt wird, stehen zwei verschiedene Wege offen.

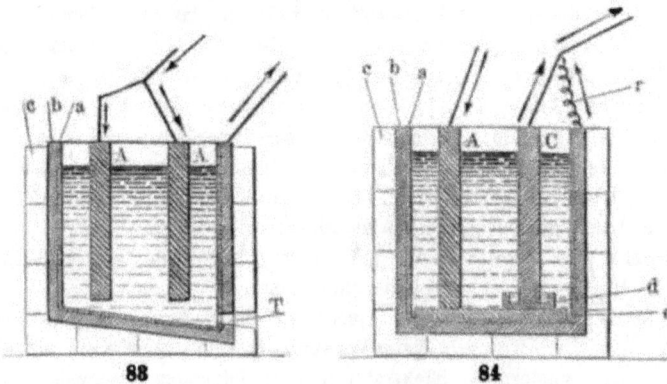

83　　　　　　**84**

Erstens. Handelt es sich um die Herstellung von Aluminiumlegierungen, so wird der Behälter aus dem Metalle gebaut, welches mit
dem Aluminium zu legieren ist. *AA* (Figur 83) sind Kohleanoden,
ab der als Kathode dienende Metallbehälter. Bei Beginn der Arbeit
bildet sich auf der inneren Gefässfläche eine Schicht *a* der zu gewinnen-
den Aluminiumlegierung. Sobald sich diese Legierung hinreichend mit
Aluminium angereichert hat, fliesst das weiter sich abscheidende Metall
zu Boden. Letztere ist etwas geneigt, so dass man das Metall von Zeit
zu Zeit durch das Stichloch *T* bequem abstechen kann.

Zweitens. Bei der Herstellung von Reinaluminium benutzt man
eine Anode *A* und eine Kathode *C*. Letztere ist in einen kleinen, auf
einer Platte *e* ruhenden Tiegel *d* eingesetzt. Platte und Tiegel bestehen
aus Thonerde, Flussspath oder Kohle. *ab* ist der in Nebenschluss mit

der Kathode verbundene Metallbehälter. Ein zwischen Kathode und Gefässwandung eingeschalteter Widerstand ist hinreichend gross, um nur
5-10 % des Gesammtstromes in die Gefässwand übertreten zu lassen.
Der Zweck dieser Schaltung ist die Bildung einer Aluminiumlegierung,
welche die Metallwandung schützt und von dem Bade kaum angegriffen wird.

Patentansprüche:

1. Die Elektrolyse eines geschmolzenen Bades, in welchem Aluminiumfluorid (einfaches oder Doppelsalz) nicht als Flussmittel, sondern
als Hauptelektrolyt der Stromwirkung ausgesetzt wird.

2. Die Benutzung einer Mauerwerk-Einhüllung für den Metallbehälter, um Filtration des Bades (durch die Tiegelwandungen) zu verhüten.

3. Die Benutzung eines Schmelzgefässes als Kathode bei der Herstellung von Aluminiumlegierungen oder von Aluminium, das zu Legierungen Verwendung finden soll.

4. Die Abzweigung eines Nebenstromes nach dem Gefässe, wenn
reines Aluminium gewonnen werden soll.

5. Die Benutzung von geschmolzener Thonerde oder von Flussspath
für die Herstellung von Platten und des zur Aluminiumgewinnung bestimmten Tiegels.

Auch diese Patentschrift erwähnt mit keinem Worte die Grund-
bedingung für die erfolgreiche Aluminiumgewinnung, nämlich die elektrische Erhitzung des Elektrolyten. Es wird vielmehr deutlich ausgesprochen, dass der Tiegel aussen durch Mauerwerk gegen
Flammenwirkung zu schützen sei. Der alte Fehler der Benutzung
von Kohlekathoden ist auch hier nicht beseitigt. An eine Ergänzung des
Bades durch Aluminiumverbindungen, z. B. Aluminiumoxyd, während der
Elektrolyse wird zur Zeit der Patententnahme nicht gedacht. Nicht nur
den HALL'schen, sondern auch MINET's Patentschriften gegenüber behält
daher die obige Kritik ihre volle Gültigkeit.

Als beachtenswerth in den Patenten HALL's muss immerhin das Bestreben anerkannt werden, ein bei niedrigen Temperaturen schmelzbares
Lösungsmittel für Aluminiumoxyd zu finden. Von dem BERNARD-MINET-
Patente würde der Patentanspruch 5 von Wichtigkeit sein, wenn nicht
die Skizze, Figur 84, zeigte, dass die Erfinder von der einzig richtigen
Verwendung ihres Tiegelbaumateriales keine Ahnung hatten. Ein in der
durch Figur 84 (S. 144) dargestellten Weise aus Thonerde oder Flussspath hergestellten Tiegel d würde sich in ganz kurzer Zeit in der
Schmelze gelöst haben.

Im Jahre 1890 ging durch eine Anzahl technischer Zeitschriften [79]

---

[79] Industries vol. VIII, 1890, p. 499.

die sehr vorsichtig gehaltene Beschreibung und Abbildung eines Apparates, wie er von den damaligen Aluminiumwerken (NEUHAUSEN und FROGES) benutzt sein soll. In dem mit Holzkohle ausgefütterten, eisernen, isoliert aufgestellten Schmelztiegel (Figur 85) ist durch den Boden der metallene negative Pol eingeführt. Den positiven Pol bildet der von oben in das Gefäss eingehängte, meist aus Platten zusammengefügte Kohlestab. Als Elektrolyt dient eine geschmolzene Lösung von Aluminiumoxyd in Kryolith. Die Erhitzung der Schmelze geschieht durch die in Folge sehr hoher Stromdichte im Elektrolyten sich entwickelnde Wärme. Ein durch den Boden des Gefässes eingeführter Metallpol und später das sich an demselben abscheidende Aluminium dienen als Kathode. Der Tiegel soll anfangs mit etwas Kryolith, später mit Thonerde beschickt werden. Dem abgeschiedenen Metalle entsprechend, ist dann Aluminiumoxyd nachzusetzen. Von Zeit zu Zeit wird das am Boden sich sammelnde Aluminium abgestochen, während sich der Sauerstoff der Thonerde mit der Substanz der Anode zu Kohlendioxyd und Kohlenoxyd vereinigt.

85

Ich bin vergebens bemüht gewesen, mit einem dem Wortlaute dieser Beschreibung entsprechend konstruierten Apparate reines Aluminium darzustellen. Zwar bin ich weit entfernt davon, auf Grund negativer Resultate meiner eignen Versuche einen Apparat oder ein Verfahren für unbrauchbar zu erklären, mit denen andere Metallurgen arbeiten zu können behaupten; doch konnte ich mich immerhin des Argwohnes nicht erwehren, als sei der ungenannte Berichterstatter nicht über alle Theile des Apparates genau unterrichtet gewesen, da ich mit einem von mir für verschiedene Versuchszwecke konstruierten Apparate unter sonst gleichen Verhältnissen die befriedigendsten Resultate erhielt. — Dieser Apparat ist in Figur 86 dargestellt. Ich habe der Skizze absichtlich eine Form gegeben, welche in ihrem Aeussern derjenigen des in Figur 85 abgebildeten Apparates möglichst ähnlich sieht. Vielleicht ist in Wirklichkeit auch die innere Einrichtung die gleiche.

Ein eiserner Tiegel T mit Chamotte-Boden B ist im Innern mit einem Futter F aus Thonerde oder einer andren schwer schmelzbaren Aluminiumverbindung versehen. In das Bodenfutter ist eine Stahlplatte K eingelegt, in welche das Kupferrohr R eingeschroben ist. Dieses Rohr ist durch Wasser oder andere Mittel kühlbar. Ein engerer Rohrstutzen E führt das Kühlwasser zu; ein bis oben in das Rohr R hinaufreichendes Rohr X führt das warme Wasser ab. Gleichzeitig ist das Rohr R und damit die bei Beginn des Betriebes als Kathode fungierende Stahlplatte K durch die Klammer V und das Kabel N mit der Stromleitung verbunden. Als Anode dient der Kohlestab A. Derselbe wird durch eine eiserne Klammer und eine in die Eisenplatte U eingeschraubte Eisenstange gehalten. Ein Kupferstab P, welcher vermittels einer kupfernen Muffe an der erwähnten Eisenstange befestigt ist, vermittelt die Stromzuleitung. Während des Betriebes wird das sich am Boden ansammelnde Metall durch das Stichloch S von Zeit zu Zeit

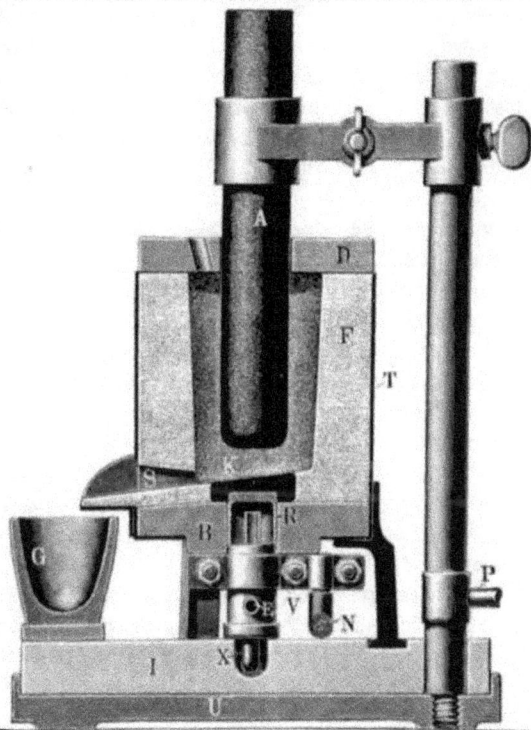

86

in den Einguss G abgestochen, während durch Oeffnungen im Deckel D die Gase von der Anode entweichen, und auch die Beschickung (Thonerde) nachgesetzt wird. Der Tiegel T ist durch eine Stein- oder Chamotteplatte I von P isoliert.

Die Ausfütterung F hält sich trotz ihrer Löslichkeit in der Schmelze in Folge der kühlenden Wirkung der die Gefässwandungen bespülenden Luft. Bei langandauernden Versuchen mit hohen Stromdichten lassen sich an der Aussenwand oder in dem Futter Kühlkörper anbringen.

Ein für Versuchszwecke geeigneter, von mir construierter Apparat,

10*

welcher mit Strömen von 120-200 Ampère betrieben werden kann und
je nach der Stromdichte und der Beschaffenheit des Elektrolyten Spannungen von 5-12 Volt erfordert, wird in der eben beschriebenen Ausführung von der Firma E. Leybold's Nachfolger in Köln geliefert.
Der Betrieb dieses Apparates ist höchst einfach. Nachdem man
das Stichloch mit einem Thon- oder Oxydpfropfen verschlossen hat, bringt
man zunächst ein wenig Aluminium (oder mit Aluminium zu legierenden
Metalles) auf den Tiegelboden. Nun nähert man die Anode der Kathode.
Ist erstere konisch zugespitzt, so wird sich bei der Berührung der Kohlenspitze mit dem am Boden liegenden Metalle erstere schnell und hoch erhitzen. Besitzt die Anode eine Form, wie sie in Figur 86 dargestellt
ist, setzt man am besten einen dünnen Kohlenstift zwischen Anode und
Kathode ein, und wird auch in diesem Falle schnell die erforderliche
Schmelztemperatur für den Elektrolyten haben. Man streut nun den
Elektrolyten (Oxyd-Salz- oder Sulfid-Salz-Gemische) durch eine Deckelöffnung allmählich ein — einen kleinen Theil dieses Gemisches kann
man auch schon gleich nach dem Aluminium oder anderem Metalle von
vornherein einsetzen —, und man wird finden, dass, sobald die Beschickung geschmolzen und die Anode von der Kathode durch eine geschmolzene Elektrolytschicht getrennt ist, der Tiegelinhalt flüssig bleibt
und die Elektrolyse beginnt. Zum Ersatze des verbrauchten Elektrolyten streut man Aluminiumoxyd, anfangs mit viel, später mit geringeren
Mengen der als Lösungsmittel dienenden Salze gemischt, durch eine
Deckelöffnung in den Apparat ein. Das abgeschiedene Metall kann nach
einiger Zeit, bezw. nach Beendigung der Arbeit aus dem Stichloche abgelassen werden.

Eine Verunreinigung des sich abscheidenden Metalles ist bei richtiger, natürlich auch nicht zu weit gehender Kühlung der Kathode ganz
ausgeschlossen. Der Tiegel selbst steht von allen Seiten frei, so dass
in den meisten Fällen die natürliche Kühlung der umgebenden Luft ausreichen wird, die Oxydschicht F im Tiegel T zu erhalten. Das abgeschiedene Metall kommt also einerseits mit seinem eigenen Oxyde in
Berührung, während andererseits das Kathodenmaterial, mit dem sich
eine Berührung nicht vermeiden lässt, soweit gekühlt wird, dass eine
Lösung desselben unmöglich ist.

Wenn ich einen, höchstwahrscheinlich schon vor dem meinigen konstruierten und benutzten Apparat [80] von KILIANI (ehemaligem Direktor der
Aluminium-Industrie-Aktien-Gesellschaft) erst jetzt erwähne, so geschieht
das, weil die Patentschrift nur auf die Bewegungsvorrichtungen für die

---

[80] D. R.-P. Nr. 50 508 vom 21. April 1889.

Anode Gewicht legt, über Ausfütterung des Schmelzgefässes und Einrichtung des als Kathode dienenden Metallpoles aber nichts sagt. Immerhin ist die Skizze so gehalten, dass der zum Betriebe fertige Tiegel in
ähnlicher Weise, wie mein Apparat, ausgestattet gedacht werden könnte.

Ueber die wirkliche Einrichtung dieses Schmelztiegels betreffs Auskleidung, Kathode etc. wird
man natürlich keine Veröffentlichungen erwarten können, da man Fabrikanten unmöglich zumuthen darf, ihre durch Versuche müh-
sam erworbenen Fabrikgeheimnisse preiszu-
geben. Ich kann mich also in Folgendem nur
auf die Angaben der Patentschrift stützen:

Die Säulen a (Figur 87) tragen das Gefäss b für die feuerflüssig zu elektrolysierende
Masse; in dasselbe wird durch die Leitung c
der negative Strom von unten eingeführt. Die
Brücke d der beiden Säulen hat die Vorrichtung zum Halten und Bewegen der positiven
Elektrode e. Im Kopf d^1 ist die Elektrodenspindel f, deren Vertikalquerschnitt die zahn-
stangenartige Form für den Eingriff mit den
Zahnkölbchen g hat, welches durch das
Schneckengetriebe h, h^1 vom Handrädchen h^2
aus bewegt wird. Die Zähne und Zahnlücken
der Spindel f sind als Ringe und Rinnen auf
dem ganzen Umfang der Spindel ausgebildet,

87

so dass auf die Spindel in jeder Drehstellung der letzteren vermittels
des Kölbchens g wie auf eine Zahnstange eingewirkt werden kann. Auf
der Spindel f ist ein Schneckenrad k so aufgekeilt, dass die Spindel sich
in der Richtung der Bohrung des letzteren verschieben kann; mit dem
Schneckenrad k ist die Schnecke i in Eingriff, welche auf der Achse der
Antriebsscheibe l liegt. Die Zuleitung des positiven Stromes geschieht
durch Bürsten in der Bohrung der Elektrodenspindel. Von der Schnecken-
welle aus wird die tauchende Elektrode also in beständiger Drehung erhalten, während vom Handrad h^2 aus die Höher- oder Tieferstellung derselben bewerkstelligt wird.

Einige neuere Patente bringen im wesentlichen neue Flussmittel für
Thonerde oder neue Elektrolyte in Vorschlag.

GRABAU[81] empfiehlt ein geschmolzenes Gemisch von Aluminiumfluorid

---

[81] D. R.-P. Nr. 62851 von 1891.

oder -oxyfluorid mit Alkalicarbonaten unter Gewinnung von Alkalifluoriden oder Kryolith als Nebenprodukten, wie nachstehende Formeln zeigen:

$$2\,Al_2\,F_6 + 6\,Na_2\,CO_3 + 3\,C = 4\,Al + 12\,NaF + 9\,CO_2.$$
$$\text{(Anode)} \quad\quad (-) \quad\quad\quad (+)$$

$$4\,Al_2\,F_6 + 6\,Na_2\,CO_3 + 3\,C = 4\,Al + 2\,(Al_2\,F_6 \cdot 6\,NaF) + 9\,CO_2$$
$$\text{(Anode)} \quad\quad (-) \quad\quad\quad\quad (+)$$

$$2\,Al_2\,OF_4 + 4\,Na_2\,CO_3 + 3\,C = 4\,Al + 8\,NaF + 7\,CO_3$$
$$\text{(Anode)} \quad\quad (-) \quad\quad\quad (+)$$

$$3\,Al_2\,OF_4 + 3\,Na_2\,CO_3 + 3\,C = 4\,Al + Al_2\,F_6\,6\,NaF + 6\,CO_2.$$
$$\text{(Anode)} \quad\quad (-) \quad\quad\quad (+)$$

Es muss übrigens darauf hingewiesen werden, dass sich beim Schmelzen eines Gemisches von Aluminiumfluoriden und Alkalicarbonaten lebhafte Kohlensäureentwicklung bemerkbar macht, also wahrscheinlich folgende Umsetzung beginnt:

$$Al_2\,F_6 + 3\,Na_2\,CO_3 = Al_2\,O_3 + 6\,NaF + 3\,CO_2.$$

Es würde demgemäss eine Lösung von Aluminiumoxyd in Alkalifluoriden zur Elektrolyse vorliegen.

Ein andrer als der vorerwähnte CH. M. HALL, nämlich J. B. HALL, erhielt im Jahre 1893 ein amerikanisches Patent[82] auf eine Beschreibung, in welcher der alte Fehler der Benutzung von Aluminiumoxyd-Kohle-Anoden wiederholt wird. Auch der als Kathode dienende Tiegel soll aus demselben Materiale bestehen, welches seiner geringen Haltbarkeit wegen mit einer eisernen Hülle versehen ist. Der aus einem geschmolzenen Gemenge von Aluminium-, Natrium- und Lithiumchlorid bestehende Elektrolyt soll durch das Aluminiumoxyd der Anode in seinem Aluminiumgehalte ergänzt werden.

„Erträglich befriedigende" (!) Resultate hat der Erfinder auch erhalten, wenn er die Thonerde aus der Anode fortliess und dieses Oxyd dem Bade direkt zusetzte. Beachtenswerth ist auch seine „neue" Darstellungsmethode des Aluminiumoxydes. Er behandelt Alaunerde mit Schwefelsäure; das erfolgende hydratische Aluminiumsulfat soll dann durch Erhitzen zerlegt werden, um seinen Bedarf an Aluminiumoxyd zu liefern! —

Grosse Wichtigkeit kann möglicherweise ein Verfahren erlangen, welches in Deutschland durch zwei Patente geschützt ist und die Gewinnung des Aluminiums aus geschmolzenem, in Alkalichloriden gelöstem Aluminiumsulfide zum Gegenstande hat. Beide Patente sind von gleichem Datum (18. November 1890). Das der Nummer nach erstere von BUCHERER[83] beschäftigt sich in der Beschreibung vorwiegend mit der Herstellung des Sulfides, während das andre von der Aluminium-

---

[82]) U. S. A.-P. Nr. 503 929 vom 22. August 1893.

[83]) D. R.-P. Nr. 63 995 vom 18. November 1890.

Industrie-Aktien-Gesellschaft[84] die mit der Benutzung dieses Elektrolyten verbundenen Vortheile hervorhebt.

BUCHERER giebt bezüglich der Darstellung seines Elektrolyten an, „dass durch Einwirkung der Sulfide oder Polysulfide der Alkalien und alkalischen Erden in der Wärme, unter Vermittelung von Schwefel und Kohle im Ueberschuss, Aluminiumoxyd bezw. Aluminiumhydroxyd umgewandelt wird in Doppelsulfide des Aluminiums mit den Alkalien bezw. alkalischen Erden".

Die Reaktion soll nach folgender Gleichung verlaufen:

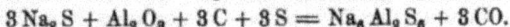

$$3\,Na_2\,S + Al_2\,O_3 + 3\,C + 3\,S = Na_6\,Al_2\,S_6 + 3\,CO.$$

In einer späteren Veröffentlichung[85] beschreibt er auch Versuche, ohne Mitwirkung anderer Sulfide das Aluminiumoxyd in Sulfid überzuführen. Das in einer Thonretorte auf Weissgluht gehaltene Gemisch von Aluminiumoxyd und Kohle soll sich „bei genügend lange fortgesetzter Operation" durch Schwefeldämpfe vollständig in Sulfid umsetzen lassen:

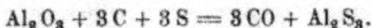

$$Al_2\,O_3 + 3\,C + 3\,S = 3\,CO + Al_2\,S_3.$$

Die so erhaltenen Sulfide sollen dann in einer Lösung geschmolzener Alkalichloride durch einen schwach gespannten Strom elektrolysiert werden.

Auch die Aluminium-Industrie-Aktien-Gesellschaft benutzt eine solche Lösung, welche entweder durch die von dem elektrischen Strome erzeugte Wärme oder durch Ofenhitze flüssig erhalten wird. Im ersteren Falle sollen etwa 5 Volt, im letzteren nur $2^1/_2$-3 Volt Spannung erforderlich sein. Als Apparate können mit Kohle ausgefütterte guss- oder schmiedeeiserne Kasten benutzt werden. Als besonderer Vorzug dieses Verfahrens wird gerühmt, dass weder dieses Futter, noch die Kohleanoden von den damit in Berührung kommenden Stoffen zu leiden haben, so dass neben beträchtlicher Kohlenersparnis an Apparat-Ersatztheilen ein sehr reines Aluminium erzielt werde. Ich darf dies wohl als Bestätigung meiner eignen Erfahrungen ansehen, nach welchen ich bei Benutzung oxydischer Elektrolyte in einem mit Kohle ausgesetztem oder aus Kohle bestehenden Tiegel kein reines Aluminium erhalten konnte (vgl. S. 146).

So beachtenswerth aber auch das Verhalten dieser sulfidischen Elektrolyte ist, so sehr ist es zu bedauern, dass wir gegenwärtig noch keinen Nutzen daraus ziehen können, denn nach den bisher bekannten Methoden ist eine hinreichend billige Darstellung reinen Aluminiumsulfides ganz ausgeschlossen. Man bedenke, dass sich aus reinem Aluminiumoxyde das

---

[84]) D. R.-P. Nr. 68909 vom 18. November 1890.
[85]) Zeitschrift für angewandte Chemie 1892.

Metall direkt durch Elektrolyse abscheiden lässt; man erwäge ferner, dass aus dem reinen Oxyde erst reines Sulfid gewonnen werden soll, und schliesslich vergesse man nicht, dass, wie Bucherer selbst zugiebt, unter allen bisher beobachteten, nur mit chemischen Hülfsmitteln praktisch ausgeführten Reaktionen kaum eine zu finden ist, welche der oben angeführten ($Al_2O_3 + 3C + 3S = Al_2S_3 + 3CO$) in Bezug auf Wärmeverbrauch gleichkommt; endlich kann ich noch aus eigner langjähriger Praxis in der fabrikmässigen Darstellung von Alkali- und Erdalkalisulfiden hinzufügen, dass es eine ungemein schwierige Aufgabe ist, mit den vorhandenen Hülfsmitteln der Technik in grossem Maassstabe reine Sulfide oder Doppelsulfide des Aluminiums mit den eben genannten Metallen darzustellen. An der Lösung dieser Aufgabe hängt also ausschliesslich die Einführung der Sulfid-Elektrolyse in den Grossbetrieb.

Nach Durchsicht dieses gewaltigen Arbeitsaufwandes, welcher von Chemikern und anderen Technikern aller civilisierten Völker dem einen Ziele zum Opfer gebracht worden ist, wäre nichts natürlicher, als nun ein den gegenwärtigen Stand der Arbeit beurtheilendes Zahlenbild zu entwerfen. Es fehlt ja nicht an solchen Versuchen. Leider aber kommen sie nicht von den allein urtheilsfähigen Stellen, den Leitern grösserer Werke selbst. So wurde z. B. vor wenigen Jahren von einem Rechenkünstler den Aluminiumwerken der Selbstkostenpreis des Aluminiums zu 6 Mark per kg vorgerechnet, während das Metall bereits zu 5 Mark per kg überall käuflich war.

Meine eignen Versuche einer Berechnung zu Grunde zu legen, dürfte auch nur fraglichen Nutzen haben; dieselben wurden mit Maschinen bis zu 5 P. S. und stets nur so lange durchgeführt, als ich dieselben persönlich, ohne durch Müdigkeit überwältigt zu werden, überwachen konnte, also, wenn alles gleich von vornherein glatt arbeitete, etwa 36-40 Stunden lang. Um z. B. den für die Berechnung wichtigsten Faktor der Potentialdifferenz im Bade festzustellen, würden mich meine günstigsten Versuchsresultate zur Annahme von 9-10 Volts führen (Stromdichte etwa 25 000 Ampère per qm Kathodenoberfläche), entsprechend einer Menge von höchstens $^3/_8$ kg Metall für 24 elektrische P. S.-Stunden. Ich muss jedoch nochmals darauf hinweisen, dass sich diese Annahme auf Grund der günstigsten, also nicht der Durchschnittsresultate stützt. Auf der andren Seite ist aber zu berücksichtigen, dass der Grossbetrieb eine wesentlich bessere Wärmeausnutzung gestattet, dass also jene Zahl wahrscheinlich nicht stark von den Durchschnittsergebnissen des Grossbetriebes abweichen wird.

Unter nochmaligem Hinweise auf die aus den Bunsen'schen und

DEVILLE'schen Versuchen gezogenen Folgerungen mögen zum Schlusse die Grundlagen der heutigen Arbeitsweise nochmals kurz zusammengefasst werden:

1. Als Elektrolyt dient eine Lösung von Aluminiumoxyd in geschmolzenen Haloidsalzen (Chloriden und Fluoriden) der Alkali-, Erdalkalimetalle und des Aluminiums selbst.

2. Der Aluminiumgehalt der Schmelze wird während der Elektrolyse durch Zusätze von Aluminiumoxyd konstant erhalten.

3. Als Anoden benutzt man aus Platten zusammengefügte Kohleblöcke, als Kathoden kühlbare, durch den Boden der Schmelzgefässe eingeführte Metallkörper.

4. Die Schmelzgefässe bestehen aus flachen eisernen, oben offenen Cylindern, welche innen mit schwer schmelzbaren reinen Aluminiumverbindungen ausgefüttert sind.

5. Die erforderliche Schmelzwärme wird durch den zur Elektrolyse dienenden Strom dadurch erzeugt, dass man die Stromdichte sehr hoch wählt (etwa 25 000 Ampère: 1 qm Kathodenfläche, bezw. Badquerschnitt).

6. Die Wandungen des Schmelzgefässes müssen so kühl gehalten werden, dass das Futter derselben nicht von der Schmelze gelöst werden kann.

7. Die Temperatur des Elektrolyten ist so niedrig wie möglich zu halten, da, abgesehen von unnöthiger Wärmeerzeugung bei hohen Temperaturen, durch Lösung von Metall im Elektrolyten wahrscheinlich unter Bildung von Oxydulverbindungen Rückoxydation von Metall an der Anode stattfinden kann. Die Möglichkeit der Abscheidung und Verflüchtigung von Alkalimetallen bei höheren Temperaturen führt ebenfalls zu Strom-, also Kraftverlusten.

Es wird vielleicht aufgefallen sein, dass bei der elektrolytischen Aluminium-Abscheidung aus Salzen wie Kryolith, oder aus Lösungen von Thonerde in geschmolzenem Kryolith das abgeschiedene Metall am Boden des Schmelzgefässes sich ansammeln soll, während die allgemein bekannten specifischen Gewichtszahlen der genannten Stoffe das Gegentheil vermuthen lassen. So ist z. B. das specifische Gewicht des Aluminiums als 2,7 und das des Kryoliths als 3 bekannt. J. W. RICHARDS hat nun durch Versuche die specifischen Gewichte der in Betracht kommenden Stoffe in geschmolzenem Zustande und nach dem Erkalten ermittelt. Die Resultate, durch welche der scheinbare Widerspruch aufgeklärt wird, sind in nachstehender Tabelle zusammengestellt:

	Specifische Gewichte	
	Geschmolzen	Erstarrt
Käufliches Aluminium	2,54	2,66
Käuflicher grönländischer Kryolith	2,08	2,92
Kryolith mit Thonerde gesättigt	2,35	2,90
Kryolith mit Aluminiumfluorid		
$Al_2 F_6 \cdot 6\,NaF + 2\,Al_2 F = 3\,(Al_2 F_6 \cdot 2\,NaF)$.	1,97	2,96
Dasselbe Salzgemisch mit Thonerde gesättigt .	2,14	2,98

Das Metall hat, trotzdem erst seit wenigen Jahren der Preis auf dem jetzigen niedrigen Standpunkte von seiner früher abschreckenden Höhe anlangte, eine sehr ausgedehnte Anwendung gefunden, so zu Haus- und Küchengeräten, Truppenausrüstungsgegenständen, kunstgewerblichen Erzeugnissen, besonders an Stelle von Silberschmiedearbeit, zu wissenschaftlichen Instrumenten, in grössten Mengen aber zur Metallraffination, obwohl die jeweilig erforderlichen Zusätze sehr gering sind. Beim Eisen-, Stahl- und Kupfergusse zugesetzt, wirkt es reducierend auf vorhandene Sauerstoffverbindungen, so dass einmal blasenfreie, dichte Güsse erzielt werden und andererseits die werthvollen Eigenschaften der so gereinigten Metalle besser hervortreten. Für den Eisen- und Stahlguss ist ausserdem noch zu beachten, dass ein Zusatz von mehr Aluminium, als zur Reduktion des vorhandenen Eisenoxydules erforderlich ist, eine Abscheidung von Kohlenstoff in Form von Graphit bewirkt.

Zur Konstruktion von Maschinentheilen, besonders für die Wasser- und Luftschiffahrt, hat es wegen seiner geringen Festigkeit, welche auch durch Zusätze geringer Mengen anderer Metalle, wie Kupfer, nicht genügend erhöht werden konnte, nur beschränkte Verwendung finden können. Immerhin ist es schon zu Fundamentrahmen, Kolbenschieber-, Ventil- und Pumpengehäusen der Schiffsmaschinen und anderen auf Schiffen vorhandenen Metallbeschlägen benutzt. In neuerer Zeit macht man auch Versuche mit dem Bau von Dampfbarkassen aus Aluminiumblech.

2. Die Ceritmetalle.

Cer, Lanthan, Didym.

Zwar haben die Metalle dieser Gruppe als solche noch wenig Bedeutung für die Technik erlangt; durch die bereits ausgedehnte Verwendung ihrer Oxyde für Beleuchtungszwecke (Gasglühlicht) ist jedoch die Aufmerksamkeit der Technik begreiflicherweise auch auf die Eigenschaften der darin enthaltenen Metalle gelenkt worden. Die Entdeckung neuer Ceritlager oder das Bekanntwerden der Thatsache, dass der Cerit in Schweden durchaus nicht so selten ist, wie man allgemein annimmt, dürfte den darin enthaltenen Metallen wegen ihrer beachtenswerthen Eigenschaften möglicherweise eine noch ungeahnte Bedeutung verschaffen.

Cer (Atomgewicht 140, specifisches Gewicht 6,7) ist ein dem Eisen in Farbe ähnliches, weiches, hämmer- und walzbares Metall. Sein Schmelzpunkt liegt in der Nähe von 800 °. Beachtenswerth ist seine Legierungsfähigkeit mit den wichtigeren Metallen, wie Kupfer und Eisen, sowie die Dichtigkeit solcher Legierungen. In dichtem Zustande besitzt es ziemliche Widerstandsfähigkeit gegen atmosphärische Einflüsse. Beim Erhitzen zeigt es die gleichen Anlauffarben wie Stahl. Feines Pulver oxydiert sich dagegen an der Luft sehr leicht. Beim Feilen des Metalles oder beim Schaben desselben mit einem Messer entzünden sich die Feilspäne und verbrennen mit äusserst lebhafter Lichtentwicklung. Feiner Draht verbrennt ebenfalls mit einer Lichtwirkung, welche die des Magnesiums noch übertrifft. Cer-Pulver verursacht in Berührung mit Wasser eine langsame Zersetzung des letzteren; dieselbe wird bei Gegenwart von Salzen sehr lebhaft. Diese Eigenschaft ist für die Darstellung des Cers beachtenswerth, wenn es sich, wie das wohl vorkommt, bei zu niedriger Temperatur des geschmolzenen Elektrolyten in pulverförmigem Zustande abgeschieden hat. In verdünnten Säuren löst es sich sehr leicht, wenig in kalter koncentrierter Schwefel- und Salpetersäure. Das Cer reduciert die Oxyde der meisten Metalle und Nichtmetalle, eine für die Metallraffination und Legiertechnik ebenfalls sehr beachtenswerthe Eigenschaft.

Lanthan (Atomgewicht 138,5, specifisches Gewicht 6,1) besitzt eine dem Cer ähnliche Farbe, ist jedoch weniger weich und geschmeidig. Bei der Darstellung zeigt es die Neigung, sich in dünnen Blättern abzuscheiden. Der Schmelzpunkt ist höher als der des Cers. Das chemische Verhalten des Lanthans ist dem des Cers sehr ähnlich.

Didym (Atomgewicht 142, specifisches Gewicht 6,5) ist ein hellgraues Metall, härter, weniger geschmeidig und schwerer schmelzbar als Cer, in seinen chemischen Eigenschaften dem Cer aber sehr ähnlich.

Die Darstellungsmethoden dieser drei Metalle zeigen wenig Abweichung voneinander.

Die Behauptung chemischer Lehrbücher, es seien die Oxyde der Ceritmetalle durch Kohlenstoff nicht reducierbar, ist unrichtig. In einer auf Seiten 84, 104 u. f. beschriebenen und abgebildeten Vorrichtung lassen sich alle Oxyde durch elektrisch erhitzten Kohlenstoff reducieren. Da man aber in diesem Falle mit grossem Kohlenstoffüberschusse arbeiten muss, so ist eine Kohlenstoffaufnahme unvermeidlich. In Folge dessen erhält man ein so sprödes, bröckliches, poröses und dabei leicht oxydierbares Metall, dass eine Darstellung auf diesem Wege nicht ermuthigend scheint.

Aus geschmolzenen Haloidsalzen nach WÖHLER mit Natrium die Metalle abzuscheiden, würde, besonders wenn man in ähnlicher Weise wie GRABAU bei der Aluminiumgewinnung vorgeht, besseren Erfolg versprechen.

Die Elektrolyse scheint jedoch hier, wie beim Aluminium, den einfachsten Weg zur Lösung der Darstellungsfrage zu bieten.

In dem Verhalten ihrer zur Elektrolyse in Betracht kommenden Salze bilden die Ceritmetalle scheinbar eine Uebergangsgruppe zwischen der des Magnesiums und dem Aluminium. Bekanntlich lassen sich die Chloride aller dieser Metalle nicht ohne Zersetzung durch Eindampfen ihrer wässrigen Lösungen in den wasserfreien Zustand überführen, doch gelingt es, wie bei Magnesiumchlorid, nach Zusatz äquivalenter Mengen von Chlorkalium oder Chlornatrium und wenig Salmiak die Lösungen der Cer-, Lanthan- und Didymoxyde ohne wesentliche Zersetzung zur Trockne zu bringen und die getrocknete Masse zu schmelzen. Die Schmelzen enthalten dann ziemlich leichtflüssige Doppelchloride der Cerit- und Alkalimetalle, welche den Strom gut leiten. Wenn es aber bei den Metallen der Magnesiumgruppe, Magnesium und Lithium, ein Leichtes war, dieselben direkt durch Elektrolyse oder durch nachheriges Umschmelzen in fast absolut reinem Zustande zu erhalten, so darf man bei den bisher beschriebenen Darstellungsmethoden die Anforderungen an die Reinheit des ausgeschiedenen Metalles nicht zu hoch stellen, sobald man die Darstellung derselben in etwas grösserem Maassstabe betreiben will, als dies in kleinen Porzellantiegeln im Laboratorium möglich ist. Es ist meiner Ansicht nach sogar sehr unwahrscheinlich, dass BUNSEN, HILLEBRANDT und NORTON, welche die Ceritmetalle zuerst auf elektrolytischem Wege isolierten, eisenfreies Metall erhalten haben. Sie arbeiteten nach folgender von BUNSEN [1] mitgetheilten Methode:

Die Zersetzungszelle, in welcher die Elektrolyse der geschmolzenen Chloride vorgenommen wird, ist ähnlich einem GROVE'schen Elemente angeordnet. Das den Zinkcylinder und die Schwefelsäure enthaltende äussere Gefäss der GROVE'schen Kette ist in dieser Zersetzungszelle durch einen gewöhnlichen, gegen 100 ccm Flüssigkeit fassenden, mit einem geschmolzenen Gemisch von gleichen Aequivalenten Chlornatrium und Chlorkalium angefüllten Hessischen Schmelztiegel ersetzt, in welchem sich statt des Zinkcylinders ein als positive Elektrode dienender Cylinder von dünnem Eisenblech befindet; derselbe ist 5 cm hoch, hat 2,5 cm im

---

[1] POGGENDORFF's Annalen Bd. CLV, 1850, S. 633.

Lichten und läuft in einen nicht angelötheten oder angenieteten, als Stromleiter dienenden Streifen aus. Von dem Cylinder wird eine 9 cm hohe, 2-2,6 cm weite Thonzelle bester Qualität umschlossen, in welcher sich das zu zersetzende Chlorid befindet. Die in dasselbe bis zu $^2/_3$ der Tiefe eintauchende negative Elektrode wird durch einen dickeren Eisendraht hergestellt, an dessen etwas dünn gefeiltem Ende ein etwa 15 mm langer, pferdehaardicker Eisendraht leitend durch Umwickelung befestigt ist. Man steckt einen Thonpfeifenstiel so weit über den dickeren Draht, dass nur der an dem letzteren befindliche feine Eisendraht[2] aus dem Pfeifenstiel hervorragt und mit dem geschmolzenen zu reducierenden Chlorid in Berührung kommt.

Handelt es sich um die Reduktion von Chloriden, welche durch Wasserdämpfe leicht in Oxyde übergehen, so darf die Schmelzung niemals mittels einer Gasflamme bewerkstelligt werden; aber auch zur Erhitzung weniger zersetzbarer Chloride sind Gasflammen besser zu vermeiden, da der in diesen enthaltene Wasserdampf eine Oxydation der bereits reducierten Metalle leicht wieder herbeiführen kann. Man darf daher bei den Schmelzungen in der Zersetzungszelle keine andere als schon völlig glühende, keine Wasserdämpfe mehr ausgebende Kohlen verwenden. Aus demselben Grunde glüht man auch vorgängig die für den Versuch bestimmten, mit Salmiak gemischten, zuvor auf das schärfste getrockneten Chloride so lange in einem Platintiegel, bis der grösste Theil des Salmiaks verflüchtigt ist und bewahrt die Masse, gegen Feuchtigkeit auf das sorgfältigste geschützt, in einem gut schliessenden Gefässe zum Gebrauche auf. Wenn bei dem Versuche selbst die Chlorverbindungen in der Zersetzungszelle zum Schmelzen gebracht werden, ist der Inhalt der Thonzelle mit einer Schicht zuvor der Glühhitze ausgesetzten Salmiakpulvers zu bedecken und dieses Salz in dem Maasse, wie es verdampft, durch Nachfüllen zu ersetzen.

Die Ausbeute an Metall und die Grösse des erhaltenen Metallregulus hängt wesentlich von der Temperatur ab, bei welcher die geschmolzenen Chloride vom Strome durchflossen werden: hat die Thonzelle eine erheblich über dem Schmelzpunkt des zu zersetzenden Salzes und des abzuscheidenden Metalles liegende Temperatur, so fallen die an der negativen Elektrode gebildeten Metalltropfen zu Boden und oxydieren sich dann gewöhnlich wieder auf Kosten der Kieselerde in der Thonzelle. Das Zulegen der Kohlen und das Nachfüllen des Salmiaks wird daher so reguliert, dass der obere Theil des Thonzelleninhalts fest bleibt, der untere, die negative Elektrode umgebende, aber sich in einem halbge-

---

[2] Ein 1 cm langes Stück dieses Eisendrahtes wiegt ungefähr 4 mg.

schmolzenen breiigen Zustande befindet. Der Metalltropfen vergrössert sich dann, ohne in der teigigen Masse niederzusinken, und kann bei richtiger Leitung des Versuches bis zu einer haselnussgrossen Kugel anwachsen. Erst wenn man die richtige Beschaffenheit der Schmelzung getroffen hat, darf die Zersetzung durch den Strom begonnen werden, weil sich sonst das reducierte Metall leicht in Pulverform abscheidet und dem Inhalt der Thonzelle beimengt, was die Bildung grösserer Metallkugeln verhindert.

Ausser von der Temperatur hängt der Erfolg solcher Reduktionen noch wesentlich von der absoluten Intensität des angewandten Stromes ab. Vier grössere Kohlen-Zink-Elemente reichen zu den Versuchen vollkommen aus. Die Thonzellen dieser Elemente enthalten 250 ccm Salpetersäure; die Kohlenstäbe sind 21 cm lang, 2,5 cm breit und 4,5 cm dick und die wirksame, der Thonzelle zugekehrte Zinkfläche beträgt 590 qcm.

Meine Versuche, diese Metalle durch Elektrolyse herzustellen, erstreckten sich nur auf ein Gemenge derselben in ihren Chloriden. HILLE-BRANDT und NORTON haben sich scheinbar zu ängstlich an das von MATTHIESSEN angegebene Verfahren der Darstellung des Strontiums gehalten. Einer derartigen Stromdichte, wie sie zur Abscheidung der Erdalkalimetalle erforderlich ist, bedarf es in diesem Falle nicht. Man kann die oben erwähnten Cerit-Alkali-Doppelchloride mit grösster Leichtigkeit in einem eisernen Tiegel, welcher auch gleichzeitig als Kathode dient, resp. mit der Kathode in leitender Verbindung steht (s. Lithium S. 32 und Magnesium S. 27), zersetzen. Die Kathodenfläche betrug z. B. bei einem derartigen Versuche, bei einer Stromstärke von 50 Ampère, 500 qcm, die erforderliche elektromotorische Kraft 6-7 Volt. Cer scheidet sich zuerst in zusammengeschmolzener Form aus, und kann man dasselbe mit nur wenig Lanthan und Didym, aber mit viel Eisen verunreinigt, durch rechtzeitiges Unterbrechen der Elektrolyse, Abgiessen der überstehenden Schmelze und Ausgiessen des am Boden des Tiegels befindlichen Metalles in Formen, ziemlich gut von Lanthan und Didym trennen. Das letzte Metall scheidet sich aus der dann weiter zu elektrolysierenden Schmelze in pulveriger und blättriger Form ab. Lanthan wird zum Theil mit Cer, zum Theil mit Didym niedergeschlagen.

Zur Reindarstellung dieser Metalle, selbst wenn man die Chloride oder anderen Halogensalze der einzelnen Metalle in reinstem Zustande zur Verfügung hat, ist jedoch diese so wenig wie die von BUNSEN empfohlene Methode brauchbar.

Nur Apparate und eine Arbeitsweise, wie sie bei der heutigen Aluminiumgewinnung eingeführt sind, lassen ein wirklich reines Metall erwarten. Es braucht also das, was bei Aluminium gesagt ist, nicht wiederholt zu werden; die Bedingungen sind hier wie dort die gleichen. Für die Abscheidung der Ceritmetalle fällt im günstigen Sinne der Umstand ins Gewicht, dass die Herstellung der wasserfreien Haloidsalze durchaus keine Schwierigkeiten bereitet. Die Chloride werden, gelöst in Alkalichloriden, wie eingangs beschrieben, durch Eindampfen der wässrigen Lösungen und Einschmelzen unter Zusatz von Salmiak wasserfrei erhalten. Die Fluoride fallen aus wässrigen Lösungen der Cerit-Metallsalze beim Digerieren mit Flussspath oder auf Zusatz löslicher Fluoride in Form weisser Pulver aus.

Von einer technischen Verwendung der Ceritmetalle kann heute noch kaum gesprochen werden. Hervorzuheben sind jedoch, sobald grössere Ceritlager aufgefunden werden, die leichte Legierbarkeit des Cers mit Eisen und Kupfer, die Dichtigkeit dieser Legierungen und die ganz hervorragende Reduktionskraft, besonders des Cers. Wird das Metall billig auf den Markt gebracht, so ist ihm ein grosses Absatzgebiet für die Metallraffinerie und die Legiertechnik gesichert. Dass es auch für die Pyrotechnik und die Photographie, wegen der geradezu überraschenden Lichtwirkung, Verwendung finden würde, geht schon aus den eingangs besprochenen Eigenschaften dieser Metalle hervor.

Schwer- oder Erzmetalle.

Kupfer.

Das Kupfer (Cu'' und Cu', Atomgewicht 63,4, specifisches Gewicht 8,94) zeigt in reinem Zustande auf frischen Bruchflächen eine gelbrothe Farbe. Seine Struktur ist körnig (Kupferguss) bis faserig oder sehnig (Schmiede- und Walzkupfer). Es zeichnet sich bei nicht unbedeutender Härte und Festigkeit durch eine grosse Dehnbarkeit aus. Durch mechanische Bearbeitung oder plötzlichen Temperaturwechsel hart gewordenes Kupfer lässt sich durch mässiges Erhitzen (200-300 °) wieder geschmeidig erhalten. Seine Leitungsfähigkeit für Wärme und Elektricität ist eine sehr hohe. Besonders der letzteren Eigenschaft wegen wird es in der Elektrotechnik allgemein als Stromleitungsmaterial benutzt. Bei lebhafter Rothgluht ist es, wenn auch schwierig, schweissbar. Kurz vor dem Schmelzen wird es beim Erhitzen so spröde, dass es sich pulverisieren lässt. Sein Schmelzpunkt liegt zwischen 1050 und 1100 °. Im flüssigen Zustande zeigt es einen grünen Farbenton, färbt auch oxydierende heisse Flammen grün. Der Siedepunkt des Metalles liegt bei den Temperaturen des Knallgasgebläses und des elektrischen Lichtbogens, also in der Nähe von 3000 °.

Kupfer besitzt im geschmolzenen Zustande ein grosses Lösungsvermögen für einige Gase (Wasserstoff, Kohlenoxyd, Schwefeldioxyd), die es beim Erstarren wieder abgiebt, ferner für viele Metalle (Aluminium, Nickel, Kobalt, Zink, Cadmium, Zinn, Blei, Wismuth, Edelmetalle, Mangan, Chrom, Wolfram, Molybdän, Eisen), und schliesslich auch für verschiedene Metallverbindungen (Kupferoxydul, Kupfersulfür, Kupferphosphid, Arsenide, Arseniate, Antimonide, Antimoniate von Blei, Wismuth u. a.). Die Lösungsfähigkeit des Kupfers für Gase und die zuletzt genannten Verbindungen ist bei dem raffinierenden Schmelzen und beim Giessen von Kupfer, bezw. Kupferlegierungen zu beachten. Von der Lösungsfähigkeit des Kupfers für andere Metalle, bezw. in solchen wird in der Legierungstechnik ausgedehnte Anwendung gemacht.

Von seinen chemischen Eigenschaften verdienen mit Rücksicht auf
seine Gewinnung und Verwendung die folgenden besondere Beachtung.
In dichten geschmiedeten oder gewalzten Stücken mit glatter Oberfläche
hält sich Kupfer an der Luft lange unverändert; es ist aber bei gleichzeitiger Gegenwart von Wasser und sauer wirkenden Stoffen unter Bildung basischer Salze (Grünspan) leicht oxydierbar. Schon bei schwacher
Rothgluht, weit unter seinem Schmelzpunkte überzieht es sich mit Oxyd-
schichten, die aus Gemischen von Oxyd und Oxydul bestehen (Kupfer-
hammerschlag, Glühspan).

Dem Schwefel gegenüber entwickelt es eine weit grössere chemische
Energie, als sämmtliche übrigen Erzmetalle; für die Kupfergewinnung
eine ganz besonders bemerkenswerthe Eigenschaft.

Auch mit den übrigen Metalloiden, ausgenommen Wasserstoff, Stickstoff und Kohlenstoff, vereinigt sich Kupfer leicht direkt. Ein Ver-
einigungsprodukt von Kupfer und Wasserstoff ist zwar bekannt, doch
wird es nicht von allen Chemikern als chemische Verbindung angesehen.

Als Lösungsmittel für Kupfer dienen besonders Salpetersäure, koncentrierte Schwefelsäure und Königswasser. Salzsäure und verdünnte
Schwefelsäure lösen Kupfer nur bei Luftzutritt oder bei Gegenwart
anderer Oxydationsmittel. Beim Lösen von Kupfer in Säuren kann sich,
der geringen Lösungstension dieses Metalles wegen, nie Wasserstoff entwickeln; es müssen aus diesem Grunde stets Oxydationsmittel vorhanden sein.

Obwohl das Kupfer mit Sauerstoff zwei Verbindungen eingeht: Cu_2O,
Kupferoxydul und CuO, Kupferoxyd, auch mit dem Schwefel ein Sulfür
Cu_2S und ein Sulfid CuS bildet, kann es mit Sauerstoffsäuren doch nur
eine Reihe von Salzen eingehen, wie sie sich von dem Oxyde ableiten.
Nur von den Haloidsäuren sind Oxydul- : Cupro- und Oxyd- : Cuprisalze
bekannt. Kupfer zeigt eine grosse Neigung zur Bildung basischer Salze.

Von den natürlich vorkommenden kupferführenden Erzen mögen folgende erwähnt sein: Gediegenes Kupfer; Rothkupfererz, Cu_2O; Schwarz-
kupfererz, CuO; Kupferkies, $Cu_2S \cdot Fe_2S_3$; Buntkupfererz, $(Cu_2S)_8 \cdot Fe_2S_3$;
Kupferglanz, CuS; Kupfervitriol, $CuSO_4 \cdot 5\,H_2O$; Malachit, $(HO)_2Cu_2CO_3$;
Kupferlasur (Bergblau), $(HO)_2Cu_8(CO_3)_2$. — Für die Kupfergewinnung kommen in erster Linie die sulfidischen Erze in Betracht; sie sind die ver-
breitetsten. Gediegenes Kupfer, die Oxyde und Salze bilden nur ganz
vereinzelt die Rohstoffe eines selbständigen Hüttenbetriebes.

1. Die Röst- und Reaktionsarbeit.

Der mechanischen Scheidung des kupferhaltigen Materiales von dem
Nichtkupfer der Erze sind durch die geringen Dichtigkeitsunterschiede

der Bestandtheile, durch innige Verwachsungen, Legierungen und auch chemische Bindungen Grenzen gesteckt, die von vornherein nur ein sehr metallarmes Produkt zu erzielen gestatten. Ein direktes Verschmelzen solcher Erze und Aufbereitungsprodukte auf Kupfer würde aber, ganz abgesehen von Verlusten in zahllosen Nebenprodukten, ein für die meisten Zwecke kaum brauchbares Metall liefern oder ganz enorme Raffinationskosten verursachen. Man wird daher der Kupferabscheidung stets eine chemische Aufbereitung oder Anreicherung vorausschicken. Diese Anreicherungsarbeit stützt sich auf die hohe chemische Energie zwischen Kupfer und Schwefel im schmelzflüssigen Zustande. Man röstet daher einen Theil des Schwefels der Erze ab, um bei dem darauffolgenden Schmelzen das Kupfer in einem Sulfide, dem Kupferstein ($Cu_2 S \cdot x Fe S$) zu erhalten. Dieses Verfahren wird so oft wiederholt, bis ein zur Kupferabscheidung hinreichend kupferreicher Stein vorliegt. Auch dieser wird wieder so geröstet und gleich darauf oder gleichzeitig so verschmolzen, dass sich die gebildeten Oxyde mit den noch vorhandenen Sulfiden unter Verschlackung des Nichtkupfers (besonders des Fe O) zu Metall und Schwefeldioxyd umsetzen.

In England, wo dieses Verfahren früher fast ausschliesslich in Ausführung stand und von wo es den Namen „englischer Prozess" erhalten hat, war das Gesammtbild desselben etwa folgendes:

a. Rösten der Erze. Ursprünglich in einfacheren Flammöfen, später Fortschauflungsöfen, in Stück- und Feinkiesöfen, in Revolveröfen u. a.[1] strebte man durch Röstung, unter Nutzbarmachung der Röstgase zur Schwefelsäuregewinnung, eine derartige Verminderung des Schwefelgehaltes der Erze an, dass letzterer möglichst nur zur Bildung von Kupfersulfiden, bezw. von kupferreichen, leichtflüssigen Doppelsulfiden, Kupferstein, ausreichte. Das so erhaltene Röstgut stellte nun, soweit die an den Hauptreaktionen theilnehmenden Substanzen in Betracht kommen, ein Gemisch aus Oxyden und Sulfiden des Kupfers und des Eisens dar. Bei dem nun folgenden

b. Steinschmelzen (in Flammöfen ausgeführt) sammelte sich das Kupfer, und soweit der noch vorhandene Schwefel reichte, auch Eisen in dem zuvor erwähnten Doppelsulfide, dem „Rohsteine" an, während der übrige Theil des Eisens und anderer Oxyde durch saure Zuschläge ($Si O_2$) verschlackt wurde. Da dieser Rohstein selten kupferreich genug war, erfolgte nun ein nochmaliges

---

[1] Die nicht für elektrolytische Arbeiten dienenden Apparate betreffend, muss auf die Lehr- und Handbücher der Metallurgie (KERL, BALLING, SCHNABEL u. a.) verwiesen werden; speciell die Röstapparate für den Schwefelsäurebetrieb finden sich auch in LUNGE's Soda-Industrie eingehend beschrieben.

΄   c. Rösten des Rohsteines, bei welcher Arbeit wieder eine zur Kupfersulfürbildung ausreichende Menge Schwefel in dem Röstprodukte zurückbleiben musste.

d. Das nun (in Flammöfen mit saurer Sohle) sich wiederholende Steinschmelzen lieferte dann meist ein verarbeitungswürdiges Material, den Koncentrationsstein, von der Ofenzustellung her auch Spurstein genannt. Ergab auch dieses Schmelzen ein unzureichendes Material, so musste das Rösten und Koncentrationsstein-Schmelzen noch einmal wiederholt werden. Dieser Fall bildete jedoch eine Ausnahme (WALES-Prozess). In der Regel schritt man nach dem ersten Koncentrationsschmelzen zu der abschliessenden

e. Röst- und Reaktionsarbeit, welche sowohl in zwei getrennten Operationen, dem Rösten und dem Reaktionsschmelzen, als auch in einem einzigen Durchsetzen der Beschickung, dem „Röstreaktionsschmelzen" oder kurz „Röstschmelzen" ausgeführt wurde. Die letzte Arbeit wurde ebenfalls in Flammöfen ausgeführt; sie bestand in einem oxydierenden Schmelzen, bei welchem sich, wie schon kurz erwähnt, die entstehenden Oxyde mit noch unzersetzten Sulfiden zu Schwefeldioxyd und Rohkupfer (Schwarzkupfer) umsetzten. Fremde Metalloxyde suchte man hierbei nach Möglichkeit durch saure Zuschläge (saures Ofenfutter, Heerd) zu verschlacken.

An Stelle der alten Methode des Röstschmelzens ist in neuerer Zeit in einigen grösseren Werken das „Kupferbessemern" oder „Verblasen" getreten. Wie schon der Name errathen lässt, arbeitet man in diesem Falle nach dem Vorbilde des BESSEMER-Verfahrens, indem man durch den geschmolzenen Kupferstein einen kräftigen Luftstrom hindurchpresst. Die chemischen Vorgänge bleiben dieselben wie bei der alten Arbeit. Nur musste mit Rücksicht auf die geringe Wärmekapacität und das gute Leitungsvermögen des Kupfers und die daraus resultierenden Uebelstände (Erstarren des ausgeschiedenen Kupfers am Boden des Converters) die Form der ursprünglichen BESSEMER-Birne eine Veränderung erfahren. Die Luftzuführungsöffnungen durften nicht im Boden des Apparates liegen und mussten während des Betriebes die Luft stets oberhalb des Metallspiegels einführen. Man benutzte deswegen horizontal liegende, mit saurem Futter versehene, nach Art der Revolveröfen drehbar angeordnete Eisenblechcylinder, in denen die Luftzuführungsöffnungen alle in einer horizontalen Mantellinie liegen, so dass die Lage derselben mit fortschreitender Metallabscheidung verändert werden kann. Im übrigen ist das Prinzip der BESSEMER-Birne beibehalten worden.

Nach dem Röst- und Reaktionsverfahren werden nur sulfidische Erze verarbeitet; oxydische können jedoch an Stelle von Röstprodukten mit in den Betrieb eingeführt werden.

2. Die Reduktionsarbeit.

Wie bei dem vorhergehenden Verfahren bezieht sich der Name desselben nur auf die Schlussarbeit des Schwarzkupfer-Schmelzens. Handelt es sich, was meist der Fall ist, um die Verarbeitung sulfidischer Erze, so sind aus bereits erörterten Gründen stets Koncentrationsarbeiten erforderlich, welche sich mit den vorher beschriebenen im Prinzipe vollständig decken.

Die alte in Deutschland und Schweden übliche Arbeitsweise (daher auch der Name „deutscher", bezw. „schwedischer Prozess") unterschied sich von der jetzigen vorwiegend durch die Apparate und die dadurch bedingte Arbeitsausführung. Die chemische Grundlage des jetzigen Verfahrens ist dieselbe geblieben; wir können uns daher darauf beschränken, das neuere deutsche Verfahren kurz zu skizzieren. Es setzt sich aus folgenden Arbeiten zusammen:

a. Erzrösten, zum Zwecke der Schwefelsäuregewinnung meist in Kiesbrennern und Feinkiesöfen und, wenn eine Schwefelsäuregewinnung nicht beabsichtigt wird, in Flammöfen (Fortschauflungs- und Revolveröfen) ausgeführt.

b. Rohsteinschmelzen, fast ausnahmslos in niedrigen Schachtöfen (6-9 m hoch) ausgeführt, liefert einen Stein mit 35-40 % Cu.

c. Rösten des Rohsteines, meist in den als „Kilns" bekannten Schachtöfen.

d. Koncentrations- oder Spurstein-Schmelzen, jetzt vielfach in Flammöfen ausgeführt, geschah früher ausschliesslich in Schachtöfen; es liefert einen Stein mit 60-70 % Cu.

e. Todtrösten des Spursteines, anfangs in Kilns mit Nachröstung in Haufen.

f. Reducierendes Verschmelzen des todtgerösteten Steines auf Schwarzkupfer in Flammöfen. Dieser Theil der Arbeit wurde bei dem alten deutschen Verfahren in niedrigen, meist als Spuröfen zugestellten Schachtöfen ausgeführt.

Das Vorhandensein einiger anderer Metalle in den Erzen bedingt begreiflicherweise Abweichungen oder die Einschaltung von Zwischenarbeiten, die später Berücksichtigung finden werden.

Zur Verarbeitung nach diesem Verfahren eignen sich in erster Linie sulfidische Erze. Dass bei oxydischen und salzhaltigen Erzen und Hüttenprodukten (Rothkupfererz, Karbonaten, Silikaten etc.) die Röstarbeiten in der Regel in Wegfall kommen können, so dass nur ein einfaches

reducierendes Verschmelzen übrig bleibt, ist wohl selbstverständlich. In diesem Falle wendet man fast ausnahmslos Schachtöfen an.
Die verschlackenden Zuschläge müssen sich natürlich nach der Gangart
des Erzes und der Zusammensetzung der darin vorhandenen Kupferver-
bindung richten, werden daher meist basischer Natur sein müssen (Kalk,
Dolomit, basische Schlacken u. s. w.). Nur in vereinzelten Fällen liegen
Produkte so verschiedener Natur vor, dass durch ein einfaches Gattieren
derselben eine ausreichende Verschlackung erzielt wird.

3. Auslaugung des Kupfers aus Erzen und Hüttenprodukten.

Liegen Erze vor, welche das Kupfer in Form wasserlöslicher Salze
(Kupfervitriol) enthalten, so ist der Lösungsvorgang ja ein sehr einfacher.
Auch Oxyde und Karbonate eignen sich unter Umständen für diese Arbeit;
als Lösungsmittel dienen dann Salzsäure, Chloridlösungen oder Schwefelsäure. Aber selbst Erze mit weniger leicht löslichen Kupferverbindungen
wird man dann stets auf dem sogenannten nassen Wege zu gute zu machen
suchen, wenn wegen zu geringen Kupfergehaltes Schmelzprozesse ausgeschlossen sind. Durch Verwitterung, oxydierendes oder chlorierendes
Rösten, Behandeln mit als Oxydations- bezw. Chlorierungsmittel bekannten Ferrisalzen, Cuprichlorid u. s. w. müssen dann Sulfate oder
Chloride erzeugt werden, die sich nun durch Wasser oder verdünnte
Säuren leicht in Lösung bringen lassen.

Aus allen diesen Lösungen fällt man das Kupfer, wenn irgend möglich, durch Eisenabfälle als Metall (Cementkupfer), ausnahmsweise auch
als Sulfid oder Hydrat.

Auch edelmetallhaltiges Schwarz- und Garkupfer wurde früher allgemein, jetzt nur da durch Auslaugen verarbeitet, wo die Nachfrage nach
Kupfervitriol den Betrieb noch bezahlt. Man granuliert das Kupfer, füllt
die Granalien in einen mit Blei ausgelegten Holzbottich, in den unten
Luft eintritt, während die Granalien von oben von Zeit zu Zeit mit mässig
verdünnter Schwefelsäure bespült werden, um die sich durch Einwirkung
der Luft bildende Oxydschicht zu lösen und mit dem zurückbleibenden
Schlamme von Edelmetallen, Bleioxyden und anderen unlöslichen Substanzen abzuspülen. Letztere setzen sich am Boden eines die Kupfersulfatlauge ableitenden Gerinnes ab, werden gesammelt, gewaschen, getrocknet und dann beim Treibprozesse (s. Silber, Gold, Blei) eingetränkt.
Die Kupfersulfatlauge wird auf Vitriol verarbeitet. Früher pflegte man
dieselbe durch Eisen wieder zu fällen, hat aber heute da, wo man für
Kupfervitriol keinen Absatz findet, die Schwefelsäurelaugerei durch die
Elektrolyse ersetzt.

4. Raffinationsschmelzen metallführender Erze und Hüttenprodukte.

Wenn auch vereinzelt, so kommt doch gediegenes Kupfer in solchen Massen und von derartiger Reinheit vor, dass ein einfaches, die Gangart verschlackendes Einschmelzen ein direkt zur Raffination geeignetes Metall liefert. — Auch die bisher beschriebenen Hüttenprozesse ergeben, wie schon erwähnt, nur ein Rohmetall, das „Schwarz-" bezw. „Cementkupfer", das direkt nur selten verwendbar ist. Die Verunreinigungen aller dieser Kupfersorten können bestehen aus Silber, Gold, Zink, Blei, Wismuth, Kobalt, Nickel, Eisen, Sulfiden, Arseniden, Antimoniden u. s. w.

In erster Linie ist die Gegenwart oder Abwesenheit der Edelmetalle von Einfluss auf die Wahl der Raffinierarbeit. Bei Abwesenheit derselben wird man stets mit einem oxydierenden Schmelzen auf saurer Heerdsohle eines Flammofens beginnen. Die Verunreinigungen werden verschlackt und verflüchtigt; doch lässt es sich nicht vermeiden, dass gleichzeitig eine gewisse Menge Kupfer ebenfalls oxydiert und nun in Form von Kupferoxydul von dem sonst reinen Metalle gelöst wird. Man nennt diesen Theil der Raffination das „Garmachen", das erhaltene Produkt das „Garkupfer". Es ist wegen seines Kupferoxydulgehaltes zur mechanischen Verarbeitung absolut ungeeignet, findet aber zur Herstellung einiger Legierungen (Messing) doch Verwendung.

Um das Garkupfer „hammergar", d. h. zum Schmieden und Walzen geeignet zu machen, muss das Kupferoxydul entfernt werden. Dies geschieht natürlich am einfachsten durch ein dem oxydierenden folgendes reducierendes Schmelzen. Letzteres besteht in einigen Kupferhütten in dem Eintauchen von Holzstämmen in das geschmolzene Kupfer. Die Dissociationsgase des Holzes veranlassen bei lebhaftem Aufrühren der Schmelze eine schnelle Reduktion des Kupferoxydules. Man nennt dieses Verfahren das „Polen" des Kupfers. Nach erzielter Hammergare sticht man das Metall in Barrenformen ab.

Elektrolyse.

Der grösseren Einfachheit der Vorgänge wegen gegenüber der elektrolytischen Verarbeitung von Erzen und anderen Hüttenprodukten, möge zunächst

die elektrolytische Metallraffination

Berücksichtigung finden.

Wenn auch die Thatsache der Fällbarkeit des Kupfers aus seinen Lösungen durch den elektrischen Strom schon seit 1800, durch CRUIKSHANK's Untersuchungen [2] bekannt geworden war, so konnte doch an

---

[2]) NICHOLSON's Journal of natural philosophy, 1800.

eine erfolgreiche Ausbeutung dieser Beobachtung für die Metallurgie erst nach der Erfindung der Dynamomaschinen gedacht werden. Dann hat man allerdings auch nicht lange mehr gewartet.

An Versuchen, die Wirkungen des Stromes metallurgisch nutzbar zu machen, speciell auch für die Verarbeitung von Kupfererzen, hat es übrigens auch damals nicht gefehlt, als von brauchbaren Stromerzeugungsmaschinen noch nicht die Rede war. Ich erinnere nur an BECQUEREL's Arbeiten aus den Jahren 1835-1840 über elektrochemische Zugutemachung der Silber-, Blei- und Kupfererze. Es soll darüber unter „Blei" kurz referiert werden.

Nach dem Bekanntwerden von JAKOBI's Erfindung der Galvanoplastik im Jahre 1838 wurde auch von SMEE[3], wie seine Werke über Elektrometallurgie aus den vierziger Jahren dieses Jahrhunderts zeigen, sofort erkannt, von welcher Wichtigkeit die Elektrolyse für die Metallurgie zu werden verspreche. Selbst noch im Jahre 1867, demselben Jahre, in welchem Dr. W. v. SIEMENS die ersten Mittheilungen über seine Dynamomaschine bekannt machte, trat PATERA mit der Veröffentlichung einer Fällungsmethode des Kupfers aus Cementwässern auf galvanischem Wege hervor[4]:

„In ein mit Guttaperchaplatten ausgelegtes Kästchen wurde eine viereckige Thonzelle so eingekittet, dass die die längere Seite des Kästchens berührenden zwei Wände derselben vollkommen wasserdicht abgesperrt waren; es wurde auf diese Weise von den kürzeren Seiten des Kästchens, den freien Wänden der Thonzelle, dem Boden des Kästchens und dem der Zelle ein leerer Raum gebildet, durch welchen die zu entkupfernde Flüssigkeit passieren konnte. Dieser Raum wurde mit granuliertem Kupfer gefüllt, in die Thonzelle kamen Eisenplatten; welche an einem starken Drahte parallel so angelöthet waren, dass zwischen jeder Platte ein Zwischenraum von ca. vier Linien entstand.

Dieses System von Eisenplatten wird mittels eines Kupferdrahtes in leitende Verbindung mit dem granulierten Kupfer gebracht. Die Kupfervitriollösung wird auf einer Seite der Zelle kontinuierlich aufgegossen und fliesst auf der anderen Seite durch ein Glasrohr ab. Eine Kupfervitriollösung, welche einen Kupfergehalt hat wie die Schmöllnitzer Grubenwässer, nämlich per Kubikfuss 0,8 Loth, wird in diesem kleinen Apparate, wo der Weg, den die Lösung zu durchlaufen hat, kaum 1½ Schuh beträgt, mehr als halb entkupfert; in zwei solchen Apparaten geschieht dies

[3]) SMEE, Electrometallurgy, 1.-3. Aufl. London 1841-1851.
[4]) Verhandlungen der k. k. geologischen Reichsanstalt 1867, Nr. 5 und DINGLER's Polytechn. Journal Bd. CLXXXIV, 1867, S. 134.

vollkommen. Lässt man die Flüssigkeit nur kurze Zeit in dem Apparate stehen, so ist sie vollkommen entkupfert.

Es scheint daher, dass dieser Apparat allen Anforderungen genügen wird. Es wird das Kupfer auf diese Weise sehr rein erhalten werden, der Eisenverbrauch wird dem Aequivalent des Kupfers nahe entsprechend sein, und der Apparat wird sehr kompendiös ausfallen und daher leicht zu überwachen sein.

Der einzige Uebelstand, den ich bemerkte, ist der, dass man eine grosse Menge granulierten Kupfers anwenden muss, welches wohl nicht verbraucht wird, doch unverwerthet im Apparate liegt und das Anlage- kapital bedeutend vergrössert. Ich versuchte es daher in letzter Zeit, das Kupfer durch Kokesstückchen zu ersetzen, was vollkommen zu gelingen scheint, denn das Kupfer über- zieht dieselben so vollkommen und leicht, dass sie ohne Anstand dem granulierten Kupfer substituiert werden können".

Von grösstem Interesse für die Kupferraffinerie dürfte das ELKING- TON'sche Verfahren sein, bei welchem zuerst Maschinenströme zur Ver- wendung kamen. Das englische Patent[5] datiert schon aus dem Jahre 1865, die amerikanische Patentschrift[6], welche mir zur Verfügung stand, trägt ein bedeutend späteres Datum: den 22. Februar 1870; sie möge hier in wörtlicher Uebersetzung folgen:

„Den Gegenstand dieser Erfindung bildet die Gewinnung von Kupfer und die Abscheidung anderer Metalle aus demselben. Zu diesem Zwecke verschmelze ich die Kupfererze, bis ein unreines Metall vorliegt, welches dann in Platten ausgegossen wird. Mit Hülfe von Elektricität sollen die- selben gelöst und das Kupfer auf anderen Platten niedergeschlagen werden.

Die im Rohkupfer vorhandenen Metalle fallen während der Arbeit grösstentheils zu Boden.

Ich ziehe vor, Kupfererze zu verarbeiten, welche so viel Silber ent- halten, dass das nach den gewöhnlichen Schmelzmethoden daraus erhaltene Kupfer in seinen Eigenschaften hierdurch schädlich beeinflusst werden würde und demzufolge noch einem besonderen Entsilberungsprozesse unter- worfen werden müsste. In solchen Erzen ist der Silbergehalt häufig so niedrig, dass die Kosten des Raffinierverfahrens durch das dabei ge- wonnene Edelmetall nicht einmal gedeckt werden, und trotzdem muss die Arbeit ausgeführt werden, wenn eine Kupfersorte bester Qualität verlangt wird. Solche Erze eignen sich ganz besonders für dieses Verfahren, da

---

[5]) Engl. P. Nr. 2838 von 1865 und Nr. 3120 von 1869.
[6]) U. S. A. P. Nr. 100 131 vom 22. Februar 1870.

das Silber, welches sie enthalten, und welches den Marktwerth des Kupfers durchaus nicht erhöht, von mir ohne besondere Kosten gewonnen wird. Erze, welche eine grössere Menge Silber enthalten, etwa 0,025 % und mehr, lassen sich ebenfalls vortheilhaft nach meinem Verfahren verarbeiten; selbstverständlich auch Erze mit wenig oder gar keinem Silber, doch besteht der Vortheil in diesem Falle nur in dem Ausbringen einer besseren Kupfersorte.

Das nach den üblichen Schmelzprozessen erhaltene Rohmetall, Schwarzkupfer, giesse ich in Platten von annähernd 600 mm Länge, 200 mm Breite und 25 mm Dicke. Ein Ende einer solchen Platte ist in der Mitte mit einem kräftigen T-förmigen Kopfstücke versehen. Letzteres, aus gewalztem Kupfer bestehend, wird vor dem Gusse in die Form eingelegt.

Gusseiserne Formen werden benutzt; das Metall wird aus dem Schmelzofen auf einen Sandboden abgezapft und durch Kanäle in die Formen geleitet. Die so gegossenen Platten werden in das sogen. Lösehaus geschickt. Letzteres ist mit einem Holzfussboden ausgelegt, welcher von einem Ende des Raumes nach dem andern etwas abfällt, und zwar um etwa 40 mm auf den Meter. Die einzelnen Bretter sind mit Nuth und Feder zusammengefügt, so dass keine offenen Fugen entstehen können, und werden durch einen Anstrich von Pech wasserdicht gemacht. Die ganze Fussbodenfläche wird durch ebenfalls mit einem Pech- oder Theeranstriche versehene Holzleisten in eine Anzahl Tröge eingetheilt, welche sich durch die ganze Länge des Hauses hinziehen. Jeder Trog ist weit genug, um drei nebeneinandergestellte Steingutgefässe aufnehmen zu können. Diese Gefässe sind von cylindrischer Form, 830 mm hoch und 440 mm im Durchmesser. Zwischen den Trögen muss ein genügender Arbeitsraum freigelassen werden. Die Tröge sind der ganzen Länge des Gebäudes nach mit den eben beschriebenen Steingutsetten besetzt und fassen etwa 100 Stück davon; in der Breite des Gebäudes finden etwa 12 Setten Platz. Jedes dieser Gefässe ist im Boden mit einer durch einen Holzpflock zu verschliessenden Oeffnung versehen; eine zweite Oeffnung befindet sich in der Wandung etwa 100 mm vom Boden und eine dritte, dieser gerade gegenüberliegend, 100 mm vom oberen Rande entfernt.

Durch Holzkeile, welche natürlich auch mit Pech getränkt sein müssen, sorgt man dafür, dass die Niederschlagszellen auf dem geneigten Boden horizontal gestellt werden, und verbindet dann die einzelnen Reihen, von den am höchsten stehenden Kübeln anfangend, in der Weise, dass man von der oberen Oeffnung des ersten ein Rohr nach der unteren Oeffnung des zweiten Gefässes führt und in gleicher Weise unter den übrigen Gefässen Verbindung herstellt, bis man am unteren Ende des Raumes angelangt ist.

Die Verbindungsrohre selbst bestehen aus Blei; dieselben sind durch Gummischläuche in den Oeffnungen der Niederschlagszellen befestigt (lichte Rohrweite beträgt etwa 10-12 mm).

Als Elektrolyten verwende ich eine gesättigte Kupfervitriollösung. Selbstverständlich kann hierzu der käufliche Vitriol verwandt werden, doch erhält man eine genügend reine Lösung, wenn man die Ablagerungen aus den Flugstaubkanälen der Kupferschmelzöfen mit heissem Wasser auszieht.

Die Lauge wird in ein hochstehendes Reservoir gepumpt, welches in dem Lösehause angebracht ist und mit den höchststehenden Setten der zwölf Reihen durch eine Rohrleitung in Verbindung steht. Von hier aus läuft die Flüssigkeit nach und nach in sämmtliche niedriger stehende Gefässe, bis auch das letzte gefüllt ist. Nun werden die Gummischläuche durch Klemmen zusammengedrückt, um eine hinreichende Flüssigkeitsschicht in den oberen Gefässen aufrecht zu erhalten.

Während des Betriebes werden die Klemmen nacheinander gelöst, um wenigstens einmal in 24 Stunden die Lauge durch alle Gefässe fliessen zu lassen. Es ist von grosser Wichtigkeit, die sich fortwährend ändernde Dichtigkeit der verschiedenen Flüssigkeitsschichten auf diese Weise auszugleichen.

Am tiefer liegenden Ende des Raumes befindet sich ebenfalls ein Reservoir, welches die aus der letzten Reihe der Zersetzungsgefässe ausfliessende Lauge aufzunehmen bestimmt ist. Sobald sich hier eine genügende Menge Flüssigkeit angesammelt hat, wird dieselbe nach dem höher stehenden Reservoire zurückgepumpt.

Das unten gelegene Reservoir dient ebenfalls zur Aufnahme der Laugen, wenn die Niederschlagszellen entleert werden sollen, zu welchem Zwecke die bereits erwähnten, mit Holzstöpseln verschlossenen Bodenöffnungen der letzteren vorgesehen sind.

In den Gängen zwischen den Bodentrögen verkehren Rollwagen zur Beförderung der gegossenen Kupferplatten. Jede der Steingutsetten nimmt sechs Metallplatten auf; dieselben werden paarweise auf horizontale Kupferbarren aufgehängt, welche mit Gabeln versehen sind, um die T-förmigen Kopfstücke der Platten aufzunehmen. Die Barren ruhen wieder auf kräftigen Holzleisten, welche quer über je drei Setten gelegt sind; dieselben Leisten unterstützen noch zwei Kupferbarren, auf welche die für die Niederschläge bestimmten Kupferplatten aufgehängt werden.

Für jede Sette sind vier Kupferniederschlagsplatten bestimmt, von denen je zwei auf einem Barren aufgehängt werden, derartig, dass jede derselben zwischen zwei gegossenen Platten eingeschaltet ist.

Leitungsstreifen von Kupferblech werden nun so auf die Holzplatten

gelegt, dass die Gussplatten des einen Gefässes mit den Niederschlagsplatten des nächsten in leitende Verbindung gebracht werden, und zwar
in der ganzen Reihe von 100 Setten. Jeder Metallbarren muss daher
mit einem Ende auf einem Leitungsstreifen mit dem andern Ende auf
einer mit Pech getränkten Holzleiste liegen. Die Gefässe selbst sind
mit falschen Böden aus Holz versehen, zum Schutz gegen herabfallende
Metallplatten.

Die Niederschlagsplatten können aus gewalztem Kupfer bestehen,
ich ziehe jedoch vor, zu Anfang wenigstens, mit Broncepulver überzogene
Guttaperchaplatten zu benutzen. Sobald ein Niederschlag von Kupfer
erzielt ist, wird die Guttaperchaplatte entfernt, und die bereits niedergeschlagene Kupferplatte bleibt allein hängen, um das nun ausfallende
Metall selbst aufzunehmen.

Nachdem eine Reihe von etwa 100 Zellen in der beschriebenen
Weise zu einem Stromkreise vereinigt ist, werden die Enden der Leitung mit den Polen einer oder mehrerer elektromagnetischer Maschinen
verbunden. Ich benutze mit Vorliebe Maschinen aus der Fabrik von
H. Welde & Co. in Manchester.

Was von den Gussplatten zurückbleibt, wird in dem unteren Reservoire abgewaschen und wieder mit eingeschmolzen.

Die T-förmigen Kopfstücke können immer wieder verwandt werden,
da ich die vertikalen Theile durch einen Wachsüberzug vor der Einwirkung des Stromes und der Säure schütze.

Die Niederschlagsplatten lässt man so lange im Bade, bis sie ein
gewünschtes Gewicht erreicht haben; sie können dann umgeschmolzen,
in Barren gegossen und gewalzt werden, bilden aber auch ein direkt
verkäufliches Produkt, so wie sie aus den Bädern kommen.

Die Lösung kann man sehr lange Zeit benutzen, wenn man von
Zeit zu Zeit etwas mit Schwefelsäure angesäuertes Wasser zum Ersatz
von Verdampfungsverlusten zusetzt. Schliesslich reichert sich die Lauge
aber so sehr mit Eisensalzen an, dass sie abgesetzt werden muss.

Mit Ausnahme von Eisen fallen Silber und andere Metalle, mit denen
das Kupfer verunreinigt zu sein pflegt, während des Betriebes zu Boden;
davon lässt man so viel in den Niederschlagszellen sich ansammeln, bis
der Schlamm die untere der seitlichen Oeffnungen erreicht hat. In diesem
Falle werden einfach die Stöpsel der Bodenöffnungen sämmtlicher Setten
einer Reihe herausgezogen und sorgt man dafür, dass die Niederschläge
aus den Gefässen gründlich ausgewaschen und durch die Bodentröge in
das tief gelegte der beiden Reservoire gespült werden. Hier setzen sich
dieselben ab und werden, wenn die Flüssigkeit nach dem oberen Reservoire gepumpt ist, herausgenommen, um nach den gewöhnlichen

Scheidungsmethoden weiter verarbeitet zu werden. Das Absetzen des Schlammes, das Auspumpen der Laugen und die Reinigung des Sammelgefässes erfordert ziemlich viel Zeit und könnte leicht zu Betriebsstörungen Veranlassung geben; es ist daher rathsamer, am unteren Ende des Lösehauses wenigstens zwei Reservoire aufzustellen".

Abgesehen von der etwas unpraktischen Form der Zersetzungsgefässe und der nicht gerade einfachsten Art der Anordnung der Elektroden, haben wir es hier mit einem Verfahren zu thun, in welchem alle wesentlichen Punkte der noch heute angewandten Kupferraffiniermethode festgelegt sind. Man muss gestehen, dass ELKINGTON es verstanden hat, sich die Errungenschaften der Elektrotechnik sehr schnell nutzbar zu machen.

Das Wesen des von der Technik gewählten Verfahrens bestand also in der Elektrolyse einer Kupfersulfatlösung unter Benutzung von Rohkupferanoden und Reinkupferkathoden. Ob wir nun die hierbei stattfindenden Vorgänge nach der alten oder der neuen Anschauung analysieren, wir werden in beiden Fällen die Ueberzeugung gewinnen, dass kein grosser Kraftaufwand nothwendig sein konnte, die Kupfermassen der Anode nach der Kathode hinüberzuschaffen.

Nach der älteren Ansicht diente bekanntlich der elektrische Strom zur Zersetzung der Elektrolyten. Es wurde also zunächst folgende Umsetzung verursacht:

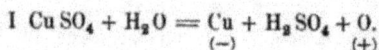

$$\text{I} \quad CuSO_4 + H_2O = \underset{(-)}{Cu} + H_2SO_4 + \underset{(+)}{O}.$$

Nun folgten an der Anode die Oxydation und Lösung des Kupfers unter Rückbildung des ursprünglichen Elektrolyten, also eine Umkehrung der vorigen Reaktion:

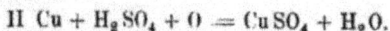

$$\text{II} \quad Cu + H_2SO_4 + O = CuSO_4 + H_2O.$$

Diese beiden Vorgänge ergänzen sich so, dass sich bei Berechnung der zu ihrer Durchführung erforderlichen elektromotorischen Kraft aus den thermochemischen Daten das Resultat Null ergiebt.

Nach der neueren Anschauung sind Elektrolyte ganz oder theilweise dissociiert. In diesem Falle haben wir also eine Lösung äquivalenter Cu''-Ionen und SO_4''-Ionen. Die Lösung ist annähernd gesättigt, der osmotische Druck also ein zur Ausscheidung gelöster Substanzen günstiger. Eine weitere Eigenthümlichkeit der Kupferraffination ist aber die, dass wir recht grosse Mengen Kupfer von der Anode zur Kathode bewegen wollen. Zwar besitzen die Kupfertheile der Anode einen, wenn auch geringen, Lösungsdruck; demselben wird aber ohne weitere Energiezufuhr durch den osmotischen Gegendruck der in der Lösung bereits vorhandenen Kationen das Gleichgewicht gehalten. Ein geringer Ueberdruck aber, hervorgerufen durch eine ausserhalb des Bades in leitender Verbindung mit den Elektroden stehende Dynamo, setzt uns in den Stand, grosse Mengen Kupfer von der Anode sofort auf die Wanderschaft nach der Kathode zu schicken, da hier ja für eine Abfuhr der von den ausscheidenden Kupferionen aufzugebenden Elektricitätsladungen gesorgt wird.

Theorie und Praxis haben übereinstimmend gezeigt, dass die erforderliche elektromotorische Kraft, um das Kupfer unter Zurücklassung seiner Verunreinigungen von der Anode zur Kathode überzuführen, eine sehr geringe ist, dass man also die mit den Kupferionen zu transportierenden Elektricitätsmengen im Vergleich zur elektromotorischen Kraft sehr gross wählen muss.

Von der Berechnung des Potentiales muss in diesem Falle abgesehen werden. Die Kupferanoden bestehen nicht nur aus Kupfer, und unter dem Nichtkupfer ist ein hoher Prozentsatz polarisierbarer, wenn auch unlöslicher Substanz. Es wird sich daher diese letztere, der Elektrolyt und natürlich auch die erforderliche elektromotorische Kraft, von Beginn der Arbeit ab, ändern. KILIANI[7] hat schon im Jahre 1885 das Verdienst erworben, das Verhalten der Verunreinigungen des Kupfers bei der Elektrolyse mit Rücksicht auf die Arbeitsbedingungen für diese Raffinationsmethode genauestens zu untersuchen und eingehend darüber zu berichten:

„Bei einer Normaldichte von 20 Ampère auf 1 qm und einer Lösung von 150 g Kupfervitriol mit 50 g Schwefelsäure in 1 l bleibt Kupferoxydul als schlechter Leiter vom Strome unberührt und geht zunächst in den Schlamm; sekundär jedoch löst es sich allmählich in der Säure des Bades auf, natürlich um so weniger, je kürzere Zeit der Schlamm im Bade verbleibt. Ein Kupferoxydulgehalt der Anoden macht also das Bad an Säure ärmer und an Kupfer reicher.

Schwefelkupfer (Selenkupfer) geht, so lange es die im Schwarzkupfer gewöhnlich vorkommenden Mengen nicht überschreitet, und besonders, wenn es als nichtleitendes Halbschwefelkupfer ($Cu_2 S$) zugegen ist, als solches in den Schlamm. Schwefel lässt sich aus letzterem mittels Schwefelkohlenstoff nicht ausziehen. Erst wenn das Schwefelmetall einen bedeutenden Prozentsatz der Anode ausmacht, wie in den Kupfersteinen, wird es unter Abscheidung von Schwefel zersetzt.

Silber, Platin und Gold gehen, so lange sie nicht in sehr bedeutenden Mengen vorhanden sind und die Lauge den normalen Kupfer- und Säuregehalt besitzt, vollständig als Pulver in den Schlamm. Ist in-

---

[7] Berg- und Hüttenmännische Zeitung 1885, S. 249.

dess die Lauge neutral geworden, so geht das Silber schon sehr bald
in Lösung und wird dann natürlich auch an der Kathode gefällt.

Wismuth und Wismuthoxyd gehen theils gleich als basisches
Oxydsalz in den Schlamm, theils erst in die Lösung, aus der sie dann
bei längerem Stehen zum grössten Theile wieder als basisches Salz ausgeschieden werden.

Zinn geht zunächst in das Bad über und fällt aus diesem bei
längerem Stehen theilweise wieder als basisches Salz aus. Ist die Anode
sehr reich daran, so bleibt es grösstentheils als basisches Sulfat auf der
Anode selbst sitzen. In feuchtem Zustande ist dieser Anodenschlamm
schmutzig-hellgrau, beim Trocknen an der Luft wird er weiss und nimmt
an Gewicht rasch zu, selbst noch nach längerem Trocknen bei 100°,
so dass es lange unmöglich ist, denselben abzuwägen. Der Schlamm
enthält schliesslich neben Schwefelsäure zum weitaus grössten Theile in
Salzsäure lösliches α-Zinnoxyd, während sich nur ein verhältnissmässig
kleiner Theil als in Salzsäure unlösliches β-(Meta-)Zinnoxyd darin vor-
findet. Durch Zinn wird also das Bad an Kupfer ärmer, ohne dass
namhafte Mengen davon sich in der Lösung ansammelten. In Folge
der Ausscheidung von basischem Salze wird die Lauge, wenn auch nur
wenig, reicher an freier Säure. Auf den Niederschlag selbst übt das
in Lösung befindliche Zinn eine ganz auffallend günstige Wirkung aus.
Während aus einer chemisch reinen neutralen Kupfervitriollösung bei
der in Rede stehenden Stromdichte die Niederschläge äusserst schlecht,
knospig und spröde werden, fallen diejenigen aus Bädern, deren Anoden
beträchtliche Mengen von Zinn enthalten, auffallend gut, ohne jede
Knospenbildung und sehr geschmeidig aus. Dies war auch dann der
Fall, wenn im Niederschlage durch Auflösen in Salpetersäure, Eindampfen
und Wiederaufnehmen mit etwas angesäuertem Wasser keine Spur eines
von einem Zinngehalte herrührenden Rückstandes oder einer Trübung
aufgefunden werden konnte. Daher stammt die alte Praxis einzelner
Galvanoplastiker, ihren Bädern Zinnsalze zuzusetzen. Auch die Spannung
am Bade wird durch einen grösseren Gehalt der Anoden an Zinn sehr
merklich herabgedrückt.

Arsen geht in saurer, wie neutraler Lauge als Arsenigsäure in
Lösung; erst wenn die Lauge einmal damit gesättigt ist, kommt es auch
in den Schlamm. Das als Arsensäure an Kupferoxydul und andere Oxyde
gebundene Arsen geht, da diese Verbindungen die Elektricität nicht
leiten, in neutraler Lösung vollständig in den Schlamm; in saurer dagegen wird es allmählich sekundär als Arsensäure in die Lauge übergeführt, natürlich um so weniger, je schneller man die Einwirkung der
Säure unterbricht, d. h. je öfter die Anoden ausserhalb des Bades vom

Schlamme gereinigt werden. Durch metallisches Arsen wird demnach das Bad an Kupfer ärmer und an Säure reicher. In neutraler Lösung wird der Kupferniederschlag arsenhaltig, in saurer nur dann, wenn sie verhältnissmässig arm an Kupfer geworden ist.

Antimon geht in saurer, wie neutraler Lauge theils in die Lösung, aus welcher es bei längerem Stehen wieder theilweise ausfällt, theils bleibt es gleich als basisches Sulfat auf der Anode. Hinsichtlich der Gewichtszunahme des Schlammes an der Luft gilt das Gleiche wie vom Zinnschlamme. Das Antimon macht also die Lauge an Kupfer ärmer. Antimonsaure Oxyde werden vom Strome nicht angegriffen und gehen zunächst in den Schlamm; sekundär jedoch werden sie von der Säure des Bades langsam unter Abscheidung von Antimonsäure zersetzt und geben zur Neutralisierung der Lauge Veranlassung, natürlich um so weniger, je öfter der Schlamm ausserhalb des Bades von den Anoden entfernt wird. Das Antimon geht, selbst wenn die Lauge damit gesättigt ist und sich in der Flüssigkeit schon basisches Salz ausscheidet, nicht in den Niederschlag über, so lange die Lauge hinsichtlich des Kupfer- und Säuregehaltes noch annähernd der genannten Normalzusammensetzung entspricht; höchstens kann sich auf der Kathode etwas basisches Salz mechanisch ablagern, wobei sich dann ein schwarzer, Kupfer und Antimon enthaltender, Schwamm auflagert. Ist die Lauge annähernd oder ganz neutral geworden, so wird neben Kupfer auch Antimon niedergeschlagen, und der Niederschlag selbst erscheint fahl und spröde, oft durch lange, nadelförmige Auswüchse mit geradlinig begrenzten Flächen charakterisiert. Auch in dem Falle, wenn die Lauge bedeutend an Kupfer ärmer geworden sein sollte, vermag selbst der normale Säuregehalt nicht zu verhindern, dass Antimon mitgefällt wird.

Blei wird durch den Strom noch vor dem Kupfer angegriffen und geht als unlösliches Sulfat in den Schlamm; nur spurenweise bleibt es in Lösung, ohne an der Kathode gefällt zu werden. Ein Bleigehalt der Anoden macht das Bad lediglich an Kupfer ärmer.

Eisen, Zink, Nickel und Kobalt werden durch den Strom vor dem Kupfer gelöst, machen also das Bad an Kupfer ärmer. Ausserdem wird aber auch sekundär bei den geringen Stromdichten, wie sie bei der Kupferraffination in Verwendung kommen, durch einfache chemische Wirkung der freien Säure etwas mehr von diesen Metallen an der Anode gelöst, als dem an der Kathode ausgeschiedenen Kupfer äquivalent wäre, so dass dadurch das Bad auch ärmer an freier Säure, im Allgemeinen aber an Metall reicher wird.

Eisen geht bei den geringen Stromdichten immer als Oxydulsalz in Lösung; erst später wird letzteres unter dem Einflusse der Luft während des Kreislaufes in Oxydsalz verwandelt. Bei diesem Vorgange wird natürlich wieder Säure gebunden. An der Anode selbst erscheint Oxydsalz erst bei sehr hohen Stromdichten, etwa 1300 Ampère auf 1 qm, wobei auch schon Sauerstoff und freie Säure auftritt. An Anoden von Schwefeleisen bildet sich nur Oxydsalz.

Enthält die Lösung in 1 l nur noch 2 g Kupfer, während der Rest des Normalgehaltes durch Eisen ersetzt ist, tritt bereits Knospenbildung auf.

Der Anodenschlamm kann nach dem Trocknen enthalten: Gold, Platin, Silber (Schwefelsilber), Kupferoxydul, Schwefelkupfer, basisches Wismuth-, Zinn- und Antimonsulfat, Antimonsäure, arsenigsaures Kupfer, arsensaure und antimonsaure Metalloxyde, Bleisulfat und schlackenartige Bestandtheile, mit denen auch Eisen, Kalk, Magnesia und Kieselsäure in den Schlamm gelangen können. Daneben fällt auch immer etwas metallisches Kupfer in Pulverform mit. Die allmähliche Lösung der Anoden erfolgt nicht etwa in der Weise, dass die tiefer liegenden Theile erst dann angegriffen werden, wenn die oberflächlichen schon vollständig aufgezehrt sind; vielmehr erstreckt sich die lösende Wirkung schon dann weit ins Innere der Platte hinein, wenn noch massenhaft Kupfer an der Oberfläche vorhanden ist. 2,5 mm dicke und spröde Schwarzkupferplatten mit 96 % Kupfer z. B. waren schon nach zehntägiger Elektrolyse durch und durch so weich geworden, dass sie sich mit der grössten Leichtigkeit zusammenrollen liessen wie Pappe, ohne dabei zu brechen. Unmittelbar aus Kupferkies gegossene Platten zeigten nach mehrtägiger Elektrolyse immer eine starke Ausbauchung gegen die Kathode hin. Die Lauge selbst wird im Allgemeinen unter Aufnahme von Eisen, Zink, Nickel, Kobalt, Mangan, Zinn, Arsen, Antimon und Wismuth an Metall reicher, aber an Säure und Kupfer ärmer.

Der letztere Nachtheil wird indess durch eine Nebenreaktion einigermaassen ausgeglichen; ja es kommt sogar bei verhältnissmässig reinen Rohkupfern vor, dass die Lauge fortwährend reicher an Kupfer wird, ohne dass in solchen Fällen die Verdunstung allein genügen würde, um diese Erscheinung zu erklären. Es ist eine bekannte Thatsache, dass durch die reducierende Wirkung von metallischem Kupfer auf eine saure Kupfervitriollösung etwas sckwefelsaures Kupferoxydul entsteht, welches dann unter dem Einflusse der Luft in Oxydsalz übergeht, eine Thatsache, auf die auch HEINR. ROESSLER [8] aufmerksam macht und welche die Grundlage der früheren Schwefelsäurelaugerei bildete. Durch diese Nebenreaktion wird fortwährend etwas Kupfer gelöst werden und zwar um so mehr, je geringer die Stromdichte und je rascher der Kreislauf ist, je

---

[8] DINGLER's Polytechn. Journal Bd. CCXLII, 1881, S. 286.

mehr also die Lauge mit der Luft in Berührung kommt. Besonders in der Nähe der Flüssigkeitsoberfläche erreicht dieselbe eine solche Höhe, dass dünne Kathodenbleche, welche aus der Flüssigkeit herausragen, schon nach acht Tagen durchgefressen werden. Diese Nebenreaktion erklärt die Thatsache, dass die Gewichtsabnahme der Anoden immer grösser und die Gewichtszunahme der Kathoden immer etwas geringer ist, als der Stromstärke entspricht.

Es ist daher sehr wesentlich, dass von Zeit zu Zeit der Säuregehalt der Bäder festgestellt und die fehlende Säure fortwährend ergänzt wird. Ebenso sollte man den Kupfergehalt nicht zu weit sinken lassen. Die günstigste Stromdichte beträgt 20-30 Ampère auf 1 qm.

Die durch das Zusammengreifen der erwähnten verschiedenen Reaktionen bewirkte allmähliche Neutralisation der Lauge ist vom schlimmsten Einflusse auf den ganzen Verlauf des Prozesses. Nicht nur, dass dadurch die Lauge viel schlechter leitend wird, so dass die Potentialdifferenz am Bade unter den sonst gleichbleibenden Normalverhältnissen, also allein nur durch die Neutralisation, von 0,1 bis auf 0,25 Volt (5 cm Elektrodenentfernung) steigt, sondern es gehen dadurch auch die bereits erwähnten Verunreinigungen des Bades mit in den Niederschlag über und machen diesen spröde und unbrauchbar. Abgesehen von diesen Verunreinigungen aber wird der Niederschlag an und für sich schon in der neutralen Lösung, auch wenn diese sonst chemisch rein ist, äusserst schlecht, ja so spröde, dass er sich im Mörser leicht pulvern lässt. Es rührt dies von einem Kupferoxydulgehalte her. Bei so geringen Stromdichten reicht der Strom nicht aus, um das Kupfersulfat vollständig in metallisches Kupfer und SO_4 zu zerlegen, sondern es fällt ein bestimmter Antheil von Kupferoxydul mit nieder, welcher um so geringer ausfällt, je grösser die Stromdichte wird, bis zu einer bestimmten Grenze, bei welcher reines Kupfer fällt. In saurer Lauge wird dieses Kupferoxydul sekundär wieder zersetzt, in neutraler dagegen bleibt es auf der Kathode sitzen.

Wichtig ist ferner eine gute Bewegung der Lauge, da sich sonst bald in den oberen Schichten eine an Kupfer ärmere Lauge bildet und in Folge dessen auch Verunreinigungen mit niedergeschlagen werden können. Der Einfluss der Bewegung auf die Spannung entzieht sich zwar bei Normallaugen der Messung; mit Zunahme der Verunreinigung steigt dieselbe aber bedeutend, wie nachfolgende Versuchsreihe zeigt, mit Kathoden aus elektrolytischem Reinkupfer bei 5 cm Elektrodenentfernung und 20 Ampère auf 1 qm Stromdichte:

1 Liter Lauge enthält	Anode	Spannung in Volt	
		mit	ohne
		Laugenbewegnng	
150 g Kupfervitriol und 50 g Schwefel-säure	Reinkupfer	0,095	0,095
	Schwarzkupfer	0,120	0,120
	Kupferstein	0,40	0,40
150 g Kupfervitriol	Reinkupfer	0,24	0,243
	Schwarzkupfer	0,275	0,278
	Kupferstein	0,532	0,535
7,96 g Kupfervitriol, 158,2 g Eisen-vitriol und 50 g Schwefelsäure . .	Reinkupfer	0,22	0,75
	Schwarzkupfer	0,25	0,75
	Kupferstein	0,50	1,00
Dieselbe Lösung ohne Schwefelsäure .	Reinkupfer	0,30	1,10
	Schwarzkupfer	0,35	1,15
	Kupferstein	0,75	1,30

Die verwendete Schwarzkupferanode enthielt 96,6 % Kupfer, 0,403 % Silber, 0,011 % Gold, 1,23 % Arsen, 1 % Eisen und 0,54 % Schwefel.

Abgesehen von dieser Steigerung der Potentialdifferenz wird durch schlechte Bewegung der Lauge aber auch die physikalische und chemische Beschaffenheit des Niederschlages in der schlimmsten Weise beeinflusst. Je lebhafter die Bewegung ist, desto reiner, fein krystallinischer und geschmeidiger wird das Kupfer, auch in ganz reiner Lauge und bei richtiger Befolgung der sonstigen Normalverhältnisse.

Um den für die Verarbeitung eines bestimmten Rohstoffes erforder-lichen Arbeitsaufwand zu berechnen, hat man durch einen Laboratorium-versuch mit derjenigen Stromdichte, welche sich für den Gesammtbetrieb als die günstigste erweist und mit der beabsichtigten Entfernung der Elektroden die Potentialdifferenz zwischen beiden Elektroden zu messen. Beträgt beispielsweise die Klemmenspannung der Maschine 15 Volt, die Spannung am Bade 0,25 Volt, so könnte man, wenn man den Leitungs-widerstand ausserhalb der Bäder ganz vernachlässigte, allerhöchstens (15 : 0,25) = 60 Bäder hintereinander schalten, eine Zahl, welche man in der Praxis nie ausnutzen wird; vielmehr begnügt man sich in diesem Falle durchschnittlich mit 40 Bädern. Liefert nun die Maschine bei der genannten Klemmenspannung eine Stromstärke von 240 Ampère, entsprechend 283,61 g Kupfer stündlich, so erhält man in 40 hinter-einander geschalteten Bädern in der gleichen Zeit 11,344 kg oder in 24 Stunden 272,26 kg Kupfer. Die Arbeit, welche zu einer solchen Leistung verbraucht wird, ergiebt sich zu $(240 \times 15) : 736 = 4,9$ e für die Dynamomaschine oder etwa 6 e für die Dampfmaschine. Zu berück-sichtigen ist, dass eine solche Anlage einen Flächenraum von 80 qm ein-nimmt und dass bei genannter Stromdichte von 20 Ampère zum Nieder-schlagen einer 1 cm dicken Kupferplatte fünf Monate erforderlich sind".

Wenn wir uns auch einzelne der eben gekennzeichneten Vorgänge heute anders erklären würden, so bleibt doch an der Thatsache ihres Auftretens nichts zu ändern. Für die Theorie und Praxis der die elektrolytische Kupferraffination begleitenden Reaktionen wird diese Arbeit von dauerndem Werthe bleiben.

Inzwischen war man natürlich in der Technik auch nicht unthätig gewesen. Schon zu Anfang der siebenziger Jahre entstanden in Deutschland mehrere kleinere und grössere Anlagen, denen bald zahlreiche andere folgten. Als erste mögen genannt sein die Versuchsanlage der Mansfeld'schen Kupferhütten, die grösseren Anlagen der Norddeutschen Affinerie und des Communion Hüttenwerkes zu Oker. Ganz besonders ist es das Verdienst der Firma Siemens & Halske, Berlin, die Technik der elektrolytischen Kupferraffination in Deutschland zu hoher Entwicklung gebracht zu haben.

Ich will daher zunächst auf dieses System eingehen; denn in vielen der später entstandenen Anlagen werden wir die charakteristischen Grundzüge der SIEMENS'schen Konstruktionen wieder finden. Allgemeinere Angaben über die von genannter Firma zuerst eingerichteten Kupferraffinationsanlagen zu Oker am Harz wurden im Jahre 1884 durch FRÖLICH [9] (Oberelektriker der Firma Siemens & Halske) bekannt. Er schreibt darüber:

„Heute arbeiten auf genanntem Hüttenwerke 6 Maschinen: 5 Maschinen C_1 und eine Maschine C_{18}, von denen jede 250-300 kg Kupfer täglich niederschlägt, bei einem Arbeitsverbrauche von 7-8 HP. Die jährliche Leistung beläuft sich daher jetzt auf 500-600 Tonnen Kupfer. Das zu raffinierende Kupfer hat bereits einen hüttenmännischen Raffinierprozess durchgemacht und enthält nur 0,3-0,5 % Unreinigkeiten; trotzdem ist der elektrolytische Prozess ökonomisch lohnend, weil die Entfernung der letzten Unreinigkeiten den Werth des Kupfers erheblich steigert [10].

In Oker stehen die beiden Systeme mit wenigen grossen und mit vielen kleineren Bädern nebeneinander und bewähren sich gleich gut; nur ist bei letzterem Systeme das Anlagekapital geringer. Das Rohkupfer sowohl wie das Reinkupfer werden in Form von Platten angewendet von etwa 1 m Länge und 0,5 m Breite. Die Stärke der Rohkupferplatten, wenn sie der Elektrolyse ausgesetzt werden, beträgt etwa

---

[9] Elektrotechnische Zeitschrift 1884 S. 466 u. f.

[10] Dies trifft heute, 1895, in Bezug auf den Marktwerth des elektrolytischen Kupfers nicht ganz mehr zu, da der Preisunterschied zwischen diesem und dem hüttenmännisch raffinierten Kupfer ein bedeutend geringerer geworden ist, als er zu jener Zeit war.

15 mm. Die Reinkupferplatten werden in etwas geringerer Stärke in den Handel gegeben. Die Maschine C_1, welche mit wenig grossen Bädern arbeitet, liefert bei einem Betriebe, welcher täglich 250-300 kg Kupfer entspricht, etwa 3,5 Volt Klemmenspannung und 1000 Ampère Stromstärke.

Jede Maschine C_1 betreibt in der Regel 12 hintereinander geschaltete Bäder; jede Anlage, welche von einer Maschine C_1 betrieben wird, nimmt einen Raum von ungefähr 80 qm ein. Die Maschine C_{18} liefert eine Spannung von 30 Volt bei einer Stromstärke von 120 Ampère (in anderen Fällen 15 Volt und 240 Ampère). Dieselbe betreibt in Oker etwa 80 kleinere Bäder. Der Raum der Anlage, die Menge der Lauge, Betriebskraft, Kupferniederschlag sind bei dieser Maschine ganz ähnlich wie bei den Anlagen mit C_1. Die Kosten der Anlagen sind jedoch verschieden, und ein erheblicher Vortheil der Anlage mit C_{18} vor den übrigen besteht darin, dass die Bäder in recht erhebliche Entfernung von der Maschine gebracht werden dürfen, was bei C_1 nicht angeht".

FRÖLICH sagt ferner, dass bei der Elektrolyse so reinen Rohmaterials Stromspannungen von 0,1-0,5 Volt am Bade beobachtet worden wären; nach den vorstehenden Angaben, dass die Maschine C_1, welche mit einer Klemmenspannung von 3,2 Volt arbeitet, nur 12 hintereinander geschaltete Bäder betreiben kann, und die Maschine C_{18}, welche mit einer Klemmenspannung von 30 Volt arbeitet, nur 80 Bäder mit Strom versorgt, darf man daher pro Bad nicht weniger als 0,3 Volt in Rechnung bringen. Dieser scheinbare Widerspruch wurde schon durch die zuvor wiedergegebene Arbeit von KILIANI [11] erklärt; es sei besonders auf die Tabelle, S. 178, verwiesen.

Sowohl KILIANI's Arbeit wie die Mittheilungen von FRÖLICH sprechen auf das Entschiedenste die Forderung aus, zur Elektrolyse schon möglichst reines Rohmaterial in Arbeit zu nehmen, damit sich die störende und kostspielige Arbeit des Absetzens eines verunreinigten Elektrolyten möglichst wenig wiederhole und sich die Stromarbeit selbst möglichst auf den Kupfertransport von der Anode zur Kathode beschränke. Die meisten Raffinerien elektrolysieren daher nur edelmetallhaltiges Raffinatkupfer.

Der Fall, dass man ein Schwarzkupfer ankauft, dieses direkt oder nach vorgängigem Raffinationsschmelzen elektrolytisch verarbeitet, dürfte immer seltener werden, da naturgemäss auch die ausländischen Kupferhütten, von denen besonders europäische Raffinerien ihren Rohkupferbedarf zu beziehen pflegten, auch die Elektrolyse ihrem Betriebe angeschlossen haben und anzuschliessen im Begriffe stehen. Wir haben heute nur mit der Thatsache zu rechnen, das Anodenmaterial direkt von den meist noch gebräuchlichen Raffinier-Flammöfen oder vom Converter aus

---

[11]) Berg- und Hüttenmännische Zeitung 1885 S. 249.

verarbeiten zu müssen. Die Elektrolyse würde sich also den auf S. 163 und 166 kurz skizzierten Arbeiten anschliessen.

Dem dankenswerthen Entgegenkommen der Herren K. und H. BORCHERS, Inhaber der Chemischen Fabrik Gebrüder Borchers zu Goslar, verdanke ich eingehende Angaben nebst Skizzen einer in ihrer Fabrik von der Firma Siemens & Halske eingerichteten Anlage, sowie über einige höchst beachtenswerthe Verbesserungen, welche die erstgenannten Herren ausgearbeitet haben.

Für die Anoden hatte man die alte von jeher in den SIEMENS'schen Anlagen gebräuchliche Form beibehalten, wie sie aus *a*, Figur 88 ersichtlich ist. Zur Herstellung dieser Anoden dienen eiserne, leicht zerlegbare und wieder zusammenzufügende Formen bezw. Rahmen auf einer Eisenplatte als Unterlage (Figur 89). Das Kupfer wird, wenn im Flammofen raffiniert, bezw. eingeschmolzen, aus diesem ausgeschöpft oder abgestochen, um entweder in die ruhenden Formen gegossen zu werden oder in langsam am Raffinierofen vorbeifahrende Formen einzufliessen.

88

Als Kathoden dienen stets dünne Feinkupferbleche (*k* in Figur 90).

Die Bäder oder Zersetzungszellen sind Holzbottiche *H* (aus pitch-pine-Holz) mit Blei ausgelegt. Das Bleifutter ist über den Bottichrand umgebogen. Auf diesen

89

wird ein mit Oel oder anderen, das Ansaugen von Wasser hindernden Substanzen getränkter Holzrahmen *r* aufgelegt, um die Stromleitungen ⊕ und ⊖, zwei Kupferblechstreifen isoliert voneinander zu halten.

Bevor die Elektroden eingehängt werden, ist der in Figuren 88 und

91 mit x bezeichnete Abflussheber, ein Bleirohr, in den Bottich einzusetzen; dann folgt der auf einem niedrigen Holztische t ruhende Schlamm-Sammelteller s, eine an ihren Rändern aufgebogene Bleiplatte.

Die Anoden hängt man direkt in die Bäder ein; sie müssen jedoch von den $\ominus$-Leitungen durch kleine Gummiplatten i (Figur 88 rechts oben) isoliert werden. Die Kathoden wurden an Haken aus Kupferblech auf Holzleisten gehängt. Einer jener unten zu einem Haken umgebogenen Kupferblechstreifen wurde etwas länger genommen, um, wie dies aus Figuren 88 und 90 ersichtlich ist, nach mehrmaligem Umwickeln um die Holzleiste mit der Leitung $\ominus$ in Berührung gebracht zu werden und so die Verbindung mit der Stromquelle herzustellen.

Um die für den Erfolg des ganzen Verfahrens so unumgänglich nothwendige Laugenzirkulation herbeizuführen, erhielt jedes Bad ein mit zahlreichen engen, nach unten gerichteten Stutzen versehenes Vertheilungsrohr v (Figuren 88 und 91), welches man wegen seiner Aehnlichkeit mit dem bekannten Gartengeräth kurz als „Harke" bezeichnete. Jede dieser Harken stand durch einen mit

90

Quetschhahn q versehenen Gummischlauch mit der an der einen Seitenwand der Bottiche angeordneten Flüssigkeitshauptleitung in Verbindung. Unter dem Schlammteller weg wurde die Lauge durch den Heber x in das Gerinne s abgeführt.

Aus den auf Tafel II beigegebenen Figuren 92, 93 und 94 ist neben der Art und Weise der Anordnung der Bäder hauptsächlich die Flüssigkeitsführung ersichtlich. Das Einzeichnen des Elektricitätsleitungsplanes würde die Deutlichkeit der Abbildungen beeinträchtigt haben; wir bringen das Leitungsschema daher in Figur 95 zur Darstellung. Einer weiteren Erläuterung bedarf die Abbildung wohl kaum. Wie man sieht, erfolgt die Vertheilung der Laugen auf die Bäderreihen von dem hochstehenden Behälter B aus, während die zurückfliessenden Laugen durch die Ge-

rinne *z* den Behältern *C* und *D* zugeführt werden. Die bei gänzlicher
Entleerung oder beim Undichtwerden eines Behälters aus diesem ausfliessende Lauge wird durch Gerinne im Boden des Arbeitsraumes dem

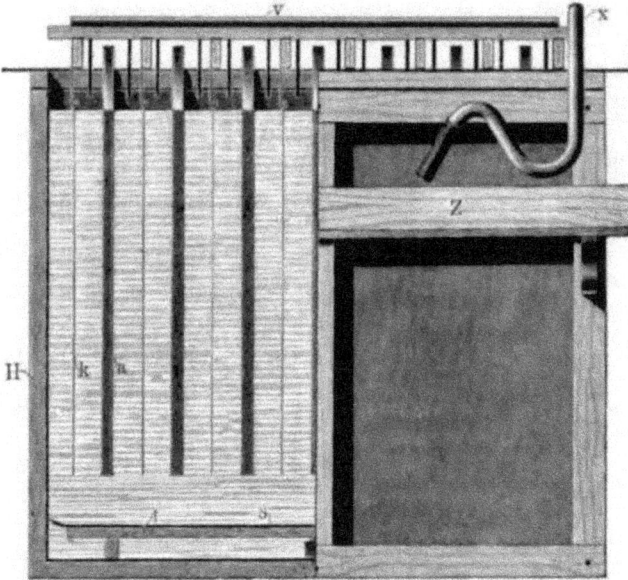

91

Behälter *E* zugeführt. Von *C*, *D* oder *E* aus konnten die Laugen entweder unter Vermittlung der Pumpe *P* und des Behälters *B* wieder in
den Betrieb zurückgeschickt werden oder, wenn sie zu unrein waren,
wurden sie durch dieselbe Pumpe der Regenerations- bezw. Cémentations-
anlage zugeführt. Die Regeneration besteht meist in Verdampfungs- und
Krystallisationsprozessen, nöthigenfalls unter Zuhilfenahme von Füllungen.
Ueber die Cementationsarbeit geben metallurgische Handbücher hinreichenden Aufschluss.

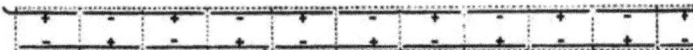

95

Schaltplan der Bäder.

Die während des Betriebes zu beachtenden Punkte müssen jeden
Techniker nach Durchsicht der oben herangezogenen Arbeit von KILIANI
von vornherein klar sein. Die nachtheiligen Einflüsse der Abnahme des
Kupfergehaltes der Lösungen auf die Qualität des niederzuschlagenden

Kupfers, als Folge der Anreicherung unter den gegebenen Bedingungen nicht fällbarer Metalle sind ebenfalls erörtert worden. Auf die Wichtigkeit einer lebhaften Laugenbewegung, der Aufrechterhaltung einer gewissen Acidität, einer geringen Stromdichte wurde schon von KILIANI mit genügendem Nachdruck hingewiesen.

Aber die Mittel, welche bis vor wenigen Jahren allgemein angewandt wurden, diese Bedingungen zu erfüllen und jenen Uebelständen abzuhelfen, waren doch nicht ausreichend. Bei unreineren und auch bei reineren Kupfersorten wiederholte sich die Nothwendigkeit des Absetzens der Laugen doch häufiger, als für einen ruhigen Dauerbetrieb erwünscht war, und wer die Arbeit der Zugutemachung solcher Laugen kennen gelernt hat, wird fast jedes Mittel willkommen heissen, das ihm dieser Unannehmlichkeit überhebt. Natürlich hat es nicht an Vorschlägen gefehlt; der natürlichste war wohl das Einblasen von Luft in die Bäder während des Betriebes in der Absicht, die in Lösung gegangenen Arsen-, Kobalt-, Nickel- und Eisenverbindungen so zu oxydieren, dass sie sich innerhalb des Elektrolyten als Arseniate niederschlugen; aber das Wie der Ausführung dieses Vorschlages war doch nicht so einfach wie der Vorschlag selbst. Beim direkten, freien Einblasen von Luft in die Lösungen währte die Freude nur kurze Zeit. Es entstand bald eine so trübe Brühe, dass die Bezeichnung Chokolade für dieselbe kaum eine Uebertreibung war. Die Vortheile des Rührens mit Luft blieben vollständig hinter allen Erwartungen zurück. Und doch erwies sich die Luft als das beste Mittel zur Reinerhaltung der Laugen, als sie in einer Weise zur Anwendung gebracht wurde, die mit vollstem Rechte als die bedeutsamste Erfindung auf dem Gebiete der Kupferraffinerie bezeichnet werden muss. Das Verdienst, diesen Weg gefunden zu haben, gebührt den oben genannten Inhabern der Firma Gebr. Borchers, den Herren H. und K. BORCHERS in Goslar am Harz. Und diese Erfindung (Erfindung im besten Sinne des Wortes) ist merkwürdigerweise nicht patentiert. Sehen wir uns zunächst die Lösung dieser Frage an; auf die enormen Vortheile, welche dieselbe mit sich brachte, kommen wir dann später zurück. In Figur 96 und 97 ist ein Bad mit dem BORCHERS'schen Apparate dargestellt. Ein Vergleich mit den zuvor beschriebenen Apparaten zeigt uns, dass in der Anordnung der Elektroden keine wesentliche Aenderung eingetreten ist. Nur rechts in dem Bottich bemerken wir ein weiteres, mit *b* bezeichnetes Bleirohr, das vom Flüssigkeitsspiegel aus bis mitten unter den Schlammteller führt. In dieses Bleirohr ist ein unten in eine feine Spitze endigendes Glasrohr *g* eingeführt. Letzteres wird durch einen Stöpsel in der die Mündung des Rohres *b* überdachenden Bleihaube *d* gehalten und

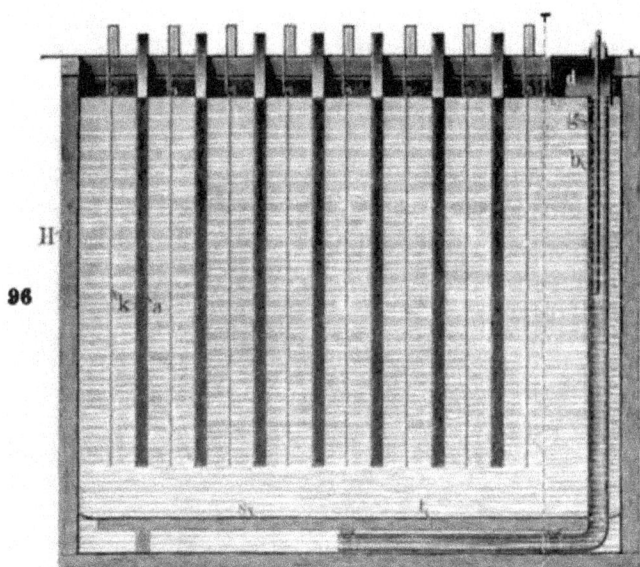

96

97

kann leicht gehoben oder gesenkt werden. Durch dieses Glasrohr nun führt man Luft in die Flüssigkeitssäule in Rohr *b* ein. Der feine Luftstrahl vertheilt sich in der Flüssigkeit in Form feiner Luftbläschen, das specifische Gewicht der so mit Luft durchsetzten Flüssigkeitssäule verringert sich, und die Flüssigkeit steigt in dem Rohre *b* nach oben, läuft über den Rand desselben und vertheilt sich oben in dem Elektrolysiergefässe. An der unteren Mündung des Rohres *b* wird begreiflicherweise fortdauernd Flüssigkeit angesogen werden. Diese Art der Lufteinführung in die Laugen geht äusserst ruhig und gleichmässig vor sich; sie ist eine der wirksamsten und billigsten Laugenzirkulationsmethoden, selbst wenn wir von weiteren Vortheilen, die sie mit sich bringt, ganz absehen wollten. Diese Vortheile sind aber auch keineswegs zu unterschätzen.

Ein Blick auf die Figuren 96 und 97 zeigt uns, dass ein sehr lästiger Apparattheil, die Laugenvertheilungsharke, fortgefallen ist, ferner sind die Laugenabführungsgerinne verschwunden. Gerade diese beiden Ausrüstungsstücke der alten Einrichtung waren es, welche den ernstesten Sauberkeitsbestrebungen durch das ganz unvermeidliche Verspritzen von Lauge stets Widerstand leisteten. Sie erschwerten die Zugänglichkeit zu den Elektroden und waren überhaupt der ständigen Ueberwachung wegen, deren sie bedurften, die Schmerzenskinder der ganzen Anlage.

Heute geschieht das Füllen und Entleeren der Bäder nur von einer einzigen Rohrleitung *R* (Figur 96 und Tafel III, Figuren 98, 99, 100) aus, und zwar nicht, wie bei der früheren Arbeitsweise, durch einen während der ganzen Betriebsdauer zu- und abfliessenden Flüssigkeitsstrom, sondern einmal vor Beginn des Betriebes erfolgt das Füllen und wieder einmal zum Absetzen der Laugen, also zur Betriebsunterbrechung erfolgt das Entleeren der Bottiche. Jedes einzelne Gefäss ist zu diesem Zwecke mit der Hauptflüssigkeitsleitung *R* durch einen Heber *N* verbunden. Der Anschluss des Hebers an die entsprechenden Stutzen der Hauptleitung erfolgt durch einen mittels Schraubenklemme verschliessbaren Gummischlauch *S*. Während des Betriebes bleibt diese Klemme geschlossen; die Bildung unerwünschter elektrischer Zweigleitungen durch die Bäder verbindende Flüssigkeitsströme ist damit vermieden.

Aus der Tafel III wird man, wie bei den vorigen Beispielen, hauptsächlich die Flüssigkeitsführung und die Gesammtanordnung der elektrolytischen Anlage ersehen. Die Einzelheiten der Badeeinrichtungen wurden schon in vergrössertem Maassstabe durch die Figuren 96 und 97 zur Darstellung gebracht. Für die Flüssigkeitsbewegung ist bei der Neuanlage ein Luftdruckfass *D* vorgesehen. Bei der Inbetriebsetzung fliesst die im Kasten *A* eingestellte Lauge zuerst in das Druckfass, wird von hier aus auf den Vertheilungsbottich *V* gehoben, um dann durch die

Leitungen *R* und die Heber *N* den Elektrolysierbottichen zugeführt zu werden. Während des Betriebes abzusetzende Lauge wird von jedem beliebigen Bade aus durch Heber *N* und Leitung *R* vom Druckfasse *D* angesogen, um von hier aus ebenfalls nach ihrem Bestimmungsorte, der Einrichtung zur Aufarbeitung auf Vitriol, Cementkupfer oder zur Regeneration, zugeführt zu werden. Zum Auffangen von Flüssigkeiten, welche infolge des Undichtwerdens von Gefässen, Rohrleitungen oder bei anderen Unregelmässigkeiten aus den Bädern ausfliessen, sind die Sammelgerinne *G* im Fussboden vorgesehen; sie führen solche Flüssigkeiten dem Behälter *B* zu, von wo aus die ersteren ebenfalls wieder in das Druckfass gelangen können. Auch die Kästen *C* zum Auswaschen des Anodenschlammes haben bei der Neuanlage in diesem Raume Platz finden können.

Von weiteren Vorzügen dieser Arbeitsweise sei zunächst die überraschende Reinhaltung der Laugen selbst erwähnt. Die Veränderungen, welche besonders Arsen, Eisen und verwandte Metalle während der Elektrolyse erleiden, sind schon von KILIANI festgestellt worden. Beim Einblasen von Luft nun werden schon in sauren Laugen beide Stoffe in Form von Ferriarseniat gefällt. Die Fällung geht aber in so ruhiger Weise vor sich, dass die Laugen v o l l s t ä n d i g k l a r b l e i b e n, ein nicht hoch genug zu schätzender Vorzug dieses Verfahrens beim Fahnden auf etwa vorkommende Stromleitungsfehler. — Wismuth und Antimon fallen ebenfalls bei abnehmendem Säuregehalte des Elektrolyten und bleiben dann auch zum Theil ungelöst im Schlamme der Bäder. — Man sieht, dass die Nothwendigkeit des Absetzens, Regenerierens oder anderweitiger Zugutemachung der Laugen sich wesentlich verringern muss. Fehlen Antimon und Wismuth im Anodenkupfer, so fallen diese lästigen Arbeiten überhaupt fort.

S i e m e n s & H a l s k e empfehlen ausserdem Erwärmung der Laugen, wodurch die Ausfällung von Antimon- und Wismuthverbindungen noch wesentlich begünstigt werden solle.

Sättigt sich der Elektrolyt nach längerem Gebrauche doch mit Antimon- und Wismuthverbindungen, so muss man allerdings die Badflüssigkeit abziehen, in einem besonders zu diesem Zwecke vorgesehenen Behälter unter Erwärmen und Aufrühren mit Luft (Dampfstrahlgebläse) durch Kupferoxyd oder andere gerade vorräthige basische Kupferverbindungen neutralisieren und filtriren. Nach Zurückstellung eines Theiles der so erhaltenen Lösung zur Verarbeitung auf Kupfervitriol wird der Rest derselben nach Einstellung auf die gewünschte Stärke und nach Zusatz der nöthigen Menge Schwefelsäure in den Betrieb zurückgeführt.

Als letzter, aber durchaus nicht unwichtiger Gewinn der neuen Arbeitsweise ist die Thatsache hervorzuheben, dass sich ohne Einbusse der guten Beschaffenheit des Gefüges und der Oberfläche des niedergeschlagenen Kupfers die Stromdichte von 30 auf über 100 Ampère per qm steigern liess.

Was das bedeuten will, darüber möge folgender Auszug aus einer Privatmittheilung der Firma Siemens & Halske, die sie mir mit dankenswerther Bereitwilligkeit auf meine Anfrage hin zugehen liess, Aufschluss geben:

„Es wird durch diese Möglichkeit, die Stromdichte so wesentlich zu erhöhen, der grosse Vortheil erzielt, dass bei demselben Kupferertrag der Bäderanlage die Bodenfläche, die in den Bädern vorhandene Menge an Kupfer, Silber und Lauge auf etwa ein Drittel reduciert und die Arbeitslöhne erheblich verringert werden. Allerdings wird andererseits die Arbeitskraft vermehrt, aber im Ganzen tritt trotzdem eine erhebliche Ersparnis in den Betriebskosten ein. In der folgenden Tabelle stellen wir die letzteren für 30 und 100 Ampère per qm Stromdichte zusammen; diese Berechnung dürfte den gewöhnlichen Verhältnissen in Deutschland entsprechen; wo wesentlich andere Zahlen zu Grunde zu legen sind, lässt sich dieselbe leicht verbessern, wird aber in Bezug auf die Differenz der Betriebskosten, bei dem älteren und neueren Verfahren, stets ein ähnliches Resultat ergeben.

Tägliche Betriebskosten bei 1 ton täglichem Kupferertrag	Bisher 30 Ampère Stromdichte	Jetzt 100 Ampère Stromdichte
Kosten der Arbeitskraft (1 Pferdekraft-Stunde 5 Pf.)	ℳ 17.—	ℳ 30.—
Arbeitslöhne	- 30.—	- 15.—
Kupferzinsen (5 %)	- 15.60	- 4.80
Amortisierung der elektrischen Anlage (10 %) . .	- 8.30	- 4.15
Kosten der Erwärmung der Bäder (250 kg Kohlen) .	- —.—	- 5.—
Kosten der Regenerierung der Lauge	- 4.—	- —.—
	ℳ 74.90	ℳ 58.95

Hieraus ist ersichtlich, dass die Betriebskosten bei dem neueren Verfahren ca. 20 % geringer sind; zieht man noch in Rücksicht, dass die Zinsen der Gebäude, des Grund und Bodens, sowie des im Schlamm gewonnenen Silbers durch das neuere Verfahren erheblich verringert werden, so stellt sich das Resultat noch günstiger.

Um in vorhandenen Anlagen das verbesserte Verfahren einzuführen, kann man entweder mit den vorhandenen Bädern, nach deren Abänderung, durch Verstärkung der Motoren und der Dynamomaschinen einen höheren Kupferertrag erzielen, oder ohne Aenderung des Motors und der Dynamomaschinen die Bäderanlage verkleinern und etwas weniger Kupfer, aber

mit besserem Verdienst erzeugen; in letzterem Fall werden etwa drei
Viertel der Bodenfläche der Bäderanlage frei, und kann dieser Raum zu
anderen Zwecken verwendet werden. Im Allgemeinen ist die erstere Art
der Umänderung vortheilhafter".

Die soeben erörterte Arbeitsweise und Apparatkonstruktion besitzt
ohne Zweifel alle Vorzüge, welche man von einem wohldurchdachten,
elektrolytischen Betriebe zu erhoffen berechtigt ist. Einfachheit der
Apparatur, leichte Zugänglichkeit und Kontrollierbarkeit sämmtlicher Apparattheile, Sauberkeit des Betriebes und möglichster Ausschluss stören-
der Zwischenarbeiten. Wir könnten uns daher auf das eben Gesagte beschränken und das System SIEMENS-Gebr. BORCHERS zu allgemeinster
Benutzung empfehlen, wenn nicht gerade in neuester Zeit in hervorragenden metallurgischen Zeitschriften einige andere Systeme lobend beschrieben worden wären, denen zum Theil jede Originalität, zum Theil jeder
der oben gepriesenen Vorzüge abgeht. Ich beschränke mich darauf,
einzelne dieser Verfahren herauszugreifen. Zu den ersteren gehört das
Verfahren von THOFEHRN. Nach einem Berichte von HERING [12]
über dieses Verfahren kennzeichnet sich dasselbe vor allem durch Benutzung sehr grosser Bäder, für deren Konstruktion sowohl Holz
mit Bleiauslage, wie Beton mit Theeranstrich vorgeschlagen wird. Die
Bäder besitzen eine Breite von annähernd 2 m, eine Länge von etwa
3 m und eine Tiefe von über 1,50 m. Die Form der Anoden ist die
der Silberanoden des MOEBIUS'schen Apparates [13]. Auch die Aufhängung
derselben (mehrere schmale Platten an Haken auf einer Metallschiene)
ist schon von MOEBIUS angegeben. In THOFEHRN's Bädern hängen an
jeder Anodenschiene drei Platten von 0,60 m Länge, 0,60 m Breite und
0,02 m Dicke. Die Kathodenreihen bestehen aus je sechs an einer Schiene
aufgehängten Kupferblechen von je 0,60 m Länge, 0,20 m Breite und
0,0002 m Dicke. In der Art der Schaltung, von der in Figur 101 nur
eine ganz schematische Skizze der
zum Auflegen der Elektrodenschie-
nen dienenden Leitungen wiedergegeben ist, erkennen wir auch ein
ganz altes Muster wieder, wie es
schon lange vor dem Bekanntwerden

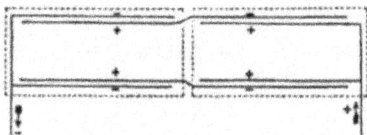

101

von THOFEHRN's Konstruktionen in metallurgischen Lehrbüchern [14] beschrieben wurde. Als Elektrolyten empfiehlt er für Schwarzkupferanoden,

---

[12]) HERING in Berg- und Hüttenmännische Zeitung Bd. LII, 1893, S. 53, nach
Revue industrielle 1892, no. 24 u. ff.

[13]) Vgl. Artikel Silber.

[14]) SCHNABEL, C., Handb. der Metallhüttenkunde Bd. I. Berlin 1894, Springer.

bei einer Stromstärke von 30 Ampère, per qm eine wässerige Lösung
von 15 % Kupfervitriol und 5 % Schwefelsäure, bei 50 Ampère per qm
eine Lösung von 20 % Kupfervitriol und 5,5 % Schwefelsäure; für
Bessemerkupfer und eine Stromstärke von 60 Ampère eine Lösung von
25 % Kupfervitriol und 6 % Schwefelsäure, die Laugenbewegung von
Bad zu Bad wird durch ein Hebersystem erreicht, das absolut keine Ge-
währ für eine durch das ganze, grosse Bad gleichmässige Laugenbewegung
bietet. Aus allen diesen Gründen musste davon Abstand genommen werden, eingehender auf die Angaben des THOFEHRN'schen Berichtes einzugehen. Alle Einzelheiten von Verfahren und Apparat sind von Anderen
erdacht und zum Theil als unpraktisch wieder aufgegeben. Interessenten,
deren Aufmerksamkeit durch die Berichte technischer Zeitschriften auf
dieses Verfahren gelenkt worden ist, finden alles Nähere in den oben
angegebenen Quellen (Anmerkung 12). Das einzige Empfehlenswerthe aus
allen THOFEHRN zugeschriebenen Konstruktionen ist die Art der Aufhängung der Anoden, und dieser Gedanke ist, wie schon erwähnt, von
MOEBIUS entlehnt.

Es bedarf wohl keiner Erwähnung, dass auch andere Modifikationen
der beschriebenen Anlagen versucht worden sind und unter den verschiedensten Titeln genannt werden, natürlich zum Ruhme des neuen
„Erfinders" oder „Verbesserers" unter sorgfältigster oder naivster Ueber-
gehung der Namen der ursprünglichen Konstrukteure. Wenn etwas Gutes
in diesen Umarbeitungen fremder Gedanken versteckt liegen sollte, so
ist es mir leider nicht möglich gewesen, dasselbe herauszufinden; ich
konnte mich also auch nicht dazu entschliessen, näher darauf einzugehen.

Einem andren Systeme der Elektrodenanordnung liegt die alte
VOLTA'sche Säule zu Grunde. Es ist in verschiedenen Modifikationen
zur Ausführung gekommen und zwar in einigen Fällen in der ausgesprochenen Absicht, die Kathodenbleche zu ersparen.

Von einem dieser Verfahren, bei welchem allerdings noch besondere
Kathodenbleche in Anwendung kommen, berichtet SCHNABEL[16], dass er
es in den Anakonda-Werken in Montana U. S. A. in Anwendung
gesehen habe. Ohne dieses Zeugnis würde es allerdings recht schwer
geworden sein, zu glauben, dass sich auch für diesen unhandlichsten
aller Kupferraffinationsapparate Liebhaber in der Technik gefunden haben.
Aber, wie gesagt, auch das ist möglich gewesen; und da es möglich gewesen ist, muss ich kurz auf die wesentlichsten Punkte des Apparates
und Verfahrens eingehen. Ich lege meinen Angaben die Patentschriften

---

[16]) SCHNABEL, C., Handbuch der Metallhüttenkunde Bd. I, S. 270. Berlin
1894, Springer.

von STALMANN [16] zu Grunde, um dessen Verfahren es sich in diesem Falle handelt.

STALMANN schaltet die Elektroden eines jeden Bades in Serie. Als erste würde also eine Anode eingehängt werden, dieser folgen abwechselnd Kathoden- und Anodenplatten, welche in gleich zu beschreibender Weise untereinander zu Paaren vereinigt sind, bis endlich eine Kathodenplatte den Schluss bildet. Die erste Anode und die letzte Kathode sind mit der Stromleitung direkt oder in Serie mit anderen gleich eingerichteten Bädern verbunden. Die Einzelheiten der Elektrodenanordnung im Bade sind aus den Figuren 102-105 ersichtlich.

102   103   104

Bei der Herstellung der Elektrodenpaare wird die Kathodenplatte k entweder direkt an der Anode a befestigt (Figur 102) oder man verbindet je eine Anodenplatte a mit einer Kathodenplatte k durch Drähte oder kurze, auf dem Gefässrande aufliegende Kupferstäbe v, oder (und dieses ist der letzte Vorschlag STALMANN's) man vereinigt Anode a und Kathode k in der in Figur 104 dargestellten Art mit einer Zwischenplatte i aus isolierendem Materiale, so dass also nur eine Seite einer jeden Platte von Flüssigkeit bespült wird. Das Aufhängen der Elektrodenpaare in den Bädern geschieht ganz in der von Alters her üblichen Weise. Wenn nicht die Elektroden in der in Figur 103 dargestellten Weise mit Armen verschraubt sind, werden die Anodenplatten a, Figur 105 schon beim Gusse mit Ansätzen x versehen, mit Hülfe deren sie auf die Badränder gehängt werden. Seine Zersetzungszellen konstruiert

---

[16]) U. S. A. P. Nr. 467 350 und Nr. 467 484 vom 19. Januar 1892.

Stalmann aus zwei ineinander gesetzten und in dem Zwischenraume Z mit Erdwachs, Theer oder ähnlichem Materiale vergossenen Holzbottichen

H und H', Holzpflöcke F in der Seitenwand des inneren Bottichs verhindern das Verschieben der Platten.

Die Schaltung der Leitungen und Elektroden erfolgt nach dem in Figur 106 angegebenem Schema, in welchem a die erste Anode, k die letzte Kathode, ak die beschriebenen Doppelelektroden. Die Vorzüge dieser Anlage vor den übrigen herauszufinden dürfte nicht leicht sein.

105

Hayden [17] vereinfacht den Apparat dadurch, dass er die Kathodenbleche des eben beschriebenen Apparates bis auf die letzte einzelne Kathode fortlässt. Er verbindet die erste Rohkupferplatte mit dem positiven Pole der Leitung, hängt isolirt von dieser eine Reihe

106

von Rohkupferplatten und zum Schluss eine mit dem negativen Leitungspole verbundene Reinkupferplatte in das Bad ein. Das Reinkupfer wird also auf den der ersten positiven Platte zugekehrten Seiten der Zwischenplatten niedergeschlagen, während sich von den der letzten negativen Platte zugekehrten Seiten der Zwischenelektroden Kupfer löst. Wenn das Lösen so gleichmässig vor sich ginge, wie es sich der Erfinder gedacht hat, könnte man dieses und noch einige andere gleich zu berücksichtigenden Prozesse wohl als Fortschritte bezeichnen. Leider aber sind die stets gegossenen Rohkupferplatten nicht so gleichmässiger Struktur, auch sind selbst bei den gleichmässigsten Elektroden gewisse Unregelmässigkeiten infolge des Anhaftens von Rückständen u. s. w. unvermeidlich, so dass stellenweise eine lebhaftere Lösung des Metalles eintritt. Es bilden sich Hohlräume, die bei längerer Betriebsdauer bis auf das auf der andren Seite niedergeschlagene Metall reichen. Dass dann auch von diesem nun zu einer starken Platte angewachsenen Reinkupfer wieder gelöst wird, braucht wohl nicht weiter betont zu werden.

---

[17] Engineering and Mining Journal (New York) vol. LIV, 1892, p. 126.

Für die HAYDEN'schen Bäder gilt das Schaltungsschema Figur 107, in welcher zunächst *a* Anode und *k* Kathode ist. Von den Zwischenplatten *s* würden also die linken Seiten Kathoden, die rechten Seiten Anoden bilden.

Drehen wir die Figur um einen rechten Winkel, so dass *a* oben und *k* unten zu stehen kommen, und denken wir uns Leinwanddiaphragmen zwischen die Elektroden gespannt,

107

durch welche das Herabfallen von Verunreinigungen auf das sich auf den Oberseiten der Platten abscheidende Reinkupfer verhindert werden soll, so haben wir das noch etwas umständlichere und unpraktischere Princip von SMITH[18].

Denken wir uns die Figur 107 dagegen nach der andren Seite um einen rechten Winkel gedreht, so dass *a* unten und *k* oben zu liegen kommen, so haben wir ein Bild des Schaltungsprincipes von RANDOLF[19]. Die Wanderung des Kupfers findet in diesem Falle von unten nach oben statt. Die Verunreinigungen bleiben also unten liegen, und ein Filter, wie bei SMITH's Apparate, wird überflüssig. Die Laugenzirkulation erfolgt in horizontaler Richtung.

Bei beiden Konstruktionen ist ein Aufsuchen von zufälligen und bei der Vertikalstellung der Elektroden leicht zu entdeckenden und oft ebenso leicht zu beseitigenden Betriebsstörungen ganz bedeutend erschwert. Ihre Ausführung ist daher aus allen den angeführten Gründen unter keinen mir bekannten Verhältnissen zu empfehlen.

Ausser dem bei der Verarbeitung kupferhaltiger Erze fallenden edelmetallhaltigen Schwarz- oder Gar-Kupfer liegen in Gold- und Silber-Scheideanstalten oft kupferärmere, aber edelmetallreichere Legierungen zur Verarbeitung vor. Wegen des Umstandes aber, dass bei der Elektrolyse derselben meist das Silber mit in Lösung gebracht werden muss, wird es rathsamer sein, die Verarbeitung dieser Legierungen unter Silber zu besprechen.

Wir würden dann noch die

Verarbeitung sulfidischer Erze und Hüttenprodukte (Stein) zu berücksichtigen haben. Diese Aufgabe ist ungleich schwieriger, als die der elektrolytischen Metallraffination; sie ist auch bis jetzt praktisch noch nicht als gelöst zu betrachten.

Lange Zeit hat das Hindernis der Lösung dieser Frage darin bestanden, dass man sich durch die bei der elektrolytischen Kupferraffination

---

[18]) Siehe Anmerkung 17.
[19]) U. S. A. P. Nr. 514275 vom 6. Februar 1894.

erzielten Erfolge dazu verleiten liess, alle hier als brauchbar erkannten
Einrichtungen als Schablonen für die weit schwierigeren und verwickel-
teren Arbeiten mit Anodensubstanzen zu benutzen, die ganz anders zusammengesetzt, ganz andere Rückstände liefernd, von vornherein eine
ganz andre Behandlung verlangten.

Wir haben soeben gesehen, dass zur Herstellung der Anoden für
die elektrolytische Kupferraffinerie ein Metall zur Verwendung kommt,
dessen Verunreinigungen nur Bruchtheile eines Procentes der Gesammtmetallmenge ausmachen. Ferner ist zu berücksichtigen, dass diese Verunreinigungen vorwiegend aus Metallen bestehen, welche an den chemischen Prozessen nur theilweise Antheil nehmen, welche auch nicht chemisch
mit dem Kupfer verbunden, sondern nur legiert, also gelöst im Kupfer
vorhanden sind. Während nach den Eingangs angeführten Reaktionen
das Kupfer von der Oberfläche der Anode einigermaassen gleichmässig
verschwindet, wird an der Stelle der fortgeschafften Kupferschicht anfangs ein geringer unlöslicher Rückstand zurückbleiben. Dieser Rückstand, aus Edelmetallen, Bleisuperoxyd, Kupferoxydul u. s. w. bestehend,
scheidet sich, da seine Menge im Vergleich zu dem Kupfer, in welchem
er gelöst war, sehr gering ist, in wenig zusammenhängender Form ab.
Er löst sich sehr bald von der Metallplatte los und sammelt sich infolge seines hohen specifischen Gewichtes am Boden des Zersetzungsgefässes (Anodenschlamm). Die Anodenoberfläche erhält sich also ziemlich rein, und die geringen Mengen kurze Zeit haftender Verunreinigungen
legen der Arbeit kaum ein Hindernis in den Weg; sie sind selbst leitende Substanzen.

Das sind aber auch Verhältnisse so ausnehmend günstiger Art, dass
wir ihnen in der ganzen metallurgischen Praxis nur in sehr seltenen
Fällen wieder begegnen. Zwar haben wir es auch bei der Benutzung
von Erzen und Stein als Anodensubstanz mit theilweise in günstigem
Sinne veränderlichen Stoffen zu thun. Die Sulfide der Anode verändern
sich in der Weise, dass das Metall unter Zurücklassung von Schwefel in
den Elektrolyten und, soweit unter den gegebenen Verhältnissen überhaupt fällbar, auch zur Kathode übergeht. Um die Reaktionen, nach
denen dies geschieht, wollen wir uns zunächst nicht kümmern. Wir wissen
aber, dass Erze und Kupferstein nicht nur Kupfer als lösliches Metall
enthalten, und wir wissen ferner aus der Arbeit KILIANI's [20], wie wichtig
es für einen Dauerbetrieb ist, dass ausser Kupfer möglichst wenige Fremd-
stoffe mit in den Elektrolyten übergehen. Also ein Grund gegen Adoption
der Arbeitsweise, wie sie bei der Kupferraffination möglich war. Ich

---

[20] S. 173-178.

bemerke ausdrücklich, dass ich durchaus kein Feind davon bin, auch trotz ungünstiger Aussichten Dauerversuche und Versuche in grossem Maassstabe anzustellen. In diesem Falle ist man aber mit einem staunenerregenden Leichtsinn vorgegangen, durch kostspielige Anlagen unangenehme Wahrheiten zu ergründen, welche man ganz wesentlich billiger hätte haben können. Der Dauerbetrieb mit einem einzigen oder ganz wenigen Bädern in Dimensionen, wie man sie für den Grossbetrieb einzurichten beabsichtigte und für deren Betrieb 2-3 P. S. ausgereicht hätten, musste alle mit dieser Arbeitsweise verknüpften Uebelstände darstellen. Und diese Uebelstände waren sehr zahlreich und schwer wiegend.

Die Società anonima Italiana di Miniere di Rame e di Elettrometallurgia in Genua hat sich die Ueberzeugung der Undurchführbarkeit dieser Art der Kupferstein-Verarbeitung mit grossen Opfern verschafft; sie hatte auf ihren Werken von Casarza bei Sestri-Levante eine Anlage von etwa 125 P. S. eingerichtet, um das Verfahren von Marchese[21] einer praktischen Prüfung zu unterziehen.

Nach Veröffentlichungen von Badia[22] waren Arbeitsweise und Einrichtung der Anlage zu Casarza folgende:

1. Die Verarbeitung der zur Herstellung von Anoden bestimmten Erzmenge auf Rohstein geschah in der üblichen Weise. Man begnügte sich anfangs mit einem Steine von 30 % Kupfer, 30 % Schwefel und 40 % Eisen.

2. Zum Giessen der Anoden (à 800 × 800 × 30 mm) aus diesem Rohsteine bediente man sich der durch Figuren 108-111 dargestellten und wohl ohne Weiteres verständlichen Formen.

108   110   111

Dieselben waren mit Klammern zum Festhalten eines in die Anode einzufügenden Kupferstreifens versehen. Letzterer diente während des Betriebes zur Stromzuleitung. Hierbei mag gleich bemerkt sein, dass nach

---

[21]) D. R.-P. Nr. 22429 vom 2. Mai 1882.
[22]) La Lumière Électrique t. XIV, 1884, no. 40, 42, 44.

einem späteren Vorschlage von STOLP[22] ein Kupferdrahtnetz in die Stein-
platte eingegossen werden sollte, um einmal der überaus leicht zerbrechlichen Platte mehr Halt zu geben und andrerseits die Stromzuleitung zu
den Sulfiden gleichmässiger zu gestalten. Aber auch dieser Vorschlag
hat das MARCHESE-Verfahren nicht zu retten vermocht.

Die Abkühlung der so gegossenen Platten musste sehr langsam erfolgen, weshalb die Formen mit schlecht wärmeleitendem Materiale umgeben waren; sie standen während des Gusses und der Abkühlung in
kleinen, in den Fussboden eingelassenen Gruben.

Natürlich war nicht daran zu denken, diese spröden und zerbrechlichen Platten an dem eingegossenen Kupferstreifen aufzuhängen, sie
wurden vielmehr auf ein in den Bädern vorgesehenes Holzgestell gesetzt.
Der Kupferblechstreifen wurde allerdings in derselben Weise, wie bei
aufgehängten Platten (vergl. Figur 90), auf eine Holzleiste geführt,
hier umgebogen, um dann auf der an der Längsseite der Bäder liegenden Hauptleitungsstange in der durch Figuren 112 und 113 dargestellten
Weise befestigt zu werden.

3. Die Kathoden, dünne Kupferbleche (à 700 ✕ 700 ✕ 0,3 mm),
wurden in bekannter Weise vermittels Kupferblechstreifen an Holzleisten
gehängt. Den einen dieser Kupferblechstreifen führte man auf dem
oberen Rande der Holzleiste entlang direkt zu der 30 mm dicken Hauptleitung, auf welcher er in der oben beschriebenen Weise (Figuren 112,
113) befestigt wurde.

  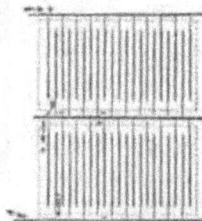

112   113   114

4. Die Schaltung der Elektroden und Bäder ist aus dem Schema,
Figur 114, ersichtlich.

5. Die Bäder selbst waren mit Blei ausgelegte Holzbottiche (2000
✕ 900 bei 1000 mm Tiefe), von denen man je 12 zu einer von einer
Dynamo bedienten Gruppe vereinigt hatte. Bemerkenswerth ist die Art

---

[22]) Engineering and Mining Journal, New York, 1886.

des gleichzeitigen Zusammenfügens der Holzwände und des Bleifutters. Das letztere war mit den ersteren verschroben, also nicht in der bisher üblichen Art des Zusammenlegens und Verlöthens von Bleiplatten hergestellt. Die Figuren 115 und 116 stellen diese Konstruktion dar.

6. Der Elektrolyt bestand aus einer sauren Lösung von Kupfer und Eisensulfaten;

115   116

er wurde durch Rösten eines Theiles der Erze und Auslaugen des Röstproduktes durch mit Schwefelsäure angesäuertes Wasser erhalten. Seine gleichmässige Zirkulation durch die stufenweise zusammengestellten Bäder wurde durch Bleirohre und durch am Boden der Bottiche angebrachte Holzkanäle geregelt. Dem höchst stehenden Behälter floss die Lösung von einem Gerinne aus zu (Figur 117) und wurde in der durch Figuren 117 und 118 dargestellten Weise auf die ganze Gefässlänge vertheilt, um dann in das nächste Bad überzufliessen.

Die Gesammtanordnung der Anlage ist aus umstehenden drei Abbildungen ersichtlich, von welchen Figur 119 den Grundriss, Figur 120 den Querschnitt, Figur 121 die innere Ansicht eines der beiden elektrolytischen Arbeitsräume darstellen.

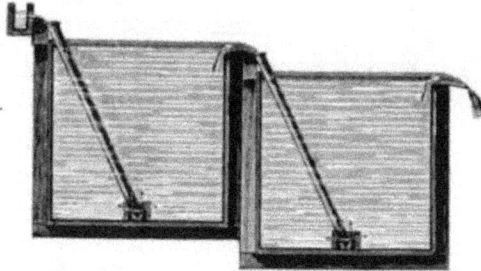

117

118

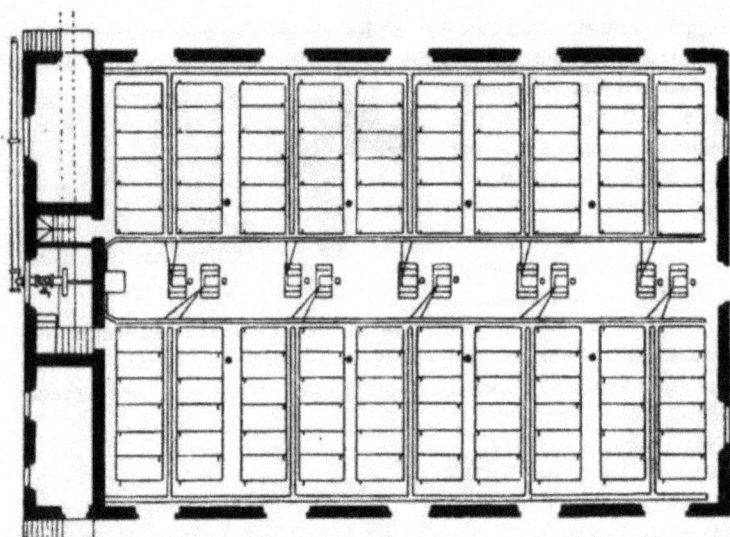

119

120

Dass die Vorgänge während der Elektrolyse mit so kompliciert zusammengesetzten Anoden recht verwickelte sind, ist begreiflich. Dem Uebergange von Kupfer, Eisen und anderen Ionen bildungsfähigen Stoffen musste eine Zerlegung der Sulfide der Anode vorangehen. Man dachte sich dieselbe theilweise durch direkte Oxydation, theilweise durch Ferrisalze bewirkt, wie z. B.:

$$Cu_2S + 2\,Fe_2(SO_4)_3 = 2\,CuSO_4 + 4\,FeSO_4 + S.$$

Ausserdem denke man sich die schon von KILIANI bei der Elektrolyse von Schwarz- und Garkupfer erkannten Reaktionen der allmählich im Elektrolyten sich häufenden Verunreinigungen, hier von vornherein in verstärktem Maassstabe vorhanden, und es bedarf keiner langen Ueberlegung, dass sowohl für die in der Lösung wie für die an der Anode selbst auftretenden unerwünschten Veränderungen eine nicht unbeträchtliche Stromarbeit verloren gegeben werden musste.

121

An einem Versuch der Berechnung der erforderlichen elektromotorischen Kraft will ich gar nicht herantreten. Es mag genügen, festzustellen, dass man nach den Vorversuchen auf höchstens
1 Volt pro Bad gerechnet hatte, und stützen sich auf diese Annahme
alle Kostenanschläge von MARCHESE. Wie aber der gleich folgende Bericht über die Versuche der Aktiengesellschaft für Bergbau,
Blei- und Zinkhüttenbetrieb zu Stolberg (Rheinland) zeigen
wird, stieg der Kraftverbrauch nach kurzer Zeit schon sehr erheblich.
Der durchaus nicht entmuthigt klingende Bericht[24] von MARCHESE über
jene Versuchsanlage auf Grund seiner Messungen und Beobachtungen
während eines neuntägigen Besuches in Stolberg im Jahre 1885 erwähnt
diese Thatsache allerdings noch nicht, sondern schiebt den erhöhten
Kraftverbrauch auf einige von dem Betriebsführer übersehene (!) mangel-
hafte Kontakte. Damals noch berechnete MARCHESE einen Reingewinn
von 75 % des Anlagekapitales für eine Fabrik dieser Art.

Wie man sich den Betrieb in seinem regelmässigen Gange dachte,
geht aus nachfolgendem Schema (Figur 122) hervor.

Ausser den bereits erwähnten Uebelständen dieser Arbeitsweise
kommt in erster Linie die leichte Zerbrechlichkeit gegossener Kupfer-

---

[24]) MARCHESE, Traitement électrolytique des Mattes cuivreuses au Stolberg.
Gênes 1885.

steinplatten störend hinzu. Die Ablagerung unlöslicher nichtleitendeı Stoffe auf der Oberfläche und in den bald zu Höhlungen anwachsenden Poren der sich zersetzenden Sulfidmassen gab zu ungleichmässiger Auflösung, Widerstandserhöhung, vorzeitigem Zerfall der Platten, schlechter Ausnutzung der Anodensubstanz infolge von Einhüllung derselben durch unlösliche Rückstände und ähnlichen störenden Beeinflussungen des Betriebes Veranlassung. An Stelle der berechneten, bezw. für einen vortheilhaften Betrieb zulässigen elektromotorischen Kraft war nicht selten das Doppelte, Drei-, auch Vierfache derselben aufzuwenden, um nur nicht geradezu Unterbrechungen der Arbeit erleiden zu müssen.

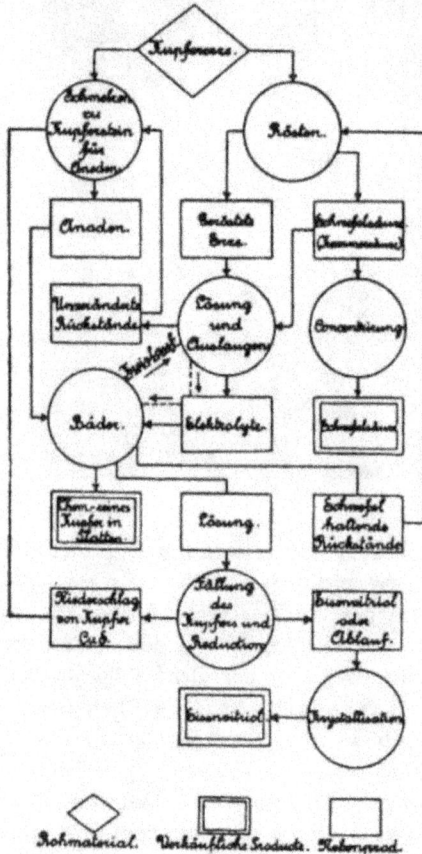

Diese letzten Worte zitiere ich unverändert aus einer meiner Veröffentlichungen [25] über die direkte elektrolytische Verarbeitung von Erzen und Hüttenprodukten aus dem Jahre 1893. Ich berichtete damals über meine eigenen Versuche mit Erz und Stein aus den Jahren 1883-1887 und füge hinzu, dass diese negativen Resultate während einer mehrwöchentlichen Versuchsreihe mit einer einpferdigen Maschine erhalten wurden, trotzdem aber alles das bestätigten, was die Ausserbetriebsetzung der 125pferdigen Anlage zu Casarza veranlasst hatte.

Auch die Stolberger Gesellschaft hatte sich verhältnissmässig schnell zu einer grossen Versuchsanlage entschlossen. Nach Erfolg versprechenden Laboratoriumsversuchen wurde allerdings zunächst einige Monate lang mit einer Maschine von 5 Volt und 150 Ampère gearbeitet, also jeden-

122

---

[25]) Berg- und Hüttenmännische Zeitung Bd. LII, 1893, S. 251 und 269.

falls mit genügend Strom, um die Bedingungen oder die Undurchführbarkeit des Grossbetriebes vollständig klarzustellen; diese Anlage wurde von MARCHESE inspiciert, und nach Zerstreuung der damals aufgeworfenen Bedenken schritt man sofort zur Einrichtung einer Anlage, die im Stande sein sollte, in 24 Stunden 500-600 kg Kupfer auszubringen; sie bestand aus 56 Bädern, wie sie schon vorher beschrieben wurden: verbleite Holzbottiche von 2200 ✕ 1000 mm bei 1000 mm Tiefe [26].

Jedes Bad enthielt 15 Anoden und 16 Kathoden in Parallelschaltung und in Abständen von 50 mm.

Anoden. Man verfügte in Stolberg über Kupferstein von drei verschiedenen Koncentrationen; sie enthielten:

Konc. I	II	III
7-8 %;	15-20 %;	ca. 50 % Cu.

Von diesen konnte der zweite direkt zur Herstellung der Anoden verwendet werden, der erste wurde durch Rösten und Zusammenschmelzen mit SiO_2-haltigen Stoffen angereichert, der dritte fand Verwendung zur Herstellung der Laugen. Die genauere Zusammensetzung des zur Herstellung der Anoden verwendeten Steines geben folgende Analysen:

	Analyse der Stolberger Hütte	des Genueser Laboratoriums
Cu	17,20	24,78
Pb	23,70	12,74
Fe	29,18	34,23
S	21,08	27,94
SO_3	0,69	—
SiO_2	0,88	—
Ag	0,0623	0,056.

Die Zusammensetzung variiert demnach. Als Durchschnitt kann man nach einer Reihe späterer Analysen folgende Zahlen betrachten:

Cu	15-16	S	25
Pb	14	Ag	0,050.
Fe	41-42		

Die Dimensionen der Anoden waren folgende:

Höhe 80 cm — Breite 80 cm — Dicke 4 mm.

Hergestellt wurden sie in der Art, dass man den geschmolzenen Stein aus dem Ofen in einen grossen eisernen Bottich fliessen liess, aus dem man ihn mit eisernen Löffeln in eiserne Formen schöpfte. Zum Zweck der langsamen Kühlung, die durchaus nöthig war, da die Platten

---

[26] Diese und die folgenden Angaben über die Versuchsresultate in Stolberg sind einem mit Genehmigung der Stolberger Gesellschaft von COHEN veröffentlichten Berichte (Zeitschrift für Elektrochemie 1894, S. 50) entnommen.

sonst Sprünge zeigten und brüchig waren, wurden die Formen in den Erdboden eingelassen. Zur Zuleitung des Stromes wird beim Guss ein Kupferstreifen von 2 cm Breite, 3 mm Dicke, in die Platte hineingesteckt, der ungefähr bis zur Mitte reichte. Derselbe war ausserhalb des Bades umgebogen und an der Hauptleitung, die aus einer Kupferstange von 3 cm Durchmesser bestand, mit einer Klemmschraube befestigt. Um ein Reissen der Anoden durch ihr Gewicht zu verhüten (eine jede derselben wog 125 kg), waren dieselben auf zwei Holzleisten gestützt, die unten im Bade entlang gezogen waren.

Kathoden. Die Kathoden bestanden aus Kupferblechen von 80 cm Höhe, 80 cm Breite, 1 mm Dicke. An dieselben waren oben vier Kupferstreifen von 2 cm Breite vernietet, die an einem Querstreifen, der an einer quer über das Bad gelegten Holzleiste entlang lief, befestigt waren. Dieser führte zur Hauptleitung, die ebenso wie die Hauptleitung bei den Anoden beschaffen war.

Elektrolyt. Die zu zersetzende Lösung wurde durch Auslaugen des reichsten Steines von ca. 50 % Cu mit verdünnter $H_2 SO_4$ gewonnen. Dieselbe enthielt beim Eintritt in die Bäder im Liter ca. 27-28 g Cu und ca. 15 g Fe.

Um die Lösung bequem durch die Bäder zirkulieren lassen zu können, waren die Bäder terrassenförmig aufgestellt, vom Grunde eines jeden Bassins führte ein Rohr von 5 cm lichter Weite über den Rand des nächst tiefer stehenden, so dass die Flüssigkeit kontinuierlich in Bewegung war.

Elektrische Maschinen. Die nöthige elektrische Kraft lieferten zwei Dynamomaschinen von Siemens & Halske vom Typus CF 17, die im Stande sein sollten, in 24 Stunden 500 kg Cu abzuscheiden. Dieselben lieferten bei 700 resp. 800 Touren 430 Ampères bei einer E. M. K. von 35 Volt. Die Stromdichte in jedem Bade betrug 30 Ampères pro Quadratmeter, die Spannung anfangs 1 Volt.

Die Rentabilität der elektrischen Kupfergewinnung begründet MARCHESE in folgender Weise:

Er legt einen Stein zu Grunde mit der Zusammensetzung: Cu 15-20 %, Pb 14 %, Ag 0,05 %. Da dieser Prozess gestattet, alle drei Metalle zu gewinnen (das Kupfer direkt, Pb und Ag aus dem restierenden Schlamm), so gelangt er zu folgenden Resultaten. Aus der Tonne Rohstein erhält er:

$$
\begin{array}{lll}
150 \text{ kg Cu à Fr. } 1,3 & = \text{Fr. } 195 \\
140 \text{ kg Pb à Fr. } 0,25 & = \text{Fr. } 35 \\
0.5 \text{ kg Ag à Fr. } 180 & = \text{Fr. } 90 \\
\hline
& \text{Summa: Fr. } 320.
\end{array}
$$

Im Verkauf erzielte der Stein pro Tonne Fr. 112,50, da nur Cu bezahlt wurde. Daraus berechnet sich auf eine Tonne des Steins ein Gewinn von Fr. 207,50, auf eine Tonne Cu ein solcher von Fr. 1383,33. Ferner berechnet er die Verzinsung, die das in den Bädern festgelegte Cu erfährt. Indem er 20 Anoden à 125 kg in jedem Bade und 58 Bäder annimmt, erhält er 145 Tonnen Anodenmaterial. Dieselben repräsentieren, die Tonne rund zu Fr. 100 gerechnet, Fr. 14500. Da aber die Anoden ihr Cu allmählich verlieren, nimmt er als Durchschnitt die Hälfte als stets im Bade befindlich an = Fr. 8000.

An den Kathoden würde man täglich 580 kg in 58 Bassins producieren. Da drei Monate nöthig wären, um die Kupferkathode von der Dicke 0 auf die im Handelsverkehr übliche zu bringen, so stecken in den Bädern, indem auch hier die Hälfte als stets im Bade befindlich angenommen wird, 45'580 kg Cu = 26'100 kg, die einen Werth von Fr. 32000 repräsentieren. Der Kupfergehalt der Lösung ist so gering, dass er vernachlässigt werden kann. Es müssten also bei einer Produktion von 210 Tonnen jährlich Fr. 40000 in Cu in die Anlage gesteckt werden.

Da das elektrolytisch gewonnene Cu aber chemisch rein ist, würden für die Tonne Fr. 125-140 mehr gezahlt werden, als für das auf dem sonst üblichen Wege erhaltene. Bei einer Produktion von 210 Tonnen würde sich hieraus ein Gewinn von Fr. 30000 ergeben, also für ein Kapital von Fr. 40000 eine Verzinsung von 75 %.

Erfolg der Anlage. Die Stolberger Anlage wurde in Betrieb gesetzt und erfüllte im Anfang alle Erwartungen, die daran geknüpft waren. Die Bäder funktionierten vorzüglich, das abgeschiedene Cu war rein. Indess begann schon nach wenigen Tagen die Spannung der Bäder zu steigen. Sie stieg in einzelnen Fällen bis 5 Volt. Der Grund dieser Erhöhung bestand zunächst in einer massenhaften Schwefelabscheidung an den Anoden, die den Zutritt des Elektrolyten zu den Metallen hinderte. Ferner stellte sich noch ein weiterer Uebelstand heraus: Durch das Herauslösen von Cu und Fe an den Anoden ging der Zusammenhang derselben verloren, grössere Mengen bröckelten ab und füllten auf dem Grunde der Bassins die Zwischenräume zwischen Anoden und Kathoden. Sie bewirkten, indem der Strom diesen bequemeren Weg einschlug, einen Kurzschluss, und der Elektrolyt blieb unzersetzt. Schliesslich muss auch die Polarisation schwächend gewirkt haben. Dass thatsächlich eine Polarisation stattfand, konnte man daraus ersehen, dass die Spannung in den Bädern nachliess, wenn man sie einige Tage ausser Betrieb setzte. Es wurde auch auf diese Weise ein Betrieb versucht, aber bald wieder aufgegeben. Da man den Grund der Polarisation in der Bildung von PbO_2 suchen zu müssen glaubte, vermehrte man den Kupfergehalt und verminderte den Bleigehalt der Anoden, aber die Resultate wurden nicht besser. Auch ein Variieren im Eisengehalt schaffte keine Aenderungen. Das abgeschiedene Kupfer war nicht rein, es enthielt Sb, Bi, Pb, Fe, Zn, S. Man entschloss sich, die löslichen Kupfersteinanoden aufzugeben und ging zu unlöslichen Bleianoden über. Es wurde zunächst ein kleiner Versuch gemacht und, als dieser gute Resultate lieferte, ein grösseres Bad eingerichtet. Der Elektrolyt war derselbe wie bei den MARCHESE-Bädern, nur hatte er den Vortheil, dass er länger benutzt werden konnte, da sich in ihm das Eisen nicht in dem Maasse anreicherte, denn er nahm aus den Anoden kein Fe auf. Die Resultate waren im Anfang gut. Die Spannung betrug 1,7 Volt. Bald aber verminderte sich die Menge des ausgeschiedenen Kupfers bis auf 60 % der theoretisch berechneten Menge, und gleichzeitig stieg die Spannung bis 2,15 Volt.

Der Grund lag wiederum in der Polarisation der Anoden. Durch die oxydierende Wirkung des Stromes wurde an diesen PbO_2 gebildet, das einen umgekehrten Strom hervorrief und so den Hauptstrom schwächte. Es galt also, diese Wirkung des Stromes zu eliminieren, das konnte durch reducierende Mittel geschehen; ein solches fand sich in der schwefligen Säure. Diese sollte, an die Anoden geleitet, den dort entstehenden Sauerstoff aufnehmen und sich zu Schwefelsäure oxydieren. Zunächst wurde ein kleiner Versuch gemacht. Es wurde ein Bad mit vier Bleianoden von 0,37 qm Oberfläche und vier verkupferten Bleikathoden von denselben Dimensionen eingerichtet. Der Elektrolyt enthielt in Lösung:

$$39 \text{ g Cu,}$$
$$14,4 \text{ g Fe als Oxydulsalz,}$$
$$3,9 \text{ g Fe als Oxydsalz,}$$
$$9,6 \text{ g freie } H_2SO_4 \text{ im Liter.}$$

Die schweflige Säure wurde durch Verbrennen von Schwefel erzeugt und mit Luft vermengt in die Bäder eingeblasen. Zwar verminderte sich der Verbrauch an elektromotorischer Kraft in diesem Bade nicht, wohl aber erhöhte sich das Kupferausbringen; auch zeigte letzteres eine vorzügliche Beschaffenheit (99,984 % Cu). Natürlich bildete sich eine grosse Menge freier Schwefelsäure, die aus dem Kupfersteine so viel Lösliches auszog, dass in den Bädern das Auskrystallisieren von Salzen lästig wurde.

Es mag hier kurz eingefügt sein, dass auf den Gedanken der Benutzung von schwefliger Säure zur Depolarisation im Jahre 1885 ein Patent angemeldet und später auch ertheilt wurde[27].

---

[27]) D. R.-P. Nr. 32 866 vom 13. März 1885.

Nach den immerhin Erfolg versprechenden Anfangsversuchen wurde ein grösseres Bad eingerichtet. Zum Einleiten in die Bäder benutzte man Röstgase vom Kupferstein. Dieselben erwiesen sich aber als zu verdünnt; sie hätten durch die Röstgase der Zinkerz-Muffelröstöfen ersetzt werden müssen. Verschiedene Umstände aber, unter anderen das Angebot eines neuen Verfahrens seitens der Firma Siemens & Halske, verhinderten die Ausführung dieses Problemes, durch welche eine Verlegung der ganzen Anlage erforderlich geworden wäre.

Mit der Benutzung unlöslicher Anoden und des erwähnten Depolarisationsmittels war man ja ohnehin schon von dem MARCHESE-Verfahren abgegangen, und so bedauerlich es ist, dass gerade die zuletzt angedeuteten Versuche nicht fortgesetzt werden konnten, so haben doch auch die dann angestellten Versuche mit anderen Depolarisatoren sowohl in Stolberg wie in anderen Anlagen zu befriedigenden Resultaten bisher nicht geführt.

Schon bei den Versuchen mit dem MARCHESE-Verfahren konnte die Thatsache nicht unbemerkt bleiben, dass ein Theil der Stromarbeit zur Bildung von Ferrisulfat aus dem vorhandenen Ferrosulfat verbraucht wurde und wie wieder dieses Salz auf die Anodensubstanz einwirkte. Es war daher natürlich, dass man der Wirksamkeit der Eisensalze mehr Aufmerksamkeit zuwandte und dieselbe am richtigen Platze zu verwerthen suchte. In einem Patente von BODY[22] finden wir den ersten Schritt in dieser Richtung verzeichnet, wenn wir nur elektrolytische Prozesse berücksichtigen; die rein chemisch-metallurgische Technik kannte die Verwerthung von Eisensalzen schon lange. Wenn sich auch BODY's Apparat und Verfahren nicht auf Kupfer allein erstreckte, sondern im Allgemeinen die elektrolytische Gewinnung von Metallen aus Erzen zum Gegenstande hatte, so mag es doch als Vorläufer der viel besprochenen Verfahren von Siemens & Halske und von HOEFFNER hier Erwähnung finden.

Das Gefäss A (Figuren 123 und 124) besteht aus Portland-Cement und ist innen und aussen mit einem wasserdichten Anstriche versehen. Die Scheidewände S, aus demselben Materiale, reichen nicht ganz bis auf den Boden. In die hierdurch entstehenden Zwischenräume sind Platten aus für Wasser durchdringlichem Material (z. B. Filz) eingelassen. Die erhöhte Bodenfläche ist mit Kohlenplatten C belegt, welche mit dem positiven Pole einer Stromquelle in Verbindung stehen. Auch sollen die inneren Flächen der Aussenwandungen des Zersetzungsgefässes mit Kohle D bedeckt werden, was allerdings mindestens überflüssig ist. Als Kathoden werden die Metallbleche K in die durch die Scheidewände S ab-

---

[22] U. S. A. P. Nr. 33815 vom 5. Januar 1886.

gegrenzten äusseren Räume eingehängt. Als Elektrolyt soll eine Lösung von Ferrisalzen und Kochsalz dienen. Das Erz, welches schon vorher mit einer solchen Lauge angefeuchtet und wiederholt durchgearbeitet ist,

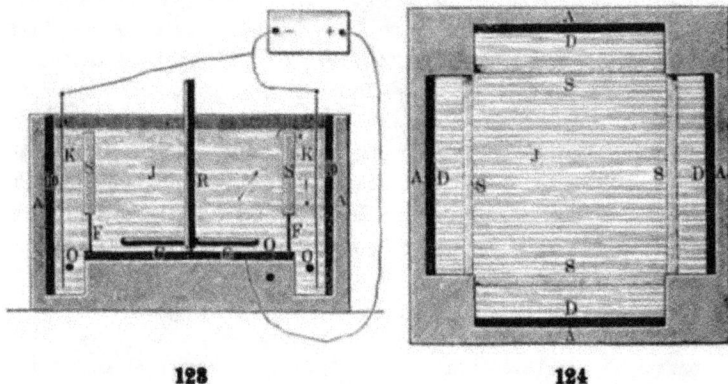

123   **124**

wird in den Innenraum I gebracht und hier während der Dauer der Elektrolyse durch den Rührer R in Bewegung gehalten. Die Flüssigkeit tritt durch die Oeffnung O in dem erhöhten Bodentheile ein, nimmt den durch die Pfeile angedeuteten Weg über die Scheidewände S hinweg, um dann schliesslich nach dem Durchfliessen der Kathodenräume bei O auszutreten. Während die Lauge langsam diesen Weg zurücklegt, sollen sich folgende chemische Prozesse abspielen:

1. Die im Erze enthaltenen Metalle werden durch die Ferrisalze in Lösung gebracht, indem letztere zu Ferrosalzen reduciert werden.

2. Das gelöste Metall wird auf den Kathoden wieder gefällt.

3. Das an der Anode in Freiheit gesetzte Chlor oxydiert die zuerst entstandenen Ferrosalze wieder zu Ferrisalzen. Jeder Ueberschuss an Chlor soll direkt auf das über die Anodenplatten geschichtete Erz einwirken.

Siemens & Halske gingen dann einen Schritt weiter, indem sie die Umsetzungen zwischen Ferrisalzen und den Kupferverbindungen ganz aus den Elektrolysiergefässen entfernten. Sie speicherten Anodenarbeit gewissermaassen in einem Theile des Elektrolyten auf, um sie gleich darauf ausserhalb der Bäder nutzbar zu machen.

Nach der ersten Patentschrift[29] eben genannter Firma sind die Grundzüge des Verfahrens folgende:

„Man röstet den pulverförmigen Kupferkies bei gelinder Tempe-

---

[29]) D. R.-P. Nr. 42243 vom 14. September 1886.

ratur, am besten in GERSTENHÖFER'schen Oefen so weit ab, dass das Eisen fast vollständig oxydiert wird, während das Kupfer zum Theil als schwefelsaures Kupfer, zum andren Theil als Kupferoxyd, zum grössten Theile aber als Halbschwefelkupfer im Röstgut enthalten ist. Das pulverförmige Röstgut wird nun mit der aus den galvanischen Zersetzungszellen ausfliessenden Flüssigkeit ausgelaugt. Diese Auslaugung geschieht am besten in einer Reihe nacheinander durchströmter Auslaugegefässe in der Weise, dass die Flüssigkeit schliesslich das zuletzt mit Röstgut beschickte Gefäss durchströmt. Die hierdurch mit Kupfervitriol neu angereicherte Lösung, in der sich kein Eisenoxydsalz mehr befindet, wird nun den galvanischen Zersetzungszellen wieder zugeführt, wird also von neuem zuerst entkupfert, darauf oxydiert, um dann von neuem durch das Röstgut zur Aufnahme neuen Kupfers geleitet zu werden. Es ist also ein ununterbrochener Prozess, bei dem dieselbe Flüssigkeit so lange dienen kann, bis sie durch Aufnahme fremder, im Erz vorhandener Metalle zu unrein für den galvanischen Niederschlagsprozess geworden ist.

Diese Flüssigkeit wird bei Anwendung einzelner Zersetzungszellen am besten kontinuierlich nahe dem Boden der die Kathodenplatten umgebenden Zellen eingeführt, steigt an jenen in die Höhe, wobei sich ein Theil des Kupfers durch den elektrischen Strom metallisch an den Kathoden absetzt, und fliesst über den oberen Rand der Membran in die Anodenräume, welche sie durchströmt, um am Boden derselben wieder abgezogen zu werden (s. Figur 125).

Während dieses Niederganges wird nun das schwefelsaure Eisenoxydul zunächst in basisches schwefelsaures Eisenoxyd, sodann durch Aufnahme von aus der Zersetzung des Kupfervitriols herstammender freier Schwefelsäure in neutrales schwefelsaures Eisenoxyd umgewandelt, wobei letzteres seines grösseren specifischen Gewichtes wegen an den Kohlenstäben oder Platten zum Boden niedersinkt. Die abfliessende Flüssigkeit ist also

125

kupferärmer geworden und besteht zum Theil aus einer Lösung von neutralem schwefelsauren Eisenoxyd. Diese Lösung hat nun die Eigenschaft, Halbschwefelkupfer, Einfachschwefelkupfer, sowie auch Kupferoxyd in Kupfervitriol überzuführen. Es wird dabei bei der ersten der Auflösungen der beiden Kupferverbindungen das schwefelsaure Eisenoxyd in schwefelsaures Eisenoxydul zurückgebildet, während der frei werdende Sauerstoff das Schwefelkupfer oxydiert. Durch die vorher-

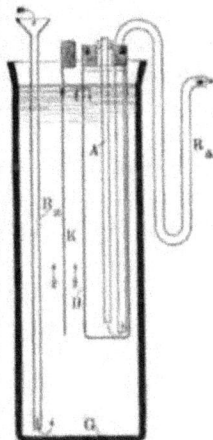

gegangene Röstung des Kupferkieses bei gelinder Temperatur hatte man, wie oben erwähnt, ein Produkt erhalten, in welchem das Kupfer im Wesentlichen als Halbschwefelkupfer, das Eisen aber als Oxyd enthalten ist, also letzteres in einer Form, welche durch schwefelsaures Eisenoxyd gar nicht, durch Schwefelsäure nur sehr unwesentlich angegriffen wird, während das Halbschwefelkupfer durch Eisenoxydlösung energisch aufgelöst wird.

Die bei der Elektrolyse und dem Auslaugungsverfahren sich abspielenden chemischen Prozesse erhellen aus folgenden Gleichungen:

1. $xH_2SO_4 + 2CuSO_4 + 4FeSO_4 = 2Cu + 2Fe(SO_4)_3 + xH_2SO_4$;

2. a) $xH_2SO_4 + Cu_2S + 2Fe_2(SO_4)_3 = 2CuSO_4 + 4FeSO_4 + S + xH_2SO_4$;
   b) $CuO + H_2SO_4 = CuSO_4 + H_2O$;
   c) $3CuO + Fe_2(SO_4)_3 = 3CuSO_4 + Fe_2O_3$;
   d) $CuO + 2FeSO_4 + H_2O = CuSO_4 + (Fe_2O_3 + SO_3) + H_2$.

Vergleicht man die Formeln 1. und 2. a), so erkennt man, dass, wenn das Erz sämmtliches Kupfer in Form von Halbschwefelkupfer enthält, die elektrolytische Flüssigkeit nach dem Durchfliessen des Auslaugebehälters genau die gleiche Menge Kupfervitriol, Eisenvitriol und freie Schwefelsäure enthält, wie vor der Elektrolyse, dass sie also vollständig regeneriert ist und von neuem zur Elektrolyse verwendet werden kann. Ist dagegen das Kupfer zum Theil auch als Kupferoxyd im Erz vorhanden, so erkennt man aus den Gleichungen 2. b), c), d), dass in diesem Falle nach der Auslaugung die elektrolytische Flüssigkeit kupferreicher, aber ärmer an Eisengehalt und freier Schwefelsäure geworden, als sie vor der Elektrolyse gewesen ist.

Es bedarf kaum einer Erwähnung, dass man anstatt des gerösteten Kupfererzes auch ungerösteten Stein zur Auslaugung verwenden kann, indem das Kupfer fast ausschliesslich als Halbschwefelkupfer vorhanden ist. Hierbei wird aber nicht nur Kupfer, sondern auch Eisen gelöst, so dass eine vollständige Gleichmässigkeit der Lösung an Kupfer und Eisen nicht erreicht wird.

Es ist hierbei zu bemerken, dass bei dem beschriebenen galvanischen Prozess keine Polarisation stattfindet, und dass auch die verschiedene Stellung der Anode und Kathode in der Spannungsreihe keine elektrische Gegenkraft bewirkt.

Während bei Anwendung von Kupfersteinanoden eine elektromotorische Kraft von 1,5 Volt verbraucht wird, ist bei den beschriebenen Prozessen nur eine solche von etwa 0,7 Volt bei derselben Stromdichte erforderlich. Während ferner bei Anwendung von Kupfersteinanoden etwa ein Drittel der Strommengen zur Leistung anderer Reduktionsarbeiten verwendet wird und demnach verloren geht, findet bei dem beschriebenen Prozesse kein Stromverlust statt.

Um einen schnellen Flüssigkeitsstrom durch die sämmtlichen Zellen zu erzielen, welcher für die gute Wirkung erforderlich ist, stellt man die Zersetzungszellen in einer treppenförmig auf-steigenden Reihe auf (s. Figur 126) und verbindet alle Kathodenabtheilungen K_1 $K_2 K_3 \ldots$, sowie alle Anodenabtheilungen $A_1 A_2 A_3 \ldots$ der Zellen durch Heber h und k miteinander. Um den Stand in allen Gefässen dabei unabhängig von der Zuflussmenge zu erhalten, werden die zu den tiefer

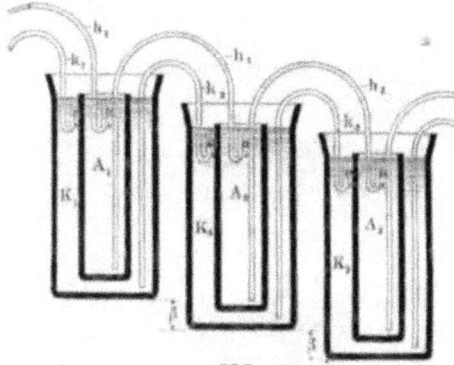

126

stehenden Zellen führenden Heberschenkel um ein Stück a aufwärts gebogen, welches gleich ist dem Höhenunterschiede β zweier aufeinander folgenden Zellen.

Aus dem von derselben Firma genommenen Zusatzpatente[30] ist zu schliessen, dass man bei der Ausführung des Verfahrens auf Schwierigkeiten gestossen. Die bisher benutzten elektrolytischen Zersetzungszellen, welche durch Membranen in positive und negative Abtheilungen getheilt sind, leiden, wie in dieser Patentschrift zugegeben wird, an den bekannten Uebelständen der trennenden Membranen bei elektrolytischen Arbeiten. Die Membranen haben entweder einen zu grossen Leitungswiderstand oder dieselben sind nicht haltbar genug, dehnen sich und gestatten den Ausbruch der Flüssigkeiten.

Die Figuren 127, 128 und 129 stellen eine Zersetzungszelle dar, welcher diese Uebelstände nicht anhaften sollen. Ein flaches, aus Holz mit äusseren Bleibezügen oder aus andrem passenden Materiale hergestelltes Gefäss G ist mit einem falschen, durchlöcherten Boden L versehen, auf welchem die Anode A sich ausbreitet. Dieselbe kann aus passend gelagerten, und leitend verbundenen Platten aus Retortenkohle bestehen oder aus durchlöcherten Bleiplatten, welche mit Retortenkohle in kleineren Stücken bedeckt sind, oder endlich aus einer stark gewellten Bleiplatte mit Löchern zum Abfluss der Flüssigkeit. Ueber die so gebildete und mit isolirten Zuleitungen versehene wagerechte Anode wird

---

[30]) D. R.-P. Nr. 48 959 vom 3. Januar 1889.

eine Filterschicht R angeordnet, welche den Zweck hat, Strömungen der die Anode berührenden und bedeckenden Flüssigkeit zu verhindern.

127

Dieses Filter kann aus Filz oder einem andren organischen oder unorganischen Stoffe bestehen. Als Kathoden dienen die Mantelflächen von Cylindern K, welche von dem Elektrolyten ganz bedeckt sind und durch wasserfeste Schnüre S ununterbrochen langsam gedreht werden. Diese Walzen können aus einem Holzkern bestehen, der mit Wachs, Kitt oder dergl. überzogen und dann mit einem leitenden Ueberzuge bekleidet ist, welch letzterem der Strom durch die kupfernen Walzenzapfen und Leitungen k in passender Weise zugeführt wird.

128

Die regenerierte Flüssigkeit, aus Kupfer- und Ferrosulfatlösung bestehend, wird in ununterbrochenem, vielfach verzweigtem Strom der die Walzen bedeckenden Flüssigkeit zugeführt. Die Drehung der Walzen bewirkt die fortlaufende Mischung der Gesammtflüssigkeit bis zu dem die Anode bedeckenden Filter. Da durch das Rohr U aus dem Raume unter dem doppelten Boden immer ebenso viel Flüssigkeit ab-, wie bei C oben zufliesst, so findet ein stetiger langsamer Strom des Elektrolyten durch das Filter zur Anode hin statt. An dieser wird das Eisenoxydul des Ferrosulfats durch den frei werdenden Sauerstoff zu Oxyd weiter oxydiert, wobei die oxydierten Theile des erhöhten specifischen Gewichtes wegen zu Boden fallen und zunächst fortgeführt werden, so dass bei richtiger Regelung des Zuflusses,

129

der Stromstärke und des Gehaltes der Lösung an Kupfer und Eisen das Resultat des Prozesses darin besteht, dass der Elektrolyt im oberen Theil der Zelle etwa zwei Drittel seines Kupfergehaltes verliert, während in der Anodenabtheilung das ganze Ferro- in Ferrisulfat umgewandelt wird. Dieses letztere wird ununterbrochen, wie es abfliesst, wieder dem Rinnenrührapparate unter Zufügung des nöthigen Erzpulvers zugeführt und durchwandert den Apparat von neuem.

, Nach neveren Veröffentlichungen [31] (Figuren 130 und 131) wurden später die Anoden aus homogenen, eigenthümlich präparierten runden Kohlenstäben a, welche zu je 109 Stück durch gut isolierte Bleiumgüsse zu einem System von 1600 mm Länge und 405 mm Breite miteinander verbunden sind, hergestellt.

Zur Verbindung mit der Hauptleitung sind die an den Rahmen angegossenen Bleistreifen v vorgesehen.

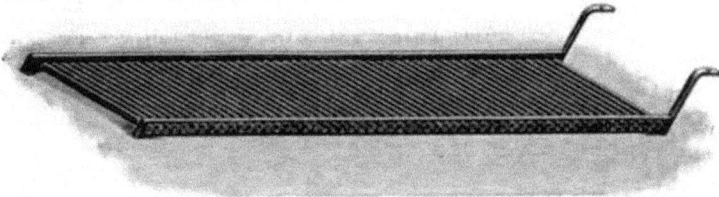

130

131

Die Zersetzungszellen sind flache Holzkästen, welche innen durch Auskleidung mit asphaltiertem Juteleinen gedichtet sind. Auf dem flachen, nach den verschiedenen Laugeabflussrohren zu geneigtem Boden liegen die Anodensysteme; in bestimmter Entfernung darüber ein in Holzrahmen gespanntes Leinwandfilter F, welches das Bad nach oben und unten in zwei getrennte Räume theilt. Im oberen Kathodenraume liegen, die

---

[31]) Grusonwerk-Magdeburg, Das Siemens'sche Kupfergewinnungsverfahren aus Erzen.

14 *

ganze Fläche des Bades bedeckend, Holzplatten K, auf deren unterer mit dünnem Kupferblech beschlagenen Seite sich das Kupfer niederschlägt. Zwischen dem Leinwandfilter und den Kathodenplatten hält eine über die auf dem Rande des Behälters angebrachten Rollen R laufende Bewegungsvorrichtung die Kathodenlauge in guter Mischung.

Auch dieses Verfahren wurde in Stolberg von Seiten der oben genannten Gesellschaft einer praktischen Prüfung unterzogen, allerdings, wie aus dem ebenfalls erwähnten Berichte von Cohen ersichtlich ist, mit noch sehr unvollkommenen Apparaten. Schlechte Haltbarkeit der die Anoden- und Kathodenräume scheidenden Membrane, sowie der als Anoden dienenden Kohlenstäbe, Schwierigkeiten in der Klärung der Extraktionslaugen, und alle aus diesen Uebelständen resultierenden Nachtheile, unter denen besonders eine unvorhergesehene Steigerung der erforderlichen elektromotorischen Kraft (auf 1,8 Volt pro Bad statt 0,75 Volt), veranlassten schliesslich die endgültige Einstellung dieser Versuche.

Aus einer Privatmittheilung der Firma Siemens & Halske schliesse ich, dass durch die neuen Einrichtungen der Apparate und die während des mehrjährigen Betriebes einer grösseren Versuchsanlage zu Martinikenfelde bei Berlin gewonnenen Erfahrungen, die bei den Stolberger Versuchen hervorgetretenen Schwierigkeiten beseitigt worden sind; man richtet augenblicklich eine Anlage dieses Systemen in Peña de Hierro in Spanien ein.

Ein andres theoretisch sehr interessantes Verfahren, dem dasselbe Prinzip zu Grunde liegt wie dem Siemens'schen, ist von Hoepfner[32] ausgearbeitet worden. Der Erfinder berichtete über seine bis dahin erzielten Resultate in einem Vortrage vor dem oberschlesischen Bezirksvereine für angewandte Chemie[33] Folgendes:

„Ich verwende elektrolytische Bäder, welche durch zuverlässige Diaphragmen in Anoden- und Kathodenabtheilungen geschieden sind, und eine Zirkulation von Anoden zu Anoden, Kathoden zu Kathoden in beliebiger 'Zahl nacheinander gestatten. In den Anodenabtheilungen befinden sich elektrolytisch unlösliche Anoden, aus Kohle bestehend, in den anderen Kupferblechkathoden. Eine Lösung von Kupferchlorür in Kochsalz oder Chlorcalcium $CaCl_2$ u. dergl. fliesst nacheinander an einer Anzahl Anoden vorbei, eine gleichartige Lösung bespült nacheinander eine beliebige Zahl von Kathoden. An letzteren wird metallisches Kupfer niedergeschlagen, und zwar giebt 1 Ampère stündlich 2,36 g, d. h. genau doppelt so viel, als bei Verwendung einer Oxydsalzlösung, wie z. B. einer Kupfersulfatlösung durch die Stromeinheit gefällt werden kann.

[32]) D. R.-P. Nr. 53 782 vom 1. März 1888.
[33]) Zeitschrift für angewandte Chemie 1891, S. 160.

An den Anoden würde, falls kein Kupferchlorür daselbst vorhanden wäre, freies Chlor entstehen, es würde daher eine Polspannung von 1,8 Volt erforderlich sein. Das Chlor verbindet sich aber sogleich mit dem stets vorhandenen Kupferchlorür zu Kupferchlorid. Dadurch wird gleichzeitig eine elektromotorische Kraft erzeugt, welche erfahrungsgemäss etwa 1 Volt beträgt, und welche der Stromarbeit zu Gute kommt. Die Elektrolyse geht also praktisch mit der Polspannung von nur 0,8 Volt vor sich.

Die an den Kathoden befindliche Lauge wird, während sie an einer Anzahl von Kathoden nacheinander vorbeifliesst, immer kupferärmer und demnächst nahezu kupferfrei. Sie verlässt sodann das elektrolytische Bad und wird für die weitere Verwendung in dem bereits angedeuteten Kreislaufprozesse gesammelt. Die Anodenlauge behält ihren Kupfergehalt. Das Kupfer ist aber schliesslich nicht mehr als Kupferchlorür, sondern als Kupferchloridlauge vorhanden; letztere verlässt in ununterbrochenem Strome das elektrolytische Bad [84].

Die von den Anoden kommende Kupferchloridlösung wird sodann in diesem Kreislaufprozesse benutzt, um aus gemahlenen Kupfer- und Silbererzen das Kupfer und Silber auszulaugen. Man verwendet zu diesem Verfahren besondere Auslaugetrommeln, welche bis zu 10 cbm Fassungsraum besitzen, die der Lauge gegebene höhere Temperatur sehr gut erhalten und vor allen Dingen den zuverlässigsten Rührapparat darstellen.

Bei geschwefelten Kupfererzen spielt sich beispielsweise der Vorgang nach folgender Gleichung ab:

$$CuCl_2 + CuS = S + Cu_2Cl_2.$$

Es wird also Kupferchlorid unter Aufnahme von Kupfer zu Chlorür reduciert. Bei Vorhandensein von Schwefelsilber, Ag_2S, welches bekanntlich sehr leicht durch Kupferchlorid, ja sogar durch Kupferchlorür gelöst wird, ist der Vorgang:

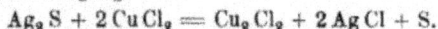

$$Ag_2S + 2CuCl_2 = Cu_2Cl_2 + 2AgCl + S.$$

Das Chlorsilber löst sich in der Chloridlauge.

Die regenerierte Kupferchlorürlösung, welche geklärt und, wie unten beschrieben, vorerst von Silber, Arsen, Wismuth u. dergl., die das Kupfer verunreinigen könnten, vollständig gereinigt ist, fliesst wieder zu den Anoden und Kathoden; an den ersteren bildet sich das Chlorid, während an den Kathoden die Entkupferung stattfindet.

Die Reinigung der Lauge geschieht in einfachster und wirksamster Weise rein chemisch durch Kupferoxyde, Kalk oder Aetzkalk, wodurch Arsen, Antimon, Wismuth, welche bekanntlich dem Kupfer ganz besonders

---

[84] Zeitschrift für angewandte Chemie 1890, S. 622.

schädlich sind, entfernt werden, so dass das demnächst zu fällende Kupfer ganz rein wird.

Das Silber wird elektrolytisch oder chemisch vor dem Kupfer abgeschieden. Durch den Kalk wird auch das Eisen entfernt, welches bei Behandlung von eisenhaltigen Kupfererzen in geringer Menge gelöst wird. Geschähe solche Entfernung des Eisens nicht, so würde sich dasselbe allmählich sehr vermehren und dadurch die Löslichkeit des Kupferchlorürs bis auf ein Viertel seines sonstigen Werthes herabdrücken. Kupferoxydul ist eine so starke Base, dass aus Kupferchlorürlösungen sogar das Zink durch Alkalien oder alkalische Erden vor dem Kupfer gefällt wird.

Die Menge Kupfer, welche durch eine mechanische Pferdekraft = 690 Stunden-Ampère in 24 Stunden bei einer Polspannung von 0,8 Volt, d. h. bei hinreichender Anzahl der Bäder, niedergeschlagen wird, berechnet sich einschliesslich eines zehnprocentigen Stromverlustes auf 43,9 kg. Da bei grösseren Maschinenanlagen eine mechanische Pferdekraft täglich nur 22 kg Kesselkohle erfordert, so ergiebt sich, dass bei sorgfältiger Betriebsleitung 1 kg Kohle genügt, um 2 kg Kupfer elektrolytisch zu fällen. Mit Hinzurechnung der Erzvermahlung und Arbeit der Rührapparate wird sodann 1 kg Kohle 1 kg Kupfer aus dem Roherz erzeugen können, wodurch die Verhüttung von Kupfererzen selbst in den kohleärmsten Ländern möglich wird.

Das beschriebene Verfahren, welches demnächst an verschiedenen Orten im In- und Auslande zur Ausführung gelangt, wird, wie ich hoffe, den Kupferschmelzprozess ganz verdrängen.

Nach meiner Berechnung wird die Produktion von täglich 1000 kg Kupfer aus fünfprocentigem, rohen Pyrit an einmaligen Anlagekosten etwa 123 000 Mark erfordern und insgesammt einschiesslich Verzinsung und Amortisation täglich gegen 190 Mark Betriebskosten verursachen, während die Betriebskosten aller bisherigen Verfahren unter sonst gleichen Verhältnissen mehr als das Doppelte betragen.

Die Gründe, welche beschriebenes Verfahren befähigen, so billig zu produzieren, sind zusammengefasst die:

1. Grössere Leistungsfähigkeit des elektrischen Stromes, welcher stündlich doppelt so viel Kupfer ergiebt, als es bei einem Sulfatverfahren möglich wäre. Dadurch werden die Kosten der elektrischen Installation auf die Hälfte verringert.

2. Vielseitigere Leistungsfähigkeit der Chloridlauge, welche alle im Erz vorhandenen werthvollen Metalle zu extrahieren gestattet.

3. Die hohe Lösefähigkeit dieser Lauge (welche bis 150 g Kupfer im Liter löst), in Folge deren der Laugereiapparat nur sehr geringe Grösse zu haben braucht und wenig mechanische Kraft erfordert.

Obgleich ich das beschriebene Verfahren bereits erprobt nennen darf, so ist doch nicht ausgeschlossen, dass dasselbe weitere Vervollkommnungen erfährt, durch welche die Gewinnungskosten noch erheblich herabgesetzt werden".

Leider sind die Hoffnungen, welche HOEPFNER zu jener Zeit aussprach, nicht in Erfüllung gegangen, trotzdem das Verfahren in der Schwarzenberger Hütte im sächsischen Erzgebirge und in zwei anderen Versuchsanlagen zu Giessen und in Weidenau bei Siegen einer praktischen Prüfung unterzogen wurde. Die Schwierigkeiten, welche der Durchführbarkeit des Verfahrens entgegenstehen, sind folgende [85]:

1. Zum Zwecke der vollständigen Auslaugung des Kupfers ist eine äusserst feine Mahlung des Erzes bezw. des Röstgutes erforderlich. Die Kosten dieser Mahlung sind in einigen Fällen schon weit grösser, als mit den zulässigen Betriebskosten vereinbar sein würde.

2. Da bei der Auslaugung unter Umständen Wärme angewandt werden muss, so ist es nicht zu vermeiden, dass ein Theil der beabsichtigten Lösearbeit des bei der Elektrolyse erhaltenen Kupferchlorides auch auf die Lösung von Eisenverbindungen verschwendet wird, dass also der Elektrolyt schnell verunreinigt wird.

3. Das Filtrieren und Auswaschen der Schlämme ist eine sehr schwierige, durchaus noch nicht befriedigend gelöste Aufgabe.

4. Ein dauernd haltbares und dabei hinreichend billiges Anoden- und Diaphragmenmaterial scheint trotz zahlreicher Patentanmeldungen noch nicht gefunden zu sein.

Diese Schwierigkeiten zu umgehen, ist durchaus nicht unmöglich; es ist daher nur zu bedauern, dass in Folge des Ablebens des Besitzers der Schwarzenberger Hütte die Versuche gerade dort eingestellt wurden.

Die Lösung der Diaphragmenfrage scheint schon durch einen interessanten Versuch von COHEN [86] gelungen zu sein. Letzterer beobachtete bei der Elektrolyse von Kupferchlorür bei niedriger Stromdichte, dass das an der Anode entstehende Kupferchlorid in Form einer specifisch schwereren Lösung in dem Zersetzungsgefässe zu Boden sank, und, sich hier sammelnd, eine allmählich wachsende Schicht bildete. War nun die Kathode so lang, dass sie in diese Schicht eintauchte, so wurde innerhalb der letzteren Kupfer von der Kathode gelöst. Mit nachstehend abgebildetem Apparate (Figur 132) aber gelang die Kupferabscheidung ohne

---

[85] Vergl. auch E. JENSCH, Zur elektrolytischen Gewinnung von Kupfer nach dem HOEPFNER'schen Verfahren in Chemiker-Zeitung 1894, S. 1906.

[86] Zeitschrift für Elektrochemie Jahrg. II, 1895, S. 25.

Diaphragma in befriedigendster Weise. Gegenüber der langen bis in ein Sammelgerinne am Boden des Gefässes reichenden Kohlenanode A ist eine nur etwa halb so lange Kathode (Kupferblech) K aufgehängt. Die Kupferchlorürlösung wird dem tiefen Elektrolysiergefásse oben zugeführt, während die an der Anode niederfliessende Chloridlauge durch ein Heberrohr ständig vom tiefsten Punkte der Sammelrinne abgezogen wird. Bei einer Stromdichte von 20 Ampère per Quadratmeter Kathodenfläche entsprach die Kupferfällung in Bezug auf Qualität und Quantität allen Anforderungen. Die erforderliche elektromotorischeKraft betrug unter diesen Bedingungen kaum $^1/_2$ Volt.

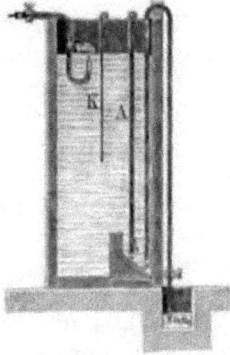

132

Dass durch diese höchst sinnreiche und ebenso einfache Konstruktion das HOEPFNER'sche und vielleicht auch das SIEMENS'sche Verfahren in ihrem Entwicklungsgange um einen wesentlichen Schritt vorwärts gebracht werden können, bedarf keiner besonderen Erwähnung. Das wäre aber auch auf dem Wege der direkten Verarbeitung sulfidischer Kupfererze und Hüttenprodukte der letzte Fortschritt, über den an dieser Stelle zu berichten sein würde. An weiteren Vorschlägen, besonders auch patentierten, ist zwar kein Mangel; sie werden aber grösstentheils bleiben, was sie sind. Die Frage nach einem praktisch erprobten Verfahren der direkten elektrolytischen Verarbeitung der Kupfererze ist also noch immer eine offene.

Die Verwendungsarten des Kupfers sind bei den werthvollen Eigenschaften des Metalles sehr zahlreiche. Als solches dient es zur Herstellung einer grossen Zahl von Geräthen, Apparaten, Maschinentheilen u. dergl. für den Haushalt, sowie für die gesammte Technik; besonders ist die Verwendung des Kupferdrahtes in der Elektrotechnik hervorzuheben. Auch das Kunstgewerbe verbraucht grosse Mengen Kupfer für Kunstschmiedearbeit und galvanoplastische Erzeugnisse. In der Legiertechnik bildet Kupfer die Grundsubstanz für eine grosse Anzahl wichtiger Legierungen, unter denen die Bronzen (Kupfer-Zinn, Kupfer-Zinn-Zink, Kupfer-Mangan, Kupfer-Aluminium, Kupfer-Silicium), das Messing (Kupfer-Zink), das Neusilber (Kupfer-Nickel) die bekanntesten sind. Zur Herstellung einiger Kupferverbindungen, z. B. des Kupfervitrioles, des Kupferoxydes, des Phosphorkupfers u. a., geht man, so weit dieselben nicht, wie z. B. das Kupfervitriol, als Nebenprodukte im Hüttenbetriebe fallen, ebenfalls von metallischem Kupfer und Abfällen der Kupferwalzwerke und Kupferschmiede aus.

Silber.

Das Silber (Ag, Atomgewicht 108; specifisches Gewicht 10,5) ist ein weisses, stark glänzendes, zähes, dehnbares Metall von krystallinischer (regulär) Struktur und geringer, zwischen Kupfer und Gold liegender Härte. Sein Schmelzpunkt liegt bei oder ganz in der Nähe von 1000^0. Unter allen Metallen besitzt es die grösste Leitungsfähigkeit für Wärme und Elektricität. Bei höheren Temperaturen ist es flüchtig; im elektrischen Lichtbogen und im Knallgasgebläse lässt es sich destillieren. Eine besonders bei der Silberraffination und bei der Ausführung von Silbergroben beachtenswerthe Eigenschaft ist seine Lösungsfähigkeit für Sauerstoff im geschmolzenen Zustande. Der bei Beginn des Erstarrens aus dem innen noch flüssigen Metalle austretende, die erstarrten Krusten durchbrechende, Sauerstoff giebt Veranlassung zu beträchtlichen Silberverlusten durch Verspritzen kleiner Silberkügelchen (das Spratzen des Metalles).

Von Metallen, welche sich im Silber lösen oder welche das Silber lösen, sind besonders Blei Quecksilber, Kupfer und Zink zu nennen.

Das Silber gehört zu denjenigen Metallen, welche sich weder bei niedriger noch bei hoher Temperatur, weder in feuchter noch in trockner Luft oxydieren. Von den übrigen Metalloiden sind vorwiegend die Halogene und unter diesen besonders das Chlor im Stande, sich direkt mit diesem Metalle zu verbinden. Auch mit Schwefel lässt es sich direkt durch Zusammenschmelzen vereinigen. Von den Verbindungen des Schwefels greift auch der Schwefelwasserstoff das Silber energisch an. Als chemische Lösungsmittel dienen Salpetersäure und koncentrierte Schwefelsäure. Von mehreren Metallchloriden ($CuCl_2$, $HgCl_2$, Fe_2Cl_6) wird es leicht chloriert und dadurch in anderen Salzen löslich gemacht; auch Cyanide bilden direkt mit metallischem Silber, den Haloïdsalzen und dem Sulfide in Wasser lösliche Doppelsalze.

Das Silber findet sich gediegen; legiert mit Gold, Kupfer und Quecksilber; als Chlorid: im Hornsilber, $AgCl$, als Bromid und Jodid in den Brom- und Jodargyriten, $AgBr$ und AgJ; als Sulfid: im Silberglanz, Ag_2S, frei und in Verbindung mit anderen Sulfiden, von denen die Rothgültigerze und die Fahlerze als Sulfantimonite und Sulfarsenite zu betrachten sind. Als Sulfid findet es sich in mehr oder weniger beachtenswerthen Mengen in fast allen sulfidischen Erzen.

Die Gewinnung des Silbers wird nach folgenden, auch miteinander kombinierbaren Grundsätzen ausgeführt:

I. Lösung des Silbers durch Metalle mit den dazu gehörigen Anreicherungs- und Scheidungsarbeitungen der Legierungen.

II. Scheidung des Silbers durch chemische Lösungsprozesse, theils mit darauf folgender chemischer Fällung.

III. Elektrolyse.

I. Lösung des Silbers durch Metalle.

1. Verbleiung.

Abgesehen von dem Falle, dass ein stark zink- oder kupferhaltiges Material zur Verarbeitung vorliegt, das zunächst nach III behandelt werden muss, lässt sich das Silber der meisten silberhaltigen Erze und Hüttenprodukte entweder durch Verschmelzen mit Bleierzen oder durch das sogenannte Eintränken in ein geschmolzenes Bleibad in eine Bleilegierung überführen. Man bezeichnet beide Arbeiten als Verbleiung.

Zum Verschmelzen mit Bleierzen benutzt man meist nur silberärmeres Material, jedenfalls ein solches, dessen Silbergehalt 10 % nicht überschreitet. Auf die Schmelzverfahren selbst einzugehen, ist hier nicht der Ort; sie fallen mit dem Bleihüttenbetriebe zusammen, der kurz unter dem Artikel Blei gekennzeichnet ist. Man pflegt in diesem Falle, um sich möglichst vor Silberverlusten zu schützen, auf eine sehr silberarme Legierung, Werkblei mit weniger als 1 % Ag, hin zu arbeiten, um dann unter gleichzeitiger Gewinnung von reinem Blei, Weichblei, eine Anreicherung des Silbers in einem Theile des Bleies vorzunehmen.

Diese Anreicherungsprozesse können einmal bestehen in einem Einschmelzen des Werkbleies, systematischem Auskrystallisieren des reinen Bleies unter Ausschöpfen der Bleikrystalle oder Abzapfen der leichter flüssigen angereicherten Blei-Silber-Legierung: Pattinson-Prozess. Man erzielt dadurch ein Produkt von kaum 2 % Ag, das dann dem Treibprozesse übergeben wird. — Ein andres Anreicherungsverfahren, die Zinkentsilberung, beruht auf der Bildung einer schwerer als Blei schmelzbaren Silber-Zink-Blei-Legierung beim Zusatz von Zink zu dem geschmolzenen silberarmen Werkblei. Diese als sogenannter Zinkschaum beim Erkalten der Schmelze an die Oberfläche tretende Legierung wird nach Aussaigerung anhaftenden Bleies entweder destilliert oder in geschmolzenem Zustande durch überhitzten Wasserdampf zersetzt. Im letzteren Falle erhält man ein mit Reichbleikörnern durchsetztes Zinkoxyd, welches von dem zurückbleibenden geschmolzenen Reichblei abgehoben, geschlämmt, getrocknet und als Malerfarbe verkauft wird. Der mit Schwefelsäure gereinigte Schlämmrückstand wird mit dem übrigen Reichblei dem Treibprozesse übergeben. Dieses Verfahren zeichnet sich durch eine gründlichere Entsilberung des Werkbleies, durch Erzielung eines silberreicheren Koncentrationsproduktes (bis 12 % Ag) und einer höheren Silberausbeute aus. — Das dritte, von Rössler und Edelmann ausgearbeitete Anreicherungsverfahren besteht in einem geringen Zusatze von Aluminium neben Zink. Es wird so eine sehr silberreiche (25-35 % Ag) Zinklegierung erhalten, die sich elektrolytisch unter Rückgewinnung des Zinkes verarbeiten lässt (s. III).

Silberreiches Werkblei und die beiden Anreicherungsprodukte vom Pattinson- und Zinkentsilberungs-Prozesse werden nun durch ein oxydierendes Schmelzen, den Treibprozess, in einem Flammofen auf ein rohes Silber, das Blicksilber, verarbeitet. Das Blei und die meisten Verunreinigungen werden dabei als Oxyde erhalten. Zur weiteren Reinigung wird das Blicksilber entweder noch einmal in kleineren Flammöfen oxydierend geschmolzen (Feinbrennen) oder in Graphittiegeln durch Silbersulfat raffiniert (Rössler's Verfahren). Ist das Silber goldhaltig, so wird es entweder nach II oder nach III weiter verarbeitet. — Es sind auch Versuche gemacht worden, silberhaltiges Werkblei direkt durch Elektrolyse zu scheiden (s. unter III).

2. Amalgamation.

Quecksilber löst Silber in beträchtlichen Mengen, zersetzt aber auch die Haloïdsalze, sowie das Sulfid unter Abscheidung von Silber, welches dann von überschüssigem Quecksilber gelöst wird. Erzen, welche das Silber als Metall, Haloïdsalz und einigermaassen reines Sulfid enthalten, kann also das Silber durch Behandlung mit Quecksilber (Amalgamation) entzogen werden. Aus dem entstehenden Amalgame wird das Quecksilber durch Destillation entfernt und durch Verdichtung wieder gewonnen, während das Silber als solches, meist natürlich legiert mit anderen Metallen, wie Gold, Kupfer u. dergl., zurückbleibt. Sollen andere Erze nach diesem Verfahren verarbeitet werden, so ist vorgängige Ueberführung des Silbers in Chlorid (Chlorieren oder chlorierende Röstung) erforderlich.

Begreiflicherweise ist von Amalgamatoren, d. h. Apparaten, in denen durch geeignete Rühr- und Mischvorrichtungen die Erztheile mit dem Quecksilber in möglichst innige Berührung gebracht werden, eine grosse Anzahl von Konstruktionen entstanden, von denen die wichtigeren in neueren Lehrbüchern der Metallurgie Berücksichtigung gefunden haben.

Die Zuhülfenahme von Elektricität zur Beschleunigung der Amalgamation ist zwar verschiedentlich in Vorschlag gebracht worden, scheint aber nicht dauernd zur Einführung gelangt zu sein. Ich werde aber doch nicht verfehlen, einige dieser meist patentierten Prozesse unter ‚Gold‘, für dessen Gewinnung sie in erster Linie beabsichtigt waren, kurz zu erörtern.

3. Lösung des Silbers in Kupfer.

Wo edelmetall- und kupferhaltige Erze durch Schmelzprozesse verhüttet werden, ist es nicht zu umgehen, dass ein Theil des Silbers, besonders aber das Gold in die kupferhaltigen Zwischenprodukte und damit unter Umständen auch in das Kupfer selbst übergeht. Eine absichtliche Verhüttung edelmetallhaltiger Erze mit Kupfererzen nach dem Vorbilde der Verbleiung findet wohl nirgends statt. Die edelmetallhaltigen Kupferhüttenprodukte werden dann nach II oder III zu Gute gemacht.

II. Scheidung des Silbers durch chemische Lösungsprozesse.

Ziervogel-Prozess. Der aus silberhaltigen Kupfererzen erschmolzene Stein wird so geröstet, dass im ersten Röststadium, dem Vorrösten unter anderen besonders Kupfersulfat gebildet wird, während im zweiten Stadium (nach vorgängiger Zerkleinerung des Röstgutes) eine Umsetzung zwischen Kupfersulfat und Silbersulfid unter Bildung von Silbersulfat angestrebt wird. Letzteres wird dann aus dem Röstgute durch Auslaugen mit heissem Wasser und sauren Kupfersulfatlösungen ausgezogen, um schliesslich durch Kupfer gefällt zu werden.

Augustin-, Patera- und Kiss-Prozess. Aus den chlorierend gerösteten Erzen wird Silberchlorid nach Augustin mit koncentrierter Kochsalzlauge nach Patera mit Natriumthiosulfat-Lösung, nach Kiss mit Calciumthiosulfat-Lösung ausgezogen. Im ersteren Falle wird das Silber durch Kupfer als Metall, in den anderen Fällen durch lösliche Sulfide [Na_2S bezw. $Ca(HS)_2$] als Sulfid gefällt.

Russel-Prozess. Erze, in denen Silber als Metall, Sulfid, Arsenid und Antimonid enthalten ist, werden mit der Lösung eines Doppelsalzes von Natrium- und Kupferthiosulfat behandelt. Aus der Lösung fällt man das Silber als Sulfid, wie zuvor. Aus den hier und dort erhaltenen Sulfiden kann man das Silber auf verschiedenen Wegen gewinnen: einmal durch Röstung und Eintränken des Röstgutes oder auch des ungerösteten Sulfides in ein Bleibad mit darauf folgendem Abtreiben, dann auch durch Schmelzen, Rösten und darauf folgende Behandlung des Röstgutes mit Schwefelsäure, wobei Kupfer und andere Metalle in Lösung gehen, Silber aber als Metall zurückbleibt.

Die Silber-Gold-Scheideprozesse werden unter ‚Gold' kurz erörtert werden.

Die Schwefelsäurelaugerei oder Kupferraffinerie. Unter I, 3 wurde schon erwähnt, dass bei der Verarbeitung edelmetallhaltiger Kupfererze, Silber wie Gold vom schliesslich erschmolzenen Kupfer aufgenommen werden. Während nun bei den bisher erwähnten Prozessen das Silber in Lösung gebracht wurde, pflegt man hier und bei dem folgenden Verfahren das Silber als unlöslichen Rückstand zu gewinnen. In einem mit Blei belegten Holzkübel leitet man über die aus granuliertem Garkupfer bestehende Füllung von unten nach oben Luft, während man von Zeit zu Zeit von oben nach unten verdünnte Schwefelsäure hinabrieseln lässt. Durch erstere findet Oxydation von Kupfer zu Oxyd statt, welches dann durch Schwefelsäure unter Bildung von Sulfat gelöst wird. Silber, Gold und andere Verunreinigungen werden während der Auflösung des Kupfers als schlammiger Rückstand erhalten. Letzterer wird nach dem Auswaschen und Trocknen bei der Treibarbeit in die geschmolzene Blei-Silberlegierung eingetränkt.

Die Schwefelsäurelaugerei von geröstetem silberhaltigem Kupferstein wurde schon unter dem RUSSEL-Prozesse kurz erwähnt. Silberhaltiger Kupferstein geht beim Todtrösten in Kupferoxyde und metallisches Silber über. Wird das Röstgut nun mit Schwefelsäure behandelt, so werden die Oxyde meist gelöst, während das Silber in dem unlöslichen Rückstande verbleibt. Letzterer wird beim Treiben eingetränkt.

III. Elektrolyse.

Dass Silber zu denjenigen Metallen gehört, welche sich mit grösster Leichtigkeit durch den galvanischen Strom in einer für jeden weiteren Verbrauchszweck direkt geeigneten Form niederschlagen lassen, darf wohl als eine auch ausserhalb metallurgischer Fachkreise genügend bekannte Thatsache vorausgesetzt werden. Der Werth des Metalles zog begreiflicherweise die Aufmerksamkeit der Metallurgen schon zu einer Zeit auf den elektrolytischen Weg der Silbergewinnung, als die Erzeugung grosser Elektricitätsmengen noch mit vielen Schwierigkeiten und bedeutenden Kosten verknüpft war. Nachdem CRUIKSHANKS zu Beginn dieses Jahrhunderts die Zerlegbarkeit der in Wasser löslichen Silbersalze unter Abscheidung von metallischem Silber nachgewiesen, machte allerdings nur die Galvanoplastik resp. die Galvanostegie praktischen Gebrauch von dieser Entdeckung. Aber trotzdem darf man es früh nennen, wenn BECQUEREL im Jahre 1835 Versuche unternahm, die Zugutemachung der Silber-, Blei- und Kupfererze durch den elektrischen Strom zu unterstützen und zu beschleunigen. Die

Einzelheiten seines Verfahrens werden unter dem Artikel ‚Blei' Berücksichtigung finden; das Prinzip desselben, den bei der Abscheidung elektro-
negativer Metalle aus ihren wässrigen Lösungen durch elektropositivere
Metalle entstehenden Strom zur Beschleunigung anderer für sich weniger
energisch und in minder vollkommener Weise verlaufender Prozesse zu
verwenden, erregte damals sehr berechtigtes Aufsehen. In seinem Werke
„Sur la production des métaux précieux au Mexique" äusserte sich damals
Dupont über dieses Verfahren folgendermaassen:

„Welche Folgen würde das gänzliche Fehlen des Quecksilbers haben,
wenn das A l m a d e n e r W e r k, sei es wegen Zubruchegehens der Baue, oder
Aufgehens zu grosser, nicht zu bewältigender Wassermassen, oder endlich
Abgebautseins aller bauwürdigen Erzmittel (Ereignisse, welche zwar wenig
wahrscheinlich, aber immerhin möglich sind), keinen Zinnober mehr liefern
könnte?

Die Produktion metallischen Quecksilbers würde dann auf die Gruben
Kärnthens beschränkt und für den Bedarf bei weitem nicht hinreichend
sein; es müsste daher eine Preiserhöhung entstehen, welche einem absoluten Mangel an jenem Metalle so ziemlich gleichkommen würde. Was
würde dann aus der Silbergewinnung in Mexico werden?

Noch vor wenigen Jahren würde eine Lösung dieser Frage sehr
schwierig gewesen sein, denn damals kannte man noch kein andres Mittel
zur Extraktion des Silbers aus seinen Erzen, als den gewöhnlichen
Schmelzprozess und die Amalgamation. Heutzutage liegt die Sache anders.
— — Ich hatte Gelegenheit, mich von der hüttenmännischen Anwend-
barkeit des elektrochemischen Verfahrens auf die mexicanischen Erze zu
überzeugen, und zwar sowohl durch die Versuche, welche mit einem nach
Paris gesendeten Quantum von 4000 kg Erzen aus den wichtigsten Berg-
baudistrikten ausgeführt wurden, als durch eigene praktische Arbeiten.
Nachdem die Ausführbarkeit des Verfahrens in grossem Maasstabe ein-
mal festgestellt war, reducirte sich die Frage auf eine Vergleichung der
Kosten der alten Methode und des neuen Systemes".

Trotzdem Becquerel nicht verfehlt hat, wiederholt auf seine Versuche aufmerksam zu machen — noch das Jahr 1869 bringt eine Mittheilung darüber [1] —, scheint der Erfolg desselben doch nicht dem Mehr-
aufwande an Arbeit und Kosten gegenüber dem alten Verfahren entsprochen
zu haben. Es kommt auch noch hinzu, dass man zur Zeit der letzt erwähnten Mittheilung schon im Stande war, elektrische Ströme durch, wenn
auch noch unvollkommene Dynamomaschinen zu erzeugen.

Es hat nun zwar seitdem an Vorschlägen zur direkten elektrolytischen

---

[1] Dingler's polytechnisches Journal Bd. CXCII, 1869, S. 471.

Verarbeitung edelmetallhaltiger Erze nicht gefehlt, aber bis jetzt ist noch keiner derselben dauernd in die Praxis eingeführt worden. Immerhin stützen sich einige derselben auf theoretisch richtige Grundlagen; ich werde dieselben daher unter ‚Gold', welches bei der Verarbeitung gold- und silberführender Erze natürlich im Vordergrunde des Interesses steht, kurz charakterisieren. Mit besserem Erfolge hat man die Aufgaben der Scheidung edelmetallhaltiger Legierungen auch in der Praxis zu lösen gelernt. Zu diesem Ziele führen zwei Wege: Entweder wird an der Anode, welche aus der zu scheidenden Legierung besteht, unter Auflösung anderer Metalle das Silber zurückgelassen, oder das Silber wird unter Zurücklassung anderer Metalle an der Anode gelöst, um nun an der Kathode niedergeschlagen zu werden.

1. Elektrolyse unter Zurücklassung des Silbers an der Anode.

Soll das Silber einer Legierung, welche in einem elektrolytischen Prozesse die Anode bildet, ungelöst zurückbleiben, so ist dies nur mit einigem Erfolge durchführbar, wenn das zu lösende Metall in grossem Ueberschusse vorhanden ist. Diese Bedingung ist vorhanden:

a) bei der Raffination von Schwarz- oder Garkupfer (s. Artikel Kupfer);

b) bei der Raffination von Werkblei (s. Artikel Blei);

c) bei der Scheidung des Zinkschaumes vom ROESSLER-EDEL-MANN-Prozesse (s. Artikel Zink).

In allen diesen Fällen nimmt das Silber nicht mit an der Elektrolyse Theil und bleibt ausser dem bei Kupfer, Blei und Zink Gesagten nichts mehr hinzuzufügen.

2. Elektrolyse unter Lösung des Silbers an der Anode.

Ist Silber allein oder in Gemeinschaft mit einem andren, gleichzeitig löslichen Metalle, z. B. Kupfer, in solcher Menge vorhanden, dass ein zweiter, bezw. dritter Bestandtheil der Legierung, z. B. Gold, pulverförmig an der Anode zurückbleibt, so ist eine Scheidung der Legierung durch Lösen des Silbers, eventuell auch weiterer Begleiter desselben am Platze. Als einfachster Fall dieser Art haben wir:

Die Raffination goldhaltigen Silbers, welche auch schon von vielen Scheideanstalten in ausgedehntem Maassstabe eingeführt worden ist. Die Arbeitsweise für diesen Zweck weicht insofern von der anderer Metallraffinationen ab, als die Bedingung, das Metall in zusammenhängenden Platten zu gewinnen, nicht erfüllt zu werden braucht. Silber lässt sich leicht und ohne Verlust zusammenschmelzen, auch wenn es in Pulverform zur Abscheidung gelangt. Man kann also sein Augenmerk ganz auf den für diesen Fall viel wichtigeren Punkt, möglichst schnellen Ausbringens des Reinmetalles richten. Bei dem verhältnissmässig hohen Werthe der Edelmetalle ist es von grösster Bedeutung, dass das Verbleiben derselben im Betriebe auf ein Minimum beschränkt werde. Man arbeitet daher mit so dichten Strömen, wie es mit Rücksicht auf die Vermeidung unnöthiger Erwärmung des Elektrolyten und die Zurückhaltung der Verunreinigungen an der Anode, bezw. im Elektrolyten zulässig ist. Das Herüberwachsen der bei hohen Stromdichten entstehenden Silberkrystalle nach der Anode und die infolgedessen entstehenden Kurzschlüsse müssen durch zeitweises oder ununterbrochenes Abstossen der ersteren verhindert werden. Der erste, welcher diese Grundsätze erkannte und in die Praxis übertrug, war B. Moebius, ein deutscher Chemiker. Sein Verfahren, das er im Jahre 1884 [2-5] in mehreren Ländern patentiert erhielt, wurde zuerst in Mexico, später von den hervorragendsten Scheideanstalten Amerikas und Deutschlands mit bestem Erfolge eingeführt. In Deutschland ist es die **deutsche Gold- und Silber-Scheideanstalt vormals H. Roessler** in Frankfurt a. M., welche nach diesem Verfahren arbeitet. Die Besichtigung der Anlage wurde mir bereitwilligst von der Direktion (Dr. H. Roessler) gestattet.

Wie schon aus mehreren Veröffentlichungen [6-8] hervorgeht, hat der Apparat inzwischen verschiedene Vereinfachungen erfahren, die jedoch keine prinzipielle Veränderungen des in den Patentschriften angegebenen Apparates bedeuten.

Die Zersetzungsgefässe bestehen heute aus langen, innen getheerten Pitch - Pine - Holzbottichen von etwa 0,600 m lichter Weite und etwa 3,75 m Länge. Jeder dieser Bottiche ist durch Querwände in sieben Abtheilungen getheilt. Jede Abtheilung wieder enthält drei Anodenreihen und vier Kathoden. Die Anoden hängen in Leinwandsäcken, die Kathoden frei in den Bädern. An einem auf den Badrändern hin und her fahrbaren Rahmen sind hölzerne Abstreicher aufgehängt, welche die auf den Kathoden anwachsenden Silberkrystalle abbrechen, um während des Betriebes Kurzschlüsse zu verhüten. Unter den Elektroden, fast den ganzen Bodenraum des Zersetzungsabtheiles bedeckend, steht ein mit Leinwandboden versehener Kasten. Hier sammelt sich die Hauptmenge

---

[2]) U. S. A. P. Nr. 310302 vom 6. Januar 1885.

[3]) U. S. A. P. Nr. 310533 vom 6. Januar 1885.

[4]) Engl. P. Nr. 16554 von 1884.

[5]) D. R.-P. Nr. 36610 vom 12. December 1884.

[6]) Maynard im Engineering and Mining Journal vol. LI, 1891, p. 556.

[7]) Rössler in Oesterr. Zeitschrift für Berg- und Hüttenwesen 1892, S. 288.

[8]) Schnabel, C., Handb. der Metallhüttenkunde Bd. I. Berlin 1894, Springer.

der durch die Abstreicher zu Boden geworfenen Silberkrystalle an. Alle diese in die Zersetzungströge einhängenden Vorrichtungen lassen sich durch einen Rahmen heben.

Die Anoden *a* bestehen aus Blicksilber-Platten nebenstehender Form (Figur 133); sie werden in einer Dicke von etwa 0,006-0,010 m hergestellt. Unter Vermittlung von Doppelhaken *h*, wie sie in Figur 135 dargestellt sind, werden diese Platten in einen Metallrahmen *R* eingehängt (Figuren 133, 135, 136). Derselbe dient einmal als Halter für die Anoden, vermittelt aber auch gleichzeitig die Stromzuleitung zu denselben. Zu diesem Zwecke steht er an der einen Seite mit der Leitung *P* direkt in Berührung. Gegen die negative Leitung *N* ist er durch eine Isolierschicht *I* ge-

Schnitt und Ansicht eines Anodenraumes

133

Schnitt vor einer Kathode

134

schützt. — Um das nach Auflösung des Silbers als braunes Pulver
zurückbleibende Gold, von dem von den Kathoden abfallenden Silber
getrennt zu halten, sind die Anoden mit dichten Beuteln *B* aus Filtertuch umgeben. Letztere sind auf ein in Figuren 133 und 135 dar-
gestelltes Holzgestell *G* aufgespannt, das seinerseits wieder an den
Rahmen *R* aufgehängt ist.

Schnitt A B C D E

135

Die Kathoden *k* bestehen aus dünn gewalzten Silberblechen.
Diese hat man mit einem horizontal hängenden Kupferstabe verlöthet.
Auf beiden über die Seitenkanten der Silberbleche vorspringende Enden dieser Stäbe hat man die Aufhänge- und Verbindungsklemmen *v* befestigt und zwar so, dass je eine derselben isoliert auf den Kupferstab
aufgesetzt ist. Diese Anordnung gestattet es, auch die Leitung *P*, mit
welcher die Kathoden nicht leitend verbunden sein dürfen, zum Fest-
klammern der letzteren mit zu benutzen.

Die Leitungen *P* (+) und *N* (—) bestehen aus kräftigen Kupfer-,
Messing- oder Bronzestäben. Ganz abgesehen von ihrem für die Stromleitung ausreichenden Querschnitte, ist letzterer so gross gewählt, dass
diese Stangen im Stande sind, Elektroden und deren Hüllen zu tragen. —
Die Einzelabtheilungen des meist siebenkammerigen Troges sind hintereinander geschaltet, wie es das Schaltungsschema, Figur 137, zeigt.

Die Abstreichvorrichtungen bestehen aus Holzstäben *s*
(Figuren 134, 135, 136), von denen für jedes Kathodenblech zwei Paare

Grundriss

136

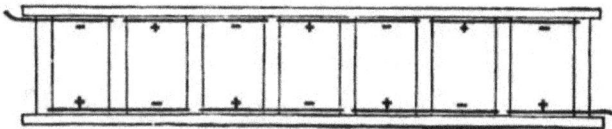

137

vorgesehen sind. Sie greifen nach Art einer Zeugklammer von oben
über die Kathoden. Als Halter und Bewegungsvorrichtung dient ein
rostähnlich geformter Rahmen *F*. Letzterer fährt auf dem Geleise *n*,
das wieder auf Querleisten des auf die oberen Badränder aufgelegten

15*

Rahmens O befestigt ist. Den Antrieb erhalten diese Rahmen von einer an den kurzen Seitenstäben desselben durch Excenter hin und her geschobenen Gleitschiene. Auf dieser befindet sich ein Zapfen z, über welchen eine mit einem entsprechenden Einschnitte versehene Platte gelegt werden kann. — Der Rahmen O, an welchem alle in das Bad eintauchenden Vorrichtungen befestigt sind, lässt sich durch eine Zugvorrichtung leicht heben.

Der Sammelkasten für den Silberschlamm schliesslich ist ein flacher, in jedes Trogabtheil mit einigem Spielraum eingepasster Holzkasten C. Von seinen Seitenwandungen aus führen einige Leisten nach oben, so dass er mit Hülfe derselben an dem Elektrodenrahmen befestigt und mit diesem aus dem Bade gezogen werden kann. Den Boden bildet ein aus Leisten zusammengefügter Rost; er wird durch einige Holzdübel in dem Kasten gehalten. Vor Inbetriebsetzung überzieht man diesen Boden mit grobem Filtertuche (Sack- oder Packleinen), das die Silberkrystalle beim Herausheben des Kastens in diesem zurückhalten soll. Durch Herausklopfen der Dübel lässt sich der Boden leicht lösen; er fällt thatsächlich sofort aus dem Kasten, sobald die Last des Silberschlammes darauf ruht.

Der Betrieb. Die Bäder werden mit einer schwachen Lösung von angesäuertem Silbernitrat als Elektrolyten gefüllt. Man beginnt die Arbeit auch wohl mit einer stark verdünnten Salpetersäure. Sind die beschriebenen Apparattheile in die Bäder eingesenkt, so stellt man Verbindung mit der Stromquelle her. Die genaue Innehaltung einer bestimmten Stromdichte ist in diesem Falle nicht so wichtig, wie bei anderen elektrolytischen Prozessen. Besonders anfangs, so lange die Lösungen noch verhältnismässig kupferarm sind, kann man mit sehr hohen Stromdichten arbeiten; man geht bis über 300 Ampères per qm. Während des Betriebes reichert sich im Elektrolyten allmählich das Kupfer des Anodenmateriales (das Blicksilber hat einen Feingehalt von etwa 950 °/oo) an, so dass die Lösung durchschnittlich einen höheren Kupfer- als Silbergehalt zeigt. Ersterer beträgt etwa 4 °/o, letzterer 0,5 °/o neben 0,1-1 °/o freier Salpetersäure. Es ist wichtig, mit steigendem Kupfergehalt den Salpetersäurezusatz zu vermehren und die Stromdichte bis auf etwa 200 Ampère per Quadratmeter herabzumindern. Der Verbrauch an elektromotorischer Kraft beläuft sich auf 1,4-1,5 Volt für jede Zelle. In jeder der in Figuren 133-137 dargestellten Abtheilungen würden sich bei einer Stromstärke von 150 A (wirksame Kathodenfläche 0,75 qm) in 36 Stunden 21,6 kg Silber von der Anode auf die Kathode transportieren lassen. Hängt man nun 3 Reihen à 5 Platten der obengenanten Dimensionen in die Bäder, so wird man, die lösliche Silbermenge zu etwa 1,5 kg

in jeder Platte angenommen, fast das ganze in den Betrieb eingebrachte
Silber während dieser Zeit auf die Kathoden übergeführt haben. Man
kann hier also in kleinen Räumen ganz beträchtliche Metallmengen be-
wältigen. Sie bleiben nur kurze Zeit im Betriebe, was für Edelmetalle
sehr wichtig ist. Die Kosten sind, wie man aus den angegebenen Daten
leicht berechnen kann, keine hohen; die Goldgewinnung ist eine sehr
vollständige, und schliesslich geht die Arbeit ganz ohne Gasentwicklung
vor sich. Trotz hoher Stromdichte ist die Erwärmung der Laugen, wegen
der vorzüglichen Leitungsfähigkeit der Elektroden und des Elektrolyten,
wie besonders auch wegen der guten Bewegung der Lösung durch die
Abstreicher eine geringe.

Alle 24 Stunden pflegt man die in die Bäder eingehängten Apparattheile an ihren Rahmen zu heben und mit ihnen auch die Sammelkästen
für den Silberschlamm. Letztere werden, nach dem über den Bädern
die Lauge abgetropft ist, von dem Elektrodenrahmen abgehoben, um in
die Waschvorrichtung für den Silberschlamm entleert zu werden. Das
Entleeren der Kästen geschieht, wie schon oben angedeutet, durch Aus-
stossen einiger Holzdübel, welche den mit Filtertuch bedeckten Latten-
boden in dem Sammelkasten festhalten. Das abgespülte Silber wird
hydraulisch gepresst, getrocknet und wie üblich eingeschmolzen.

Je nach dem Goldgehalte des verarbeiteten Silbers werden wöchentlich ein oder zwei mal auch die Anodenkästen entleert. Die Verarbeitung
dieses Schlammes richtet sich nach der Zusammensetzung desselben
(s. Gold).

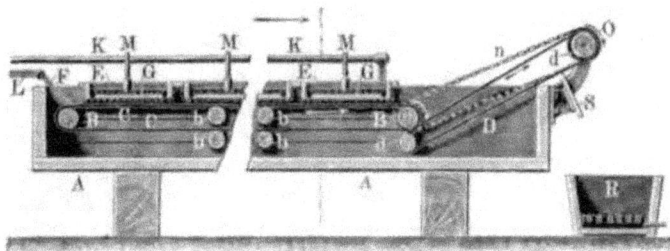

138

Nach einer neueren Konstruktion von MÖBIUS, die in den Figuren
138, 139, 140 dargestellt ist, soll das Silber auf der beweglich angeordneten, aus einem über die Rollen B, B^1, b, b^1 laufenden Silberblech-
bande C abgeschieden, durch das über die Rollen d, d^1 laufende Transport-
band D aus dem Elektrolysiergefässe A ausgetragen und in das Gefäss

R geworfen werden; *S* ist ein Abstreicher. Der Antrieb der Rollen erfolgt von einer ausserhalb des Gefässes liegenden Riemenscheibe *P* aus und durch das Kettengetriebe *N*, *n O*. In den Rahmen *E* liegen die Anoden *G*, güldisches Silber, auf porösen Unterlagen aus dichtem Filtertuch, porösem Thon und dgl.

Von der Leitung *K* aus wird durch die Drähte *M* Verbindung mit den Anoden hergestellt. Diese Drähte (s. Figur 140) bestehen aus Kupfer, sind unten mit einer Platinkappe *g* versehen und des weiteren, soweit sie in die Lösung eintauchen, durch einen Gummischlauch *r* geschützt.

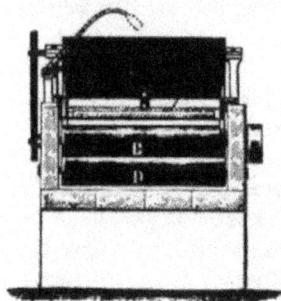

Von der Leitung *L* aus wird durch die Bürste *F* mit der Kathode *C* Verbindung hergestellt.

Als Elektrolyt wird eine mit Salpetersäure oder Schwefelsäure angesäuerte wässrige Salpeterlösung benutzt. Zu beachten ist, dass die Lauge immer sauer genug gehalten wird und weder zu arm an Silber noch zu reich an Kupfer werden darf.

139

Ueber einen neueren von HOUSE, HOUSE und SYMON konstruierten Apparat sind ausser der Patentschrift[9] und deren Referaten[10] noch keine weiteren Nachrichten bekannt geworden. Bei den heutigen niedrigen Silberpreisen hat selbst die weitere Einführung des bewährten MÖBIUS-Apparates, geschweige die einer neuen Konstruktion seine Schwierigkeiten. Zudem bietet dieser neue Apparat dem älteren gegenüber alles, nur keine Vereinfachung in der Elektrodenanordnung und dem Bewegungsmechanismus. Es mag daher genügen, auf die angegebenen Quellen zu verweisen.

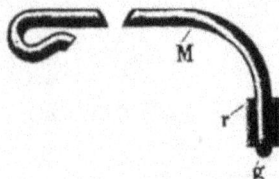

140

Die Scheidung edelmetallhaltiger Kupfer-, Silber-, Gold-Legierungen. Durch Zusammenschmelzen alter vergoldeter und versilberter Gegenstände und der Abfälle aus Goldarbeiterwerkstätten erhält man edelmetallreiche Legierungen mit einem Kupfergehalte bis zu 60 %. Bisher, und meist auch jetzt noch werden solche Legierungen nach dem ROESSLER'schen Verfahren verarbeitet. Man verschmilzt das

---

[9] Engl. P. Nr. 16 002 von 1894.
[10] Zeitschrift für Elektrotechnik und Elektrochemie Bd. I, 1894.

nöthigenfalls zu granulierende Material mit Schwefel, um es zunächst in ein silberhaltiges Kupfersulfür und goldhaltiges Silber zu scheiden. Die elektrolytische Verarbeitung betreffend, habe ich mit solchem Materiale eine grosse Zahl von Versuchen ausgeführt, über deren Ergebnisse ich schon früher berichtet habe [11].

Wenn es bei dem eben beschriebenen MOEBIUS-Verfahren und bei der elektrolytischen Kupferraffination gelingt, in einer Operation das Silber, bezw. das Kupfer zu lösen und unmittelbar darauf wieder zu fällen, wenn damit also eine glatte Scheidung dieser Metalle von den unlöslichen und einigen löslichen, aber nicht so leicht fällbaren Metallen möglich war, so lag das daran, dass die vorhandenen unlöslichen Metalle in beiden Fällen nur einen sehr geringen Theil der ganzen Legierung bildeten, dass also beim Fortlösen von Kupfer der ganze Zusammenhang der betreffenden Metallschicht gelockert war: der Rückstand fiel als lockeres Pulver fortwährend von der Anodenoberfläche ab. Diese Bedingung muss in allen Fällen angestrebt werden. Ein dichter, zusammenhängender Rückstand, ob metallisch, also gut leitend, oder nicht metallisch, also schlecht leitend, wird auf den Gang der Arbeit nur störend einwirken.

Wollte man nun, fussend auf die bei der Kupferraffination erzielten günstigen Resultate, mit Kupfersulfat als Elektrolyten arbeiten, so würde ja allerdings zunächst nur Kupfer in Lösung gehen. Die nicht gelösten Metalle aber bleiben auf der Oberfläche in ziemlich dichten, wenn auch immerhin etwas spröden bröckligen Massen zurück. Es fällt zwar etwas Metallschlamm zu Boden, aber es kommt auch vor, dass sich ganze Stücke loslösen oder auch nur lockern, allmählich abblättern, sich dabei an die Kathoden anlehnen und somit Kurzschlüsse bilden. Diese Massen lassen sich abstossen, sie bröckeln auch bei vorsichtigem Klopfen ab, aber nur so lange die Anodenplatten noch dick genug sind. Infolge des längeren Haftens von Rückständen an einzelnen Stellen werden andere Stellen der Platten stärker „angefressen", also dünner, so dass man schliesslich Gefahr läuft, mit den Rückständen ganze Stücke unzersetzter Legierung abzustossen. Das unregelmässige Ablösen von Metall auf der Oberfläche solcher Anoden, also das stellenweise Dünnerwerden der Platten, hat natürlich auch häufig den vorzeitigen Zerfall derselben zur Folge. Es lösen sich nicht selten Stücke los, welche im Innern noch grosse Massen nicht angegriffener Legierung enthalten. Man findet dann nach Beendigung der Elektrolyse einen Rückstand vor, dessen Verarbeitung fast dieselben Schwierigkeiten und Kosten verursacht, als wenn man für die

---

[11]) Berg- und Hüttenmännische Zeitung 1893, S. 251 und 269.

Legierung von vornherein eine andre Scheidungsmethode gesucht haben
würde.

Für die erwähnte Legierung ist also ein Elektrolyt zu wählen, welcher
ausser der Lösung des Kupfers auch die des Silbers an der Anode ermöglicht. Damit wird die Menge des Rückstandes, welcher vorwiegend
aus Gold besteht, meist schon so weit reduciert sein, dass die eben ge-
forderte Bedingung erfüllt ist. Andrenfalls muss man beim Einschmelzen
der Legierung behufs Granulation darauf Rücksicht nehmen, also durch
Kupferzusatz den Goldgehalt auch unter 20 %, am besten bis auf etwa
15 % der Gesammtmetallmenge herunterdrücken.

Die Legierung wird, wie gesagt, granuliert. Als Elektrolyt möge
verdünnte Salpetersäure oder eine wässrige Lösung von Nitraten dienen,
von denen wohl das Kupfernitrat das geeignetste sein dürfte.

Die Form des zu benutzenden Apparates richtet sich nach der Beschaffenheit des rückständigen Goldes. Dasselbe kann als schweres Pulver, als flockige Masse, aber auch in sehr feinen, leicht mit der Flüssigkeit fortzuschwemmenden Metalltheilchen zurückbleiben. In allen drei
Fällen löst sich der Rückstand leicht von der noch nicht angegriffenen
Masse ab; seine Trennung von der letzteren macht unter diesen Umständen verhältnismässig wenig Schwierigkeit, wie die Beschreibung der
Arbeitsweise mit den Apparaten, Figuren 141-144, zeigen wird.

Der in Figur 141 und 142 dargestellte Apparat eignet sich für
sämmtliche Produkte, welche während der Elektrolyse einen specifisch
sehr schweren unlöslichen Rückstand hinterlassen. Bekanntlich fallen in
einem aufsteigenden Wasserstrome nur diejenigen Körper zu Boden, deren
Fallgeschwindigkeit in ruhendem Wasser grösser ist als die Geschwindigkeit des aufsteigenden Wassers. Alle übrigen werden entweder in Schwebe
gehalten oder mit nach oben geführt.

In Figur 141 und 142 bezeichnet g das Zersetzungsgefäss, in welches
ein doppelwandiger, mit durchlochten Seitenwandungen versehener Kasten d
eingesetzt ist. Letzterer erstreckt sich durch die ganze Länge des äusseren Gefässes, theilt dasselbe oben also in drei Räume, den innern Kathodenraum k und die beiden Anodenräume a. Das oben prismatische
Gefäss g läuft unten zunächst in einen Spitzkasten, schliesslich in eine
geneigte Rinne r aus.

Die Anodenräume a werden mit dem gekörnten Materiale gefüllt.
Der Elektrolyt fliesst in den Kathodenraum k ein, wo auf einer eingehängten Metallplatte die Metallablagerung stattfindet. Der grösste
Theil der hier einlaufenden Flüssigkeit wird durch einen Rohrstutzen s
in den erwähnten Spitzkasten geführt, um von hier aus in den Anoden-

räumen *a* nach oben zu steigen. In dem aufsteigenden Flüssigkeitsstrome sinken alle während der Zerlegung der Anodensubstanz zurückbleibenden schweren Rückstände durch ein Bett von groben Kugeln aus nichtleitendem Material von glatter Oberfläche zu Boden. Sie werden durch die geneigte Rinne von Zeit zu Zeit oder ununterbrochen mit einer geringen Flüssigkeitsmenge ausgetragen. Die Stromzuleitung zu den die Anoden bildenden Körnern erfolgt durch Stäbe, welche aus derselben Substanz bestehen, wie die Körner selbst. Diese Stäbe laufen an einem Ende spitz zu, während sie an dem andren Ende eine dieser Spitze sich anpassende Höhlung besitzen. Die Stromzuleitungsstäbe werden ja mit dem übrigen Materiale gleichzeitig aufgelöst, aber dieser Umstand bildet in diesem Falle keinen Nachtheil. Sinkt ein Stab allmählich tiefer in die Granalien ein, so setzt man einen frischen Stab auf. Selbstverständlich wird man für die Oeffnung des obersten Stabes ein geeignetes Formstück vorsehen müssen, welches seinerseits durch ein leicht bewegliches Kupferdrahtkabel mit der Hauptstromleitung in Verbindung gebracht ist.

Es bleibt schliesslich noch zu erwähnen übrig, dass der Hohlraum zwischen den Doppelwandungen des Kastens *d* mit einem möglichst dichten Filtriermaterial ausgefüllt werden muss, damit die Wandungen für Elektricität gute, für die Flüssigkeit nur geringe Durchlässigkeit besitzen.

Der Elektrolyt, nachdem er den Kathoden- und Anodenraum durchlaufen hat, tritt über den inneren niedrigeren Rand des Behälters *g* in eine Rinne, welche ihn, unter Umständen nach vorheriger Filtration und Fällung des einen oder andren der an der Anode gelösten Metalle dem Kathodenraume desselben oder eines andren Apparates zuführt.

Eine andre Apparatform ist noch in den Figuren 143 und 144 dargestellt. Sie hat den Vorzug, dass die Schichten von Anodenmaterial weniger hoch sind, dass also kein vorzeitiges Zertrümmern oder Zusammenpressen der unten liegenden Kornschichten stattfinden kann. Sie

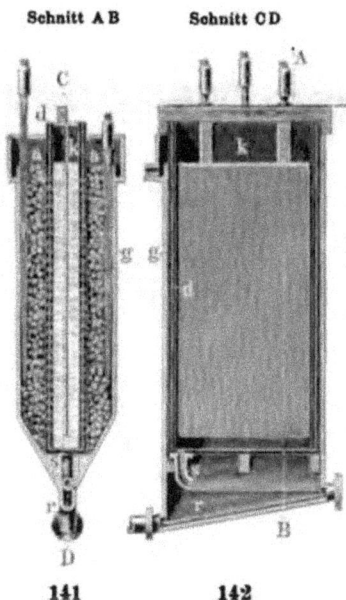

ermöglicht ferner, der verhältnismässig grossen Kathode gegenüber an der Anode eine bedeutend höhere Stromdichte zu halten, als dies bei den ersten Konstruktionen möglich war. Die Arbeit des Lösens ist also hier eine schnellere. Schliesslich gestattet sie die theilweise Scheidung specifisch verschieden schwerer Bestandtheile. Hier ist nur ein Anodenraum *a* für jedes Zersetzungsgefäss *g* vorgesehen. Derselbe befindet sich in den Figuren links vom Kathodenraume *k*. Die Wandung des letzteren ist nur an der dem Anodenraume zugewandten Seite in der vorher beschriebenen Weise für den Strom durchlässig gemacht. In dem weiten Kathodenraume ist das die Kathode bildende cylindrisch gebogene Metallblech entweder auf eine drehbare Holzwalze aufgezogen (Figur 143) oder es erhält, wie Figur 144 zeigt, durch zwei oberhalb der Flüssigkeit liegende dünne Walzen drehende Bewegung. Die Verbindung mit der Stromleitung geschieht durch oben auf die Walzen drückende federnde Bürsten. Der Elektrolyt wird in den Kathodenraum eingeführt. Während der Drehung der Walzen lagert sich auf den Kathodencylindern Metall ab. Der Elektrolyt ergiesst sich dann durch eine Reihe von Oeffnungen *o* in den Anodenraum, fliesst, die Anodenkörner umspülend, nach abwärts,

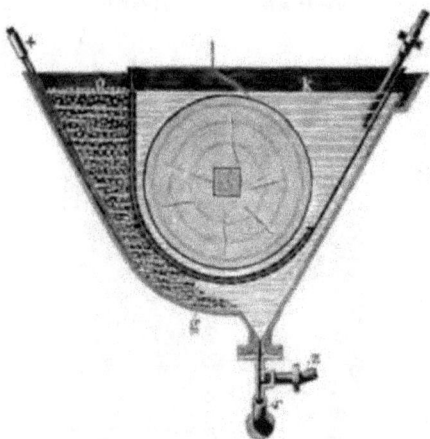

143

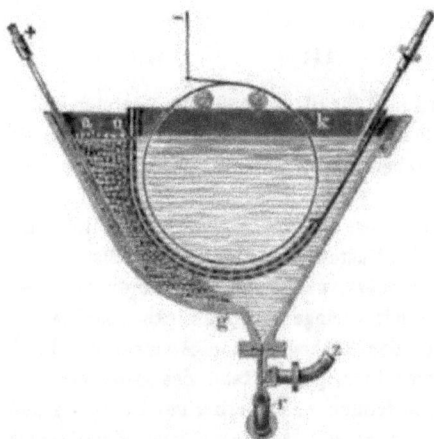

144

um dann in dem freien Raume nach aufwärts zu steigen. Dieser Flüssigkeitsstrom führt natürlich alle von der Anode abgespülten Rückstände mit nach unten. Aus einem schmalen Spalte im spitz zulaufenden Boden des Gefässes *g* trifft nun ein Hülfsflüssigkeitsstrom mit dem ersten Flüssigkeitsstrome zusammen, die Geschwindigkeit des letzteren vergrössernd. Man hat es dadurch in der Hand, die Geschwindigkeit der aufsteigenden Flüssigkeit so zu regeln, dass eine Trennung der leichten und schweren Bestandtheile des Anodenschlammes stattfindet. Die schwereren Schlammtheile werden durch den Spalt und das sich daran schliessende geneigte Rohr *r* wie bei dem erstbeschriebenen Apparate abgeführt. Die Zuleitung von Flüssigkeit erfolgt durch das Rohr *s*. Die Ableitung der aufsteigenden Flüssigkeit findet hier ebenfalls wie bei dem in Figur 141 und 142 skizzierten Apparate statt. Nach der Klärung des gesättigten Elektrolyten, wenn nöthig auch nach vorgängiger Fällung einzelner der gelösten Bestandtheile, leitet man denselben wieder zur Kathode, wo das elektrolytisch am leichtesten niederzuschlagende Metall abgeschieden wird.

Mit Apparaten der eben gekennzeichneten Grundlagen, wenn sie auch in primitivster Weise aus altem Gerümpel zusammengestellt waren, habe ich bei Versuchen mit edelmetallhaltigen Erzen und Schmelzprodukten, die ich vor etwa zehn Jahren in einer amerikanischen Fabrik ausführte, sehr befriedigende Resultate erzielt. Auf Grund dieser Versuche wurden dann die eben beschriebenen Apparate konstruiert; sie gelangten jedoch, da ich bald darauf wieder nach Deutschland zurückkehrte, nicht mehr zur Ausführung.

Einem Apparate von DIETZEL[18], der denselben Zwecken dienen soll, liegt in einigen Punkten derselbe Gedanke zu Grunde. Ein Zersetzungsgefäss mit schrägem, nach der Mitte oder nach einer Seite zu sich vertiefenden Boden ist mit Kohleplatten belegt, auf denen sich nun, unterstützt durch Rührvorrichtungen, das Scheidegut in granuliertem Zustande langsam nach abwärts bewegt. Die in den Elektrolyten (Kupfernitratlösung) von oben eingehängten Kathoden, gerade Kupferbleche oder auf Holz aufgezogene Kupferblechcylinder, sind von offenen Holzkästen umgeben, deren Böden aus dichtem Filtriermaterial.(Leinen u. dergl.) bestehen, und deren Dimensionen so gewählt sind, dass hinreichend Raum für den Rührer und zum Einbringen des Scheidegutes vorhanden ist. Letztere wird durch leitende, aber unlösliche Platten am Boden des Gefässes als Anode in den Stromkreis eingeschaltet. Der Weg des Elektrolyten und der Gang der Arbeit ist kurz folgender:

1. Einlauf in den Kathodenraum, hier Abscheidung von Kupfer.

---

[18]) D. R.-P. Nr. 68 990.

2. Uebertritt durch den Filterboden der Kathodenkästen in den Anodenraum; hier Lösung von Kupfer und Silber; Rückstand Gold.

3. Ueberführung in Filtrier- und Fällgefässe; hier Zurückhalten mitgerissenen Goldes, dann Fällung des Silbers durch Kupfer.

4. Zurückführung der Kupfernitratlösung in den Kathodenraum.

Da dem Anodenmateriale der Strom durch „leitende, aber unlösliche" Platten zugeführt werden soll, verfehle ich nicht darauf hinzuweisen, dass Kohleplatten in diesem Falle ausgeschlossen sind. Der Mangel an Haltbarkeit derselben, besonders bei hohen Stromdichten, die mit Rücksicht auf schnelle Verarbeitung des werthvollen Rohmateriales unvermeidlich, ist bekannt. Hier kommt nun, die Zerstörung beschleunigend, noch die mechanische Wirkung der auf den Kohleplatten allmählich hinabgleitenden Metallkörner hinzu. Vielleicht würde dieser Uebelstand bei dem hohen Werthe der zu scheidenden Metalle nicht einmal sehr ins Gewicht fallen, denn selbst gute Kohleplatten sind heute sehr billig; aber das durch Zerfall der letzteren entstehende Kohlepulver mischt sich in so beträchtlichen Mengen dem als Anodenrückstand verbleibenden Golde bei, dass die Scheidung dieser beiden Stoffe eine noch schwierigere Aufgabe bilden würde, wie die Scheidung der ursprünglichen Legierung.

In einer neueren Ausführungsform dieses Apparates, über welche ich auf Grund einer mit dankenswerthester Bereitwilligkeit von Herrn Dr. A. DIETZEL gegebenen Privatmittheilung berichten kann, sind an Stelle von Kohleplatten Platindrähte P (Figur 145) gewählt.

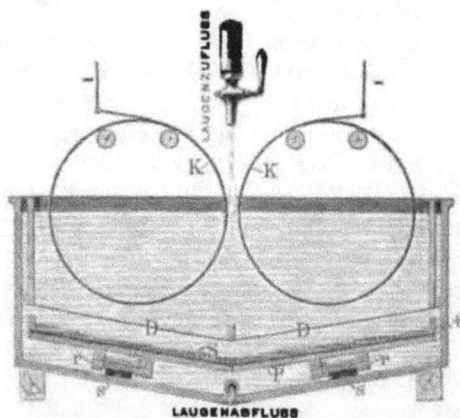

145

Um nun die bequeme Einführung und Fortbewegung des Scheidegutes S unter den Diaphragmen D für gewisse Fälle, namentlich für die

Verarbeitung grosser Massen von unedlen Hüttenprodukten, noch voll-kommener zu gestalten, giebt man nach vorliegender Erfindung den Bä-dern in der Richtung der Firstlinie des umgekehrt dachförmigen oder sonstwie schiefen Bodens eine möglichst langgestreckte Form und setzt die kurzen, flachen, wagenartigen Unterlagen, auf welchen das Scheide-gut S ruht, mit Rollen r auf Schienen s. Dadurch wird es ermöglicht, den von der Stromarbeit rückständigen Schlamm nach Arbeitsöffnungen, die an den Enden der Längsseiten der Flüssigkeitsbehälter liegen, wagen-weise abzufahren bezw. das frische Scheidegut bequem durch dieselben einzuführen.

Man giesst jetzt das Rohmaterial (durchschnittlich 55 % Kupfer, 36 % Silber, $5\frac{1}{2}$ % Gold, etwas Zink, Blei, Zinn, Nickel, Kobalt, Eisen, Mangan, Aluminium, Platin etc.) enthaltend in Platten S von 3-4 mm Dicke, um diese dann auf die Platindrahtunterlage zu legen. Der Elektrolyt be-steht aus einer schwach sauren Kupfernitratlösung mit 3-5 % Cu und geringen Mengen freier Säure. Beim Eintritt der Laugen in die Ka-thodenräume beträgt der Säuregehalt mindestens 0,1 %, ausserhalb der-selben höchstens 0,2-0,4 %, was durch zeitweiligen Zusatz von stark saurer Silber-Kupferlösung, herrührend vom Auskochen des Goldschlammes mit Salpetersäure, regulirt wird.

Die Form der Diaphragmen D ist bis auf unwesentliche Aenderungen gegenüber der ersten Konstruktion beibehalten worden. Wie schon er-wähnt, bestanden diese Diaphragmen aus dichter, schräg in die Böden der Kathodenkästen eingespannter Leinwand. Die schräge Stellung ist deshalb gewählt, weil nach Lösung der Hauptmenge des Kupfers und Silbers von den erschöpften Rückständen des Scheidegutes aus bei der hohen Stromdichte leicht die Entwicklung von Sauerstoff auftreten kann, der natürlich aus dem Kathodenraume fern gehalten werden muss. Als Kathoden dienen peripherisch bewegte Kupfercylinder K, deren Oberfläche mit einem dünnen Graphitüberzuge versehen ist, damit das Elektrolyt-kupfer, nachdem es die gewünschte Stärke erreicht hat, durch Abschlagen entfernt werden kann. — Der Arbeitsgang ist im übrigen unverändert geblieben.

Manche Einzelheiten dieses Verfahrens bedürfen, wie bei allen Neuerungen, noch weiterer Durcharbeitung. Immerhin hat man schon einige Tausend Kilogramme Metall auf diese Weise geschieden und ar-beitet in der eingeschlagenen Richtung weiter.

Eine Reihe anderer Verfahren, welche zur Gewinnung sämmtlicher Edelmetalle vorgeschlagen wurden, sollen, so weit sie irgend welche brauchbaren Gedanken enthalten, unter ‚Gold' Berücksichtigung finden.

Die Verwendung des Silbers in reinem Zustande ist nicht

sehr ausgedehnt. Abgesehen von der Herstellung reiner Silberverbindungen, die besonders in der Photographie sehr ausgedehnte Anwendung finden, ferner wissenschaftlicher Instrumente, chemischer Apparate und versilberter Gegenstände, wird es wegen seiner geringen Festigkeit zu weiterem Gebrauche meist mit Kupfer legiert. Diese Legierungen, welche bis zu etwa 90 % Silber enthalten, finden nun ausgedehnteste Anwendung zu Münzzwecken, zur Herstellung von Hausgeräthen und kunstgewerblichen Erzeugnissen, besonders Schmuckgegenständen.

Gold.

Das Gold (Au, Atomgewicht 197, specifisches Gewicht 19,3) ist ein gelbes, stark glänzendes, sehr zähes, höchst dehnbares Metall (das dehnbarste aller Metalle). Wegen der geringen Härte und der eben genannten Eigenschaften des Metalles zeigt der Bruch kaum erkennbare krystallinische Struktur; er wird von den Metallurgen als hakig bezeichnet. Der Schmelzpunkt des Goldes liegt bei 1035°. Bei Temperaturen in der Nähe von oder über 2000° beginnt die Verflüchtigung. Sein Wärme- und Elektricitätsleitungsvermögen ist ein sehr hohes (0,6 bezw. 0,7 auf Silber = 1 bezogen). Gegenüber dem Silber ist die Fähigkeit des Goldes, im geschmolzenen Zustande Gase zu absorbiren, eine geringe. Im festen Zustande dagegen verdichtet das fein vertheilte Metall bis zu 0,7 % der elektropositiveren Gase (H, CO etc.). Bezüglich der Lösungsfähigkeit für andere Metalle oder in solchen zeigt es grosse Uebereinstimmung mit dem Silber. Von den Legierungen dieser beiden Metalle verdienen besonders die mit Blei, Quecksilber, Kupfer und Zink, natürlich auch die Gold-Silber-Legierungen selbst, für den Hüttenmann besondere Beachtung. Eine sehr geringe Menge fremder Bestandtheile (0,05 % Pb, Bi oder Sn, 0,00003 % Sb) nehmen dem Golde seine Dehnbarkeit und machen es spröde und brüchig.

Chemisch ist das Gold eines der widerstandsfähigsten Metalle. Seine Oxyde und Sulfide sind nur auf Umwegen darstellbar, zersetzen sich dagegen sehr leicht. Halogene, besonders Chlor und Brom, und Gemische, welche diese Halogene entwickeln, also Königswasser z. B., lösen Gold sehr leicht. Einige Salze, wie Thiosulfate und Cyanide, letztere nur bei Gegenwart von Sauerstoff, bilden mit metallischem Golde ebenfalls direkt in Wasser lösliche Doppelsalze ($3\,Na_2\,S_2\,O_3 + Au\,S_2\,O_3 + 4\,H_2\,O$ und $Au\,Cy\,K\,Cy$). Benutzt man diese Salze als Elektrolyte, so löst sich Gold an der Anode, um an der Kathode wieder abgeschieden zu werden. Ausser jenem Hyposulfite tritt Gold als Basis in Sauerstoffsalze nicht ein, wohl aber sind goldsaure Salze, Aurate dargestellt. Goldsulfid ist in Lösungen der Alkalisulfide unter Bildung von Sulfosalzen leicht löslich.

Durch die schwächsten Reduktionsmittel wird Gold aus seinen Lösungen abgeschieden, so durch Wasserstoff, Phosphor, Arsen, Antimon, Kohlenstoff, durch fast sämmtliche Metalle (aus Cyanidlösungen jedoch nur durch die elektropositiveren Metalle bis zum Zink), durch Metallsulfide, durch Oxydulsalze des Eisens, Zinnes u. s. w., Hypophosphite, Sulfite, Schwefeldioxyd, niedrige Stickoxyde, Arsenik, Oxalsäure und andere organische Stoffe.

Das natürliche Vorkommen des Goldes ist zwar bezüglich der Verbreitung kein sehr spärliches, wohl aber rücksichtlich der Mengenverhältnisse. In zahlreichen Erzlagerstätten, Gesteinen und Gesteinstrümmern ist es nachgewiesen, aber nur wenige Fundorte enthalten es in ausgiebigen Mengen. Es kommt fast ausschliesslich gediegen, wenn auch legiert mit anderen Metallen vor, vererzt ist es mit Sicherheit fast nur in Telluriden bekannt. Spurenweise findet es sich in fast allen Kupfer-, Blei- und Silbererzen. Das an ursprünglicher Lagerstätte in älteren Gesteinen sich findende Gold pflegt man als Berggold zu bezeichnen, das in Gesteinstrümmern (Sand) auftretende Metall führt die Namen Waschgold, Seifengold oder Alluvialgold.

Zur Gewinnung des Goldes aus Erzen, Hüttenprodukten und Abfällen hat man folgende Wege eingeschlagen:

1. Mechanische Aufbereitung (Verwaschen);
2. Lösen in anderen Metallen (Amalgamieren und Verbleien);
3. rein chemische Lösungs- und Fällungsarbeiten;
4. Elektrolyse.

I. Aufbereitung, Wäsche.

Alle Aufbereitungsprozesse für goldführendes Material (Sand oder künstlich zerkleinertes Gestein) stützen sich auf die Thatsache, dass in horizontal strömendem Wasser die specifisch schweren Körner, darunter also Gold zuerst zu Boden fallen, während die specifisch leichteren (Sand u. s. w.) weiter fortgeschwemmt werden, und dass in einem aufsteigenden Wasserstrome diejenigen Theile fester Stoffe in der Schwebe gehalten oder mit nach oben geführt werden, deren Fallgeschwindigkeit im ruhenden Wasser gleich oder geringer ist als die Geschwindigkeit des aufsteigenden Wasserstromes.

Die Erörterung der zur Ausführung dieser Verwaschungsprozesse dienenden Apparate muss den Werken über Aufbereitung überlassen bleiben. Heute werden diese Arbeiten fast nur noch in Vereinigung mit der Amalgamation ausgeführt.

II. Lösung des Goldes in Metallen.

1. Verbleiung.

Bezüglich dieses Verfahrens gilt ganz das für Silber Gesagte. In den Fällen, in denen diese Art der Verhüttung zur Ausführung gelangt, also da, wo bereits Bleihütten vorhanden sind, hat man überdies vorwiegend Silber haltende Golderze zur Verfügung. Bei einem Kupfergehalte der Erze ist zu berücksichtigen, dass ein Theil des Goldes stets in kupferhaltige Hüttenprodukte (Kupferstein, Kupferschaum, Abzug, Schwarz- und Garkupfer) übergeht. Die Anreicherung armer Werkbleie und der Treibprozess unterscheiden sich ebenfalls nicht von den entsprechenden Silberhüttenprozessen.

2. Die Amalgamation.

Wie unter I erwähnt, vereinigt man mit der Amalgamation, dem eigentlichen Löseprozesse des Goldes in Quecksilber, fast stets eine mechanische Aufbereitung des goldführenden, meist auch sehr goldarmen Materiales, unter Umständen ist auch ein vorgängiges oxydierendes oder chlorierendes Rösten angebracht. Die Amalgamation in Schlammgerinnen, durch welche man direkt von Bergabhängen durch kräftige Wasserstrahlen abgewaschenes goldführendes Alluvium hindurchleitete, ist gerade da, wo sie am meisten in Ausführung war, in Kalifornien, weil die kolossalen Massen des fortgewaschenen tauben Gerölles wichtige Wasserläufe verschlämmten, gesetzlich verboten. — Gegenüber der Amalgamation von vorwiegend silberhaltigen Erzen und Hüttenprodukten, in denen das Silber in chemischen Verbindungen vorkommt, haben wir es hier fast nur mit einem einfachen Lösungsprozesse zu thun, der meist nur durch Zerkleinerungs- und Anreicherungsarbeiten zu unterstützen ist. Man beginnt die Amalgamation unter Umständen schon während der Zerkleinerung. In anderen Fällen wieder behandelt man nur die zerkleinerten und durch nasse Aufbereitung angereicherten Produkte mit Quecksilber. Eine der Amalgamation vorhergehende Röstung findet nur in vereinzelten Fällen statt, wenn z. B. die Goldkörner von Stoffen umhüllt sind, welche die Berührung derselben mit Quecksilber hindern.

III. Rein chemische Prozesse der Goldgewinnung aus Erzen.

1. Chlorieren.

Lässt man auf zerkleinerte Erze, welche frei von Sulfiden, Arseniden und Antimoniden sind, oder bei Gegenwart dieser Stoffe, vielleicht auch

nur zum Zwecke der Auflockerung zunächst geröstet sind, Chlor einwirken, so entsteht in Wasser leicht lösliches Goldchlorid. Zum Zwecke
der Chloration pflegt man die Erze, bezw. das Röstgut anzufeuchten oder
in Wasser zu vertheilen (PLATTNER's Verfahren). An Stelle von freiem
Chlor, das man ausserhalb der Chloriergefässe erzeugt und in letztere
einleitet, kann man dem zu chlorierenden Materiale auch Chlor abgebende
Substanzen (Schwefelsäure mit Braunstein und Kochsalz oder mit Chlorkalk) beimischen. Aus den mit Chlor behandelten Rückständen wird das
Goldchlorid mit Wasser gut ausgelaugt. Die erhaltene Lösung fällt man
mit Ferrosalzen, löslichen Sulfiden (H_2 S, Na_2 S, Ca (H S)$_2$) oder durch
Holzkohlefilter, welche das Gold auf der Oberfläche der Holzkohlen zurückhalten. Im ersteren Falle wird der erhaltene Goldniederschlag, nöthigenfalls nach nochmaliger Auflösung und Wiederfällung unter Zusatz von
Verschlackungsmitteln für geringe Verunreinigungen eingeschmolzen. Im
letzteren Falle verbrennt man die getrocknete Holzkohle in kleinen Gebläse-
Schachtöfen und erhält das Gold als zusammengeschmolzene Masse unter
der ebenfalls zu einer Schlacke verschmolzenen Holzkohleasche.

Bei Anwendung der Chlorierung ist zu beachten, dass Silber in dem
unlöslichen Rückstande als Chlorsilber verbleibt, in welcher Form es sich
durch konzentrierte Kochsalzlauge und durch Thiosulfatlösungen auslaugen
und ebenfalls verwerthen lässt.

An Stelle von Chlor ist auch Brom vorgeschlagen.

2. Cyanid-Laugerei.

Metallisches und vererztes Gold sind in wässrigen Kaliumcyanid-
lösungen löslich. Zur Lösung metallischen Goldes ist, wie ELSNER[1] schon
vor fast 50 Jahren nachgewiesen hat, Sauerstoff erforderlich:

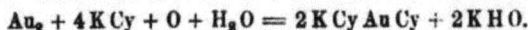

$$Au_2 + 4 K Cy + O + H_2 O = 2 K Cy Au Cy + 2 K H O.$$

Die gegentheilige Behauptung von MAC ARTHUR und FORREST beruht auf einem Irrthume. Der patentierte MAC ARTHUR-FORREST-Prozess
ist daher nicht als neu zu betrachten. Bestätigt wird ELSNER's Behauptung durch neuere Beobachtungen, nach denen der Zusatz eines Oxydations-
mittels (Natriumsuperoxyd, Kalium-Ferricyanid) die Lösung des Goldes
beschleunigt.

Man laugt mehrere Male mit verdünnten Cyankaliumlösungen (0,8-
0,2 % K Cy), dann mit Wasser aus. Aus den erhaltenen Lösungen fällte
man bisher das Gold mit Zink, auch wohl mit Aluminium, in neuerer
Zeit durch Elektrolyse (s. IV).

---

[1] ELSNER im Journal für praktische Chemie Bd. XXXVII, 1846, S. 333.

3. Verschmelzen des Nichtgoldes.

Dieses Verschmelzen (Oxydieren, Sulfieren, Chlorieren) des Nichtgoldes wird fast nur auf Legierungen angewendet. Hierher gehört in erster Linie der an das Verbleien sich anschliessende Treibprozess (s. Silber), dann die besonders für kupfer- und silberhaltige Legierungen früher übliche Schwefelung des Kupfers und des Silbers (letzteres meist nur theilweise) durch Zusammenschmelzen mit Grauspiessglanz oder mit Schwefel selbst (ROESSLER's Verfahren), und schliesslich die für Gold-Silber-Legierungen in der Münze von Sidney noch übliche Chlorierung des Silbers durch Einleiten von Chlor in die unter einer Boraxdecke in einem Thontiegel eingeschmolzene Legierung (MILLER'sche Scheidung). Ausser dem Treibprozesse sind nur noch ROESSLER's Verfahren für Gold-Silber-Kupfer-Legierungen und MILLER's Scheidung für Gold-Silber-Legierungen in Anwendung.

4. Lösung des Nichtgoldes in Säuren.

Dieselbe kann auch nur für Legierungen in Frage kommen. Die Scheidung durch die Quart oder Quartation, das älteste Gold-Silber-Scheideverfahren, bei welchem man das Silber unter Zurücklassung des Goldes in Salpetersäure löst, wird ausser in Probierlaboratorien nur noch ganz vereinzelt ausgeführt. Da, wo man nicht zur Elektrolyse übergegangen ist, arbeitet man nach der sogenannten Affination oder Schwefelsäurescheidung. Die granulierte Legierung wird mit konzentrierter Schwefelsäure erhitzt. Gold bleibt als brauner Rückstand, während sich Silber unter Zersetzung eines Theiles der Schwefelsäure in Sulfat verwandelt. Der ausgewaschene Rückstand wird dann in Königswasser gelöst, durch ein Ferrosalz wieder gefällt, abfiltriert ausgewaschen, mit einem Flussmittel eingeschmolzen und schliesslich in Barren gegossen. Das Silbersulfat dagegen wird mit Eisenabfällen zersetzt, das abgeschiedene Silber ausgewaschen, gepresst, getrocknet und ebenfalls eingeschmolzen.

Die zur Scheidung edelmetallhaltigen Kupfers früher allgemein gebräuchliche Schwefelsäurelaugerei, deren Prinzip unter ‚Silber' schon kurz erörtert wurde, ist in den meisten Werken durch die Elektrolyse ersetzt.

IV. Elektrolyse.

1. Elektrolyse unter Zurücklassung des Goldes an der Anode.

Wie schon unter dem Artikel Silber erwähnt wurde, giebt es eine Reihe von praktisch ausführbaren und in Ausführung begriffenen Prozessen, bei denen Gold und andere Edelmetalle als Elektrolysen-

rückstand an der Anode verbleiben. Von diesen wurde die Silber-
raffinerie schon besprochen, bezüglich der anderen Verfahren muss auf
die Artikel Kupfer, Blei, Zink und Antimon verwiesen werden; denn in
allen diesen Fällen handelt es sich um die Zerlegung edelmetallhaltiger
Legirungen, und nimmt nicht das Gold, sondern das eine oder andre
der oben genannten Metalle an der Elektrolyse Theil.

2. Elektrolyse unter Lösung und Wiederausfällung des Goldes.

Wie jedes Metall, so muss auch Gold, wenn es auf dem Wege der
Elektrolyse in Lösung gebracht werden soll, als Anode benutzt, oder
in möglichste Nähe einer Anode gebracht werden, an welcher sich gold-
lösende Anionen ansammeln. Lösungsmittel für Gold sind aber wie bekannt chlorhaltige Flüssigkeiten und Cyankaliumlösungen, zu denen
Sauerstoff Zutritt hat. Diese Bedingungen für eine erfolgreiche Elektrolyse
scheinen einfach genug und sind auch leicht zu erfüllen, wenn man es
mit goldreichen Legirungen zu thun hat. So beschreibt uns z. B. Boox[*]
im Jahre 1880 ein Verfahren der Norddeutschen Affinerie zu
Hamburg zur

a) Scheidung platinhaltigen Goldes. „Man hängt in einem mit
verdünnter Goldchloridlösung gefüllten Gefässe eine Anzahl zu scheidender
Goldplatten an einem Kupferstabe so auf, dass diese mit ihrer ganzen Fläche
in die Lösung eingetaucht sind und positive Elektroden bilden. In gleicher
Weise lässt sich ein zweiter Kupferstab mit dünnen hochfeinen, ausge-
walzten Goldblechen einschalten und zwar in der Weise, dass vielleicht
die rohen Goldplatten als 1., 3., 5. etc. die positiven, die feinen Platten
als 2., 4., 6. etc. die negativen ausmachen. Werden dann die Kupferstäbe mit ihren Polen in leitende Verbindung gebracht, so wird das dünne
Goldblech wachsen und das rohe Gold schwinden. Die Iridium-, Osmium-
Iridium- etc. Metalle werden frei und fallen als grauschwarze Körner zu
Boden. Haben die Goldbleche eine entsprechende Schwere erreicht, so
werden sie ausgewechselt und wandern nach vorheriger Abspülung und
Trocknung sofort in den Tiegel, um zu hochfeinen Goldbarren ausgegossen
zu werden".

Ueber Zusammensetzung der Legirung, Stromdichte u. dgl. giebt
die Mittheilung keinen Aufschluss, so dass sich daraus nicht beurtheilen
lässt, ob die Arbeit mit Rücksicht auf den hohen Werth des Metalles
auch hinreichend schnell durchzuführen ist. Für die Edelmetalle
steht, wie schon früher betont wurde, neben gutem und reinem Ausbringen die Geschwindigkeit der Ausführung im Vordergrunde des Inter-

---

[*] Berg- und Hüttenmännische Zeitung 1880, S. 411.

esses. Soll aber, wie das in vorstehendem Verfahren als selbstverständlich angenommen wird, das Gold an der Kathode haften bleiben, so darf die Stromdichte keine sehr grosse sein. Zwar brauchen die Niederschläge nicht Eigenschaften zu besitzen, welche der mit Stromdichten von 20-25 Ampère per qm arbeitende Galvanoplastiker anstreben muss; aber weit über 50-60 Ampère per qm darf man nicht hinausgehen, will man nicht die Anoden oder die Kathoden in Zellen oder Filterkästen einhängen, um an einer Stelle den Rückstand von dem Raffinate an der andren Stelle getrennt zu halten.

Dieser gewiss einfache Fall der Gold-Elektrolyse steht aber leider ganz vereinzelt da. Alles sonst in Betracht kommende Material, aus welchem der Natur der Sache nach das Gold in löslicher Form ausgezogen werden muss, um dann unmittelbar darauf wieder gefällt zu werden, enthält nur geringe Bruchtheile eines Procentes an Gold, während im günstigsten Falle die ganze übrige Masse aus trübem, unlöslichen Gestein besteht. Es war daher gewiss naheliegend, dass man zunächst diejenigen Arbeiten durch Elektrolyse zu unterstützen versuchte, denen die Aufgabe der möglichst direkten Goldgewinnung aus den schwieriger zu verarbeitenden Erzen zufiel. Die ersten Versuche erstreckten sich daher auf die Zuhülfenahme der

b) **Elektrolyse von Erzen.** Zunächst versuchte man die **Elektrolyse bei der Amalgamation** einzuführen, also **mit Quecksilberkathoden** Lösungen zu elektrolysieren, in denen man das Erz vertheilt hatte. Wenn man bei diesen Versuchen von der Annahme ausging, dass gerade die feinsten, in Schwebe bleibenden, der Wirkung des Quecksilbers sich entziehenden Goldtheilchen am leichtesten mit einer geeigneten Anode in Berührung gebracht werden könnten, an welcher die Lösung und elektrolytische Ueberführung nach der Kathode veranlasst würde, so liess sich gewiss nichts dagegen einwenden. Wenn ferner festgestellt wurde, dass die Oberfläche von Quecksilber, das, in einem Amalgamator als Lösungsmittel dienend, gleichzeitig als Kathode fungieren musste, bedeutend reiner blieb, da die Bildung von Oxyd- und Sulfidhäuten verhindert wurde, so musste man auch aus diesem Grunde einen Erfolg von der Zuhilfenahme der Elektricität bei der Amalgamation erwarten. Trotzdem haben sich die gewiss begründeten Hoffnungen nicht erfüllt.

Bevor wir nach den Gründen der bisherigen Misserfolge suchen, mögen zunächst einige der zum Theil praktisch ausgeführten Vorschläge eingesehen werden.

Die ersten Patente dieser Art wurden von BARKER genommen. Nach der deutschen Patentschrift[3] ist das Verfahren folgendes: „Die zu be-

---

[3] D. R.-P. Nr. 22 619 vom 26. Oktober 1882.

handelnden Erze werden mittels eines Stromes Wasser durch eine Reihe von Trögen geführt, welche mit dem negativen Pole einer Elektricitäts-quelle verbundenes Quecksilber enthalten und mit Rührvorrichtungen versehen sind, an oder neben welchen die Anoden angeordnet sein können.

Figur 148 zeigt eine Seitenansicht, Figur 146 einen Grundriss, und Figur 147 einen Einzeltheil des Apparates in etwas grösserem Maassstabe, als dem der Figuren 146 und 148.

A ist ein geneigter Tisch, in welchem Amalgamationströge *a a a* ... in vier besonders durch die Art der Anbringung der Anoden unterschiedenen Serien angeordnet sind. Dieser Tisch ist aus Holz hergestellt oder aus Eisen, Porzellan, gebranntem (glasiertem oder unglasiertem) Thon etc.; er kann mit den Trögen aus einem Stück bestehen, oder es sind diese in ihn hineingesetzt. Die Zahl der einzelnen Tröge variiert mit der Natur des zu behandelnden Materiales; bei besonders strengem Erz wird man, wie auch in der Zeichnung angenommen, deren zehn und selbst mehr anwenden müssen.

Eine erste Serie umfasst z. B. die drei Tröge 1, 2 und 3, deren jeder mit einer rotierenden mechanischen Rührvorrichtung *B* und bewegten (rotierenden) Einzelanoden versehen ist. Der Rührer besteht aus einer horizontalen Welle *b*, welche zwei Gattungen Arme trägt: die Arme *r* dienen als Rührarme, die Arme *e* dagegen als Anoden. Letztere sind zur Verhütung jeglichen Kontaktes mit der Kathode kürzer als erstere.

Die zweite Trogserie begreift drei Tröge 4, 5 und 6 in sich. Die Rührer sind hier dieselben wie in der ersten Serie, die Anoden *n* dagegen gänzlich von der Welle getrennt. Sie sitzen an einer Stange *f*, Figur 147, und erstrecken sich quer durch die Tröge (Figur 146). Dementsprechend strömt auch hier die Elektricität nicht längs der Welle, sondern vielmehr durch die Stange *f*.

Die dritte Serie besteht aus den Trögen 7 und 8. Die mechanischen Rührer fehlen hier gänzlich, doch sind wieder auf einer Welle *D* rotierende Einzelanoden *z* (Figur 148) vorhanden, aber so angeordnet, dass sie nur intermittierend wirken, d. h. sie tauchen in der in Figur 148 angenommenen Vertikalstellung in das Wasser ein, liegen dagegen bei der Horizontalstellung über demselben.

Die Wellen in allen bisher betrachteten Serien sind aus Holz hergestellt, die Rührarme aus einem passenden Nichtleiter und die Einzelanoden aus Messing oder einem andren haltbaren Leiter. Es hindert nichts, die Wellen auch aus Metall bestehen zu lassen, sofern sie nur wirksam genug isoliert werden, oder man kann ihnen einen Metallkern geben, der mit den auf der Welle sitzenden Einzelanoden durch deren inneres Ende in gutem Kontakt steht.

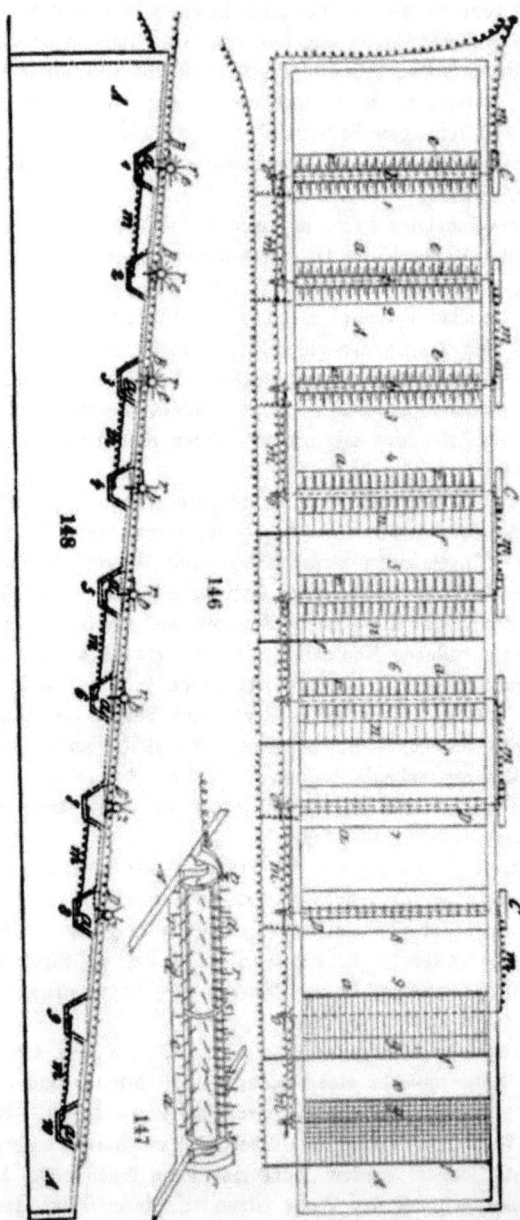

Die vierte Serie, gebildet von den Trögen 9 und 10, besitzt weder mehr Rührvorkehrungen noch bewegte Einzelanoden; letztere *g* sind vielmehr stationär und, von einer Stange *f* aus quer durch den Trog geführt, entweder, wie im Trog 9, einfach oder, wie im Trog 10, verflochten (Figur 146).

Die Verbindung der Kathode mit der Elektricitätsquelle geschieht derart, das der Strom direkt an dem einen Ende des ersten Troges eintritt, durch das Quecksilber geht und durch einen Leitungsdraht *m* nach dem zweiten Troge übertritt, hier denselben Weg, nur in umgekehrter Richtung, nimmt, dann in den dritten Trog übertritt u. s. w., wie dies in Figur 146 theils durch volle, gewellte, theils durch gestrichelte Linien angedeutet ist. Auch kann man den Leitungsdraht durch die am Boden jeden Troges für das Quecksilber befindlichen Ablasshähne *o* hindurchführen, doch ist diese Anordnung insofern weniger bequem, als man beim jedesmaligen Ablassen des Quecksilbers genöthigt ist, die Leitungsdrähte zu entfernen. Die Verbindung der Einzelanoden mit der Elektricitätsquelle erfolgt mittels der nach Figur 147 auf den Wellen befindlichen metallenen Längsstreifen *d* und dergleichen Querstreifen *s*, sowie der in unmittelbarer Nähe der Wellen angeordneten Kontaktschrauben *v*; ebensolche Schrauben vermitteln auch den Anschluss der Stangen *f* an die Rückleitung.

Jede Welle ist auf der den Auslasshähnen *o* entgegengesetzten Seite mit einer Scheibe *C* versehen, welche von irgend einer passenden Vorrichtung aus Antrieb erhält. Die vortheilhafteste Geschwindigkeit der Welle ist 45 Umdrehungen pro Minute.

Die Beschickung der Amalgamationströge mit Quecksilber erfolgt in bekannter Weise.

Die Zuführung des Geschickes findet so statt, dass dasselbe auf die Bühne vor dem Troge 1 geschüttet und durch einen Strom Wasser über die geneigte Tafel *A* durch die einzelnen Tröge zwischen den Einzelkathoden und Einzelanoden hindurch nach abwärts geführt wird.

Die Vereinigung der Tröge zu Serien, sowie ihre Ausrüstung mit Rührwerk und Einzelanoden nach der einen oder andren beschriebenen Weise richtet sich nach den Umständen, die die eine oder andre Kombination mehr oder weniger wünschenswerth erscheinen lässt".

BONNET [4] spritzt in einen Wasserstrom, in welchem sich Erztheile in der Schwebe befinden und durch welchen ein elektrischer Strom geleitet wird, fein zertheiltes Quecksilber ein.

BODY [5] füllt eine nach Art der Kugelmühlen eingerichtete eiserne,

---

[4] U. S. A. P. Nr. 298 668 vom 13. Mai 1883.
[5] D. R.-P. Nr. 24 876 vom 18. Mai 1883.

mit Eisenkugeln versehene Trommel mit Ferrisalzlösung, in welcher er
das Erzpulver vertheilt. Von der horizontal gelagerten, durch die ganze
Trommel hindurchgeführten, aber von letzterer isolirten Achse aus ragen
Kohlestäbe in die Flüssigkeit. Unter Vermittlung der leicht veränder-
lichen Ferrisalze werden während der Drehung der Trommel Edelmetalle
elektrolytisch gelöst und an den Eisenwandungen und Kugeln, die als
Kathoden dienen, niedergeschlagen. Es wird dann Quecksilber in den
Apparat eingeführt, um das nun freie Gold und Silber aufzunehmen.

MOLLOY's zahlreiche Patente aus den Jahren 1884[6]-1887[7] haben
schliesslich zur Einführung des elektrischen Stromes in Apparaten geführt,
deren Urbild uns in den alten Schemnitzer Quickmühlen schon ent-
gegentritt.

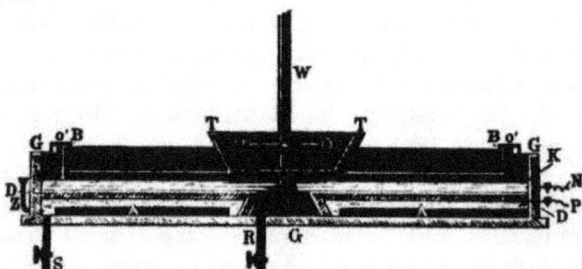

149

Das zu verarbeitende Erz wird in das Zersetzungsgefäss G (Figur 149)
durch den Trichter T eingeführt, welcher in die mit einem aufgebogenen
Rande versehene Platte B eingelassen ist. Diese Platte kann durch die
Welle W in Drehung versetzt werden; sie ist an dieser durch ein Kreuz-
stück aufgehängt und schwimmt auf einer Schicht Quecksilber K, welche
das Lösungsmittel für das Gold und gleichzeitig die Kathode bildet.
Die Erztheile werden durch die ebenfalls mit der Welle verbundene Rührvorrichtung O zwischen die an der Trichteröffnung etwas abgeschrägte
Platte und das Quecksilber geschoben und durch die Drehung der Platte
gezwungen, einen spiralförmigen Weg auf der Oberfläche des Quecksilbers
bis zu dem ringförmigen Zwischenraume zwischen Plattenrand und Gefässwandung zurückzulegen. Hier wird es durch die am Plattenrande angebrachten Rührer o' in Bewegung gehalten, um schliesslich über den Rand
des Gefässes G geworfen zu werden. Das Quecksilber ruht auf einem
dicht an die Gefässwandung und das Wellenlager anschliessenden Diaphragma D aus Thon, Cement, Leder, entharztem Holze, oder andrem

---

[6]) D. R.-P. Nr. 28 452 vom 8. Januar 1884.
[7]) U. S. A. P. Nr. 363 411 vom 24. Mai 1887.

geeigneten Materiale. Auf dem Boden des Gefässes G sind als Anoden die Kohle- oder Bleiplatten A angebracht, und ist der Zwischenraum zwischen diesen und den Diaphragmen mit Sand angefüllt. Die Rohre Z und S dienen zum Zu- und Abflusse des Elektrolyten, welcher aus verdünnter Schwefelsäure, Natronlauge oder einer Natronsalzlösung bestehen kann. Da sich an der Anode während des Betriebes Sauerstoff entwickeln wird, ist es erforderlich, dem Diaphragma D eine von der Mitte nach aussen steigende, schwache Neigung zu geben, und an den höchsten Punkten für geeignete Gasabführungsventile zu sorgen. N und P sind die Stromleitungen. Das Rohr R dient zum Ablassen des Quecksilbers.

Die für denselben Zweck vorgeschlagenen Apparate von BIRMINGHAM[8] und von ATKINS[9] sind durchaus nicht als Verbesserungen in dieser Richtung zu bezeichnen. Besonders der letztere wird, wenn es überhaupt möglich ist, für einige Apparattheile ein geeignetes Material zu finden, während des Betriebes einer aufmerksamen Behandlung und häufiger Reparaturen bedürfen, um diensttauglich erhalten zu werden.

Auch die neuesten elektrischen Amalgamatoren zeigen wenig Eigenartiges. EDWARDS[10] bringt an den Vertikalwandungen eines Gefässes Kohleplatten als Anoden an, bedeckt den Boden desselben mit einer als Kathode dienenden Schicht Quecksilber und hält während der Elektrolyse den Erzschlamm im Elektrolyten, einer wässrigen Cyankaliumlösung, durch Rührer in Bewegung. — DANCKWARDT[11] versieht einen Trommelamalgamator mit einer Ausrüstung zur Elektrolyse. Der Apparat besteht aus einem drehbaren Eisencylinder, welcher mit einer geeigneten Auskleidung (Material ist nicht genannt) versehen, als Anode dient. Von der Cylinderwand ragen Schaufeln in das Innere, um während der Drehung das Erz fortwährend auf einen als Kathode dienenden amalgamierten, isoliert in der Richtung der Längsachse in den Eisencylinder eingefügten Kupferblechcylinder zu werfen. Letzterer wird nach Unterbrechung der Operation von Zeit zu Zeit herausgenommen, damit das angesetzte Amalgam entfernt werden kann. Die Lösung wird von dem ausgelaugten Erzschlamme filtriert, um direkt oder nach Abscheidung gelösten Goldes in einem andren Apparate wieder benutzt zu werden.

LUDWIG[12] endlich geht ganz auf die Schlammgerinne zurück, um seine elektrolytische Amalgamation durchzuführen. In diesem aus Holz konstruierten Gerinne liegt eine mit Vertiefungen versehene Zinkplatte.

[8]) U. S. A. P. Nr. 342 421 vom 25. Mai 1886.
[9]) D. R.-P. Nr. 45 774 vom 27. November 1887.
[10]) U. S. A. P. Nr. 518 543 vom 17. April 1894.
[11]) U. S. A. P. Nr. 526 099 vom 4. September 1894.
[12]) U. S. A. P. Nr. 527 150 vom 9. Oktober 1894.

Die Vertiefungen enthalten Quecksilber. Letzteres bildet mit der Zinkplatte die Kathode. Eine Decke soll die am oberen Ende des Gerinnes
einfliessenden Massen ausbreiten, sie auf die Zinkplatte drücken und den
Lauf der Schlammtheile verzögern. Eine wieder auf die Decke drückende
Kupfer(!)stange soll als Anode dienen. Von der aus Filz, Flanell u. dergl.
Stoffen bestehenden Decke erwartet der Erfinder ebenfalls, dass sie sich
an der Ausbreitung oder Vertheilung des elektrischen Stromes mit be-
theilige.

HAYCRAFT's Verfahren, welches nach dem Engineering and Mining
Journal[13] in Adelaïde einer praktischen Probe unterworfen wurde, besteht in der Elektrolyse eines in Bewegung gehaltenen Schlammes aus
Golderz und einer Salzlösung. Als Elektrolysiergefäss dient ein eiserner,
mit Heizvorrichtung versehener Behälter, auf dessen Boden eine als Kathode dienende Quecksilberschicht ruht. Der mit Salzlösung angerührte
Erzschlamm wird durch Rührflügel in Bewegung gehalten. Letztere sind
an einer Welle befestigt und mit als Anoden dienenden Kohleschuhen
versehen. Frei werdendes Chlor löst leichtere kleinere Goldtheilchen.
Diese werden elektrolytisch im Quecksilber niedergeschlagen, während
gröbere Goldtheilchen direkt im Quecksilber gelöst werden, da sie verhältnismässig schnell zu Boden sinken.

Die Elektrolyse wird bei Siedhitze ausgeführt. Nach etwa ein-
stündiger Dauer derselben zieht man den Schlamm in ein Sammelgefäss,
von wo aus er zum Zwecke der Wiedergewinnung mitgerissener Queck-
silber- bezw. Amalgamtheile über einen Planstossherd geführt wird. Die
von hier abgehende Trübe gelangt in Klärsümpfe, von denen aus nach
erfolgtem Absetzen der Erztheile die Lösung wieder in Gebrauch genommen wird.

Ein sehr schlechtes Zeugnis wird den elektrischen Amalgamations-
prozessen durch GMEHLING[14], welcher darüber Folgendes berichtet: „Als
ich seinerzeit den Betrieb des Werkes (Huanchaca, Bolivia) übernahm,
geschah die Amalgamation unter Anwendung von Elektricität, welche
von einer WESTON'schen Maschine geliefert wurde. Die gerippten Seiten-
platten und der kupferne Boden der Tina waren mittels eines Kupferdrahtes leitend verbunden und erhielten die positive Elektricität zugeführt. Im ersten oberen Drittel der Pfanne ward ein Bleikranz eingehängt, der mit dem negativen Pole in Verbindung stand. Die Stromstärke
in den verschiedenen Tinas schwankte von 10-20 Ampères.

---

[13]) Engineering and Mining Journal (New York) vol. LIX, 1895, p. 490.
[14]) GMEHLING, A., Metallurgische Beiträge aus Bolivia. Freiberg 1890, Craz &
Gerlach.

Der praktische Nutzen dieser sogenannten Verbesserungen schien mir bald zweifelhaft, um so mehr, als ich während meiner praktischen Thätigkeit in den Vereinigten Staaten und in Mexico den elektrischen Strom nie angewandt sah, obwohl ich viele und bedeutende Amalgamierwerke besuchte. Um alle Zweifel zu lösen, machte ich eine Reihe von Versuchen:

1. mit einer WESTON'schen Maschine, die mir, da ich einige Tinas ausschaltete, einen elektrischen Strom von 10-40 Ampères gab;

2. mit einer GRAMME-Maschine, die im Durchschnitt einen Strom von 45 Ampères Stärke und 70 Volt Spannung lieferte.

Ad. 1 Nach 55 ausgeführten Versuchen kam ich zur Ueberzeugung, dass der elektrische Strom ohne Spannung die Amalgamation nicht befördert, die Arbeitsdauer wurde nicht wesentlich verkürzt, und der Silbergehalt der Rückstände (relaves) blieb derselbe;

Ad. 2 Dagegen liess sich ohne Zweifel erkennen, dass Spannungselektricität die Arbeitsdauer abkürzt; die Amalgamation vollzog sich in 14 Versuchen um 40 Minuten schneller, aber die Extraktion des Silbers erlitt keine Verbesserung.

Diese Resultate hatten die Einstellung der Elektricität zur Folge, da die bedeutenden Ausgaben den geringen Vortheil nicht aufzuwiegen vermochten. Ich arbeite seit 1. Oktober 1889 ohne Elektricität und erhalte, bei genauer und geeigneter Anwendung gewisser Maassregeln, ein besseres Resultat sowohl bezüglich der Silberextraktion als auch des Quecksilberverlustes; nur nimmt die Amalgamation etwas mehr Zeit in Anspruch.

Die folgende Tabelle giebt die Resultate in übersichtlicher Weise:

Betriebsresultate mit Elektricität von Januar 1889 bis Oktober 1889

Silbergehalt der Rückstände in Procenten	Quecksilberverlust in Unzen per Mark produciertes Silber	Arbeitsdauer für jede Operation
0,052	2,75	4 Stunden 58 Minuten

Betriebsresultate ohne Elektricität während der Monate Oktober, November und December 1889.

Silbergehalt der Rückstände in Procenten	Quecksilberverlust in Unzen per Mark produciertes Silber	Arbeitsdauer für jede Operation
0,0356	2,39	5 Stunden 10 Minuten".

Dass die bisher erzielten ungünstigen Resultate dem Quecksilber zuzuschreiben wären, wird wohl niemand behaupten wollen, sehen wir uns daher zunächst die übrigen Vorschläge zur

Elektrolyse von Erzen u. dergl. ohne Zuhülfenahme von Quecksilber an. Wir haben da zuerst die Apparate von Cassel[15] und der Cassel Gold Extracting Company[16,17] aus den Jahren 1884-1887, Apparate, die durch Ausstellungen[18] und Zeitschriften so bekannt geworden sind, dass ich, in Anbetracht ihrer gänzlichen Unbrauchbarkeit, von einer eingehenden Erörterung derselben hier absehen kann. Man denke sich eine cylindrische oder vieleckige Trommel aus porösem Materiale, um die horizontal gelagerte Axe drehbar, innen mit Kohlestäben ausgesetzt (parallel zur Wandung) und etwa halb in einen Flüssigkeitsbehälter tauchend, in welchem die Kathode in der Form eines Metallbleches aufgehängt war. Innerhalb des Cylinders sollte nun das Gold des Erzes elektrolytisch chloriert werden, um sich aussen auf der Kathode niederzuschlagen. Als Elektrolyt diente eine mit Kalk basisch gemachte Kochsalzlösung. Das leuchtet auf den ersten Blick ein. Wenn man sich aber vergegenwärtigt, dass in solchen Apparaten Erze verarbeitet werden sollten, die nur Hundertstel oder Tausendstel eines Procentes Gold enthielten, wenn man ferner bedenkt, dass, um ein Kilo Gold zu erhalten, 10-100 Tonnen Erz in den Apparat hineingeschafft, in demselben gedreht, aus demselben herausgeschafft werden mussten, wenn man ferner erwartet, dass die Kohleanoden, welche schon in klaren Salzlösungen schnell zerstört werden, diese Behandlung auch nur „eine Tonne Erz lang" aushalten würden, wenn man schliesslich noch die Thatsache in den Kauf nehmen soll, dass auf Grund dieser Erfindung eine kapitalkräftige Gesellschaft gegründet wurde, die Jahre lang brauchte, um die Apparate als untauglich zu erkennen, so ist das nicht einleuchtend.

Body's[19] Verfahren und Apparat vom Jahre 1886, wie er schon unter Kupfer, Seite 205, beschrieben wurde, zeugt entschieden von besserem Verständnis für die zu überwindenden Schwierigkeiten. Trotz des entschiedenen Fortschrittes, welchen dieses Patent bedeutet, wird man in den Fällen, in denen man aus Erzen durch Ferrisalze Metalle auszulaugen im Stande ist, besser thun, die Erze selbst aus den Elektrolysiergefässen fortzulassen.

Auch die Apparate von Stolp[20] enthalten gewiss gute Gedanken, sie werden aber auch wegen schneller Abnutzung der gewiss nicht billigen Anoden (grosse Kohlecylinder und Kohleplatten), alles andre auch

---

[15]) U. S. A. P. Nr. 300 950 und 300 951 vom 24. Juni 1884.
[16]) U. S. A. P. Nr. 362 022 vom 26. April 1887.
[17]) D. R.-P. Nr. 38 774 vom 14. Mai 1886.
[18]) Inventors Exhibition, London 1885.
[19]) U. S. A. P. Nr. 333 815 vom 5. Januar 1886.
[20]) D. R.-P. Nr. 41 061 vom 12. November 1886.

die Metallausbeute als tadellos angenommen, kaum ihren Zweck erfüllen. Man muss immer berücksichtigen, dass mit einem einzigen Kilo Gold etwa 100000 kg taubes und oft sehr hartes Material, die weichen Anodenplatten stark angreifend, durch den Apparat hindurchgefördert werden muss. In dem einen Apparate (Figur 150) wird die' Anode durch einen vertikal stehenden Kohlecylinder C gebildet, welcher um seine Achse W rotieren kann. Der Cylinder ist oben und unten geschlossen und unten mit schrägen Ansätzen H versehen. Der obere Verschluss wird durch einen Konus G gebildet, über welchem sich ein Trichter F befindet. Aus diesem gleitet langsam das gemahlene Erz mit Chlormetalllösung über den rotierenden Cylinder hinab. D ist ein Diaphragma, E eine Kupferblechkathode. Figur 151 zeigt eine dritte Modifikation. Ein langes, nach dem einen Ende H zu schwach geneigtes Bassin A ist auf der Sohle mit einer beliebigen Anzahl von Kohlenplatten

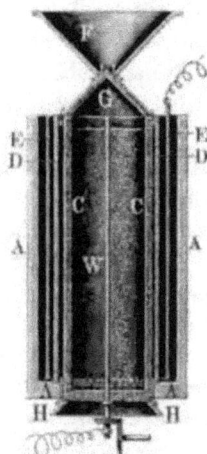

150

CC^1C^2 etc. belegt. Ueber je einer dieser Kohleplatten befindet sich ein Kasten B, welcher mit der betreffenden Kohleplatte gleiche Länge und Breite hat. Die Sohle dieser Kasten B bildet ein Diaphragma D, über welchem horizontal an den Leisten FF^1F^2 etc. aufgehängte Kupferplatten EE^1E^2 etc. sich befinden. Dieser ganze Apparat steht nun in einer Metallsalzlösung so weit eingetaucht, dass die Flüssigkeit nicht in die Kasten B hineinlaufen kann, während diese wenigstens bis zur Berührung mit den

151

Platten E mit reiner Kochsalzlösung gefüllt sind. Das aus dem Trichter F zugeführte Erz rutscht, während das Bassin schwach erschüttert wird, auf der schiefen Sohle nach H hinab, wo die extrahierten Rückstände den Apparat verlassen. Bei allen Modifikationen soll das durch den elektrischen Strom an der Anode ausgeschiedene Chlor die an ihr lagernden oder an ihr vorbeigeführten Erzpartikelchen in Chlormetalle verwandeln, so dass also kein freies Chlor abdunstet.

Und nun erübrigte noch das von HANNAY in die Welt gesetzte Verfahren. Das erste Patent [91] schlug die vereinte Wirkung von Chlor einem Cyanide und Elektricität vor; im zweiten Patente [92] begnügte man sich mit den beiden letzteren; im dritten [93] nahm man noch eine Quecksilberkathode zu Hülfe. Das Ganze tauft man mit dem stolzen Namen ‚Universal Gold Extracting Process', sorgt für die nöthige Reklame und findet ein gläubig staunendes und zahlendes Publikum.

Das wären unter der grossen Zahl von Vorschlägen zur elektrolytischen Goldgewinnung direkt aus Erzen die charakteristischsten oder wenigstens diejenigen, über welche am meisten gesprochen und geschrieben worden ist. In Anwendung sind sie nirgends.

Die Gründe der bisherigen Misserfolge sind in den eben vorangegangenen Besprechungen zum Theil schon erwähnt worden. Das Grundübel liegt in der Nothwendigkeit, grosse Erzmassen innerhalb der Apparate lange Zeit in Bewegung zu halten. Diese Erzmassen sind in Wasser oder in Salzlösungen vertheilt, bringen also noch beträchtliche Flüssigkeitsmengen mit. Wenn aber in diesen gewaltigen Flüssigkeits- oder -Schlammmassen nur minimale Metallmassen vorhanden sind, so bedarf es keiner sehr angestrengten Ueberlegung, um zu dem Schlusse zu kommen, dass die elektrolytische Behandlung solcher Mischungen entweder sehr viel Zeit erfordert, da man ein gewisses, im Einklange mit jenen Metallmengen stehendes Maass von Stromdichte, also auch von elektromotorischer Kraft, nicht überschreiten darf, oder dass ein bedeutender, vielleicht der grösste Theil der Stromarbeit in Nebenreaktionen verschwendet wird, sobald man eine dem Edelmetallgehalte entsprechende geringe Stromdichte, um Zeit zu ersparen, überschreitet. Zwischen diesem ‚Entweder-Oder' muss man bei den soweit gekennzeichneten Methoden wählen, und ohne in den Fehler des Pessimismus zu verfallen, wird man sich sagen müssen, dass weder das eine noch das andre eine Lösung der Frage herbeizuführen geeignet ist. Die Naivität aber, mit welcher einzelne Erfinder an den elektrischen Strom das Ansinnen stellen, sich um nichts als die Goldtheilchen des Erzes zu kümmern, ist bewundernswerth; sie scheinen den elektrischen Strom für ein begabtes Wesen zu betrachten, dem sie, vielleicht ohne es zu wollen, mehr Begabung zutrauen, als sie selbst besitzen.

Von der Haltbarkeit des Elektrodenmateriales oder dem Verhalten desselben zu den verschiedenen Elektrolyten und deren Bestandtheilen scheinen auch nur wenige der Patentinhaber eine Ahnung

---

[91]) Engl. P. Nr. 14061 von 1886.
[92]) Engl. P. Nr. 14966 von 1890.
[93]) Engl. P. Nr. 19181 von 1890.

zu haben. Ich verweise nur auf den vielbesprochenen CASSEL'schen Apparat, in welchem dem Erzschlamme stundenlang Gelegenheit gegeben wird, welche Kohlenstäbe zu polieren oder abzudrechseln, um schliesslich eine Kleinigkeit Gold zu lösen, die kaum ausreicht, den Ersatz an Kohlestäben zu zahlen.

An Elektrolyten, besonders Cyanidlösungen, stellt man ganz besondere Anforderungen. Wenn auch chemische Lehrbücher die Unbeständigkeit der letzteren zur Genüge hervorheben und wenn auch in richtiger Erkenntnis dieser Thatsache bei der einfachen Cyanidlaugerei das Aufrühren der Lösungen an der Luft auf das Nothwendigste beschränkt wird, so ist das für den Erfinder von Fach kein Hindernis, gerade solche Lösungen mit Luftströmen aufzurühren, sie unter Luftzutritt zu schütteln und zu drehen, sie auf beliebige Temperaturen zu erhitzen; ihm geht alles nach Wunsch — wenigstens in den Patentschriften.

Auch das nun wirklich niedergeschlagene Gold soll, patentierten Vorschriften entsprechend, seinen Charakter vollständig verläugnen; es soll sich trotz rohester mechanischer Behandlung auf beliebigen Metallflächen festhaftend ansammeln; es soll der abschleifenden Wirkung harter, feiner, in Wasser vertheilten Erztheile Widerstand leisten u. dergl. m. Man bringe einen stark und gut vergoldeten Metallstab in einen jener zahlreichen Apparate zur elektrolytischen Verarbeitung von Erzen, gleichgültig, ob der Stab ausserdem Kathodenfunktionen versieht oder nicht, und man wird sich bald überzeugen können, wo das Gold bleibt.

Nach all diesen Berichten über negative Resultate mag noch ein Verfahren Erwähnung finden, nach welchem das Erz ebenfalls dem Elektrolyten beigemischt wird, das Verfahren von JOBY[24]. Es besitzt wenigstens zwei wesentliche Vorzüge vor den übrigen: Man arbeitet ohne Kohleanoden und ohne Diaphragmen. Ob es sonst von praktischen Erfolgen gekrönt war, kann ich noch nicht sagen.

Der Apparat besteht aus einem Schlammgerinne, in welches amalgamierte Kupferbleche parallel zur Schlammstromrichtung in sehr geringen Entfernungen von einander eingehängt sind. Von dem Erze lässt man nur das allerfeinste mit einem Wasserstrome durch das so ausgerüstete Gerinne hindurchfliessen, während man durch die Metallplatten Wechselströme hindurchschickt. Während des Betriebes sind die Zwischenräume, welche die Erz-Pochtrübe zwischen den Platten zu durchfliessen hat, auf 0,5 mm eingestellt.

Als Hauptbedingung für dieses Verfahren wird verlangt, dass die

---

[24]) Engineering and Mining Journal (New York) vol. LVIII, 1894, p. 440.

Erze so fein wie nur irgend möglich gepocht und in Form dünner Schlämme dem Gerinne zugeführt werden. Nähere Angaben über Resultate praktischer Versuche fehlen.

3. Lösung des Goldes auf rein chemischem Wege mit darauf folgender elektrolytischer Fällung des Metalles aus der Lösung.

In der ersten Auflage dieses Buches sagte ich am Schlusse der Besprechung der damals bekannten Goldgewinnungsmethoden, dass unter Verhältnissen, unter denen man ein Metall, welches sich so leicht wie Gold aus seinen Lösungen, auch ohne den elektrischen Strom, fällen lässt, auf elektrolytischem Wege niederzuschlagen für gerathen finden würde, die Lösung des Goldes am besten ausserhalb des Anodenraumes elektrolytischer Zersetzungsgefässe auszuführen sei. Es liegt mir gewiss fern, behaupten zu wollen, damit den für die Praxis wahrscheinlich einzig möglichen Weg der Verarbeitung goldführenden Materiales angegeben zu haben, denn die Firma Siemens & Halske hatte diesen Weg ja schon für die Verarbeitung sulfidischer Kupfererze und Hüttenprodukte eingeschlagen, aber es ist mir doch lieb, feststellen zu können, dass die inzwischen in der Praxis erhaltenen Resultate meine damaligen Voraussetzungen vollständig bestätigt haben.

Es war wiederum die Firma Siemens & Halske, welche auf diesem Gebiete die ersten, auch für die Technik positiven Resultate erzielte. Privatmittheilungen von der Direktion genannter Firma setzen mich in den Stand, folgende Einzelheiten über das Verfahren anzugeben.

Der leitende Gedanke der Arbeitsweise ist folgender: Goldhaltige Erze oder Amalgamationsrückstände werden mit schwacher Kaliumcyanid-Lösung ausgelaugt; Gold geht dabei, wie schon früher erwähnt wurde, zum grössten Theile in die Lösung über; letztere wird unter Benützung von Eisenanoden und Bleikathoden elektrolysiert, die Bleikathoden endlich werden, nachdem sich genug Gold gesammelt hat, aus dem Bade entfernt, getrocknet, eingeschmolzen und dann nach dem bekannten Treibprozesse auf Gold verschmolzen.

Für das Siemens'sche Verfahren geeignet sind nur solche Erze oder Rückstände, Röstprodukte u. dergl., deren Bestandtheile keine zu grossen Cyankaliumverluste veranlassen. Solche Bestandtheile sind: freie Schwefelsäure, Ferro- und Ferrisulfat und alle in Cyanidlösungen löslichen unedlen Metalle und Metallverbindungen.

Sind die schädlichen Bestandtheile in Wasser löslich, so wird vor Anwendung des Verfahrens das Erz mit Wasser ausgelaugt; auch kann hierbei Kalk in Anwendung kommen.

Ferner ist die lösende Wirkung des Cyankaliums langsam und unvollkommen, wenn das Gold in Form von groben Körnern vorhanden ist. Endlich ist der procentische Ertrag des Verfahrens geringer, wenn der Goldgehalt ein sehr reicher ist.

Hiernach eignen sich für die Anwendung des Verfahrens am besten quarzige und pyritische unzersetzte Erze und Amalgamations-Rückstände (Tailings) von mittlerem und geringem Goldgehalt in metallischer Form und in feiner Vertheilung.

Die Vorbereitung des goldführenden Materiales für die Laugerei würde lediglich in möglichst weitgehender Zerkleinerung zu bestehen haben. Amalgamationsrückstände sind demnach direkt brauchbar. Wenn die Anlage für diese Art der Goldgewinnung nicht mit einem Amalgamationswerke in Verbindung steht, ist in erster Linie eine Zerkleinerungsvorrichtung nöthig, in allen Fällen aber würden dann die Laugereiapparate, die elektrolytische Fällanlage, Treiböfen, Reduktionsöfen für die beim Treiben entstehende Glätte, sowie verschiedene kleinere Schmelz-, Giess- und sonstige Hülfsvorrichtungen folgen.

Geeignete Zerkleinerungsanlagen sind in allen grösseren Werken über Metallurgie und Aufbereitung beschrieben.

Die Extraktionsgefässe sind grosse eiserne Behälter von etwa 100 cbm Inhalt. Der Goldsand oder die Amalgamationsrückstände werden in dieselben eingefüllt, mit der Cyanidlauge übergossen und durch Rührwerke in Bewegung gesetzt. In einigen Fällen ist das Rühren nicht nur überflüssig, sondern sogar nachtheilig, wie überhaupt alle unnöthige Berührung der Flüssigkeit mit Luft vermieden werden muss. Bei dem geringen Goldgehalte der Erze und Rückstände ist in den pulverigen und schlammigen Massen in der Regel schon genug Sauerstoff zur Durchführung der ELSNER'schen Reaktion: $Au_2 + 4 KCy + O + H_2O = 2 KCy AuCy + 2 KHO$ vorhanden. Jede weitere Sauerstoffzufuhr, welche durch Rühren begreiflicherweise nur begünstigt wird, verursacht Oxydation, also Verlust von Cyaniden. Dass die Konstruktion der Rührwerke bei sandigem und bei thonigem Materiale nicht die gleiche sein darf, ist wohl selbstverständlich. Geeignete Hülfsmittel für den einen oder andren Zweck besitzt die chemische Technik in hinreichender Auswahl, so dass ich auch auf diese nicht näher einzugehen brauche. Nach beendigter Auslaugung wird die Lösung in die Fällungsanlage übergeführt. Auf diese Weise gelangen zur Verarbeitung Lösungen, welche einen Goldgehalt von etwa 8 g per 1000 kg Lösung besitzen.

Die Fällungsanlage auf den Werken der Rand Central Reduction Company zu Worcester, Transvaal, Südafrika besteht aus vier eisernen Bottichen von je 6 · 2,50 · 1,15 m. In denselben hängen als Anoden Eisenbleche von je 2,15 m Länge, 0,92 m Breite und 0,003 m Dicke. Bleiplatten von entsprechenden Dimensionen sind in leichte Holzrahmen eingespannt; sie dienen, wie gesagt, als Kathoden. Die Verbindung mit den Leitungen geschieht in bekannter Weise; die Hauptleitungen liegen auf den Längswänden der Bottiche.

Behufs Regelung der Flüssigkeitszirkulation sind die Elektroden so angeordnet, dass die eine nicht ganz bis auf den Boden des Gefässes reicht, während die andre auf dem Boden ruht, aber mit dem oberen Rande in der Flüssigkeit untertaucht.

Die Entfernung zwischen den Elektroden wird durch Leisten am Boden und den Seitenwandungen aufrecht erhalten; sie beträgt etwa 0,030 m.

Man arbeitet mit einer Stromdichte von etwa 60 Ampère per qm und braucht dazu 4 Volt Spannung.

Das Kathodenmaterial muss folgenden Anforderungen entsprechen: 1. das gefällte Gold muss daran haften bleiben; 2. zur möglichsten Reduktion der Anlagekosten muss es in dünnen Schichten, Platten oder Blechen verwendbar sein; 3. es muss sich leicht von Gold scheiden lassen; 4. es darf nicht elektropositiver als das Anodenmaterial sein. — Da Quecksilber an sich und besonders bei der geringen Stromdichte zu theuer werden würde, hat man Blei als geeignetste Substanz gewählt.

Als Anodenmaterial dient Eisen. Kohle ist nicht haltbar genug. Eisen wird zwar auch angegriffen; es bildet sich aber auf diesen Anoden Berlinerblau, das man wieder auf Cyankalium verarbeiten kann.

Die Zersetzungsgefässe werden unter Verschluss gehalten. Monatlich einmal nimmt man die Kathoden heraus und zwar eine nach der andren, ohne den Betrieb zu unterbrechen. Die mit 2-12 % Gold bedeckten Bleiplatten werden eingeschmolzen. Das Blei wird abgetrieben. An Stelle der alten Bleiplatten werden frische eingesetzt. Der monatliche Bleiverbrauch beläuft sich auf 340 kg, entsprechend einem Kostenaufwande von etwa 12 ₰ per Tonne Erz.

Nach der Fällung wird die entarmte Lauge in die Extraktions-Behälter zurückgeführt, nachdem so viel Cyankalium zugesetzt ist, als zum Ersatz der bei der Extraktion und der Fällung entstandenen Verluste nöthig ist.

Die Betriebsergebnisse waren folgende:

Cyankalium wird ausser für die Lösung von Gold und anderen Metallen noch durch die Luft und die in derselben enthaltene Kohlensäure zersetzt. Dieser Verbrauch ist in jedem Fall verschieden, je nach der Beschaffenheit des Erzes oder der Amalgamationsrückstände.

Bei den Amalgamationsrückständen in Transvaal wurde in einer Anlage, welche per Monat 3000 Tonnen von ca. 8 g Gold per Tonne enthaltenden Rückständen verarbeitet, 0,118 kg Cyankalium per Tonne Rückstände verbraucht.

Der Kraftbedarf gestaltete sich wie folgt:

An menschlicher Arbeitskraft wurden in Transvaal auf einer Anlage für 3000 Tonnen monatlichen Erzverbrauch an Beamten, Aufsichtspersonal und Arbeitern verwendet:

> zwei Aufseher und fünf schwarze Arbeiter.

Dieselbe Tailings-Anlage gebrauchte:

für die elektrolytische Goldfällung ca. 5 HP,

für den Gesammtbetrieb . . . ca. 25 HP, inbegriffen elektrische Beleuchtung und elektrische Kraftübertragung zum Betriebe der Rührwerke u. s. w.

Die Anlagekosten für die Behälter und die Fördervorrichtungen der Extraktions- und der Fällungsanlage sind begreiflicherweise an verschiedenen Orten sehr verschieden; indessen lassen sich dieselben nach der Menge der Erze oder Tailings schätzen.

Man kann annehmen, dass jeder Extraktionsbehälter die täglich zu verarbeitende Menge Tailings enthalten muss und täglich einmal gefüllt und entleert wird, und dass 3-6 solche Behälter aufgestellt werden, je nach der Beschaffenheit der Tailings und der Anzahl der Laugungen.

Bei dem elektrischen Theil kann man sich auf die zum Betriebe der Fällungsanlage nöthigen Dynamomaschinen mit Zubehör beschränken; indessen ist es zweckmässig, elektrische Beleuchtung der ganzen Anlage und elektrische Kraftübertragung zum maschinellen Betriebe der Rührwerke und Pumpen hinzuzufügen.

Bei einer Anlage von 3000 Tonnen Tailings per Monat sind die Kosten der elektrischen Einrichtung, ohne Fracht, Zoll und Montage, ungefähr die folgenden:

elektrische Einrichtung zum Betrieb der Fällungs-
Anlage . . . . £ 250,00.
elektrische Beleuchtung und elektrische Kraftübertragung . . . . £ 750,00.

Die Betriebskosten der oben erwähnten Anlage in Transvaal, welche monatlich 3000 Tonnen Amalgamationsrückstände verarbeitet, betrugen:

	per Monat	per Tonne Rückstand
Aus- und Einfüllen der Bottiche (durch einen Unternehmer und dessen Arbeiter)	£ 125,00	10,0 d.
Cyankalium	- 75,00	6,0 -
Kalk	- 15,00	1,2 -
Soda	- 6,00	0,5 -
Bleiblech	- 14,00	1,1 -
Eisenblech	- 28,00	2,2 -
Weisse Arbeiter	- 65,00	5,2 -
Eingeborne, Lohn und Nahrung . . .	- 20,00	1,9 -
Kohlen	- 57,00	4,6 -
Magazin- und Generalunkosten . . .	- 41,00	3,2 -
	£ 450,00	35,9 d. = 3 sh.
	ℳ 9000,00	ℳ 3,00.

Das Ausbringen betrug im Durchschnitt 70 %.

Die Rentabilität zeigt folgende Berechnung:

Der Goldgehalt der Tailings betrug durchschnittlich etwa 8 g per Tonne; da das Ausbringen 70 % betrug, wurden etwa 16 kg Rohgold gewonnen, dessen Werth fast genau . . . . ℳ 37 000 betrug, zieht man davon die Betriebskosten u. s. w. mit - 14 000 ab, so bleiben per Monat . . . . ℳ 23 000.

Von diesem Betrage würden nur noch die Kosten der Rückstände und das Gehalt des Fabrikleiters abzuziehen sein, um für Zinsen, Amortisation und Dividende einen reichlichen Betrag zurück zu halten.

Die oben erwähnte Rand Central Ore Reduction Co. hat in dem ersten Jahre nach Errichtung der Worcester-Anlage, trotz bedeutender Abschreibungen eine Dividende von 25 % zur Vertheilung bringen können.

Die Vortheile dieser Fällungsmethode gegenüber der chemischen sind sehr wesentliche. Die letztere erforderte schon zum Auslaugen verhältnismässig starke Cyanidlösungen; denn nur aus solchen kann das Gold durch Metalle wie Zink einigermaassen vollständig ausgefällt werden. Die elektrolytische Fällung ist auch bei schwächeren Lösungen mit Erfolg durchführbar. Der Cyankaliumverbrauch wird damit erheblich reducirt. Man vergleiche nur die folgenden Zahlen:

Bei dem sogenannten MAC ARTHUR-FORREST-Verfahren werden Lösungen mit durchschnittlich 0,3 % K Cy verwendet; das SIEMENS-Verfahren verlangt als stärkste Laugen solche mit 0,05-0,08 %, benützt aber noch solche mit nur 0,01 % K Cy.

Eine Anlage, welche nach ersterem Verfahren monatlich 3000 Tonnen

Amalgamationsrückstände verarbeitete, verbrauchte in dieser Zeit für 4400 ℳ Cyanid; eine nach SIEMENS' Verfahren in gleicher Zeit die gleiche Menge von Rückständen zu Gute machende Anlage verbrauchte für 1500 ℳ Cyankalium.

Zwar ist bei Verwendung schwächerer Lösungen beim Auslaugen auf längere Lösungsdauer, also auf eine grössere Anlage für die Laugerei zu rechnen, doch fällt dies weniger ins Gewicht als der hohe Cyanid-Verbrauch der schneller arbeitenden Laugereien.

Ein weiterer Vortheil des SIEMENS'schen Verfahrens besteht darin, dass das Gold als fester Niederschlag auf dünnen Bleiplatten gewonnen wird, während bei dem chemischen Fällungs-Verfahren das Gold als loses Pulver, mit Zinkspänen vermischt, erhalten wird. Das Niederschlagen des Goldes auf Blei bringt zunächst den Vortheil mit sich, dass dies mühsame Reinigen und Aufsuchen des Goldpulvers in den Fällbottichen wegfällt, es verdient aber noch erwähnt zu werden, dass die Entfernung des Bleies, durch den bekannten Prozess des Abtreibens, keine Schwierigkeiten bietet und das Blei wieder gewonnen wird, während die Entfernung des Zinks durch Auflösung in Säure oder anderen Chemikalien geschieht, wobei Zink und Säure verloren gehen.

Die ökonomische Ueberlegenheit des elektrolytischen Verfahrens über dasjenige von MAC ARTHUR-FORREST drückt sich dadurch aus, dass, bei einer Anlage zur Verarbeitung von 100 Tonnen Amalgamationsrückstand täglich, die Betriebskosten per Tonne Rückstand nach dem SIEMENS-Verfahren sich auf 3 Shilling, nach dem sogenannten MAC ARTHUR-FORREST-Verfahren, nach Angabe von EISSLER[25], auf 7-8 Shilling stellen.

Das der so erfolgreich von Siemens & Halske eingeschlagene Weg in neuerer Zeit mit besonderer Vorliebe auch von anderen Erfindern gewählt wird, ist leicht verständlich.

ELTONHEAD[26] glaubt zu besseren Resultaten zu kommen, wenn er die bei der Cyanid-Laugerei erhaltenen Goldlösungen mit Bleianoden und Quecksilberkathoden elektrolysiert. Praktische Metallurgen werden sich dieser Meinung kaum anschliessen.

KEITH[27] will bei der Laugerei höhere Goldausbeute mit einer Quecksilber-Kaliumcyanid-Lösung erzielen. Er stellt dieselbe dadurch her, dass er einer Tonne 0,1- bis 0,5procentiger Cyankaliumlösung 0,3-0,6 kg eines löslichen Quecksilbersalzes zusetzt. In den Elektrolysier-gefässen sind als Kathoden amalgamierte Kupferplatten (600 × 600 mm)

---

[25]) EISSLER, M., The Cyanide Process etc. London 1895, Crosby Lockwood & Son.
[26]) Elektrotechnischer Anzeiger 1895, S. 125,
[27]) Electrician (London) vol. XXXIV, 1895, nr. 637.

in derselben Weise angeordnet, wie in den SIEMENS'schen Zersetzungsgefässen die sämmtlichen Elektroden. Die Lösungen können also nur, in Schlangenlinien die Kathoden umlaufend, fortwährend auf- und abwärts fliessend, den Zersetzungsbehälter durchziehen. Zwischen je zwei 50 mm voneinander entfernten Kathodenblechen stehen acht bis zehn cylindrische, poröse Gefässe von 25 mm Durchmesser und 600 mm Höhe. In diesen endlich sind Zinkstäbe als Anoden angebracht. — Ob die Mehrausgaben für den Elektrolyten, die Anoden und die bekanntlich nie dauernd haltbaren Diaphragmen wirklich durch höhere Goldausbeute gerechtfertigt werden, müssen praktische Versuche in grösserem Maassstabe lehren.

PELETAN und CLERICI beschreiben in einem amerikanischen Patente[28] einen vollständigen Entwurf für eine Goldgewinnungsanlage, in welcher auch Cyanidlaugerei mit Elektrolyse verbunden ist. Die Zinkanoden der Zersetzungsgefässe sollen auch als Rührer funktionieren, zu welchem Zwecke eine mit Zinkflügeln versehene Welle mit einer Zinkbekleidung versehen ist. Als Kathoden dienen am Boden der Elektrolysiergefässe liegende, amalgamierte Kupferplatten.

Weiter gehende Veränderungen werden von GAZE[29] vorgeschlagen. Er benutzt statt der bisher für besonders wirksam gehaltenen Cyanide Bromchlorid als Lösungsmittel, stellt dasselbe auch auf elektrolytischem Wege her, indem eine Lösung von Natriumbromid und Natriumchlorid in 900 mm weiten und 600 mm hohen Gefässen, in welche als Kathodenzellen poröse, mit Wasser gefüllte Gefässe eingesetzt sind, elektrolysiert. Im äusseren Gefässe soll dann Bromchlorid-, in den Zellen Aetznatronlösung entstehen. Erstere wird mit dem goldführenden Materiale in gut verschliessbare Behälter gebracht. Nachdem man dann durch Einpumpen von Luft in die letzteren einen Druck von 3-4 Atmosphären erzeugt hat, bleibt die Mischung 1-2 Stunden ruhig stehen. Die Lösung wird dann abgesogen, um noch einmal oder mehrere Male mit auszulaugenden Erzen oder Amalgamationsrückständen zusammengebracht zu werden, bis ihre Lösekraft erschöpft ist. Nach erfolgter Absättigung wird das gelöste Gold elektrolytisch abgeschieden. Die hierbei entstehende saure Lösung wird nach erfolgter Neutralisation mit der vorher erhaltenen Aetznatronlösung von Neuem zur Herstellung von Bromchlorid elektrolysiert.

Wenn auch die letzten vier Vorschläge dem SIEMENS'schen Verfahren gegenüber etwaige Vorzüge noch darzulegen haben werden, um auch sich in der Technik einzuführen, so beweisen sie doch, dass die in der ersten Auflage dieses Buches von mir angedeutete Arbeitsweise allgemeinste

[28]) U. S. A. P. Nr. 528 023 vom 23. Oktober 1894.
[29]) Engineering and Mining Journal (New York) vol. LIX, 1895, p. 442.

Anerkennung findet, und wie das Verfahren von Siemens & Halske gezeigt hat, auch wirkliche Erfolge erringt.

Reines Gold findet direkte Verwendung zur Herstellung chemischer Goldpräparate, zur Vergoldung anderer Gegenstände und zur Herstellung von Legierungen mit Kupfer, Silber und anderen Metallen. Die Goldkupferlegierungen mit bis 90 % Gold dienen in erster Linie als Münzmetalle, finden aber ausserdem sowohl massiv wie als Ueberzüge auf andern Metallen ausgedehnteste Anwendung in allen Zweigen der Kunstgewerbe.

Zink.

Das Zink (Zn, Atomgewicht 65, specifisches Gewicht 6,9-7,2) ist ein bläulich weisses, glänzendes, bei gewöhnlicher Temperatur sprödes Metall von krystallinischer Struktur (hexagonale Krystallformen). Zwischen 100° und 150° wird es dehnbar, lässt sich zu Blech und Draht auswalzen, hämmern und pressen. Bei stärkerem Erhitzen wird es in der Nähe von 200° wieder so spröde, dass es sich pulverisieren lässt. Es schmilzt bei 415° und siedet zwischen 930 und 950°. Sein elektrisches Leitungsvermögen bei gewöhnlicher Temperatur ist etwa 0,27 des Silbers. Sein Lösungsvermögen für Metalle, bezw. seine Löslichkeit in solchen, erstreckt sich auf die meisten Metalle; bei vielen ist das Mischungsverhältnis ein ganz unbegrenztes; Blei löst nur wenig Zink (bis 1,5 %); ebenso Zink nur wenig Blei (bis 2,5 %).

Sauerstoff und anderen Bestandtheilen der Luft gegenüber ist Zink ziemlich widerstandsfähig. Zwar bedeckt es sich an feuchter Luft schnell mit einem mattgrauen Ueberzuge von basischem Carbonat: letzteres ist aber sehr dicht, haftet fest auf dem Metalle und bildet so einen wirksamen Schutz vor tiefer gehender Oxydation. Oberhalb seines Siedepunktes verbrennt es sowohl in Luft, wie in Kohlensäure. Wasser hat bei gewöhnlicher Temperatur wenig Einfluss auf Zink, bei Rothgluth setzen sich beide zu Zinkoxyd und Wasserstoff um (s. Bleiraffination).

Auch in Chlorgas verbrennt das Zink zu Chlorzink; mit Schwefel ist es direkt nicht leicht zu vereinigen, dagegen entsteht ein Phosphorzink schon beim Aufwerfen von Phosphorstücken auf flüssiges Zink.

In verdünnten Säuren ist Zink wegen seines stark elektropositiven Charakters und der meist leichten Löslichkeit seiner Salze leicht löslich, allerdings geht die Lösung um so träger vor sich, je reiner das Metall ist. Salpetersäure wird durch Zink während der Lösung zum Theil bis zu Ammoniak reduciert. Sein elektrochemischer Charakter erklärt es auch, dass Zink die meisten der Schwermetalle aus ihren Salzen abscheidet; auch in Lösungen der Alkalihydrate ist es unter Wasserstoffentwicklung löslich. Die hohe elektrolytische Lösungstension des Zinkes macht es zu einer beliebten Anodensubstanz in galvanischen Elementen.

Mit Säuren bildet das Zink nur eine Reihe von Salzen, die sich von dem Oxyde ZnO ableiten; den Alkalien gegenüber zeigt das Zinkoxyd, bezw. Hydrooxyd, sauren Charakter, es bildet Salze, Zinkate, die sich von dem Hydrooxyde, $Zn(OH)_2$, ableiten, wenn man sich dieses als zweibasische Säure vorstellt.

Die beachtenswertheren der natürlich vorkommenden Verbindungen sind das Sulfid: Zinkblende, ZnS, das Carbonat: Galmei $ZnCO_3$, einige Silikate, das Kieselzinkerz, $Zn_2 SiO_4 + 2 H_2O$, und gemischte zinkhaltige Erze, unter diesen z. B. der Franklinit, aus verschiedenen Silikaten und Carbonaten mit meist unter 20 % Zn bestehend.

Für die Zinkgewinnung kommen ausser diesen Erzen noch die sogenannten Gichtschwämme und Ofenbrüche aus Eisenhochöfen und anderen metallurgischen Schmelzöfen, und in neuerer Zeit auch die Kiesabbrände stark zinkhaltiger Schwefelkiese in Betracht. Wenn wir von denjenigen Methoden absehen, nach welchen bei der Verarbeitung der Erze Verbindungen des Zinks (Zinkweiss, Zinkvitriol u. s. w.) geliefert werden, so bestehen in der Praxis heute nur zwei wirklich metallurgische Prozesse: die Röstreduktionsarbeit und die Elektrolyse.

Die Röstreduktionsarbeit.

Nach diesem Verfahren lassen sich direkt die meisten Zinkerze zu-Gute machen. Einige derselben erfordern zur Anreicherung des geringen Zinkgehaltes einer mechanischen, nassen Aufbereitung, die aber, besonders bei blendischen Bleiglanzen und eisenhaltigen Zinkerzen bezw. zinkischen Eisenerzen (Spatheisenstein), oft grosse Mengen weder für den Zinkhüttenbetrieb noch für den Blei- oder Eisenhüttenbetrieb direkt verwendbare Zwischenprodukte liefert. Zinkische Eisenerze nun, und die bei der nassen Aufbereitung derselben fallenden, noch nicht genügend zinkreichen Zwischenprodukte hat man seit einiger Zeit durch Rösten mit darauf folgender elektromagnetischer Aufbereitung angereichert. Die Röstung hat in diesem Falle den Zweck, sowohl Eisenoxydul wie Eisenoxyd in Oxyduloxyd zu verwandeln, nur dieses, natürlich auch Eisen selbst, wenn es zufällig oder absichtlich bei der Röstung oxydhaltiger Produkte gebildet werden sollte, ist magnetisierbar, und ist es klar, dass, wenn das Eisen bereits als Magneteisenstein oder Magnetkies vorhanden sein sollte, die Röstung fortfällt. Da, wo sie nöthig ist, wird sie in Schacht-, Etagen- oder Revolveröfen ausgeführt. Das Erz oder Röstgut wird dann nach vorgängiger Klassierung in bestimmten Korngrössen den elektromagnetischen Scheidern übergeben, welche das Eisenhaltige, das Durchwachsene und das Zink- oder Bleihaltige getrennt abliefern. Auf die elektromagnetischen Scheideapparate hier einzugehen, würde zu weit führen, wie wohl dieselben für die elektrometallurgische Praxis von grossem Interesse sind; die Zahl derselben ist aber eine so grosse — allein das Patentamt der Vereinigten Staaten hat bis jetzt etwa 170 Patente auf solche Apparate ertheilt —, dass sich über kurz oder lang ein Aufbereitungstechniker der Aufgabe unterziehen muss, dieselben ihrem Werthe nach zu prüfen und zu sichten.

Die auf die eine oder andre Weise genügend angereicherten Erze werden zunächst geröstet und zwar Carbonate in einfachen Brennöfen, wie sie auch zum Brennen von Kalkstein und Spatheisenstein dienen; Blende in besonders konstruierten Etagenröstöfen, von denen sich die Konstruktion von LIEBIG und die der Aktiengesellschaft Rhenania am besten bewährt haben [1].

Die Röstprodukte werden untereinander und mit Reduktionskohle so gattiert, dass einmal hinreichend Kohle zur Verhütung der Bildung von Kohlensäure vorhanden ist, dass aber ausserdem die bei der dann folgenden Reduktionsarbeit verbleibenden Rückstände möglichst schwer schmelzbar sind. Die letztere Bedingung zu erfüllen, genügt oft ein Ueberschuss von Kohle, deren Kokes schmelzende Produkte aufsaugt. Bei Gegenwart von viel Zinksilikat und von bleiischen Verunreinigungen des Erzes sind auch wohl Zuschläge von Magnesit, Dolomit und Beauxit zur Erzeugung schwer schmelzbarer Silikate in den Rückständen empfohlen.

Die eigentliche Reduktionsarbeit erfolgt heute fast ausschliesslich in Retorten unter Verflüchtigung und darauf folgender Verdichtung des Zinkes.

Nach belgischem Systeme vereinigt man zahlreiche kleine röhrenförmige neben- und übereinander angeordnete Retorten in einem Schachtofen, während nach schlesischer Methode weniger aber grössere, meist nur in einer Reihe nebeneinander angeordnete Retorten in einem langen Heizraume liegen. Eine Kombinationsform beider Ofen- und Arbeitssysteme ist in dem rheinisch-westfälischen Zinkdistrikte in Anwendung: im Heizraume liegen nicht mehr als drei Reihen von mittelgrossen Retorten übereinander. Zur Heizung der Oefen wendet man heute fast ausschliesslich Gasfeuerungen an und zwar sowohl mit Regenerativ- (SIEMENS), wie mit Rekuperativ-System der Luftvorwärmung.

Die Verdichtung der Zinkdämpfe erfolgt meist in Thonvorlagen, welche unmittelbar vor den Retorten liegen, und Eisenblechvorlagen, welche zu

---

[1] LUNGE, G., Sodaindustrie, 2. Auflage, Bd. I (Schwefelsäure). Braunschweig 1898, Vieweg & Sohn.

Beginn des Betriebes noch an die Thonvorlagen angeschlossen werden. Das Zink wird zum Theil in Pulverform, ‚Zinkstaub', zum Theil in flüssiger Form in den Vorlagen abgeschieden.

Was die Einzelheiten der Ofeneinrichtungen und der verschiedenen Arbeitsweisen betrifft, sei auf die schon mehrfach erwähnten metallurgischen Lehrbücher verwiesen.

Elektrolyse.

Dass die bisherigen rein metallurgischen Arten der Zinkgewinnung als die unvollkommensten und verlustreichsten aller Hüttenprozesse zu betrachten sind, unterliegt wohl keinem Zweifel. Versuche, das Zink auf elektrolytischem Wege abzuscheiden, waren daher und sind noch immer wohl am Platze. Trotz aller Anstrengungen aber befindet sich die elektrolytische Zinkgewinnung noch immer im Versuchsstadium, wenn auch in diesem Jahre ein Werk, ‚die Elektrolytischen Zinkwerke zu Duisburg', einen grösseren Betrieb eröffnet hat. Gewiss ist es nicht schwer, Zink elektrolytisch abzuscheiden, aber dieses Zink in für die Zinkwalzwerke direkt brauchbaren, zusammenhängenden Platten bei hinreichend niedrigem Kraftverbrauche zu erhalten, diese Aufgabe ist scheinbar nicht leicht zu lösen.

Wie bei den bisher besprochenen Metallen ging man mit den Versuchen in drei verschiedenen Richtungen vor. Nach den ältesten Vorschlägen sollten Zinklösungen unter Benutzung von Erzen als Anoden elektrolysiert werden; die ersten praktischen Erfolge in einem grösseren Betriebe wurden bei Benutzung einer Zinklegierung (Zink-Silber-Legierung vom ROESSLER-EDELMANN-Prozesse) als Anode erhalten; die endliche Lösung der Zinkgewinnungsfrage scheint aber doch in der Elektrolyse gelöster oder geschmolzener Zinksalze unter Benutzung unlöslicher Anoden zu liegen.

1. Elektrolyse von Zinksalzlösungen unter Benutzung von Zinkerz-Anoden.

LUCKOW, welcher als erster in einer deutschen Patentschrift [2] ein für die technische Zinkgewinnung bestimmtes elektrolytisches Verfahren in Vorschlag brachte, scheint gerade die zuletzt erwähnte Forderung, das Metall in zusammenhängenden Massen zu erhalten, zur Zeit seiner Patentanmeldung, als unwesentlich angesehen zu haben, denn er schreibt:

„Durch Elektrolyse koncentrierter Lösungen von Zinksalzen wird körniges Zink gewonnen, wobei man die frei werdenden Säuren auf Zinkerze einwirken lässt und die Polarisation durch mechanische oder chemische Mittel aufhebt.

---

[2] D. R.-P. Nr. 14 256.

Es werden als Zersetzungszellen besonders längliche Tröge benutzt, in die man die Polkörper in abwechselnder Folge und parallel zu der kurzen Seite des Troges einstellt.

Als negativer Pol werden besonders Zinkplatten verwendet, unter welche man unten mit Gewebe überspannte Rahmen stellt; in diese fällt das Metall, welches man von den Polplatten abstösst.

Zwischen die Zinkplatten werden Gitterkästen oder Körbe eingesetzt, welche etwas über die Flüssigkeit hervorragen und mit einem Gemenge von Kohle und Zinkerzen, zinkischen Röst- und Hüttenprodukten oder auch mit Kohle allein gefüllt sind. Der Inhalt dieser Gefässe wird oben mit einem Metallstücke beschwert, welches auch zur Einleitung des Stromes dient.

Elektrolysiert man so Chlorzinklösungen bei Anwendung von Kohle als positivem Pole, so wird das sich hier abscheidende Chlor entweder mechanisch durch Einblasen von Luft oder chemisch durch Einblasen von schwefliger Säure entfernt.

Wendet man aber als positiven Pol ein Gemenge von Kokes und Blende an, so wird das frei werdende Chlor die Blende unter Auflösung von Zink zersetzen. Man kann hierbei die Zersetzung statt in einer Chlorzinklösung in einer schwach sauren Kochsalzlösung vor sich gehen lassen".

BLAS und MIEST[a] wollen die auf eine Korngrösse von 5 mm zerkleinerte Blende unter einem Drucke von 100 Atmosphären zu Platten pressen, diese Platten erhitzen und dann nochmals demselben Drucke aussetzen, um so geeignete Anoden für ihre Elektrolysiergefässe zu erhalten. Sie rechnen sich grosse Vortheile ihres Verfahrens gegenüber der Hüttenmännischen Arbeitsweise und anderen damaligen Vorschlägen heraus. Das Verfahren hat aber trotzdem keine Anerkennung gefunden.

Nach allem, was über die Benutzung sulfidischer Erze als Anoden besonders unter ,Kupfer' gesagt worden ist, wird es überflüssig sein, auf die bei dieser Arbeitsweise auftretenden Uebelstände hier noch einmal einzugehen. Auf einen andren Punkt des Patentes LUCKOW, durch Einblasen von schwefliger Säure die Depolarisation an unlöslichen Anoden zu reducieren, komme ich bei Besprechung der Arbeitsmethoden mit unlöslichen Anoden zurück.

2. Elektrolyse von Zinksalzlösungen unter Benutzung von Anoden aus Rohzink und anderen Zinklegierungen.

So einfach vom theoretischen Standpunkte diese Arbeitsmethode auch erscheint, so scheiterte sie doch anfangs an mannigfachen, in der

---

[a]) BLAS et MIEST, Essay d'application d'électrolyse à la métallurgie. Paris 1882, Ganthier-Villars.

Zusammensetzung des Rohmateriales begründeten und mit der Elektro-
lyse wässriger Zinksalzlösungen überhaupt verknüpften Schwierigkeiten.
Die Raffination von Rohzink ist auch heute noch zu theuer, da die Zinkelektrolyse, welcher Art sie auch sei, sobald es sich um die Herstellung
walzbaren Zinkes handelt, sehr grosser Aufmerksamkeit, also kostspieliger
Bedienung und eines im Vergleiche zu anderen Metallraffinationen hohen
Kraftaufwandes bedarf; wohl aber hat sich der bei dem RÖSSLER-EDEL-
MANN'schen Bleientsilberungsprozesse fallende ‚Zinkschaum' als ein für
die elektrolytische Scheidung brauchbares Material erwiesen.

Auch der alte Zinkentsilberungsprozess liefert eine als ‚Zinkschaum'
bekannte Legierung, doch hat sich diese als Anodensubstanz nicht brauchbar erwiesen. Dieser Schaum, ein Gemisch aus Blei-Zink, Zink-Silber
und anderen Legierungen, enthielt bis zu etwa 77 % Blei, 12 % Zink,
2,4 % Silber nebst anderen Metallen und Oxyden. Man hat sich auf
der königlichen Friedenshütte zu Tarnowitz längere Zeit mit
Versuchen zur Abscheidung und Wiedergewinnung des darin enthaltenen
Zinks auf elektrolytischem Wege unter Zurücklassung des silberhaltigen
Bleies an der Anode beschäftigt. RÖSING[4] berichtet davon Folgendes:

„Diese elektrolytische Zinkschaumverarbeitung unterscheidet sich von
anderen elektrometallurgischen Prozessen, wie z. B. der Raffination des
Kupfers, der KEITH'schen Werkbleientsilberung und dem HERRMANN'-
schen Verfahren der Reinigung von Handelszink besonders dadurch, dass
das aus dem zu verarbeitenden Materiale elektrolytisch zu entfernende
Metall bei allen diesen Verfahren der weitaus überwiegende Bestandtheil
ist, während hier das Zink oft nur den zehnten Theil der ganzen Masse
ausmacht. Sobald daher das im Schaume vorhandene Zink, welches von
den Elektrolyten berührt wurde, in Lösung gegangen ist, hat sich eine
Oberfläche gebildet, welche aus Blei und Silber, den fast unlöslichen
Theilen des Schaumes, besteht. In diesem Augenblicke kann der elektrische Strom unterbrochen werden, da je nach der Spannung desselben
entweder bald nur Wasserstoffentwicklung eintreten, oder der Strom bei
den unlöslichen Anoden von selbst aufhören (?) würde.

Es ist einleuchtend, dass die Entzinkung des Schaumes um so vollständiger ist, je grösser die Berührungsfläche des Schaumes und des
Elektrolyten ist. Aus diesem Grunde wird der Schaum, da wegen seiner
Sprödigkeit dünne Platten sich aus demselben nicht herstellen lassen, in
pulverisiertem Zustande angewendet. Dies hat zur Folge, dass die Elektroden eine wagerechte Lage erhalten müssen. In runden hölzernen
Elektrolysierbottichen liegt auf dem Boden eine mit Zinkschaum bedeckte

---

[4] DINGLER's Polytechnisches Journal Bd. CCLXIII, 1887, S. 93.

Bleiplatte, welche als Anode dient; ihr gegenüber ruht auf isolierenden Stützen die Kathode in Gestalt eines Zinkbleches. Um eine Strömung der Flüssigkeit (des Elektrolyten) zu unterhalten, werden mehrere Bottiche oder Wannen derart übereinander gestellt, dass die Flüssigkeit, welche der obersten Wanne von einem höher liegenden Behälter zugeführt wird, durch einen in jeder Wanne angebrachten Abfluss von Wanne zu Wanne fliesst; aus der untersten Wanne fliesst sie dann in einen Behälter, um von neuem verwendet zu werden. Die Masse an der Anode besteht, nachdem der elektrische Strom eine Zeitlang gewirkt hat, aus einer von Zink freien Rinde und einem unveränderten Kern, welchen man durch Saigern von jener trennt und von neuem elektrolytisch verarbeitet. Auf diese Weise wechseln Entzinkung durch Elektrolyse und Entbleiung durch Saigerung fortwährend mit einander ab. Das bei ersterer entstehende Zink wird, damit geringe Mengen darin enthaltenen Silbers und Bleies nicht verloren gehen, wiederum zur Entsilberung von Werkblei benutzt; das bei der Saigerung fallende Reichblei andrerseits wird durch den Treibprozess auf Silber zu gute gemacht. Die bei dieser Arbeit erzeugte Glätte wird zu Blei reducirt".

Man sieht von vornherein, dass diese Arbeit in Folge der häufig nothwendigen Unterbrechungen zum Absaigern des entzinkten Bleies eine höchst umständliche gewesen sein muss. In der Ausführung des Verfahrens ist man denn auch nach der zur hundertjährigen Jubelfeier der königlichen Friedenshütte herausgegebenen Festschrift[5] theils aus diesem Grunde, theils weil der Nutzen desselben den hohen Anlagekosten gegenüber dem Destillationsverfahren nicht zu rechtfertigen vermochte, über den Umfang der Versuchsanlage nicht hinausgegangen.

Wesentlich günstiger gestalteten sich die Verhältnisse da, wo man später das RÖSSLER-EDELMANN'sche Werkbleientsilberungsverfahren einführte. Dasselbe besteht bekanntlich darin, dem zu entsilbernden Bleibade statt reinen Zinkes schwach aluminiumhaltiges Zink (mit 0,5 % Al) zuzusetzen. Dieser geringe Aluminiumgehalt hat lediglich den Zweck, das Zink oxydfrei zu erhalten, bringt aber den Vortheil des Ausbringens eines dem alten Verfahren der Zinkentsilberung gegenüber weit silberreicheren und bleiärmeren Zinkschaumes mit sich. Der gesaigerte Schaum enthält 20-40 % Silber, bis zu 70 % Zink neben wenigen Procenten Blei und Kupfer. Es ist klar, dass diese Legierung als Anodenmaterial bessere Resultate geben musste, als eine solche mit fast 80 % Blei. Bisher sind über die Ausführungsbedingungen der Elektrolyse nur spärliche Angaben in die Oeffentlichkeit gedrungen; die Ermittlung derselben

---

[5] Verlag von Ernst & Korn in Berlin.

hat trotz des günstig zusammengesetzten Rohmateriales nicht geringe
Mühe und Kosten verursacht, die man begreiflicherweise nicht ohne Veranlassung Preis zu geben gesonnen ist.

Der Elektrolyt besteht aus einer Lösung von Chlorzink-Chlormagne-
sium vom specifischen Gewichte 1,2-1,27; dieselbe wird von Zeit zu Zeit
durch basische Zinksalze ($ZnCl_2 \cdot 3ZnO$) gereinigt.

Die Kathoden bestehen aus kreisrunden vertikal, auf einer horizontal
liegenden Welle angeordneten, durch letztere drehbaren Zinkblechscheiben.
Die Welle liegt gerade über dem Flüssigkeitsspiegel. Ueber Stromdichte
und Temperatur des Bades sind keine Angaben gemacht worden.

Das erhaltene Zink ist sehr rein; es enthält 99,92-99,94 % Zink,
bis zu 0,002 % Silber, höchstens 0,05 % Blei, 0,02 % Kupfer und
0,0044-0,0099 % Eisen. In Folge des hohen Reinheitsgrades erzielt es
einen bedeutend höheren Preis als das gewöhnliche reine Handelszink.

Die unlöslichen Anodenbestandtheile erhält man in Form eines
Schlammes, welcher trocken etwa 75 % Silber, 12 % Blei und geringe
Mengen unlöslicher Chloride und Oxyde von Silber, Kupfer, Zink, Eisen
und Blei enthält. Kupfer-, Zink- und Eisenoxyde werden durch Behand-
lung mit verdünnter Schwefelsäure entfernt. Bei dieser Gelegenheit re-
duciert man auch gleich das vorhandene Chlorsilber durch zugesetzte
Eisenspäne. Der nun verbleibende Rückstand enthält trocken 80-85 %
Silber neben fast 15 % Blei; er braucht nur noch fein gebrannt zu werden.

Weitere Angaben, soweit sie auf Betriebsresultate im Grossen Bezug haben, lassen sich über die Verarbeitung von Zinklegierungen bezw.
über die Raffination von Rohzink vorläufig nicht geben. Auch einige
Patentschriften, welche die Zinkraffination zum Gegenstande haben, enthalten wenig Beachtenswerthes. So empfiehlt HERMANN[6] Lösungen von
Zink-, Alkali- oder Zink-Erdalkali-Doppelsulfaten mit Rohzinkplatten als
Anoden, während WATT[7] Pflanzensäuren als Elektrolyte mit Rohzink als
Anodensubstanz vorzieht. Aus einigen nicht patentierten Arbeiten aber
können wir recht nützliche Winke für die gesammte elektrolytische Zinkgewinnung entnehmen, mag letztere mit oder ohne Zinkanoden zur Ausführung gelangen.

Als erste Arbeit ist die von KILIANI[8] zu nennen, welcher sich der
Aufgabe unterzog, die bei verschiedenen Koncentrationen des Elektrolyten (Zinksulfat) zur Abscheidung erforderlichen Stromdichten festzustellen:

[6] D. R.-P. Nr. 24 682 von 1883 und Zusatzpatent Nr. 33 107 von 1885.
[7] Engl. P. Nr. 6294 von 1887.
[8] Berg- und Hüttenmännische Zeitung 1883, S. 251.

Bei Anwendung löslicher Anoden (Anode und Kathode bestanden aus Zinkplatten) war die Gasentwicklung bei geringer Stromdichte am grössten, nahm mit steigender Stromdichte ab, und hörte auf, wenn auf ein Quadratcentimeter Polfläche in der Minute etwa 3 mg Zink niedergeschlagen wurden, wie folgende Tabelle zeigt (ich habe die zweite Vertikalkolumne eingefügt, um durch Angaben der Stromdichten in Ampère per Quadratmeter den Vergleich mit den unter anderen Verhältnissen für praktisch befundenen Stromverhältnissen zu erleichtern):

Stromdichten in mg Zink für Minute und 1 qcm	Ampère per qm	Gasentwicklung in ccm auf 1,5 g niedergeschlagenes Zink	Beschaffenheit des Niederschlages
0,0145	7	2,40	Stark schwammig.
0,0361	18	2,27	Desgleichen.
0,0755	38	0,56	Desgleichen.
0,3196	158	0,43	Der Beschlag wird dichter, nur an den Rändern ist er noch schwammig.
0,6392	316	0,33	Noch leicht abwischbar.
3,7274	1843	—	Sehr fest und weissglänzend, an den Rändern knospenartig auswachsend.
38,7750	19181	—	

Die bei grossen Stromdichten erhaltenen Niederschläge waren zwar sehr fest, bildeten sich aber namentlich an den Rändern. Aus einer zehnprocentigen Lösung war der Niederschlag am schönsten bei Stromdichten von 0,4-0,2 mg Zink. Aus sehr verdünnten Lösungen wurde das Zink immer unter starker Wasserstoffentwicklung als Schwamm erhalten. Ausserdem schied sich bei geringen Stromdichten auch Zinkoxyd ab, aus einer einprocentigen Lösung z. B. selbst mit einer elektromotorischen Kraft von 17 Volt, wenn nur 0,0755 Zink für die Minute und 1 qcm Kathode niedergeschlagen wurde. Die Grösse der Polflächen hat sich daher nach der Stromstärke und der Koncentration der Lösung zu richten. Das specifische Gewicht der Lösung, mit welcher die in obiger Tabelle verzeichneten Resultate erzielt wurden, war 1,38; es war also mit einer reichlich koncentrierten Lösung gearbeitet worden.

MYLIUS und FROMM [9] haben später die Bedingungen ermittelt, unter denen sich absolut reines Zink herstellen lässt. Sie bemerken selbst, dass sie die von ihnen angegebene Arbeitsweise keineswegs für den technischen Betrieb geeignet halten; immerhin berichtet die Abhandlung über viele, auch für die Verhältnisse der Technik aufklärend wirkende That-

---

[9] Zeitschrift für anorganische Chemie Bd. IX, 1895, S. 144.

sachen, so dass eine theilweise Wiedergabe, besonders der die Zink-raffination betreffenden Angaben wohl am Platze sein dürfte.

Ueber die Vorgänge an der Kathode, besonders über die Ursachen der Schwammbildung äussern sich die genannten Herren unter Hinweis auf die eben berücksichtigte Arbeit Kilian's, wie folgt:

„Auf welche Weise das schwammförmige Zink entsteht, ist noch nicht sicher festgestellt. Nahnsen[10] nimmt an, dass daran die Oxyde die Schuld tragen, welche durch Zersetzung des Wassers gebildet werden, andere[11] glauben an die Existenz eines hypothetischen Zinkwasserstoffs ZnH_2, welcher eine Molekularveränderung des Zinks herbeiführen soll.

Da wir gegenwärtig mit einer speciellen Untersuchung der porösen Metallniederschläge beschäftigt sind[12], so möchten wir hier auf die Frage nach dem mechanischen Aufbau des Zinkschwamms nicht weiter ein-gehen; wir möchten jedoch den Nachweis führen, dass derselbe unter Verbrauch von Sauerstoff gebildet wird und stets Oxyd oder basisches Salz enthält. Dies geht aus folgenden Thatsachen unzweideutig hervor:

1. Das schwammförmige Zink kann nicht in Quecksilber gelöst wer-den, ohne dass ein kleiner Rückstand von Oxyd oder basischem Salz hinterbleibt; die Menge desselben beträgt meist erheblich weniger als 1 %.

2. Die Bildung des Zinkschwamms wird durch Oxydationsmittel her-vorgerufen.

10proc. neutrale Zinksulfatlösung, welche 0,01 % Wasserstoffsuper-oxyd enthält, zeigt bei einer Stromdichte von 1 Ampère auf 1 qdm die Schwammbildung schon nach zwei Minuten.

Enthält die Lösung an Stelle von Wasserstoffsuperoxyd 0,1 % Zink-nitrat, so erhält man schon in einer Minute einen grauschwarzen Beschlag von oxydhaltigem Zink[13].

Eine Kathode aus Zinkblech, an einzelnen Stellen mit sauerstoff-haltigem Terpentinöl betupft, lässt bei der Elektrolyse an diesen Stellen sogleich grauschwarze Flecke auftreten, die ersten Anfänge vom Zink-schwamm.

Die bei diesen Versuchen benutzte Zinksulfatlösung liefert ohne Oxy-dationsmittel stundenlang Niederschläge von glattem, weissem Zink.

3. Das schwammförmige Zink entsteht nur dann, wenn die Be-dingungen zur Ablagerung von Zinkoxyd vorhanden sind. Andrenfalls bildet sich das Produkt nicht.

---

[10]) Berg- und Hüttenmännische Zeitung 1891, S. 393.
[11]) Siemens & Halske (D. R.-P. Nr. 66 592), vergl. S. 282.
[12]) Vergl. Mylius und Fromm: Berichte der deutschen chemischen Gesellschaft Bd. XXVII, S. 630.
[13]) Der Niederschlag enthält Nitrit und bedarf näherer Untersuchung.

10proc. Zinksulfatlösung, welche absichtlich durch aufgeschlemmtes Oxyd ein wenig trübe gemacht war, ergab an einer Kathode aus Zinkblech bei einer Stromdichte von 1 Ampère auf 1 qdm nach fünf Minuten graues schwammiges Zink, jedoch nur in einem Streifen längs der Oberfläche der Flüssigkeit[14].

4. Die Bildung des schwammförmigen Zinks wird vermittelt durch die Gegenwart fremder Metalle, welche elektromotorisch die Oxydation des Zinks befördern. NAHNSEN hat bereits mehrfach darauf hingewiesen, dass das Zink die schwammige Form am leichtesten annimmt, wenn die Lösung Verunreinigungen enthält wie Kupfer, Arsen, Antimon etc.

10proc. Zinksulfatlösung, welche 0,004 % Arsen (als Ammoniumarsenit) enthielt, liess schon nach einer Minute die Bildung des porösen grauen Zinks erkennen, alsbald zeigte sich auch deutlich Wasserstoffentwicklung; hier geschieht also die Oxydation des Zinks auf Kosten des Lösungswassers.

Wir möchten uns dahin aussprechen, dass in dem grauen Zinkschwamm Zink vorliegt, dessen Krystallisation durch Aufnahme von Sauerstoff gestört wurde; die Möglichkeit, dass dabei der Wasserstoff mitwirkt, braucht darum nicht ganz ausgeschlossen zu werden. Jedenfalls aber ist die Annahme unhaltbar, dass Mittel wie Chlor, Jod, unterchlorige Säure etc. die Bildung des grauen Zinks dadurch verhindern, dass sie den schädlichen Zinkwasserstoff zerstören[15]; ihre Wirkung ist wohl lediglich darauf zurückzuführen, dass sie Säurebildner sind.

Unsere Beobachtungen über den Zinkschwamm befinden sich also in voller Uebereinstimmung mit der Auffassung von NAHNSEN.

Wenn die Deutung unserer Versuche richtig ist, darf sich das schwammige Zink niemals aus sauren Lösungen abscheiden. In der That kann man auch seine Bildung gänzlich verhindern, wenn man für eine saure Reaktion der Zinksulfatlösung sorgt.

Die Beurtheilung, ob eine Zinksulfatlösung neutral, sauer oder basisch ist, erscheint für die elektrolytischen Zwecke besonders wichtig. Die Anwendung des Lackmusfarbstoffs ist hier bekanntlich unstatthaft. Von den Indikatoren, welche freie Säure im Zinksulfat nachzuweisen erlauben, kommt in erster Linie das Kongoroth in Betracht. Dieser Farbstoff wird in wässriger Lösung weder durch neutrales Zinksulfat noch durch basisches Salz verändert, durch freie Säure jedoch blau gefärbt[16]. Die Reaktion ist für die meisten Zwecke ausreichend scharf,

---

[14]) Wo Zink, Wasser und Luft zusammen kommen, entsteht stets Wasserstoffsuperoxyd.

[15]) Siemens & Halske, l. c.

[16]) Sehr bequem ist die Benutzung eines Kongopapiers, welches man leicht

und nur bei der Bestimmung sehr kleiner Säuremengen verläuft der Farbenumschlag zu träge.

Das Kongoroth erlaubt andrerseits nicht zu beurtheilen, ob die Zinksulfatlösung neutral oder basisch ist. Diese Frage kann nur durch ein Titrationsverfahren entschieden werden.

Wir fanden bei unseren Versuchen, dass eine 10-50proc. Lösung von 10 g Zinksulfat bei 18° 4 ccm $^1/_{100}$ Normal-Natronlösung gebraucht, um innerhalb einer halben Minute eine deutliche Trübung zu zeigen. Das Salz war mit grosser Sorgfalt wiederholt umkrystallisiert worden, anfangs aus ganz schwach saurer Lösung, später aus Wasser und Alkohol. Das Verhalten des Zinksulfats zu der $^1/_{100}$ Normal-Natronlösung ändert sich nicht durch weiteres Umkrystallisieren und ist daher für das neutrale Salz charakteristisch.

Die zur Trübung der Lösung nöthige Menge Natronlösung ist natürlich sehr abhängig von der Temperatur und auch von der Koncentration. Wir verbrauchten für je 10 g Zinksulfat bis zur Trübung folgende Volumina der Natronlauge, denen die entsprechenden Mengen Zinkoxyd an die Seite gestellt sind.

Procentgehalt der Lösung [17]	Temperatur	$^1/_{100}$ Normal-Natronlauge	Zinkoxyd
50 %	18°	4 ccm	1,6 mg
50 -	58°	14 -	5,7 -
50 -	68°	20 -	8,1 -
30 -	18°	4 -	1,6 -
10 -	18°	4 -	1,6 -
10 -	74°	14 -	5,7 -
10 -	80°	20 -	8,1 -
1 -	18°	12-15 -	5-6 -
1 -	80°	12-15 -	5-6 -

Daraus würde sich für je 10 ccm der Lösungen berechnen:

10 ccm Lösung vom Procentgehalt	Temperatur	$^1/_{100}$ Normal-Natronlauge	Zinkoxyd
50 %	18°	2,7 ccm	1,1 mg
50 -	58°	9,4 -	3,8 -
50 -	68°	13,5 -	5,5 -
30 -	18°	1,5 -	0,6 -
10 -	18°	0,4 -	0,16 -
10 -	74°	1,5 -	0,61 -
10 -	80°	2,1 -	0,85 -
1 -	18°	} 0,15 -	0,06 -
1 -	80°		

durch Aufsaugen der Lösung in Filtrierpapier herstellen kann; die Färbung desselben verhält sich umgekehrt wie die des Lackmuspapiers.

[17]) Gewichtsprocente.

Der Eintritt der Trübung zeigt an, dass die Zinksulfatlösung soeben mit Oxyd übersättigt worden ist.

Man hat in der $^1/_{100}$ Normal-Natronlauge also ein sehr bequemes Mittel, die Neutralität der Lösung zu erkennen und ihre Basicität oder Acidität zu bestimmen. Das letztere geschieht, indem man von der wirklich zur Trübung gebrauchten Anzahl Kubikcentimeter der Natronlauge die für das neutrale Sulfat verlangte in Abzug bringt. Die Bestimmung ist für sehr kleine Säuregehalte zweckmässig, aber nur annähernd genau.

Neutrale koncentrierte Zinksulfatlösung ist also selbst im Stande, kleine Mengen von Zinkoxyd zu lösen; darum erhält man daraus auch bei der Elektrolyse während mehrerer Stunden normale krystallisierte Niederschläge von Zink. Erst wenn durch Oxydation des Metalls die Lösung basisch geworden ist, liegt die Gefahr der Abscheidung des grauen Zinkschwammes nahe. Nur wenig Säure ist erforderlich, seine Bildung ganz zu verhindern. So lange die koncentrierte Sulfatlösung beispielsweise für 10 ccm 6 ccm der Alkalilösung bis zur Trübung verbraucht, also etwa 0,016 % freie Schwefelsäure enthält, ist die Lösung für die Elektrolyse geeignet. Dabei muss aber eine fortwährende Durchmischung der Flüssigkeit stattfinden, da dieselbe in Folge der ungleichen Wanderung der Ionen an der Kathode sehr stark verdünnt wird, und in verdünnter basischer Lösung die Bildung des porösen Niederschlages eine normale Erscheinung ist.

Wenn man trotz dieser Maassregeln nach Verlauf einiger Stunden die Bildung des grauen Absatzes bemerkt, so ist dies zunächst an einzelnen Stellen, welche der Durchmischung der Flüssigkeit hinderlich sind, an denen sich eine verdünnte schlecht leitende Lösung befindet, in welcher durch Oxydation des Zinks die Säure neutralisiert und daher Zinkoxyd niedergeschlagen werden kann. Dies geschieht z. B. in den kapillaren Räumen, welche hervorragende Zinkkrystalle zwischen einander lassen, namentlich auch an den steilen Rändern der auf dem Zink lagernden Wasserstoffblasen. Hier kann man das Entstehen des schwammigen Zinks in der Form kleiner dunkler Warzen zuerst beobachten. Das Material derselben ist nun selbst mit kapillaren Räumen erfüllt, welche eine basische, stark verdünnte Zinklösung enthalten; die Bildung des schwammigen Zinks ist jetzt also erleichtert, und man darf sich nicht wundern, dass die schwarzen Flecke an Umfang mehr und mehr zunehmen und zuletzt die ganze Elektrode bedecken.

Endlich muss noch daran erinnert werden, dass die Bildung des grauen Zinks nur dann vermieden werden kann, wenn man als Stromdichte an der Kathode mindestens 1 Ampère auf 1 qdm benutzt; dies steht im Einklange mit Kɪʟɪᴀɴɪ's Beobachtung, dass die Oxydbildung (und Wasserstoffentwicklung) um so stärker auftritt, je geringer die Stromdichte ist.

Ein andres Extrem, welches man bei dieser Art der Raffination vermeiden muss, ist ein zu grosser Gehalt der Lösung an freier Säure. Hierdurch würde an der Kathode neben der Zinkabscheidung eine langsame Wasserstoffentwicklung eintreten. Die Bildung des Zinkschwammes wird dann zwar vermieden, die weissen, gut krystallisierten Niederschläge, welche man erhält, werden aber sehr leicht rauh, da die Wasserstoffblasen lange am Zink haften bleiben; dem dicken Wachsthum der Schichten wird dadurch bald eine Grenze gesetzt. Namentlich aber befördert die freie Säure die Auflösung der Verunreinigungen an der Anode, welche gerade vermieden werden soll.

Zur Ausführung der Raffination unter Gewinnung von kompaktem Zink diente ein durch Diaphragmen aus Seidenzeug in drei Kammern getheiltes Glasgefäss; die Anoden waren aus gereinigtem Zink gegossene centimeterdicke Platten; wir haben sie theils rund, theils viereckig benutzt; die Kathode bestand aus Zinkblech und entsprach der Form und Grösse der Anoden. Für die im mittleren Raum enthaltene Kathodenflüssigkeit war ein eigenes für diesen Zweck konstruiertes Rührwerk vorgesehen. Hier kam es besonders darauf an, dass die Durchmischung der Flüssigkeit an der ganzen Kathodenfläche wirksam war. Da die Oxydation der Zinkmassen im Bade einen ziemlich konstanten Werth hat, so kann man sie durch eine stetige Säureproduktion im Bade selbst unschädlich machen. Zu diesem Zwecke brachte man im Kathodenraume noch eine besondere kleine Platinanode an, durch welche man mit

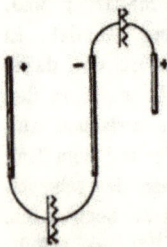

152

Hilfe einer zweiten Stromquelle eine leichte Sauerstoffentwicklung unterhielt; der negative Poldraht wurde mit der Zinkkathode verbunden, entsprechend der schematischen Figur 152. Es war dann nicht schwierig, die Stromstärke im kleinen Stromkreise so zu regeln, dass die gewünschte Säuremenge produciert und das Bad dadurch auf einem bestimmten Säuregrade gehalten wurde. 0,01 Ampère würde z. B. in 24 Stunden 0,43 g Schwefelsäure erzeugen, welche zur Neutralisation von 0,36 g Zinkoxyd ausreichen. Will man aber jede Verunreinigung des kathodischen Zinks durch Platin ausschliessen, so muss man von der kleinen Vorrichtung Abstand nehmen und die nöthige Menge Säure von Zeit zu Zeit (etwa alle 12 Stunden) dem Bade beimischen. Diese Menge betrug z. B. für 24 Stunden bei einer Oberfläche der gesammten Elektroden von ca. 600 qcm etwa 0,2 g Schwefelsäure, welche auf 1,5 Liter Flüssigkeit vertheilt wurden.

Die Anoden, an welchen hin und wieder Wasserstoffblasen aufsteigen, wurden täglich einmal ausserhalb des Bades durch Abbürsten von den Verunreinigungen befreit, worauf die Elektrolyse ihren Fortgang nahm. Etwa abfallende Theile wurden von den Diaphragmen vollständig zurückgehalten.

An der Kathode darf keine sichtbare Wasserstoffentwicklung stattfinden; bemerkte man dort das Auftreten von einzelnen Gasblasen, so wurden sie durch Emporheben der Kathode beseitigt.

Der Abstand der Elektroden voneinander betrug bei unseren Versuchen mehrere Centimeter, die Stromdichte mindestens 1 Ampère für 1 qdm Kathodenfläche, und die Potentialdifferenz zwischen Kathode und Anode 0,3-0,6 Volt.

Es ist zweckmässig, das Zink zu beiden Seiten der Kathode niederzuschlagen, da an der Rückseite der Kathode sonst leicht die Abscheidung des grauen Zinks beginnt. Diese Anordnung gewährt zugleich den Vortheil, dass man die Zahl der in einem Bade untergebrachten Elektroden nach Belieben vergrössern kann.

Die von uns angewandte Stromdichte von 1 Ampère entsprach einer Abscheidung von ca. 29 g Zink auf 1 qdm Oberfläche, mithin einer Schichtendicke von 0,4 mm in 24 Stunden. Die Elektrolyse konnte gewöhnlich 2-3 Tage lang durchgeführt werden, ohne dass das poröse Zink auftrat. Die Kathoden umkleideten sich mit weissen festen Zinkschichten, welche aber nie über 2 mm dick werden; nur an den Rändern waren sie wesentlich stärker; hier traten später leicht Rauhheiten und Auswüchse auf, in denen allmählich kleine Nester von schwammigem Zink entstanden; hierdurch war das Zeichen zum Auswechseln der Kathode gegeben.

Zunächst will ich mich jeder Bemerkung zu den Arbeiten von Kiliani und von Mylius und Fromm enthalten, da das Arbeiten mit löslichen, also Zink-Anoden, wohl nur für die Galvanoplastik und die Galvanostegie Interesse hat; ich beschränke mich auch darauf, aus den letztgenannten Zweigen der elektrochemischen Technik vorläufig nur die Thatsache heranzuziehen, dass man hier mit Stromdichten von 200-300, ausnahmsweise auch bis 700 Ampère per qm und vielfach mit reducierend wirkenden Elektrolyten arbeitet; auf einige der soweit gewonnenen Erfahrungen werde ich aber zurückkommen nach Besprechung der dritten Zinkgewinnungsmethode, der

3. Elektrolyse gelöster oder geschmolzener Zinksalze unter Benutzung unlöslicher Anoden.

Schon Luckow gab in seiner eingangs erwähnten Patentschrift [18] Vorschriften für die Arbeitsweise mit unlöslichen Anoden, unter denen besonders auf das Einblasen von schwefliger Säure in die Zersetzungsgefässe hingewiesen sein mag. Dieser Gedanke ist nämlich später mehrfach wieder erfunden worden. Luckow hat mit der Art der Verwendung der schwefligen Säure insofern auch nicht ganz das Richtige getroffen, als er beabsichtigte, das bei der Elektrolyse von Chlorzinklösungen an der Anode auftretende Chlor in eine harmlosere Substanz überzuführen. Es darf nicht übersehen werden, dass man mit dem von Luckow vorgeschlagenen Mittel die Acidität der zu elektrolysierenden Flüssigkeit mit riesiger Geschwindigkeit vermehrt. Ob man nun Chloride oder Sulfate elektrolysiert, ob man also für jedes abgeschiedene Zn die Gruppe Cl_2 oder $SO_4 = SO_3 + O$ in Freiheit setzt, man wird bei Unschädlichmachung derselben durch SO_2 stets die doppelte Menge derjenigen Säure erzeugen, welche dem ausgefällten Zink entsprach:

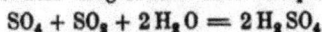

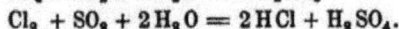

$$SO_4 + SO_2 + 2\,H_2O = 2\,H_2SO_4$$
$$Cl_2 + SO_2 + 2\,H_2O = 2\,HCl + H_2SO_4.$$

Soll nun die frei werdende Säure, wie dies die Patentschrift verlangt, durch Zinkerze neutralisiert werden, so hat man nach der ersten Neutralisation für jedes verarbeitete Zinksalz-Molekül deren zwei. Man würde also doch wohl bald in die Verlegenheit kommen, die sich bei jeder Operation verdoppelnde Säuremenge auf andre Weise als durch Neutralisation mit Zinkverbindungen zu beseitigen, ganz abgesehen davon, dass die direkte Verwendung von durch Erze neutralisierten Laugen wegen der hierdurch in den Betrieb eingeführten Verunreinigungen durchaus unstatthaft ist. — Wenn sich nun auch das Luckow'sche Verfahren, sowie es die Patentschrift angiebt, nicht in den Grossbetrieb eingeführt hat, so enthält es doch einige nicht unwichtige Gedanken, auf welche ich später wieder zurückkommen werde. Zunächst will ich nur kurz über die meist genannten der zahllosen Patent-Verfahren berichten.

Létrange [19] beschreibt in verschiedenen Patentschriften in allgemeinen Zügen von einem Verfahren zur Verarbeitung zinkhaltiger Substanzen alle anderen Arbeiten und Arbeitsbedingungen, nur nicht diejenigen, deren Erfüllung zur Gewinnung zusammenhängender Zinkplatten unumgänglich nöthig ist. Die Patentschrift enthält zum Theil ganz undurchführbare Vorschriften. Ich würde dieselbe hier überhaupt unberück-

---

[18]) D. R.-P. Nr. 14 256; vergl. S. 266.
[19]) D. R.-P. Nr. 21 775; Oesterr. Priv. vom 12. November 1881 u. a.

sichtigt gelassen haben, wenn nicht verschiedene Literaturangaben in technischen Zeitschriften, Lehr- und Handbüchern den Glauben erweckten, das Verfahren habe thatsächlich im Zinkhüttenbetriebe Anwendung gefunden. Dass LÉTRANGE auf seinem Werke zu St. Dénis elektrolytische Versuche zur Zinkgewinnung in grösserem Maassstabe ausgeführt hat, soll damit nicht bestritten werden, dass er aber, wenn er wirklich Erfolg hatte, genau nach dem patentierten Verfahren gearbeitet habe, ist ganz ausgeschlossen. Hiernach soll „Zinkblende bei mässigem Zuge so geröstet werden, dass möglichst wenig Schwefel entweicht und dass das Sulfid in Sulfat übergeht. Letzteres wird in Wasser gelöst und durch einen elektrischen Strom zersetzt (wie einfach das auf dem Papiere ausgeführt ist!), die hierbei freiwerdende Schwefelsäure dient zum Auflösen von Galmei und Zinkoxyd. Zu diesem Zweck durchläuft sie ein System gemauerter Bassins, welche durch Röhren miteinander kommunicieren und mit dem zinkhaltigen Material gefüllt sind. Sobald das erste Bassin an Zinkoxyd erschöpft ist, wird es ausgeschaltet, neu gefüllt und dann als letztes wieder eingeschaltet. Die mit Zink gesättigte Lösung gelangt in ein Reservoir, aus welchem sie regelmässig in die etwas tiefer gelegenen Zersetzungsgefässe geleitet wird. In dem Reservoir kann (!) die Zinklösung eventuell von fremden Metallen nach bekannten Methoden befreit werden. Das in dem Zinkmineral enthaltene Silber und Blei sammelt sich in den Rückständen der Auflösungsbassins und geht daher nicht verloren. Die Zersetzungsbassins bestehen aus mit Blei ausgefüttertem Holz oder auch aus Glas, Cement etc., sie enthalten dünne Zinkplatten (auch Kupfer- oder Messingplatten) als Kathoden, die Anoden bestehen aus Kohle. Die schwefelsaure Zinklösung wird auf den Boden der Bassins geleitet, während in demselben Maasse die freigemachte Schwefelsäure in Folge ihres geringeren specifischen Gewichts oben abfliesst. Das Zink scheidet sich an der Kathode ab. Sind die zu verarbeitenden Zinkoxyde sehr rein, so gestaltet sich der Prozess noch einfacher, indem die Auflösung in den Zersetzungsgefässen selbst vorgenommen wird. Man benutzt alsdann zwei kommunicierende Gefässe oder ein durch eine poröse Scheidewand getheiltes Bassin. Das eine Gefäss dient zur Aufnahme der Anode und des Zinkoxyds resp. Galmeis, während das andre die Kathode enthält, auf welcher sich das gefällte Zink abscheidet. Da das Zinkoxyd ein schlechter Leiter ist, so wird es mit etwas Kohle gemengt, um es mit der Anode in leitende Verbindung zu bringen und dadurch die Auflösung zu erleichtern".

Wie man sieht, ist die ganze Beschreibung ein beständiges Herumgehen um den heissen Brei. Ueber die Schwierigkeiten setzt man sich mit Leichtigkeit hinweg, die harmloseren Sachen werden möglichst breit getreten.

In derselben Weise geht eine Reihe anderer Erfinder vor, welche hauptsächlich einen meist nicht einmal unbekannten Weg angeben, aus Erzen, Hüttenprodukten oder Abfällen das Zink in Lösung zu bringen. Sie kombinieren diesen Weg dann mit der elektrolytischen Verarbeitung der erhaltenen Lösung, und die Erfindung ist fertig. Ich begnüge mich mit dem Hinweise auf einige derartige Patente in untenstehenden Fussnoten [20-24].

Squire und Currie [25] wollen das Zink aus alkalischen Lösungen unter Benutzung von Quecksilberkathoden als Amalgam gewinnen und dieses durch Destillation zerlegen. — Auch ein technisch nicht durchführbares Verfahren!

Einige andere Patentinhaber beschäftigen sich damit, die Anodenarbeit nutzbringend zu verwerthen:

Siemens & Halske [26] wollen dasselbe Verfahren, das sie zur Verarbeitung von Kupferstein und sulfidischen Kupfererzen angegeben haben, auch auf Zinkblende anwenden. Es hat sich aber herausgestellt, dass bei Gegenwart von Eisensalzen im Elektrolyten die Bildung dichten Zinkes an der Kathode unmöglich ist.

Currie [27] will während der Elektrolyse von Chlorzink-Lösungen andere Metalle an der Anode in Form unlöslicher Chloride gewinnen.

Nach C. Hoepfner's [28] Verfahren sollen arme oxydische Erze und Hüttenprodukte mit Aetzalkalilösungen ausgelaugt, die erhaltenen Lösungen mit Zinkstaub gereinigt und diese dann in die Kathodenräume elektrolytischer Zersetzungsgefässe übergeführt werden. Während der Elektrolyse sollen in den Anodenräumen, wo sich Alkali- und Erdalkalihaloidsalze befinden, Chlorate gebildet werden. Anoden- und Kathodenzellen sind durch geeignete (!) Diaphragmen voneinander getrennt. Diaphragmen sind allerdings nöthig, das Verfahren auszuführen; eine geeignete Substanz zur Herstellung solcher Diaphragmen, die in gedachten Lösungen haltbar sind, ist aber leider noch nicht gefunden.

Lange und Kosmann [29] wollen neben Zink Schwefelsäure darstellen, indem sie Zinksulfatlösungen der Elektrolyse unterwerfen. Zinkblende

[20]) Hammond, Engl. P. Nr. 10 868 von 1886.
[21]) Croselmire, Engl. P. Nr. 4286 von 1888.
[22]) Burghardt, D. R.-P. Nr. 49 682.
[23]) Heinzerling, D. R.-P. Nr. 64 435.
[24]) Choate, U. S. A. P. Nr. 512 361, 518 711, 518 732 u. a.
[25]) Engl. P. Nr. 12 249 von 1886.
[26]) D. R.-P. Nr. 42 243; vergl. auch Artikel ‚Kupfer'.
[27]) U. S. A. P. Nr. 466 720 vom 5. Januar 1892.
[28]) D. R.-P. Nr. 62 946 von 1891.
[29]) D. R.-P. Nr. 57 761.

wird zu diesem Zwecke geröstet; die Röstgase leitet man in mit Wasser angerührtes abgeröstetes Erz und erhält so den Elektrolyten. Ueber die Elektrolyse selbst enthält die Patentschrift keine Angaben.

Hier möchte ich noch einmal auf Versuche hinweisen, welche ich schon in der ersten Auflage dieses Buches erwähnt habe, die fortzuführen mir aber immer noch die Gelegenheit und Zeit gefehlt hat. Die Erfahrungen auf dem Gebiete der analytischen Elektrolyse, sowie der Galvanoplastik lehren uns, dass gewisse organische Verbindungen sich ganz besonders als Depolarisationsmittel eignen. CLASSEN, in seiner ‚Chemischen Analyse durch Elektrolyse‘, empfiehlt z. B. die Oxalsäure in ihren Verbindungen mit den Oxyden der niederzuschlagenden Metalle unter gleichzeitigem Zusatz oxalsaurer Alkalisalze. In der Galvanoplastik werden weinsaure, oxalsaure Salze, Cyanide etc. mit besonderer Vorliebe angewandt. Die organische Substanz dieser Verbindungen wird hierbei aber vollständig zum Opfer gebracht; sie wird in den meisten Fällen bis zu Kohlensäure oxydiert und ist damit werthlos. Je nach der Natur des angewandten organischen Körpers ist jedoch die Möglichkeit gegeben, zwischen dem Ausgangs- und Endpunkte der Oxydation eine grosse Anzahl Stationen zu machen und gerade dann eine Unterbrechung eintreten zu lassen, wenn das Oxydationsprodukt noch nicht an Werth verloren, sondern gewonnen hat. Das wichtigste Material für diesen Zweck bietet uns der Steinkohlentheer in vielen seiner Destillationsprodukte. Ich habe mich meist der sogenannten flüssigen Karbolsäure bedient, des bekannten Kresolgemisches, welches nach der Elimination der leichter siedenden eigentlichen Karbolsäure zurückbleibt. Damit will ich jedoch andere organische Verbindungen durchaus nicht ausschliessen. Dieses Kresol ist nun allerdings als solches nicht zu verwenden; es ist bekanntlich in Wasser nicht oder doch nur in sehr geringer Menge löslich und nebenbei ein sehr schlechter Stromleiter. Die Ueberführung desselben in eine lösliche Verbindung bietet übrigens durchaus keine Schwierigkeiten. Wenn sich keine alkalischen Lösungen verwenden lassen (die Kresole lösen sich sehr leicht in Kali- und Natronlauge), so lassen sich die Kresole sehr leicht durch Mischen und Digerieren mit koncentrierter Schwefelsäure in Kresolsulfonsäuren verwandeln, welche sowohl als solche, wie auch in ihren Salzen beide Bedingungen für einen guten Elektrolyten erfüllen, gute Leitungsfähigkeit und Leichtlöslichkeit in Wasser. Diese Sulfonsäuren werden bei genügend lange fortgesetzter Elektrolyse an der Anode vollständig zu Kohlensäure, Wasser und Schwefelsäure oxydiert, bei zeitiger Unterbrechung lässt sich aber auch die ganze Reihe der theoretisch möglichen Zwischenoxydations-Produkte herstellen. Es unterliegt gewiss keinem Zweifel, dass sich eine Anzahl von Oxydationsprozessen organischer

Verbindungen mit der elektrolytischen Metallfällung zum grossen Vortheile beider Operationen vereinigen lässt. Man kann dies mit ziemlicher Sicherheit für alle die Fälle annehmen, in welchen als Oxydationsmittel bisher Superoxyde, eventuell in Gemeinschaft mit Säuren, Permanganate, Chromsäure, Arsensäure, und andere vorwiegend in wässrigen Lösungen zur Wirkung kommende Verbindungen und Gemische verwandt wurden.

Die Vertheilung der Kosten der Elektrolyse auf zwei Endprodukte, in Verbindung mit der Reduktion der zur Zinkabscheidung erforderlichen Stromspannung, sind ferner höchst beachtenswerthe Vortheile, welche den Vertretern der angewandten organischen Chemie mindestens ebenso willkommen sein dürften, wie den Metallurgen.

Ein neuerer Vorschlag von COEHN [30] geht dahin, bei der Elektrolyse von Sauerstoffsalzen, wie z. B. Zinksulfat, als Anoden Bleioxyd-Akkumulatorplatten zu verwenden. Dieselben oxydieren sich zu Superoxyd und sollen dann in Elementen Bleisuperoxyd-Schwefelsäure-Kohle zur Elektricitätserzeugung Verwendung finden. Ueber die praktische Durchführbarkeit dieses Verfahrens liegen noch keine Erfahrungen vor.

Die nächste Gruppe von Patenten beschäftigt sich mit der Auffindung geeigneter Depolarisationsmittel hauptsächlich für die Anode. In gewisser Beziehung fallen diese Arbeitsmethoden mit den soeben beschriebenen zusammen; sie weichen von jenen nur darin ab, dass die Produkte der Anodenarbeit nicht nutzbar gemacht werden, bezw. werthlos sind.

So will PERTSCH [31] Gemische von Haloidsalzen mit Oxalaten elektrolysieren. Die Verwendung von Oxalsäure oder Oxalaten ist allerdings schon lange durch CLASSEN bekannt, hat sich bei der Analyse gut bewährt, wird für die Technik aber doch zu theuer sein.

CASSEL und KJELLIN [32] elektrolysieren Zinksulfatlösung in einem durch poröse Wände gebildeten Kathodenraume unter Benutzung von Eisen als Anode in Eisensulfatlösung. Diaphragmen bringen die bekannten Uebelstände mit, während bei Gegenwart von Eisen kein fester Zinkniederschlag erhalten werden kann.

Als „Mittel gegen den Schwamm" empfehlen Siemens & Halske [33] Zusätze von schwachen Lösungen der Halogene, unterchloriger oder unterbromiger Säure und ähnlich wirkenden Halogenverbindungen, da sie die Ursache der Zink-Schwammbildung in der Bildung von Zinkwasserstoff an der Kathode erblicken und durch jene Zusätze, die, nebenbei bemerkt, nur in sehr geringen Mengen erfolgen, den Wasserstoff oxydieren wollen.

---

[30] D. R.-P. Nr. 79 237 von 1893.
[31] D. R.-P. Nr. 66 185.
[32] D. R.-P. Nr. 67 303 und Engl. P. Nr. 21 193 von 1892.
[33] D. R.-P. Nr. 66 592.

Aus der Patentbeschreibung geht nur die Behauptung, nicht aber der Beweis der Existenz eines Zinkwasserstoffes hervor. Ich glaube nicht an einen solchen, stimme vielmehr der Ansicht von Mylius und Fromm bei und kann dieselbe insofern noch bekräftigen, als ich bei Gegenwart von schwefliger Säure, phosphoriger und unterphosphoriger Säure, also bei Gegenwart von Reduktionsmitteln im Kathodenraume dasselbe Resultat wie Siemens & Halske erreicht habe.

Auch der von Lindemann[84] empfohlene Zuschlag, der, wenn seine Rückstände bei dauerndem Betriebe die Bäder nicht zu sehr verunreinigen, auch ganz befriedigende Resultate liefert, wirkt nichts weniger als oxydierend. Es soll nämlich gefälltes Zinksulfid während der Elektrolyse in dem Elektrolyten suspendiert erhalten werden. In der Patentschrift werden die Versuchsbedingungen eingehend erörtert, und mag daher der wesentlichste Theil derselben hier wörtlich folgen:

„Eine koncentrierte, wässrige Zinkvitriollösung von 37-88° B., entsprechend 50 % $ZnSO_4 + 7\,aq$, welche keine durch metallisches Zink fällbaren Metalle enthalten darf bezw. von diesen zuvor befreit werden muss, wird in einem mit Blei ausgekleideten, kubischen Holzgefäss, das später auch als Zersetzungszelle dienen kann, zunächst mit Schwefelwasserstoff gründlich gesättigt, wodurch ein beträchtlicher weisser Niederschlag von Schwefelzink entsteht, welcher sich nach einiger Zeit zu Boden setzt. Sobald das Volumen dieses Niederschlages sich nicht mehr merklich verändert und etwa $^1/_4$-$^1/_2$ vom Rauminhalte des Behälters einnimmt, hebert man die über demselben befindliche saure Lauge ab und neutralisiert sie später auf bekannte Weise mit zinkoxydhaltigen Nebenprodukten aus dem Schmelzhüttenprozess, wie zinkische Ofenansätze (Ofengalmei) oder Flugstaub. Hierbei ist nicht ausser Acht zu lassen, dass schädliche Bestandtheile von der Lauge aufgenommen werden können, welche vor dem Gebrauch durch Zink wieder zu entfernen sind; denn von der Reinheit der Zinksulfatlauge ist auch die Reinheit des elektrolytischen Produktes abhängig. Geringe Mengen von Eisen-, Mangan-, Nickel- und Kobaltvitriol wirken jedoch bei der Elektrolyse nicht nachtheilig und sind ohne Einfluss auf die Qualität des Zinks.

Auf den Schwefelzinkniederschlag in der Zelle bringt man nun neutrale Zinkvitriollösung von obiger Koncentration, welche immer in genügender Menge vorhanden sein muss, und vertheilt den Niederschlag durch Umrühren gleichmässig in der Flüssigkeit. Alsdann hängt man in das so vorbereitete Bad die aus gewalztem Raffinatblei zugeschnittenen Elektroden. Dieselben sind mit schmalen, bandförmigen Bleistreifen

---

[84] D. R.-P. Nr. 81 640 von 1894.

versehen, um sie mit der Stromleitung in Kontakt bringen zu können. Die Anoden sind aus stärkerem, etwa 4 mm dickem Blei hergestellt und mit dem positiven Pol der Dynamomaschine leitend verbunden; ihre Entfernung voneinander beträgt 10 cm. In den Zwischenräumen, möglichst gleich weit von jeder Anode entfernt, hängen die aus schwächerem Blei hergestellten, mit dem negativen Pol der Maschine in Kontakt gebrachten Kathoden, deren Ränder vor dem Einhängen zweckmässig mit Asphaltlack bestrichen sind, um den Zinkniederschlag, nachdem derselbe eine Stärke von 1-1,5 mm erreicht hat, bequemer abnehmen zu können. Später werden die Bleikathoden durch die elektrolytischen, an den Rändern gleichmässig beschnittenen Zinkniederschläge ersetzt.

Während der Elektrolyse muss der Niederschlag im Bade bisweilen aufgewirbelt werden, was im Grossbetriebe wohl am besten durch Cirkulation der Lauge zu erreichen ist; denn die gute Beschaffenheit der Zinkausscheidungen wird vorzugsweise bedingt von dem im Elektrolyt suspendierten Schwefelzink.

Die Anoden werden bei diesem Prozess allmählich an der Oberfläche in Bleisuperoxyd verwandelt, welches von selbst abblättern würde, wenn man es nicht vorzieht, sie von Zeit zu Zeit aus dem Bade zu nehmen, mit Wasser abzuspülen und von der dunklen lockeren Oxydschicht zu befreien, eventuell sie durch neue Bleiplatten zu ersetzen.

Wie bereits erwähnt, ist das in der Lauge fein vertheilte Schwefelzink von wesentlichem Einfluss auf die Beschaffenheit des ausgeschiedenen Metalls und bewirkt, dass sich dasselbe in tadelloser, fester Form niederschlägt; es verhindert jedoch nicht, dass während des elektrolytischen Prozesses der Gehalt des Bades an freier Schwefelsäure beständig zunimmt, bis schliesslich eine Grenze erreicht ist, bei welcher kein Zink mehr ausgeschieden wird, weil durch den in der Zelle auftretenden Polarisationsstrom die Wirkung des Hauptstromes geschwächt wird. Dieser Punkt trat ein, als das Bad im Liter 55-56 g freie Säure (H_2SO_4) enthielt, und zwar bei einer Stromdichte von 108,5 Ampère pro Quadratmeter Kathodenfläche. Bevor jedoch diese äusserste Grenze erreicht ist, nimmt man sämmtliche Kathoden aus dem Bade und bringt sie unter Wasser, um sie von der Lauge und anhängendem Schwefelzink zu reinigen.

Die saure Lauge lässt man zum Absetzen des Niederschlages in ein Klärbassin fliessen, beschickt die Zelle wieder mit neutraler Zinksulfatlösung und Schwefelzink und lässt bei eingehängten Elektroden den Strom aufs neue wirken.

Nach und nach erleidet auch das Schwefelzink im Bade und zwar in Folge der Einwirkung der frei gewordenen Säure eine Zersetzung, ohne dass dabei jedoch nennenswerthe Mengen von Schwefelwasserstoff in die Luft entweichen, welche die Gesundheit der Arbeiter schädigen könnten. Der Niederschlag verändert zunächst seine physikalischen Eigenschaften, er nimmt eine gelbliche Färbung an, wird dichter und schwerer und setzt sich in Folge dessen auch rascher zu Boden. Bei fortgesetzter Elektrolyse wird schliesslich alles Schwefelzink verbraucht unter Zurücklassung einer schmutzig gelb gefärbten Schicht von Schwefel auf der Oberfläche des Bades.

Das Auftreten des Schwefels erklärt sich aus dem Umstande, dass bei der Elektrolyse mit unlöslichen Anoden an diesen stets aktiver (ozonisierter) Sauerstoff auftritt, welcher zum Theil das Blei der Anode oberflächlich in Superoxyd verwandelt, zum Theil auf den aus der Zersetzung des Schwefelzinks hervorgehenden Schwefelwasserstoff wirkt und Schwefel abscheidet.

Man muss daher dem Bade von Zeit zu Zeit frisches Schwefelzink zusetzen oder kann auch den elektrischen Strom auf die anfangs schwach saure Zinkvitriollösung nur so lange wirken lassen, als der Widerstandsfähigkeit des Schwefelzinks gegenüber der in der Lauge frei werdenden Säure entspricht. Für diese ergiebt sich ein Anhaltspunkt bei der Darstellung des Niederschlages durch Einleiten von Schwefelwasserstoff in eine 50proc. Zinksulfatlösung. Die Fällung hört auf, wenn in der abfiltrierten Flüssigkeit ca. 18 g freie Säure im Liter enthalten sind; dieselben entsprechen aber rund 12 g Zink, mithin wird man aus 1 cbm neutraler, mit Schwefelzink gemengter Lauge dieselbe Anzahl Kilogramm Zink durch Elektrolyse gewinnen können, bevor man nöthig hat, die Lauge zu wechseln. Setzt man aber den Prozess weiter fort, so lässt sich — allerdings auf Kosten des beigemengten Schwefelzinks — aus 1 cbm neutraler Lauge mindestens die dreifache Menge Metall reducieren, da nach Obigem die äusserste Grenze der Acidität erst bei 56 g im Liter erreicht ist.

Entscheidet man sich für das letztere, so ist es nöthig, immer einen genügenden Vorrath von Schwefelzink zu haben, zu dessen Darstellung man auch vortheilhaft schwächere Laugen verwenden kann, wie solche durch Nachlaugung zinkarmer Rückstände erfolgen, nur müssen dieselben ebenfalls durch Behandlung mit metallischem Zink von etwa darin enthaltenen schädlichen Metallen der Schwefelwasserstoffgruppe zuvor gereinigt werden.

Bezüglich der Reinheit des elektrolytischen Produkts wird bemerkt, dass durch die chemische Analyse ausser Spuren von anhaftendem Schwefelzink, dessen Fernhaltung durch gründliches Bürsten und Abspülen der Platten jedenfalls auch zu ermöglichen sein wird, keine fremden Bestandtheile darin nachgewiesen werden konnten, ein Umstand, welcher die Rentabilität des Verfahrens im Grossbetriebe sicher noch erhöhen würde.

Die Stromdichte bei den Versuchen betrug, wie bereits oben .bemerkt, 108,5 Ampère pro ·Quadratmeter".

Die nun noch übrigen Patentinhaber suchen die Schwierigkeiten, welche sich der Abscheidung dichten Metalles entgegenstellen, durch Regelung der Stromdichte, der Art der Stromzuführung, der Temperatur, und durch möglichste Reinerhaltung und lebhafte Bewegung des Elektrolyten zu beseitigen.

NAHNSEN [85] ermittelte anfangs, dass, je niedriger die Temperatur des Elektrolyten sei, um so geringer auch die Stromdichte zu sein brauche. Die Vortheile der Arbeit mit niedrigen Stromdichten könne man sich also durch Abkühlen des Elektrolyten verschaffen; denn der Zinkniederschlag sei bei einer

Strom-dichte Amp./qm.	\(0°\)	und bei einer Temperatur von		
		\(10°\)	\(20°\)	\(30°\)
10	fest	schwammig beginnend	schwammig	schwammig
50	fest	schwammig	schwammig beginnend	schwammig
100	fest	fest	schwammig	schwammig beginnend
150	fest	fest	fest	schwammig
200	fest	fest	fest	fest

Weitere Versuche haben NAHNSEN jedoch zu anderen Ansichten geführt. Die Begründung der letzteren, wie sie in einer späteren Patentschrift [86] niedergelegt wurde, möge hier im Wortlaute folgen:

„Die von HERRMANN in Vorschlag gebrachten Zinkalkalisulfatdoppelsalze lassen niedrigere Stromdichten zu als die einfachen Zinksalze, welche in dem Patent 56 700 besonders berücksichtigt worden sind. Ihre Leitfähigkeit sollte jedoch wegen zu geringer Löslichkeit kleiner sein als die der einfachen Zinksalze. Ferner ist das Zink in diesen Doppelsalzen ein Bestandtheil des Anions und wandert als solches mit 2 SO_4-Mol. zur Anode; das an der Kathode gefällte Zink wird durch sekundären Prozess reducirt. Diese Eigenthümlichkeit des Doppelsalzes hat praktisch sehr unangenehme Folgen, welche einen glatten Verlauf der Elektrolyse in den Bädern fast zur Unmöglichkeit machen.

Arbeitet man behufs Metallscheidung oder Raffinirung mit löslicher Anode, so tritt schon bei sehr geringen Stromdichten an der Anode festes

[85] D. R.-P. Nr. 56 700.
[86] D. R.-P. Nr. 71 155.

Salz auf, welches schliesslich den Stromdurchgang gänzlich hindert. Bei einer Anodenstromdichte von 500 Ampère auf 1 qm tritt bei einfacher Zinksulfatlauge von 30° B. noch keine Krystallisation ein, bei einer koncentrierten Zinkammoniumsulfatlauge schon bei 75 Ampère auf 1 qm. Dieser Vorgang wird dadurch bedingt, dass bei letzterem Salz 2 Aeq. Zinkvitriol an der Anode auftreten. Elektrolysiert man Zinksulfat allein, so wird dieses in Zn und SO_4 gespalten, welch letzteres mit dem Wasser unter Sauerstoffabgabe Schwefelsäure bildet; diese, specifisch leichter als Zinkvitriol, steigt in die Höhe. Ein Alkalidoppelsalz, z. B. Kaliumzinksulfat, wird elektrolytisch unter gewöhnlichen Umständen in K und $ZnSO_4 \cdot SO_4$ zerlegt, so dass auch bei unlöslicher Anode eine Anhäufung von Zinkvitriol an dieser statt hat, welcher die entstehende freie Säure mit zu Boden zieht. Die geringsten Koncentrationsänderungen, von denen die Eigenschaft des Zinks, bald dem Anion, bald dem Kation anzugehören (!), abhängig ist, beeinflussen diesen Prozess, so dass ein Theil der entstehenden Säure nach oben, der überwiegend grössere Theil nach unten geht. Hiergegen hilft auf die Dauer keine noch so vorzüglich geleitete Cirkulation. Durch Verdünnung ist wohl Abhülfe zu schaffen, aber nur allzusehr auf Kosten der Leitfähigkeit.

Versuche haben nun ergeben, dass in demselben Maasse wie die Verdünnung, so auch die Temperatur das Spaltungsverhältnis der Alkalizinksulfatdoppelsalze beeinflusst. Man erreicht zwischen etwa 40 und 50° den Punkt, wo die Zerlegung des Doppelsalzes in die einfachen Salze vollendet ist. Für die Praxis empfiehlt sich eine Temperatur von 50-60°; denn bei dieser erfolgt die Spaltung mit unbedingter Sicherheit wie bei den einfachen Salzen, so dass sämmtliche freie Schwefelsäure, wie bei diesen, nach oben steigt. Trotzdem der Doppelsalzcharakter in elektrochemischer Beziehung aufgehoben ist, sind die Verhältnisse der Kathodenstromdichten zum Zinkniederschlage unverändert geblieben, so dass augenscheinlich überhaupt nicht der Doppelsalzcharakter des Elektrolyten die Vorbedingung für die Anwendung niedriger Stromdichte ist, sondern nur die theilweise oder vollständige sekundäre Reduktion des Zinks durch das primäre Alkali.

Ausserdem sollte noch der Gehalt des Elektrolyten an Zink bezw. Zinksulfat so weit vermindert werden, dass je nach der erforderlichen Stromdichte 45-90 g Zinksulfat ($ZnSO_4$, $7 H_2O$) im Liter enthalten sind. Diese Lösung wird dann so sehr mit Alkalisulfat angereichert, als bei der anzuwendenden bezw. aus praktischen Gründen bei einer um etwa 10° niedrigeren Temperatur sich löst. Der Elektrolyt enthält je nach der Stromdichte 45-90 g Zinksulfat und 300-150 g Alkalisulfat und wird bei einer Temperatur von etwa 60° gebraucht.

Mit diesem Elektrolyten will NAHNSEN es möglich machen, bei Anwendung von Dampfmaschinen mit Kondensation 1 Tonne Zink aus den Erzen mit einem Aufwande von nur 3-3,5 Tonnen Kohle je nach ihrem Heizwerth zu Gute zu machen. Bei einem Versuch, welcher bei + 92° und einer Stromdichte von 100 Ampère auf 1 qm angestellt wurde, soll das Zink nicht schwammig ausgefallen sein, obgleich sich an der Kathode Wasserdampfblasen bildeten.

NAHNSEN's Ansichten über die elektrolytischen Vorgänge bei den in seinen Patentschriften beschriebenen Versuchen mögen zunächst auf sich beruhen; es sei nur die Thatsache hervorgehoben, dass bei Stromdichten von 500 Ampère per Quadratmeter überschwefelsaures Zink an der Anode auftrat.

COEHN [87] will auch bei geringer Stromdichte die zur Bildung schwammiger Niederschläge Veranlassung gebende Wasserstoffentwicklung (?) an den Kathoden dadurch verhindern, dass er den Strom von Zeit zu Zeit unterbricht. Bei der Elektrolyse von Zinksulfat z. B. soll ein kompakter Niederschlag bei einer Stromdichte von 50 Ampère per Quadratmeter mit etwa 50 Unterbrechungen in der Minute erzielt worden sein. — Um nun aber die Arbeitszeit der Stromquelle auch während der Stromunterbrechungen möglichst gut auszunutzen, soll man eine beständige Umschaltung zwischen zwei Bädergruppen stattfinden lassen. Man bedient sich zu diesem Zwecke mechanisch betriebener Umschalter.

COWPER-COLES [88] hält eine unregelmässige Stromzuführung ebenfalls für günstig zur Erzeugung dichter Zinkniederschläge. Während er die Arbeit mit einer Stromdichte von 500 Ampère per Quadratmeter beginnt, soll die letztere in Zeitabschnitten von acht Minuten eine Minute lang erheblich verstärkt werden. Ausserdem hält er in dem alkalischen Elektrolyten Zinkstaub in der Schwebe. Sein Vorschlag bezieht sich allerdings auf die galvanische Verzinkerei, und ist es ja selbstverständlich, dass bei der Zinkgewinnung aus Erzen das Einstreuen von Zinkstaub in die Bäder ausgeschlossen ist, aber ich erwähne diese Thatsache, da sie wieder zeigt, dass auch mit Reduktionsmitteln die Zinkschwammbildung vermieden werden kann.

HOEFFNER [89] schliesslich sieht die Lösung der Frage nach Abscheidung dichten Metalles in der Verwendung rotierender Kathoden. Er will auf diese Weise eine lebhafte Bewegung des Elektrolyten hervorrufen, also allen etwaigen Entmischungen desselben vorbeugen. Als Elektrolyt

[87]) D. R.-P. Nr. 75 482 von 1893.
[88]) D. R.-P. Nr. 79 447 von 1894.
[89]) Engl. P. Nr. 13 336 von 1893.

dient eine Chlorid-Lösung. Zur Gewinnung des Chlores müssen daher poröse Zellen als Anodenräume zwischen den Kathoden angeordnet werden. Gewiss haben sich derartige Vorrichtungen bewährt, sind aber nicht neu mehr [40].

Das vorstehend zusammengestellte Material umfasst noch nicht alles, was bis jetzt zur Lösung der wissenschaftlich, technisch und wirthschaftlich hochinteressanten Frage der elektrolytischen Zinkgewinnung an Arbeit aufgewandt worden ist. Einiges wird noch Berücksichtigung finden; vieles musste aber als gänzlich belanglos für die Verhältnisse der Technik mit Stillschweigen übergangen werden. Und wenn auch mancher der mitgetheilten Vorschläge noch ausgesichtet werden könnte, so ist doch auch in diesen hin und wieder ein brauchbares Körnchen zu entdecken, das am rechten Orte und zu rechter Zeit doch Früchte tragen kann.

Ueber Betriebsresultate grosser Anlagen kann ich nicht berichten. Wenn man berücksichtigt, dass nach langjährigen und ausdauernden Versuchen jetzt erst eine grössere Anlage, die elektrolytischen Zinkwerke Duisburg der Gewerkschaft Sicilia und Siegena den Betrieb eröffnet hat, gewissermaassen also auch noch mit grossen Versuchen beschäftigt ist, während Hoeffner zu Jührfurt an der Lahn noch immer mit Versuchen beschäftigt ist, und für eine dritte Anlage der Firma E. Matthes & Weber in Duisburg der Bau heute noch ein Plan ist, so wird man es begreiflich finden, dass die so theuer erkauften Erfahrungen der Oeffentlichkeit noch nicht zugänglich sind. Was ich daher über die

Bedingungen zur elektrolytischen Zinkgewinnung

sagen kann, stützt sich zum Theil auf die vorstehend herangezogenen Arbeiten und auf eigene, bisher aus verschiedenen Gründen nicht veröffentlichte Versuche.

Von dem einen Falle der elektrolytischen Verarbeitung von Zinklegierungen, nämlich des Zinkschaumes vom Rössler-Edelmann-Prozesse der Werkblei-Entsilberung, habe ich alles gesagt, was vorläufig davon zu sagen ist.

Im Vordergrunde des Interesses steht heute die Verarbeitung zinkhaltiger Schwefelkiese und der Abbrände solcher Erze von der Schwefelsäurefabrikation. Auch auf die Verarbeitung blendehaltiger Bleiglanze hat man sein Augenmerk geworfen. Es sind dies also Rohmaterialien, welche für die hüttenmännische Zinkgewinnung durch das Röstreduktions- und Destillationsverfahren nicht in Betracht kamen. Für die Abbrände

---

der zinkhaltigen Schwefelkiese war überhaupt fast keine Verwendung zu finden, da ihr Schwefel- und Zinkgehalt dieselben zur Verhüttung auf Eisen ganz unbrauchbar machte. Die blendehaltigen Bleiglanze lieferten, soweit sie sich nicht durch mechanische Aufbereitung scheiden liessen, das Zink in Form von Zinkvitriol, eines wenig rentablen Produktes.

Die Lösung des Zinks. Liegen zinkhaltige Kiesabbrände vor, so erfolgt zunächst eine sulfatisierende oder chlorierende Röstung.

Reichere Zinkerze werden heute noch nicht zur elektrolytischen Verarbeitung verwandt.

Auch bei der chlorierenden Röstung ist die Bildung von Sulfaten unvermeidlich, doch hat man ja in den Chlorcalciumlaugen der Ammoniaksodafabriken ein ausreichendes und billiges Material Zinksulfat unter Bildung von Gyps in Chlorid umzusetzen, wenn man das letztere elektrolysieren will. Bezüglich der Apparate und der Ausführung der Arbeiten der verschiedenen Röstmethoden sei auf untenstehende Handbücher[41,42] verwiesen.

Reinigung der Zinklösungen. Die auf die eine oder andre Weise erhaltene Zinklauge bringt man mit Hülfe von oxydischen Zinkerzen, Röstprodukten oder zinkischen Abfällen auf möglichste Neutralität. Am besten eignen sich Abfälle von der Verzinkerei für diesen Zweck; sie enthalten noch metallisches Zink, fällen also noch manche Metalle, welche durch Zinkoxyd als Oxyde nicht niedergeschlagen werden würden. Zinkstaub ist ebenfalls vorgeschlagen; der Vorschlag ist auch patentiert worden; es bedarf aber dieses meist nicht gerade billigen Mittels nicht. Ist die Lösung neutral oder schwach basisch geworden, so ist in der Regel noch Eisen in Form von Ferrosalzen vorhanden. Dieses aus der Lösung herauszuschaffen, gelingt nur, wenn die Ferrosalze zu Ferrisalzen oxydiert sind. Grössere Mengen von Eisen sollen nach einem, seiner Originalität nach allerdings etwas zweifelhaftem Patente der Aktiengesellschaft, vormals Egestorff's Salzwerke[43], durch Zusatz von Calciumkarbonat und Einblasen von Luft entfernt werden. Besteht die Lösung aus Chloriden, so genügt, wenn der Eisengehalt kein zu hoher ist, ein wenig Chlorkalk zur Oxydation und Fällung; das in die Lösung eintretende Chlorcalcium schadet bei der Elektrolyse nicht. Bei sehr geringem Eisengehalte der Lösung gelingt die Fällung am schnellsten unter Zusatz von etwas Soda, Zinkoxyd oder Zinkkarbonat, mit einer

---

[41]) Lunge, G., Handbuch der Soda-Industrie, 2. Auflage, Bd. I (Schwefelsäure-Fabrikation). Braunschweig 1893, Vieweg & Sohn.

[42]) Schnabel, C., Handb. der Metallhüttenkunde Bd. I. Berlin 1894, Springer.

[43]) D. R.-P. Nr. 23 712.

Chromatlösung, aus welcher dann das Chrom mit dem Eisen als Oxydhydrat fällt.

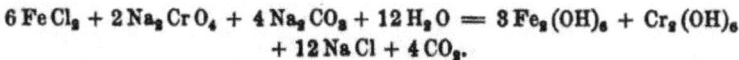

$$6 \, FeCl_2 + 2 \, Na_2CrO_4 + 4 \, Na_2CO_3 + 12 \, H_2O = 3 \, Fe_2(OH)_6 + Cr_2(OH)_6$$
$$+ \, 12 \, NaCl + 4 \, CO_2.$$

Pfleger [44] empfiehlt basische Zinksalze ($ZnCl_2 \cdot 3 \, ZnO$ oder $ZnSO_4 \cdot 4 \, ZnO$), die er durch Auflösen von Zinkoxyd in den neutralen Salzen erhält, zur Fällung fremder Metalle. Das Mittel ist auch gut geeignet, wenn, wie ich schon bemerkte, etwa vorhandene Ferroverbindungen vorher oxydiert worden sind; Eisen wird sonst nicht mit gefällt. Man schickt die so gereinigte Lösung zum Schlusse durch eine Filterpresse, um sie dann direkt zu benutzen, oder dieselbe, wenn man es mit Chloriden zu thun hat und diese in wasserfreiem Zustande verarbeiten will, nach vorherigem Eindampfen zur Elektrolyse zu bringen.

Als Fällgefässe benutzt man mit Blei ausgelegte Holzbottiche; etwa nöthige Eindampfgefässe bestehen ebenfalls aus Blei, bei grösseren Dimensionen: Eisen mit Blei ausgekleidet.

Die Apparate und Bedingungen zur Elektrolyse hängen einmal von der Natur der Salze ab, ferner auch davon, ob eine wässrige Lösung oder ein geschmolzenes Salz vorliegt, und schliesslich von der Art der Ausnutzung der Anodenarbeit.

Als Material für die Elektrolysiergefässe kommen für die Elektrolyse wässriger Lösungen hauptsächlich Holz und mit Blei bekleidetes Holz in Betracht. Die Gefässe selbst sind entweder Bottiche von rechteckigem Grundriss oder, wenn mit Diaphragmen gearbeitet werden soll, aus Rahmen, mit dazwischen liegenden Diaphragmen zusammengefügte Behälter, die nach dem Vorbilde der Filterpressen oder Osmoseapparate konstruiert sind.

Ein Apparat, wie ich ihn, wenn auch in einfacherer Form, zu Versuchen benutzt habe, bei denen Diaphragmen erforderlich waren, ist in den Figuren 153-156 abgebildet. Derselbe besteht, wie schon angedeutet wurde, aus einer Anzahl von Holzrahmen R, welche, durch eine in horizontaler Richtung wirkende Schraubenpresse zusammengehalten, einen einzigen Bottich bilden, der durch zwischen die Rahmen gelegte Osmosepapierbogen oder andere geeignete Scheidewände in enge Zellen getheilt wird.

Ein solcher Rahmen ist in den Figuren 153 und 154 dargestellt, von denen erstere einen Vertikalschnitt in der Richtung AB (Figur 153), die andre einen Horizontalschnitt in der Richtung CD (Figur 154) zeigt. Die Holzbohlen S, S, u bilden die Seiten- und Bodenwandungen der

---

[44] U. S. A. P. Nr. 495 637 vom 18. April 1893.

Zellen; sie sind 70-80 mm dick und 120 mm breit. Oben wird der Rahmen durch die 15-20 mm dicke und 75 mm breite Holzleiste abge-schlossen. In Figur 154 wird dieselbe durch den Flachkupfer-streifen M verdeckt, dessen Breite gleich der Dicke der Holzleiste ist. Dadurch, dass man O und M nicht ganz in die Mittellinie des Rahmens legt, gewinnt man Raum genug zur Einführung selbst starker Elektroden. An beiden Enden des Kupferstreifens M sind runde, mit Schraubenge-winden versehene Metallstäbe be-festigt, so dass die Rahmen durch die Schrauben G zusammenge-halten werden können. Einer dieser Stäbe ist so lang, dass in dem aus der Schraube hervor-ragenden Ende eine zur Auf-nahme eines Metallkeiles passende Oeffnung angebracht werden kann. Dieser Metallkeil W ist an einem Stromleitungsdrahte befestigt, dessen andres Ende mit einem zweiten Keile versehen ist, durch welchen mit einer Elektrode des nächsten Bades Verbindung hergestellt werden kann.

153

154

Die Rahmen enthalten je vier Oeffnungen, welche, wenn sämmt-liche Rahmen in dem Apparate vereinigt sind, vier Längskanäle I, I', X, X' bilden. Von den Kanälen I, X führen engere Kanäle i, x in die Kathoden-räume, von I' und X' sind ebensolche Verbindungen mit den Anodenräumen hergestellt. Die zur Elektrolyse bestimmten Lösungen werden durch Kanal I den Kathodenräumen zugeführt und fliessen durch X ab. Dem gleichen Zwecke dienen für die Anodenräume die Kanäle I' und X'. Figur 154 zeigt eine an

155

drei Metallbändern H aufgehängte Kathodenplatte K. Vermittels der
Formstücke N, welche gleichzeitig als Handgriffe dienen und an die
Seitenwandungen S angeschraubt sind, werden die
einzelnen Rahmen auf die etwa 100 mm starken
Rundeisenstäbe P aufgehängt. Diese werden wieder durch die Pressentheile Q und T (Figur 156)
getragen und werden in denselben durch Schrauben und Widerlager festgehalten. Das Zusammenpressen der Rahmen wird durch die Schrauben-
vorrichtung r und das ebenfalls auf P hängende
Verschlussstück Z bewirkt. Figur 155 zeigt eine
Vorderansicht des Presstheiles Q.

Es bedarf wohl kaum einer Erwähnung, dass
man die Elektrolyten, statt sie in alle Anoden-
resp. Kathodenzellen gleichzeitig eintreten zu
lassen, von dem ersten in den zweiten, dritten
und alle folgenden Anoden resp. Kathodenräume
überführen kann. Die in die Holzwandungen ein-
zulassenden Kanäle müssen dann natürlich entsprechend veriegt werden.

Zahlreiche Apparatformen dieser Art sind
patentiert worden, trotzdem die in der Zucker-
raffinerie bekannten Osmoseapparate und die Filterpressen neuerer Konstruktion die Vorbilder für

fast alle Konstruktionseinzelheiten enthalten. Ich erwähne übrigens diese
Konstruktion, weniger um sie zu empfehlen, als vielmehr des Principes
wegen. Wenn irgend möglich, sollte man suchen, ohne Diaphragmen zu
arbeiten, und das ist bei der Zinkgewinnung leicht dann durchzuführen,
wenn man mit geschmolzenem Chlorzink arbeitet. Man braucht deshalb
das Chlor nicht verloren zu geben.

Meine für die Elektrolyse geschmolzenen Chlorzinkes zur Zink- und
Chlorgewinnung konstruierten Apparate [45] sind in den Figuren 157 und
158 abgebildet. Figur 157 zeigt einen Versuchsapparat für Ströme von
100-150 Ampère, Figur 158 zeigt eine für den Grossbetrieb bestimmte
Konstruktion. In jeder der beiden Figuren bezeichnen die Buchstaben:
B einen Bleibehälter von kreisförmigem Querschnitt; G ein Gerinne,
ganz um den Apparat herum laufend, und zur Aufnahme von Kühlwasser

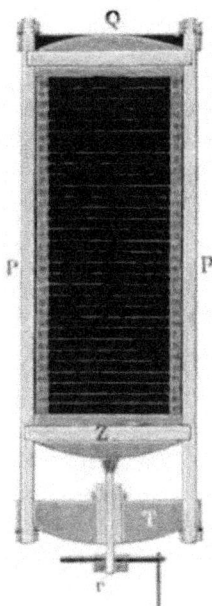

---

[45] Diese, sowie die unter Natrium Seiten 69 und 70 beschriebene Konstruktion
sind mit meiner Einwilligung von der Firma Fr. Hornig in Dresden und Taucha-
Leipzig in den meisten Kulturländern zum Patente angemeldet.

bestimmt; *K* die Kathode, ein mit der Leitung *N* verbundener Einsatz aus Zinkblech, über dessen Herstellung unten weitere Mittheilungen folgen werden; *U* eine Nuthe am Gefässrande zur Aufnahme und späteren Befestigung des Deckels *D*; *A* die Anoden, Kohlestäbe, die durch einzelne Klammern *V* (Figur 157) oder eine gemeinsame, ringförmige Klammer *R* (Figur 158) gehalten und gleichzeitig mit der Stromleitung *P* verbunden werden; *I* Isolierringe, die nur bei dem grossen Apparate mit Bleideckel nöthig sind — der kleine Apparat war mit Chamottedeckel versehen.

157

Der Bleibehälter steht in einem mit Sand gefüllten Eisengefässe. Es soll durch diese Sandfüllung anfangs die Wärme der Feuerung gemässigt und vertheilt werden, während dieselbe später als Wärmeschutzmasse für die bei der Elektrolyse auftretende Wärme zu dienen hat.

Bei Inbetriebsetzung des Apparates schmilzt man zunächst so viel Chlorzink in demselben ein, dass der Behälter *B* bis über die Nuthe am Rande mit Flüssigkeit gefüllt ist, setzt dann den Zinkeinsatz *K* ein, und dann den Deckel *D*; letzteren aber nicht ganz bis auf den Boden der Nuthe, hält ihn hier vielmehr in der Schwebe und lässt nun Wasser in das Gerinne *G* einfliessen, so dass sich eine erstarrte Salzkruste *S* in der Nuthe und auf dem oberen Rande des mit Schmelze gefüllten Apparattheiles bildet. Nun beginnt sofort die Elektrolyse. Bei der grossen Stromdichte: 1000 Ampère per Quadratmeter Kathodenfläche wird nun genug Wärme erzeugt, dass man die Feuerung fast vollständig entbehren kann. Bei dem grossen Apparate hält man das Feuer nur so weit im Gange, als zur Vermeidung von zu starker Abkühlung des Apparates nöthig ist; man schliesst daher die Fuchsschieber fast vollständig und hält auch die Thür des Aschenraumes geschlossen. Der kleine Apparat steht auf einem Eisenblechcylinder über einem Dreibrenner.

Während der Elektrolyse setzt sich das Zink auf dem nicht von erstarrter Schlacke bedeckten Theile des Einsatzes *K* ab, während das Chlor aus den Oeffnungen *O* entweicht. Durch eine andre Oeffnung *E* im Deckel setzt man von Zeit zu Zeit Chlorzink nach, um das Niveau der Schmelze auf seiner ursprünglichen Höhe zu erhalten.

158

Theil-Ansicht des Deckels von oben

Hat der Zinkniederschlag die gewünschte Stärke erreicht, so hört man auf, den Gefässrand zu kühlen, und hebt den Deckel, sobald er locker geworden ist, ab. Zur Fortsetzung des Betriebes braucht man nur eine frische Kathode einzusetzen, um dann, wie soeben beschrieben, weiter arbeiten zu können.

Für die Herstellung der Kathode habe ich das in Figur 159 abgebildete Schnittmuster beigefügt. In dieser Weise aus dünnem Zinkblech geschnitten, lässt sich der Einsatz leicht durch Biegen zusammenfügen. Zur Verbindung mit der Strom-

Aus Zinkblech zu schneidendes
Schnittmuster für die Kathode

159

leitung braucht dann nur ein Zink- oder Kupferblechstreifen an den Rand des Einsatzes angeniethet zu werden.

Elektromotorische Kraft und Stromdichte. Wie fast einstimmig die verschiedenen Forscher bestätigen, muss im Allgemeinen die Stromdichte bei der Zinkelektrolyse eine wesentlich höhere sein, als bei der Abscheidung anderer Erz-Metalle aus ihren gelösten oder geschmolzenen Verbindungen. Bei der Benutzung wässriger Lösungen der Zinksalze darf man unter 100 Ampère per Quadratmeter kaum benutzen; wir haben aber gesehen, dass für einige Verfahren 200 Ampère als Minimum angesehen werden und dass man auch bis zu 700 Ampère geht. Für wässrige Zinksalzlösungen bedarf man aber bei einer Stromdichte von 200 Ampère per Quadratmeter schon nahezu 3 Volt E. M. K. Wesentlich vortheilhafter arbeitet man mit geschmolzenem Chlorzink. Bei Stromdichten von 1000-2000 Ampère per Quadratmeter Kathodenfläche, selbst wenn die Stromdichte an der Anode beträchtlich höher ist, bewegt sich die E. M. K. noch zwischen 3 und 4 Volts, ein Kraftverbrauch der bei Benutzung wässriger Lösungen bei Stromdichten von 500 Ampère per Quadratmeter schon überschritten wird. Das Arbeiten mit geschmolzenem Chlorzink scheint doch gegenüber der Arbeit mit wässrigen Lösungen ganz wesentliche Vortheile zu bieten. Bei gleichem Kraftverbrauch kann man im ersteren Falle in einem kleinen Apparate ebensoviel Zink niederschlagen wie in 5-10 grösseren Apparaten mit wässrigen Zinklösungen. Und — man gewinnt das Chlor ohne Benutzung von Diaphragmen. Das erhaltene Zink lässt sich ohne Verlust umschmelzen, vielleicht auch, wenn man lange trogähnliche Apparate von V-förmigem Querschnitt wählt, zum Theil direkt auswalzen.

Als wirksame Mittel zur Verhinderung der Schwammbildung an der Kathode in wässrigen Lösungen sind erkannt: Reduktionsmittel und schwache Säuren im Kathodenraume bei richtiger Stromdichte. Ein pausenweises Verstärken der letzteren über das normale Maass oder eine häufige Stromunterbrechung haben gleichfalls bis zu mässig starken Metallniederschlägen befriedigende Resultate ergeben.

Nutzbarmachung der Vorgänge an der Anode. Bei der Benutzung wässriger Lösungen sind ausführbar: Oxydation, bezw. Chloration, organischer Verbindungen, zu deren Herstellung man bisher Bleisuperoxyd und andere Superoxyde benutzte; die Herstellung überschwefelsaurer Salze [46] und die Gewinnung von Chlor; bei Benutzung geschmolzenen Chlorzinks ist nur Chlor als Nebenprodukt zu gewinnen.

Kosten der Zinkgewinnung. Ueber die Kosten der chlorieren-

---

[46]) Elbs und Schönherr in Zeitschrift für Elektrochemie 1894 und 1895.

den und sulfatisierenden Röstung von Erzen u. s. w. liegen noch keine Betriebsresultate für die Oeffentlichkeit vor. Der Kraftbedarf zur Abscheidung des Zinkes bei der Benutzung unlöslicher Anoden beläuft sich auf 3-4,5 P.-S.-Stunden für 1 kg Zink. Auch bezüglich der sonstigen Betriebskosten sind noch keine zuverlässigen Resultate von grösseren Anlagen bekannt geworden.

Verwendungsarten des Zinks. So wie es von den Hüttenwerken in Platten- und Staubform geliefert wird, findet das Metall in Blei- und Silberhütten zur Entsilberung von Werkblei, in chemischen Fabriken als Reduktionsmittel, in der Metallgiesserei zur Herstellung von Hausgeräthen, Bauornamenten, von Legierungen, in der Elektrotechnik zur Herstellung von Elektroden galvanischer Elemente Verwendung. In sehr ausgedehntem Maasse dient es zum Ueberziehen von Eisen (galvanisiertes Eisen). Das zu Blechen und Draht ausgewalzte Zink dient als Bedachungsmaterial, zur Herstellung von Hausgeräthen, Baukonstruktionstheilen, Druckplatten (Photozinkographie) u. s. w.

Die Zinkverbindungen werden zum grössten Theil als Nebenprodukte bei der Verarbeitung zinkhaltiger Erze und Hüttenprodukte anderer Metalle erhalten; nur bei der Zinkweissfabrikation geht man auch wohl von dem Metalle aus.

Cadmium.

Cadmium (Cd, Atomgewicht 112, specifisches Gewicht 8,6-8,7) ist ein sehr weisses, stark glänzendes, weiches, dehnbares Metall von krystallinischer (regulär) Struktur; es schmilzt bei 320° und siedet bei 800°.

In geschmolzenem Zustande legiert es sich sehr leicht mit den meisten anderen Metallen. Von den Legierungen sind besonders diejenigen mit Wismuth, Blei und Zinn wegen ihrer niedrigen Schmelzpunkte die geschätztesten (WOOD's, ROSE's Metall u. a.).

Das Cadmium hält sich an trockener Luft von gewöhnlicher Temperatur lange unverändert; bei höherer Temperatur verbrennt es leichter als Zink, mit welchem Metalle es chemisch sehr grosse Uebereinstimmung zeigt. Es löst sich leicht in den wichtigeren anorganischen Säuren (Schwefelsäure, Salzsäure und Salpetersäure) und bildet mit denselben leicht in Wasser lösliche Salze, welche sich alle von dem Oxyde ableiten. Das Oxyd bezw. Hydrooxyd ist auch in Lösungen der Alkalihydrate löslich unter Bildung von Salzen, die sich von dem Hydrate ableiten, in denen aber das Cadmium im Säureradikale steht. Aus seinen Salzen wird Cadmium durch Zink und elektropositivere Metalle gefällt.

Das Cadmium kommt fast immer als Begleiter von Zink vor. Besonders die schlesischen Galmeie und Zinkblenden sind reich an Cadmiumkarbonat, bezw. Cadmiumsulfid. Allein wird letzteres nur sehr selten gefunden (Greenochit).

Seine Darstellung bildet nirgends einen selbstständigen Hüttenbetrieb. Cadmium wird stets als Nebenprodukt der Zinkgewinnung erhalten. Bei der Reduktion der Zinkerz-Röstprodukte findet es sich als erstes Destillationsprodukt mit wechselnden Mengen Zink in den zweiten (eisernen) Vorlagen. Dieser, durch Cadmiumoxyd meist bräunlich gefärbte ‚Zinkrauch' wird wiederholt reducierend und verflüchtigend geröstet. Die ersten Destillationsprodukte enthalten immer das meiste Cadmium. Sind dieselben zinkfrei, bezw. zinkarm genug, werden sie, in Stangenform gegossen, in den Handel gebracht. Die Apparate sind annähernd dieselben, wie die bei der Zinkgewinnung gebräuchlichen; nur pflegt man die Retorten kleiner und aus Gusseisen herzustellen, da Thon zu porös für die Cadmiumdämpfe ist.

Die elektrolytische Darstellung und Reinigung des Cadmiums bedarf kaum einer Erörterung; sie ist fast unter denselben Bedingungen, wie die des Zinks, ausführbar. Nach den allerdings nur kleinen, von mir ausgeführten Versuchen zu urtheilen, müsste sich die Elektrolyse für die Cadmiumgewinnung einfacher als für die Zinkgewinnung gestalten, denn bei Stromdichten, bei denen Zink nur unsicher dicht zu erhalten ist, fällt Cadmium schon in brauchbarer Form aus (60-150 Ampère per Quadratmeter). Ob die Elektrolyse wirklich in den Betrieb Eingang gefunden hat, habe ich nicht in Erfahrung bringen können.

Das Cadmium findet in erster Linie zur Herstellung leicht schmelzbarer Legierungen Anwendung. Auch Cadmiumverbindungen, von denen die Haloidsalze in der Photographie, das Sulfid als Farbe benutzt werden, werden direkt oder nach vorgängiger Lösung aus dem Metalle gewonnen.

Quecksilber.

Quecksilber (Hg, Atomgewicht 200, specifisches Gewicht 13,5) ist ein bläulich weisses, bei gewöhnlicher Temperatur flüssiges Metall. Erstarrungspunkt — 39,4; Siedepunkt 360°. Das Quecksilber ist ein vorzügliches Lösungsmittel für die meisten Metalle (Gold, Silber, Blei, Wismuth, Zinn, Zink, Cadmium, Erdalkali- und Alkalimetalle); die Legierungen des Quecksilbers heissen Amalgame.

Reines Quecksilber hält sich an der Luft bei niedriger Temperatur unverändert, auf etwa 300° erhitzt oxydiert es sich zu rothem Oxyd. Ozon und die Halogene vereinigen sich schon bei gewöhnlicher Temperatur mit Quecksilber. Von den gewöhnlicheren Säuren lösen nur Salpetersäure und Königswasser das Metall leicht auf.

Vom Quecksilber sind zwei Reihen von Verbindungen bekannt: die Oxydul- oder Merkuro-Verbindungen, Typus Hg_2O und die Oxyd- oder Merkuri-Verbindungen, Typus HgO; das Sulfid bildet auch Sulfosalze, in denen das Quecksilber im Säureradikale steht.

Ausser geringen Mengen gediegenen Metalles finden sich von den Quecksilber-Verbindungen hauptsächlich das Sulfid, HgS, im Zinnober, seltener das Chlorür, Hg_2Cl_2 als Quecksilberhornerz, und andere Verbindungen.

Für die Quecksilbergewinnung kommt fast ausschliesslich der Zinnober in Betracht. Reiche Erze werden in Retorten, arme in Schachtöfen mit entschwefelnden Zuschlägen (Kalk, Kalkstein, Eisen etc.) einer verflüchtigenden Röstung unterworfen. Die aus den Oefen entweichenden Quecksilberdämpfe sucht man in Rohr- und Kammersystemen zu verdichten. Je ärmer die Erze sind, desto verlustreicher die Arbeit. Die erhaltenen Kondensationsprodukte werden theils durch Filtration, theils durch Destillation gereinigt.

An Stelle der verlustreichen und gesundheitsschädlichen hüttenmännischen Verarbeitung der Quecksilbererze ist die Elektrolyse schon mehrfach in Vorschlag gebracht. Die direkte Elektrolyse der Erze würde dieselben Schwierigkeiten haben, wie die der Kupfer-, Zink- und Bleierze. Wenn Elektricität hier Anwendung finden soll, kann nur die chemische Lösung mit darauf folgender elektrolytischer Fällung des Quecksilbers in Betracht kommen. Es liegen aber bis jetzt noch nicht viele Versuchsresultate vor. — Thatsache ist jedoch, dass Zinnober sehr leicht in Alkalihydrat haltigen Alkalisulfidlösungen löslich ist und dass aus diesen Lösungen das Quecksilber quantitativ gefällt werden kann. Bis jetzt hat diese von VORTMANN ausgearbeitete Methode[1] nur für analytische Zwecke Anwendung gefunden. Sollte sie sich auch für den Grossbetrieb eignen, so wird man manches aus dem über Antimon Gesagten entnehmen können.

Anwendung des Quecksilbers. Als solches findet es zur Herstellung von Thermometern, Barometern und anderen wissenschaftlichen Instrumenten ausgedehnte Anwendung. Als Lösungsmittel für Metalle findet es bei der Gold- und Silbergewinnung (Amalgamations-Verfahren) Verwendung, bei der elektrolytischen Gewinnung der Alkalihydrate dient es zur vorübergehenden Bildung von Alkaliamalgamen[2]. Letztere werden

---

[1] CLASSEN, A., Quantitative Analyse durch Elektrolyse, 3. Auflage. Berlin 1892, Springer.

[2] Vergl. Alkalilegierungen, S. 64.

auch bei anderen chemischen Prozessen viel benutzt. Für die als ‚Antifriationsmetalle' bekannten Legierungen ist auch vielfach ein Quecksilberzusatz empfohlen. Andere Amalgame finden als Spiegelbelege, Zahnplomben u. s. w. Verwendung. Schliesslich ist das Metall als Ausgangsprodukt für die Herstellung fast aller Quecksilberverbindungen in der chemischen Technik unentbehrlich. Zinnober und Quecksilberoxyd sind geschätzte Farben; das Chlorid ist ein sehr wirksames Desinfektionsmittel; Knallquecksilber spielt als Zündmasse in der Sprengtechnik und in Schusswaffen eine wichtige Rolle.

Zinn.

Zinn (Sn, Atomgewicht 118, specifisches Gewicht 7,3) ist ein weisses, mit schwach gelbem Farbentone behaftetes Metall von sehr geringer Festigkeit, aber starker Dehnbarkeit und dabei sehr weich. Am dehnbarsten ist es bei etwa 100 °, während es bei 200 ° wieder spröde wird. Es schmilzt bei 228 °, soll zwischen 1450 und 1600 ° sieden, verflüchtigt sich aber schon bei niedrigeren Temperaturen.

Das geschmolzene Metall löst die meisten anderen Metalle mit grosser Leichtigkeit, zum Theil werthvolle Legierungen mit denselben bildend.

Atmosphärischen Einflüssen gegenüber ist Zinn sehr widerstandsfähig, bei höherer Temperatur verbrennt es allerdings bei Luftzutritt ziemlich leicht. Mit den Haloiden vereinigt es sich bei gewöhnlicher Temperatur, mit Schwefel, Phosphor, Arsen und Antimon im flüssigen Zustande. Von den gewöhnlichen Säuren ist Salzsäure als bestes Lösungsmittel für Zinn bekannt; Schwefelsäure wirkt nur träge auf das Metall ein; Salpetersäure oxydiert es zu einem Zinnoxydhydrat der Formel $SnO(OH)_2$, welches auch wohl Zinnsäure genannt wird. In Salze tritt das Zinn in das Säureradikal und auch als Basis ein. Die ersteren Salze leiten sich von den Hydraten $Sn(OH)_4$ oder $SnO(OH)_2$ ab. Die übrigen Zinnverbindungen leiten sich entweder von dem Oxydule, SnO, ab (Stanno-Verbindungen) oder von dem Oxyde SnO_2 (Stanni-Verbindungen). Auch eins der Zinnsulfide, SnS_2, bildet leicht Sulfosalze.

Natürlich kommt es hauptsächlich als Oxyd, SnO_2, im Zinnsteine oder Cassiterit vor. In Begleitung desselben findet sich meist Wolframit ($FeWO_4$). Sonstige Zinnverbindungen sind so selten, dass sie hier unerwähnt bleiben mögen.

Für die Zinngewinnung aus genanntem Erze kommt nur ein Verfahren, das reducierende Verschmelzen, in Betracht, dem allerdings meist einige Vorbereitungen vorausgehen müssen. Das hohe specifische Gewicht des Zinnsteines ermöglicht zunächst eine nasse Aufbereitung der Erze. Allerdings ist er bei dieser Arbeit nur schwer von dem

Wolframit zu scheiden, dessen specifisches Gewicht fast das gleiche ist. Kommen grössere Mengen dieses Erzes neben dem Zinnsteine vor, so muss dasselbe oder vielmehr das darin enthaltene Wolframoxyd vor dem Verschmelzen der Zinnerze entfernt werden, da Wolframverbindungen der Zinnreduktion grosse Schwierigkeiten in den Weg legen. Die Entfernung des Wolframoxydes ist übrigens sehr einfach und, in richtiger Weise ausgeführt, auch lohnend; sie findet sich unter ‚Wolfram‘ beschrieben. Die von Wolfram befreiten und die übrigen, nöthigenfalls durch Rösten und Abschrecken zu lockernden Zinnerze werden dann entweder in niedrigen Schachtöfen oder in Flammöfen mit die Gangart verschlackenden Zuschlägen reducierend verschmolzen. Meist liefert das erhaltene Rohzinn nach einem saigernden Umschmelzen oder Filtrieren genügend reine Handelsprodukte.

Für die elektrolytische Verarbeitung von Zinnerzen ist nur ein praktisch unausführbarer Vorschlag von BURGHARDT[1] gemacht worden. Es mag auf die unten angegebene Quelle verwiesen sein. Ein nicht viel besserer Vorschlag stammt von VORTMANN und SPITZER[2]. Dieselben wollen fein pulverisierte Zinnerze mit dem zwei- bis dreifachen Gewichte einer Mischung von einem Gewichtstheile Schwefel und zwei Gewichtstheilen Soda bei Luftabschluss schmelzen, um so ein Natriumsulfostannat zu erhalten, das ausgelaugt und geklärt nach Zusatz von Ammoniak und Ammoniumsulfat mit unlöslichen Anoden (Bleiplatten) elektrolysiert wird. — Der erste Theil des Verfahrens ist im Laboratorium leicht, im Grossen sehr schwer ausführbar. Gefässe, wie sie hier Verwendung finden können, halten die Schmelze nicht aus; die Arbeit, in Flammöfen ausgeführt, ist mit grossen Zinnverlusten und hohen Ofen-Reparaturkosten verknüpft. Der zweite Theil des Verfahrens ist, wenn er sich je für die Technik eignen sollte, durch das Patent kaum jemandem zu verbieten, da er schon seit Jahren durch CLASSEN[3] bekannt ist.

Die direkte elektrolytische Verarbeitung von Zinnerzen ist nach allen bisher mit Erzen gemachten Erfahrungen ausgeschlossen.

Grosse Bedeutung hat aber die elektrolytische Verarbeitung von Weissblechabfällen gewonnen; sie hat zwei Aufgaben zu erfüllen: einmal das Zinn vom Eisen zu entfernen und in brauchbarer Form wieder niederzuschlagen, dann aber auch, das Eisen des Weissbleches so zinn- und bleirein zu erhalten, dass es von Eisenhüttenwerken wieder mit verschmolzen werden kann.

---

[1]) D. R.-P. Nr. 49 682.
[2]) D. R.-P. Nr. 73 826.
[3]) CLASSEN, A., Quantitative Analyse durch Elektrolyse, 2. und 3. Auflage. Berlin 1885 und 1892, Springer.

Sehr theuer wird man nach dem Verfahren von BEATSON[4] arbeiten. Er hängt die Weissblechabfälle in Eisendrahtnetzcylindern als Kathoden in ein Bad aus siedend heisser Natronlösung, welcher Cyankalium zugesetzt wird. Als Kathoden sollen eiserne Platten, langsam rotierende Walzen, welche das etwas lockere Metall gleichzeitig zusammenzudrücken hätten, oder die Wände eines eisernen Gefässes dienen.

Der Erfinder hat jedenfalls inzwischen Gelegenheit gehabt, Erfahrungen über die geringe Haltbarkeit des Cyankaliums in siedend heisser wässriger Lösung zu machen, denn nach einem neueren Patente[5] erwähnt er das Cyankalium nicht mehr, sondern begnügt sich mit einer Alkalihydratlösung als Elektrolyt. Den in alkalischen Elektrolyten erhaltenen Zinnniederschlag will er dann in einer Zinnsalzlösung elektrolytisch raffinieren, indem er das Zinn auf rotierenden, gegeneinander drückenden Walzen niederschlägt, um es so in dichter Form zu erhalten.

Alkalihydratlauge als Elektrolyt hat sich auch PRICE[6], Zinnchloridlösungen auch FENWICK[7] patentieren lassen.

Eine auf Grund eines älteren Patentes von GUTENSOHN[8] von Siemens & Halske eingerichtete Anlage wird von SMITH[9] beschrieben.

Hier sollten Weissblechabfälle mit 3-9 %, im Durchschnitt mit 5 % Zinn mit Schwefelsäure, bezw. Sulfaten als Elektrolyten verarbeitet werden, um neben Zinn Eisenvitriol und Eisenbeize zu liefern. Die Anlage sollte wöchentlich sechs Tonnen Weissblechabfälle verarbeiten. Den Strom lieferte eine SIEMENS'sche Dynamo C[18] von 15 Volts und 240 Ampère, 8 P. S. gebrauchend. Man arbeitete mit 8 Zellen, welche aus 50 mm dickem Holze, mit 3,5 mm dicker Gummiausfütterung hergestellt und auf einer etwa 1 m hohen Arbeitsbühne angeordnet waren. Die Lichtenmaasse derselben waren: Länge 1500 mm, Breite 700 mm, Tiefe 1000 mm. An jeder Seite der Zersetzungszellen standen zwei, zur Aufnahme der entzinnten Schnitzel bestimmte Behälter. Zur Lösung dieser Rückstände waren in einem höheren Flur des Gebäudes Lösegefässe aufgestellt. An diese schlossen sich die Koncentrationspfannen und die etwas tiefer stehenden Krystallisiergefässe für den Eisenvitriol an.

Die Weissblechabfälle werden mit grosser Sorgfalt, nicht zu fest und nicht zu locker, in kräftig gebaute Holzgitterkörbe von 1200 mm lichter Länge, 300 mm Breite und 850 mm Tiefe eingepackt; der Inhalt wog

[4] Engl. P. Nr. 11 067 von 1885.
[5] Engl. P. Nr. 12 200 von 1892.
[6] Engl. P. Nr. 2119 von 1884.
[7] Engl. P. Nr. 8988 von 1886.
[8] D. R.-P. Nr. 12 883.
[9] Journal of the Society of Chemical Industry vol. IV, 1885, p. 312.

60-70 kg. In die Masse sind während des Packens schmale Weissblech-streifen eingesetzt, die oben aus den Kästen hervorragen und zur Strom-zuleitung dienen. Die Beschickung und Entleerung der Anodenkästen erfolgte zwei Mal täglich.

Die Kathoden bestanden aus verzinnten Kupferblechen von 1200 mm Länge, 950 mm Breite und 1,5 mm Dicke. Gegenüber den 8 Anoden-kästen, von denen je einer in jeder Zelle hing, waren 16 Kathodenbleche aufgehängt. Die Ränder der letzteren waren durch quadratische Kupfer-streifen verstärkt. Seitlich wurden die Bleche durch Nuthen vorsprin-gender Holzleisten geführt und in einer Entfernung von 100 mm von den Anodenkästen gehalten.

Zum Schutze der Gummiauskleidung der Zellen waren die Kanten der Anodenkästen und der Kathoden mit Gummirollen versehen. Kästen und Kathodenbleche konnten mit Hülfe eines über den Bädern laufenden Krahnes gehoben und gesenkt werden.

Der Elektrolyt besteht zu Beginn des Betriebes aus einer Mischung von einem Raumtheile 60grädiger Schwefelsäure und neun Raumtheilen Wasser.

Von dem gegebenen Strome von 240 Ampère erwartete man in acht Bädern eine Gesammtfällung von annähernd 4,25 kg Zinn; doch wurde nur etwa die Hälfte erhalten. Ein grosser Theil der Stromarbeit geht auf die Lösung von Eisen und auf Wasserstoffentwicklung verloren. Alle sieben Wochen war der Elektrolyt mit Eisen vollständig gesättigt; die Lösung wurde dann auf Eisenvitriol verarbeitet.

Man löste auf elektrolytischem Wege nicht alles Zinn von den Ab-fällen ab, sondern schickte die letzteren, nachdem sie 5-6 Stunden als Anoden fungiert hatten, zu der Vitriolanlage, wo sie unter Zurück-lassung des noch vorhandenen Zinnes leicht vollständig gelöst werden konnten.

Zur Verarbeitung von drei Tonnen Weissblechabfall per Woche waren drei bis vier Arbeiter nöthig. —

Soweit der Bericht. — Man sieht, dass mit nicht sehr hoher Strom-dichte gearbeitet wurde. Auf jedes der acht hintereinander geschalteten Bäder kamen 1,9 Volt und 240 Ampère. Da von den beiden Kathoden nur die den Anoden zugekehrte Fläche in Betracht kommt, so betrug die wirksame Kathodenfläche $2 \times 1,2 \times 0,95 = 2,28$ qm, die Strom-dichte also wenig mehr als 100 Ampère per Quadratmeter. Dass unter diesen Verhältnissen auf die acht Bäder 15 Volt, pro Bad also fast 1,9 Volt elektromotorische Kraft verbraucht wurden, scheint bei löslichen Anoden mehr als nöthig.

Wie der Zinnschlamm, denn solcher kann unter diesen Bedingungen nur erwartet werden, weiter verarbeitet wurde, ist in dem Berichte nicht gesagt worden.

Wenn die Anlage 6 Tonnen Zinnabfälle, die anfangs genannte volle Leistungsfähigkeit der Einrichtung, wirklich verarbeitet, so bedeutet das neben der Zinnausbeute, die ja als solche und in Form von Zinnsalzen leicht abzusetzen ist, eine Nebenproduktion von etwa 28 Tonnen Eisenvitriol. Ob dieses Produkt, das nicht nur hier, sondern in zahlreichen anderen Hüttenwerken nebenbei gewonnen wird und zu billigsten Preisen auf den Markt kommt, auch nur die Kosten der angewandten Schwefelsäure bezahlt, ist doch fraglich.

Dass aber, wenn man die Abfälle bis zu wirklich vollständiger Entzinnung elektrolysieren wollte, ganz enorme Mengen von Eisen unnöthig mitgelöst werden würden, geht ja schon aus den Angaben von SMITH hervor. Nach meinen eignen Versuchen ist eine vollständige Entzinnung bei Benutzung saurer Elektrolyte sehr zweifelhaft, so dass an eine Verwendung der Rückstände zu etwas andrem als zu der stellenweise sehr unvortheilhaften Vitriolfabrikation ausgeschlossen sein würde.

In dem vorstehenden Berichte über patentierte Verfahren wurde schon mehrfach Alkalihydrat und besonders Natronhydrat als Elektrolyt erwähnt. Es ist ja auch eine bekannte Thatsache, dass sich Zinn, selbst ohne Elektricitätszufuhr, in warmen Alkalihydratlaugen unter Wasserstoffentwicklung löst. Da nun Eisen in diesen Hydraten fast gar nicht gelöst, sondern an der Anode, sobald es frei liegt, höchstens oberflächlich oxydiert wird, so bot die Benutzung dieser Elektrolyte entschiedene Vortheile. Allerdings kann ich nur von Resultaten kleiner Versuche berichten, doch muss ich aus mehrfach an mich ergangenen Anfragen über die zweckmässigste Weiterverarbeitung des Zinnschlammes, wie er nach meinen, in der ersten Auflage dieses Buches gegebenen Vorschriften erhalten wurde, schliessen, dass einige Fabriken diesen Weg gewählt haben.

Anfangs mit Lösungen von Natriumstannat unternommene Versuche ergaben keine befriedigenden Ergebnisse. Zinnoxydabscheidungen im Bade veranlassten baldige Betriebsunterbrechung. Eine 12-15procentige Kochsalzlösung mit bis zu etwa 5 °/o zinnsaurem Natron versetzt, lieferte weit bessere Resultate, wenn sie stets deutlich alkalisch gehalten wurde. Da nun aber freies Alkalihydrat auch ohne Elektricitätszufuhr Zinn zu lösen im Stande ist, so fand eine fortdauernde Anreicherung des Bades an Stannit statt. Um nun ein zu häufiges Absetzen des Bades zu verhüten, wurde mit einer mit einigen Procenten Aetznatron versetzten Kochsalzlösung begonnen, welcher mit fortschreitender Anreicherung an Zinnoxyden Alkali nachgesetzt wurde. Zu Beginn des Betriebes ist die erforderliche elektromotorische Kraft eine sehr geringe, Zinn löst sich, wie gesagt, wenn die Flüssigkeit eine Temperatur von 40-50° C. hat, fast von selbst. Aber je zinnleerer die Oberfläche der Blechschnitzel zu werden beginnt, je mehr also die Stromdichte, auf das noch vorhandene Zinn berechnet, zunimmt, desto höher natürlich der Kraftverbrauch, der sich zum Schlusse, selbst bei niedrigen Stromdichten (auf die sich stets gleich bleibende Kathodenfläche berechnet) bis zu etwa 3 Volt steigert. Anfangs ist die sogenannte Badspannung selbst bei mehreren hundert Ampère per Quadratmeter Kathodenfläche weit niedriger. Durchschnittlich kam auch bei diesem Verfahren die erforderliche elektromotorische Kraft pro Bad auf 1,5-2 Volt bei Stromdichten von nicht über 150 Ampère per Quadratmeter Kathodenfläche und bei Verringerung der Stromdichte auf die Hälfte durch Parallelschaltung zweier gleichzeitig beschickter Bäder, sobald die Hauptzinnmenge gelöst war.

Die Endprodukte dieses Verfahrens sind Eisen, Zinn und geringe Mengen sogenannten Präpariersalzes.

Das in den Anodenkörben zurückbleibende Eisen ist so rein, dass es für alle Zwecke, für welche gute Schmiedeeisenabfälle gesucht sind, brauchbar ist.

Für die Verwerthung des Zinnes ist ein Weg der der Verarbeitung des gewaschenen und gepressten oder trocken geschleuderten Schlammes auf Zinnsalze. Für diesen Zweck braucht man ohnehin metallisches Zinn von möglichster Reinheit; das elektrolytisch abgeschiedene seiner chemischen und physikalischen Eigenschaften wegen empfiehlt sich von selbst dazu. — Findet sich für so grosse Mengen von Zinnsalzen, wie sie aus dem aus Weissblechabfällen gewonnenen Zinn hergestellt werden können, kein genügendes Absatzgebiet, so muss der Schlamm zusammengeschmolzen werden. Wenn man hier und da Aeusserungen hört, dies sei praktisch unmöglich, so muss da wohl eine Verwechslung mit dem elektrolytisch abgeschiedenen Zinkschlamme vorliegen. Bei einiger Erfahrung in der Behandlung metallischer Abfälle gehört das Zusammenschmelzen des elektrolytisch abgeschiedenen Zinnes durchaus nicht zu den schwierigsten Aufgaben des Metallurgen. Allerdings lassen sich diese Erfahrungen nicht aus Büchern lernen, und ein ‚Rezept', das ich an dieser Stelle geben könnte, würde den meisten Reflektanten auf ein solches doch wenig nützen.

Was das dritte Produkt, das Präpariersalz, betrifft, so ist bereits erwähnt, dass der ursprüngliche Elektrolyt, die Aetznatron enthaltende Kochsalzlösung, sich allmählich mit Zinnoxyden anreichert, da besonders anfangs mehr Zinn gelöst als gefällt wird. Die unbedingt nothwendige alkalische Reaktion des Elektrolyten wird durch Zusätze von Aetznatron aufrecht erhalten, und die Folge davon ist, dass schliesslich eine Lösung entsteht, welche, verdampft, ein dem Präpariersalze des Handels entsprechendes Salzgemisch liefern würde. Etwaige Stannite werden theils beim Eindampfen und Calcinieren, nöthigenfalls durch Susatz von etwas Natronsalpeter, oxydiert. Das Präpariersalz des Handels ist ja ebenfalls ein Gemisch von Natriumstannat und Kochsalz, erhalten durch Vermischen einer Lösung von Zinnchlorid mit Aetznatron und Calcinieren des durch Umsetzung entstandenen Salzgemisches.

Die Vortheile der zuletzt angedeuteten Arbeitsweise sind demnach kurz zusammengefasst folgende:

1. Gründliche Entzinnung der Weissblechabfälle; also Brauchbarkeit der Eisenblech-Rückstände.
2. Gewinnung reinen eisenfreien Zinnes.
3. Die Möglichkeit, mit eisernen Gefässen zu arbeiten und diese als Kathoden zu benutzen.
4. Die Möglichkeit, auch die Anodenkörbe aus Eisen, also einem sehr haltbaren Materiale zu konstruieren.

Die Verwendung des Zinnes ist eine sehr ausgedehnte. Als solches und als Ueberzug auf anderen Metallen (Weissblech: Zinn auf Eisen) wird es in grossen Mengen zu Geräthen, Apparaten und Apparattheilen für den Haushalt und die gesammte Technik benutzt. In wichtigen Legierungen spielt das Zinn eine hervorragende Rolle (Bronzen, Lagermetalle, Lothe, Kunstguss-Legierungen, wie Britanniametall u. a.). Das Staniol, ursprünglich dünngewalztes Zinn, wird heute durch Zusammenwalzen von Blei mit äusseren Zinnlagen als zinnplattiertes Blei hergestellt. — Die meisten der Zinnverbindungen, welche meist als Farben (Mussivgold, Zinnoxyd u. a.) geschätzt sind, werden auch aus dem Metalle hergestellt.

Blei.

Das Blei (Pb, Atomgewicht 206, specifisches Gewicht 11,4) ist ein blaugraues, glänzendes Metall von sehr geringer Festigkeit, aber ausgeprägtester Dehnbarkeit; es lässt sich leicht mit dem Messer schneiden, zu Blech auswalzen und zu Draht auspressen. Sein Schmelzpunkt liegt bei 330°, der Siedepunkt bei starker Weissgluht, wenn auch schon bei Rothgluht eine nicht unbeträchtliche Verdampfung eintritt. Im geschmolzenen Zustande ist es ein vorzügliches Lösungsmittel für andere, besonders für die edlen Metalle.

Bei gewöhnlicher Temperatur ist das Blei chemischen Einflüssen gegenüber sehr widerstandsfähig. Es oxydiert sich an der Luft und im Wasser zwar oberflächlich, die Oxyd- bezw. Carbonatschicht (Kohlensäure fehlt ja nie in Luft und Wasser) schützen aber das darunter liegende Metall vor weiterem Angriffe. Auch die Einwirkung von Schwefel- und

Salzsäure beschränkt sich, wegen Bildung unlöslicher Salze, nur auf die Oberfläche des Metalles, Salpetersäure dagegen löst Blei leicht zu in Wasser löslichem Bleinitrat. Viele organische Säuren, z. B. Essigsäure, bilden bei Gegenwart von Sauerstoff (Luft) mit dem Blei ebenfalls sehr leicht lösliche Salze. — Das Blei bildet zwei einfache Oxyde, das Bleioxyd, PbO, und das Bleisuperoxyd, PbO_2. Von ersterem ist auch ein Hydrat bekannt. — Ein zusammengesetztes Oxyd ist die Mennige Pb_3O_4 ($= 2PbO + PbO_2$). Mit Schwefel verbindet sich das Blei nur zu einer bemerkenswerthen Verbindung, dem Bleisulfide, welche leicht mit anderen Sulfiden Doppelsulfide (Bleistein) bildet. Bleisalze, in denen das Blei als Basis vorkommt, leiten sich vom Oxyde, solche, in denen es im Säureradikale enthalten ist (Plumbate), vom Superoxyde, bezw. dessen hypothetischem Hydrate, der Bleisäure, H_4PbO_4, ab. Zu diesen Salzen ist auch die Mennige zu rechnen: Pb_2PbO_4.

Gediegen kommt Blei nicht in der Natur vor. Das wichtigste Rohmaterial zu seiner Gewinnung ist der Bleiglanz, PbS, dem sich in zweiter Linie das Weissbleierz, Cerussit, $PbCO_3$, anreiht. Seltenere Erze sind: Bleivitriol, $PbSO_4$; Pyromorphit, $PbCl_2 \cdot 3Pb_3(PO_4)_2$; Rothbleierz, $PbCrO_4$; Gelbbleierz, $PbMoO_4$; Scheelbleierz, $PbWO_4$. Für die Bleihüttenwerke sind nur die beiden erstgenannten Erze neben einer Anzahl von bleihaltigen Hütten- und anderen Abfallprodukten von Bedeutung.

Abgesehen von einigen besonderen Vorbereitungsarbeiten oder Abänderungen, welche mit Rücksicht auf die Gegenwart einiger anderer Metalle, besonders des Zinks, unvermeidlich sind, wird bei der Verarbeitung der Bleierze zunächst ein rohes Blei, das sogenannte Werkblei, erzeugt, welches dann noch durch Raffinationsprozesse in das reine oder Weichblei überzuführen ist. Die Werkbleigewinnung geschieht entweder durch den Röstreaktions-, den Reduktions- bezw. Röstreduktionsoder den Niederschlagsprozess, die Weichbleigewinnung aus dem Werkblei besteht entweder in einem raffinierenden, meist oxydierenden Schmelzen oder in der Elektrolyse.

1. Die Reaktions- bezw. Röstreaktionsarbeit.

Schmilzt man oxydische Erze oder Hüttenprodukte mit sulfidischen in dem Verhältnisse folgender Gleichung: $2PbO + PbS = Pb_3 + SO_2$ zusammen, so erhält man das Blei beider, während der Schwefel mit dem Sauerstoffe als Schwefeldioxyd entweicht. Stehen also z. B. Cerussit und Bleiglanz gleichzeitig zur Verfügung, so würde es nur eines gemeinschaftlichen Verschmelzens beider nach obigem Grundsatze gattierter Erze bedürfen, um das Blei zu gewinnen. Aber auch sulfidische Erze allein lassen sich auf diese Weise zu Gute machen, indem man durch Röstung einen Theil des Bleisulfides in Oxyd und Sulfat überführt, für welche dann das noch übrige Sulfid als Reduktionsmittel dienen muss. Das letztere wird dabei ebenfalls reduciert. Diese Arbeit stützt sich auf folgende Umsetzungen:

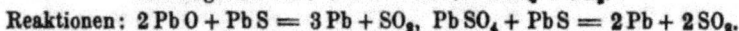

$$\text{Röstung: } 2\,PbS + 7\,O = PbO + PbSO_4 + SO_2.$$

Reaktionen: $2\,PbO + PbS = 3\,Pb + SO_2$, $\quad PbSO_4 + PbS = 2\,Pb + 2\,SO_2$.

Verschiedenheiten in der Reinheit der Erze, in den Ansprüchen an das auszubringende Blei, in der Höhe der Brennmaterialpreise und Arbeitslöhne haben natürlich auch Abweichungen in der Ausführung dieser Art der Bleiarbeit zur Folge gehabt. So unterscheiden wir:

a. den Kärnthner Prozess, welcher in kleinen Oefen mit kleinen Erzmengen bei möglichst niedriger Temperatur so ausgeführt wird, dass nach vollendeter Röstung der Hauptsache nach folgende Umsetzung eintreten kann:

$$PbSO_4 + PbS = Pb_2 + 2\,SO_2.$$

Da sich in der Praxis die Röstung nicht so leiten lässt, dass auf jedes Molekül PbS genau ein Molekül $PbSO_4$ gebildet wird, so wird nach beendigter Reaktion meist noch ein grosser Theil Blei als Oxyd und Sulfat vorhanden sein, denn es liefern:

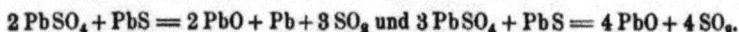

$$2\,PbSO_4 + PbS = 2\,PbO + Pb + 3\,SO_2 \text{ und } 3\,PbSO_4 + PbS = 4\,PbO + 4\,SO_2.$$

Dieses Blei gewinnt man dann nach dem Einstreuen von Kohle in den Arbeitsherd bei fortgesetztem Erhitzen und Durcharbeiten der Rückstände (das Pressen des Bleies). Das Sulfat wird dabei zu Sulfid reduciert, welches neben Kohle wieder auf das Oxyd reducierend einwirkt. Vortheile des Prozesses: Geringe Bleiverluste durch Verflüchtigung, geringe Mengen bleiarmer Rückstände (die Schmelzrückstände, welche mit 8-9 % Pb den Ofen verlassen, werden durch Aufbereitung auf 50-60 % Pb angereichert und der Schmelzarbeit wieder zugeführt), Reinheit des ausgebrachten Bleies. Nachtheile des Prozesses: Grosser Brennmaterial- und Arbeitsverbrauch.

b. Englischer Prozess. Grosse Erzmengen werden in grossen Oefen bei hoher Temperatur oxydierend verschmolzen. Die entstehenden Röstprodukte finden in dem anfangs in grossem Ueberschusse vorhandenen Sulfide ein Reduktionsmittel, mit welchem sie sich nach den anfangs gegebenen Gleichungen umsetzen. Die Bleiabscheidung beginnt also fast unmittelbar nach dem Einsetzen der Beschickung. Wenn sie durch Bildung leicht schmelzbarer Schlacken unterbrochen wird, ist von Zeit zu Zeit eine Abkühlung, unter Umständen auch Auflockerung durch Einarbeiten von Kalk in die geschmolzenen Massen erforderlich. Vortheile des Prozesses: Geringer Brennmaterial- und Arbeitsverbrauch. Nachtheile des Prozesses: Erhebliche Bleiverluste durch Verflüchtigung, bezw. theure Kondensationsanlagen, bleireiche Rückstände, welche in besonderen Oefen verschmolzen werden müssen, und unreines Blei.

c. Tarnowitzer Prozess. Grosse Erzmengen werden in grossen Flammöfen bei niedriger Temperatur geröstet und verschmolzen: also ein englisch-kärnthner Prozess. Vortheile des Prozesses: Geringe Bleiverluste durch Verflüchtigung, reines Blei, geringer Brennmaterial- und Arbeitsverbrauch. Nachtheile des Prozesses: Bleireiche Rückstände, welche in besonderen Oefen auf Blei verschmolzen werden müssen. Diese drei genannten Prozesse eignen sich nur für möglichst kieselsäurefreies Erz. Bleisilikate, welche sich während der Reaktionsperiode sehr leicht durch direkte Vereinigung von Bleioxyd und Kieselsäure, sowie durch eine Umsetzung von Bleisulfat mit Kieselsäure bilden,

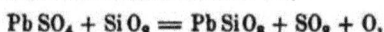

$$Pb\,SO_4 + Si\,O_2 = Pb\,SiO_8 + SO_8 + O,$$

lassen sich durch Reduktionsmittel nicht vollständig zerlegen. Eine Zerlegung der Bleisilikate durch andere Metalloxyde behufs Abscheidung des leicht reducierbaren Bleioxydes ist im Flammofen nicht durchführbar.

d. Der französische oder Bretagne-Prozess, welcher durch eine von der Kärnthner etwas abweichende Arbeitsweise die Verarbeitung kieselsäurehaltiger Erze ermöglichen sollte, ist daher fast überall, wo er im Betriebe war, wieder aufgegeben und durch den Röst- und Reduktionsprozess ersetzt worden.

e. Einen Uebergang zu dem letztgenannten Verfahren bilden die Herdprozesse. Das Erz wird, mit dem Brennmateriale gemischt, in sogenannten Herdöfen, Apparaten, welche in ihrer Konstruktion an die Schmiedefeuer erinnern, geröstet und reduciert. Das in diesem Falle die Röstprodukte ausser durch ungeröstetes Erz auch durch den Kohlenstoff des Brennmateriales reduciert werden, ist erklärlich. Ebenso begreiflich ist es, dass diesem Verfahren bezüglich der Wärmeausnützung und des Metallausbringens grosse Mängel anhaften müssen, welche Nachtheile noch durch die schädliche Wirkung der den offenen Herden entsteigenden Bleidämpfe auf die Gesundheit der Arbeiter vermehrt wird.

2. Die Reduktions- bezw. Röstreduktionsarbeit.

Oxydische Erze und Hüttenprodukte werden, wo sie nicht als Zuschläge Verwendung finden können, direkt reducierend verschmolzen; wir haben es hier also mit der einfachen Reduktionsarbeit zu thun. Für sulfidische Erze kommt die Röstreaktionsarbeit zur Anwendung; sie zerfällt in eine möglichst vollständige Röstung des Bleiglanzes, verbunden mit einer Zersetzung des neben Bleioxyd sich bildenden Sulfates durch Kieselsäure,

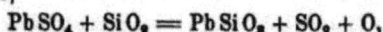

$$Pb SO_4 + Si O_2 = Pb Si O_3 + SO_2 + O,$$

gefolgt von einem mit der Zersetzung des Bleisilikats durch Kalk und Eisenoxydul zusammenfallenden reducierenden Schmelzen.

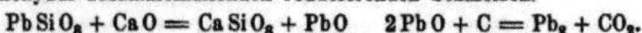

$$Pb Si O_3 + Ca O = Ca Si O_3 + PbO \qquad 2 Pb O + C = Pb_2 + CO_2.$$

Die Röstung wird je nach der Natur des Erzes in Haufen, Flammöfen oder in Schachtöfen ausgeführt. Die Umsetzung des dabei entstehenden Bleisulfats in Bleisilikat lässt sich vortheilhaft nur in Flammöfen ausführen; sie unterbleibt bei bleiarmen, silber-, kupfer- oder zinkhaltigen Erzen. Die Röstung bleiarmer Erze (mit weniger als 10 % Pb) in Flammöfen würde zu theuer werden. Etwa vorhandenes Silber würde sich bei der zur Zersetzung des Bleisulfats erforderlichen Temperatur in nicht unerheblichen Mengen verflüchtigen. Für das Kupfer hat man während des Schmelzprozesses ohnehin eine gewisse Menge Schwefel nöthig, um dasselbe als Kupferstein abzuscheiden; es wäre daher überflüssig, auf eine möglichst vollständige Entschweflung des Röstgutes hinzuarbeiten, denn wenn auch Bleisulfat während des Schmelzprozesses zu Sulfid reduciert wird,

$$Pb SO_4 + C_2 = Pb S + 2 CO_2,$$

so setzt es sich doch mit dem Kupfer, bezw. den Kupferverbindungen unter Bildung von Kupferstein leicht um:

$$Pb S + Cu_2 = Cu_2 S + Pb.$$

Das Zink, welches seiner Flüchtigkeit (Bildung von Ofenbruch und Mitreissen anderer Metalldämpfe) und schweren Verschlackbarkeit wegen während des Schmelzens zu Betriebsstörungen und Metallverlusten Veranlassung geben würde, muss durch Röstprozesse in vor der Schmelzung auszulaugendes Zinksulfat übergeführt werden. Die Bildung des Zinksulfats ist aber nur bei einer weit unter dem Zersetzungspunkte des Bleisulfates liegenden Temperatur möglich.

Die Auffindung mächtiger Lager silberhaltiger Bleierze (vorwiegend Bleiglanze), welche beträchtliche Mengen Zinkblende enthalten (in Neu-Süd-Wales und Colorado), hat begreiflicherweise die Ausarbeitung geeigneter Methoden zur Zugutemachung solcher Erze stark angeregt und eine grosse Zahl von Patenten zu Tage gefördert. Eine Anzahl derselben hat der Feuerprobe gar nicht bedurft, um beiseite gelegt zu werden. Nur wenige der übrigen Vorschläge haben Aussicht auf Einführung in den Grossbetrieb, und diese stehen im Prinzip auf dem Boden der alten auf Harzer und sächsischen Werken schon seit langer Zeit gebräuchlichen Arbeitsweise für zinkische Bleiglanze, wie sie eben schon angedeutet wurde. Diese Verfahren zerfallen in 1. oxydierendes Rösten bei niedriger Temperatur; 2. Vervollständigung der bereits durch Röstung theilweise erreichten Ueberführung von Zinkoxyden in Sulfat durch Behandlung des Röstproduktes mit Schwefelsäure oder mit Schwefeldioxyd und Luft; 3. Auslaugen des Zinksulfates; 4. Verarbeitung der Zinksulfatlauge auf Zinkvitriol oder Zink; 5. Verarbeitung des Laugereirückstandes auf Werkblei; 6. Entsilberung des Werkbleies unter Gewinnung von Silber und Weichblei. Betreffs anderer Vorschläge liegen noch keine endgiltigen Entscheidungen vor.

Die für die übrigen Erze gebräuchlichen Röstapparate bestehen meist in langen Flammöfen, den Fortschauflungsöfen, welche ununterbrochenen Betrieb, also gute Wärmeausnützung gestatten. Während das in dem Ofen befindliche Material der Flamme der Feuerung stetig entgegengearbeitet wird, setzt man an dem der Feuerung entgegengesetzten Ende nach Bedarf frisches Erz ein. Das Röstprodukt fliesst in teigigem Zustande in der Nähe der Feuerbrücke aus dem Ofen ab. Erze mit viel Schwefelkies werden auch wohl behufs Schwefelsäuregewinnung in Kiesbrennern, Bleistein und ähnliche Schmelzprodukte zu demselben Zwecke in Kilns abgeröstet. — Zur Ausführung des Schmelzprozesses dienen niedrige Schlachtöfen (6-8 m hoch), von welchen jetzt ausschliesslich PILZ- und RACHETTE-Oefen gebaut werden. Die Pilz-Oefen sind von kreisförmigem Horizontalquerschnitte mit 4-8 Formen im Gestelle. Die Rachette-Oefen besitzen ovalen oder rechteckigen Horizontalquerschnitt, dessen lange Seiten die Seitenwände bilden. In den schmalen Vorder- und Hinterwandungen des Gestelles ist entweder keine oder je eine Form angebracht, während jede der Seitenwandungen bis zu sechs Formen enthält. Bei Sumpfofenzustellung treten die Schmelzprodukte durch die unter Vorder- und Rückwand vorgesehenen Sümpfe aus. Bei Tiegelofenzustellung pflegt man jetzt meist den ARENTS'schen Stich zur Bleiabführung neben einer oder zwei Schlackenformen anzuwenden.

In amerikanischen Rachette-Oefen neuerer Konstruktion besteht die Rast und der obere, mit den Wind-Formen versehene Theil des Gestelles aus hohlen Eisenformstücken, welche während des Betriebes mit Wasser gekühlt werden.

3. Die Niederschlagsarbeit

stützt sich im wesentlichen auf folgende Reaktion:

$$PbS + Fe = FeS + Pb.$$

Bei der bekannten Neigung des Schwefeleisens zur Bildung von Doppelsulfiden wird eine beträchtliche Menge Bleisulfid zur Bildung von Bleistein (PbS, nFeS) verbraucht. Darauf ist selbstverständlich bei der

Möllerung Rücksicht zu nehmen, besonders da die Entstehung von Bleistein, welcher sich sehr gut bei der Schwefelsäuregewinnung, also zur
Nutzbarmachung des Schwefels der Bleierze verwerthen lässt, durchaus
kein Nachtheil des Verfahrens ist. Der Bleistein wird zu diesem Zwecke
in Kilns abgeröstet. Das vorwiegend aus Oxyden des Bleies und Eisens
bestehende Röstprodukt dient bei folgenden Schmelzungen wieder als
eisenhaltiger Zuschlag, dessen man sowohl zum Verschlacken der Kieselsäure als auch zur Zerlegung des Bleisulfides nach oben angeführter
Gleichung bedarf. Man setzt nämlich das Eisen der Beschickung fast
nie als solches zu, sondern meist in Form von Oxyden (geröstetem Stein,
Kiesabbränden, Roth- und Brauneisenstein) oder basischen, eisenhaltigen
Schlacken (Puddel- und Schweissofenschlacken), aus denen das erforderliche metallische Eisen durch Reduktion während des Schmelzprozesses
gewonnen wird. Als Schmelzöfen dienen für diesen Prozess ebenfalls
Schachtöfen nach PILZ oder RACHETTE-Oefen.

4. Raffinationsschmelzen.

Nach den in Vorstehendem erörterten Hüttenprozessen erhält man
niemals ein reines Blei, sondern stets Legierungen von Blei mit fast
allen in den Erzen neben Blei vorhanden gewesenen Metallen. Abgesehen davon, dass die werthvollen Eigenschaften des Bleies durch die
Gegenwart anderer Metalle in demselben ungünstig beeinflusst werden, ist
die Ausscheidung der Edelmetalle ihrer selbst willen nöthig (s. ,Silber').—
Von den übrigen metallischen Verunreinigungen lässt sich am leichtesten
das Kupfer vom Blei trennen. Dasselbe bildet mit wenig Blei eine
schwerer als Blei schmelzbare Legierung, welche beim Einschmelzen des
Werkbleies auf die Oberfläche tritt. Sie wird von dem Metallbade durch
Abschöpfen oder Abziehen getrennt, daher der Name Abzug für dieses
Produkt. Je nach seiner Beschaffenheit wird der Abzug entweder direkt
oder nach dem Aussaigern des anhaftenden silberhaltigen Bleies bei dem
Kupfersteinschmelzen mit verarbeitet.

Eisen, Nickel, Kobalt und Zink werden durch Einleiten von überhitztem Wasserdampfe in die geschmolzene und auf Rothgluht erhitzte
Legierung als Oxyde entfernt.

Arsen und Antimon, von denen letzteres in grösseren Mengen im
Blei enthalten ist, scheiden sich bei dem oxydierenden Schmelzen, wie
es zur Silber- und Goldgewinnung (Treibprozess) ausgeführt wird, als
sogenannter Abstrich aus. Derselbe besteht vorwiegend aus antimon-
saurem neben wenig arsensaurem Blei, welches durch reducierendes
Schmelzen auf Hartblei, eine Bleiantimonlegierung mit 15-23 % Antimon,

verarbeitet wird. Aus bereits entsilbertem Blei wird das Antimon nach dem Zink zwar auch bei fortgesetztem Einleiten von Wasserdampf oxydiert, aber nicht durch den Sauerstoff des Wassers, sondern durch den der Luft. Der Wasserdampf wirkt nur mechanisch, die Schmelze aufrührend.

Eine sehr umständliche Arbeit war bisher die Trennung von Wismuth und Blei. Beim Treibprozesse wird kurz vor dem Blicken eine Glätte erhalten, welche bis zu etwa 2 % Wismuth enthält. Ferner fallen beim Feinbrennen des Silbers und auch bei der Verarbeitung bleihaltiger Eisenerze Produkte, welche stets einen mehr oder weniger beachtenswerthen Wismuthgehalt aufweisen. In diesen Produkten wurde nun das Wismuth durch wiederholtes Glättefrischen und Abtreiben angereichert. Die kostspielige Arbeit lieferte eine Reihe von Produkten mit allen Wismuthgehalten bis zu etwa 30 % Bi. Die wismuthreichsten Glätten wurden dann auf nassem Wege weiter verarbeitet. Nach neueren Versuchen des Verfassers verläuft die Trennung von Wismuth und Blei aber ganz glatt durch Elektrolyse.

Elektrolyse.

1. Chemische Lösung und elektrolytische Fällung des Bleies.

Diese Art der Zugutemachung der silberhaltigen Bleierze auf nassem Wege, zu welcher man in brennstoffarmen Gegenden seine Zuflucht zu nehmen versucht hat, lenkte schon in den Jahren 1835-1840 Becquerel auf den Gedanken, den galvanischen Strom zur Beschleunigung der Reaktionen und zur besseren Ausnutzung der Fällungsmittel mitwirken zu lassen.

Die elektrochemische Behandlung der Bleierze besteht nach seinem Berichte an die französische Akademie der Wissenschaften[1] darin, „die Erze so vorzubereiten, dass die entstandenen Silber- und Bleiverbindungen in einer ganz gesättigten Kochsalzlösung löslich sind; diese Verbindungen sind das Chlorsilber und das schwefelsaure Blei. Die Lösung lässt man, nachdem sie sich geklärt hat, in hölzerne Behälter ab, wo man die Zersetzung der Metallsalze mit Paaren von Zink- uud Weissblech, oder statt des letzteren mit Kupfer oder Haufen gut gebrannter Kohle bewirkt; man kann selbst Paare aus Bleiplatten und denselben elektronegativen Elementen anwenden.

Die Zink- oder Bleiplatten befinden sich in Beuteln von Segeltuch,

---

[1] Comptes rendus 1854, no. 26 auch in Dingler's Polytechnischem Journal Bd. CXXXIII, 1854, S. 213.

welche mit gesättigter Salzlösung gefüllt sind und in der Metalllösung stecken, während die anderen Platten in letzterer unmittelbar befindlich sind. Man stellt darauf die Verbindung zwischen den Elementen mit Metallstäben her. Mit Zinkplatten erhält man auf den anderen Platten einen elektrochemischen Niederschlag in sehr feinen Theilen, welcher aus allen leicht reducierbaren Metallen, dem Silber, Kupfer und dem Blei besteht; mit Bleiplatten besteht der Niederschlag aus Silber, welches je nach dem Bleigehalt der Auflösung mehr oder weniger rein ist.

Statt der Beutel von Segeltuch ist es besser, hölzerne Kästchen anzuwenden, deren Wände die Dicke von einigen Millimetern haben, und aus deren Holz man vorher mittels Dämpfens die löslichen Extraktivstoffe entfernt hat, oder Gefässe aus halb gebranntem Thon, welche beide soviel als möglich mit Stückchen amalgamierten Zinks und mit Quecksilber gefüllt sind. Die Wirkung ist alsdann weit regelmässiger, und die Menge des verbrauchten Zinks steht im atomistischen Verhältnisse zu derjenigen der gefällten Metalle.

Indem man die Zusammensetzung der VOLTA'schen Paare verändert, gelangt man nach und nach zu der Abscheidung eines jeden in der Salzsolution aufgelösten Metalles.

Die Versuche, deren Resultate in meinem Werke aufgeführt sind, wurden mit Erzmengen von 100 g bis 1000 kg angestellt. Die in 24 Stunden gesammelten Silbermengen betrugen von einigen Decigrammen bis 1 oder 2 kg, so dass es mir möglich war, die Vortheile und die Nachtheile der elektrometallurgischen Behandlung der Silber-, Blei- und Kupfererze, besonders der beiden ersteren, deren Vorbereitung mehr Schwierigkeiten darbietet, nachzuweisen.

Im Durchschnitt ist die Arbeit in 24 Stunden beendigt; operiert man aber mit der kräftigen Beihülfe eines unabhängigen Paares, dessen Temperatur man mittels Dampf erhöht, so ist ein Prozess in dem Viertel weniger Zeit beendigt. Es versteht sich, dass dieses Paar voltaisch mit den übrigen Apparaten verbunden wird; wenn man auf diese Weise operiert, so bringt man in letztere nur Bleiplatten, wovon die einen dann die elektropositiven, die anderen die elektronegativen Elemente der Säule bilden, und obgleich das Blei direkt zersetzend auf das Chlorsilber wirkt, so scheinen doch die beiden Ströme in entgegengesetzter Richtung, welche von dieser Wirkung herrühren, dem Effekt des unabhängigen Paares nicht zu schaden. Man vereinigt auf diese Weise die Vortheile, welche die unmittelbare Fällung des Silbers durch das Blei gewährt, mit den aus der elektrochemischen Wirkung des unabhängigen Paares hervorgehenden, welches letztere jeden Apparat, bei der gewöhnlichen Temperatur, in ein VOLTA'sches Paar verwandelt.

Bei Anwendung von Bleiplatten hat man nach mehreren Operationen im Salzwasser nur noch Chlorblei und schwefelsaures Blei, welche man mit Kalk zersetzt".

Ein späterer Bericht enthält die Mittheilung, dass nach dieser Methode 20 000 kg Erze aus Mexiko, Peru, Chile, Sibirien, Freiberg, Markirchen und verschiedenen Orten Frankreichs in Paris mit Erfolg zu Gute gemacht worden seien [2].

Das im Jahre 1855 von demselben Verfasser herausgegebene Werk: ‚Traité d'Électricité et de Magnétisme', enthält ausserdem eine sehr interessante Beschreibung einer sogenannten elektrochemischen Hütte, in welcher sich etwa 1000 kg Erz auf einmal verarbeiten liessen.

Weitere Anwendung, als in jenen Versuchsstationen, hat das Verfahren nicht gefunden.

Bei einem neueren Verfahren von LYTE [3, 4, 5], das Blei zunächst in Chlorid zu verwandeln und dieses dann in geschmolzenem Zustande zu elektrolysieren, muss natürlich elektrische Energie von aussen zugeführt werden, wenn sich dasselbe überhaupt in die Technik Eingang verschaffen sollte. Letzteres ist, wie die nachstehende kurze Beschreibung zeigen wird, recht zweifelhaft. Geschmolzenes Rohblei soll in einem Converter durch Einblasen von Luft in Bleioxyd übergeführt werden. Dieses wird in einer Steinzeug-Nassmühle mit Salzsäure bis zur vollendeten Umwandlung des Oxydes in Chlorid verrieben. Gleichzeitig sich bildende Chloride anderer Metalle (z. B. Silber) werden mit starker Salzsäure oder mit koncentrierten Salzlaugen aus der Bleichloridmasse ausgezogen. Das gewaschene und getrocknete Bleichlorid soll dann schliesslich in einem Apparate elektrolysiert werden, dessen Brauchbarkeit sehr fraglich ist. Augenscheinlich sind dem Herrn Erfinder die Wirkung geschmolzenen Bleichlorides auf seine Apparatmaterialien und die elektrischen Eigenschaften der letzteren zur Zeit der Abfassung seiner zahlreichen Patentschriften unbekannt gewesen. Ich kann mich daher mit dem eben Gesagten begnügen, indem ich auf die unten angegebenen Quellen [6] verweise. Bezüglich der

---

[2]) Dingler's Polytechnisches Journal Bd. CXCII, 1869, S. 471.

[3]) D. R.-P. Nr. 72 804, Nr. 74 530, Nr. 77 907 und Nr. 78 896.

[4]) Engl. P. Nr. 7264 und Nr. 7594 von 1893.

[5]) U. S. A. P. Nr. 510 276.

[6]) Vergl. Anm. 3-5 und Jahrbuch der Elektrochemie von Nernst und Borchers Jahrg. I, 1894. Halle 1895, Knapp.

2. Elektrolyse von Bleisalzlösungen mit Bleierzanoden

kann ich mich ebenfalls kurz fassen. Es existieren einige Vorschläge, von denen derjenige von BLAS und MIEST[7] schon unter ‚Zink' erwähnt wurde. Ueber das Arbeiten mit Erz-Anoden, welche zu Platten gepresst oder gegossen sind, ist aber unter ‚Kupfer' schon genug gesagt.

3. Elektrolytische Bleiraffination.
Elektrolyse gelöster oder geschmolzener Bleiverbindungen mit Roh-Bleianoden.

Ein Verfahren, über welches in allen metallurgischen und chemischen Zeitschriften sehr viel geschrieben ist, und von welchem vereinzelte Berichterstatter noch heute behaupten, dass es in den Vereinigten Staaten Nordamerika's in Ausführung begriffen sei, ist dasjenige von KEITH[8]. Die Beachtung, welche die Veröffentlichungen über diesen Gegenstand gefunden haben, macht ein näheres Eingehen auf die Angaben

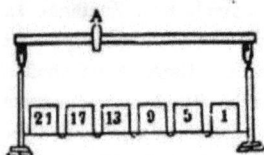

160

von KEITH nothwendig. Das Engineering and Mining Journal brachte zuerst eingehendere Beschreibungen von Verfahren und Anlage; es mag Folgendes daraus entnommen sein:

Figur 160 zeigt den Querschnitt, Figur 161 den Längsschnitt und Figur 162 den Grundriss einer Anlage e, welche auf eine Leistungsfähigkeit von 10 Tonnen Blei berechnet war. Figur 163 und 164 sind Seiten- und Endansichten einzelner Niederschlagszellen, welche alle die gleiche Einrichtung haben.

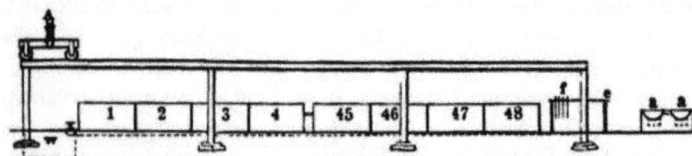

161

Das Werkblei wird bei möglichst niedriger Temperatur in den Kesseln a a geschmolzen und läuft von da direkt in mechanisch arbeitende Plattenformen. Die hier gegossenen Platten b b, in einer Grösse von ungefähr 400 mm ✕ 1200 mm und 3 mm dick, werden an Metallbarren c c durch geeignete Klammern d d befestigt, und mit genau

---

[7] Vergl. Zink, S. 267.
[8] Engineering and Mining Journal vol. XXVI, 1878, p. 26.

passenden, grobfadigen Musselinbeuteln überzogen. Man bedient sich
hierzu des Reckes *e e*.

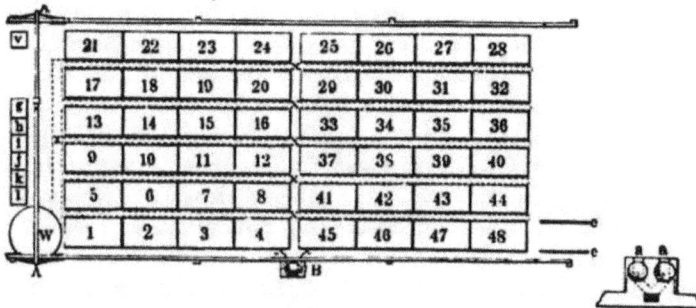

162

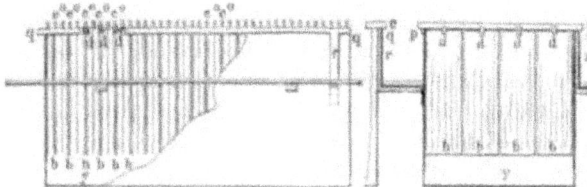

163   164

Die Zersetzungsgefässe, etwa 3000 mm $\times$ 1500 mm $\times$ 1500 mm
gross und aus Kesselblech oder Holz bestehend, werden mit einer Lösung
von Bleiacetat oder Chlorid gefüllt. Als Kathoden dienen dünne Metallbleche, welche an Metallstäben *o* auf den Längswänden der Gefässe
ruhend, aufgehängt und mit dem am oberen Rande der einen Längswand
angebrachten Kupferstreifen *p* in leitende Berührung gebracht sind.

Isoliert von *o* und *p* und von den Niederschlagszellen selbst läuft
ein zweiter Kupferstab *q* an dem oberen Rande der gegenüberliegenden
Längswand hin. Dieser Stab soll den Anoden, den anfangs beschriebenen,
mit Beuteln überzogenen Werkbleiplatten den Strom zuführen. Letztere
werden durch den Fahrkrahn *A* von dem Recke nach den Bädern befördert und zwischen die Kathoden gehängt, in Berührung mit *q* und
isoliert von *p* und den Gefässwandungen.

Je 4 Bäder zum Beispiel 1, 2, 3 und 4, sowie 5, 6, 7 und 8 sind
parallel, und die so entstehenden 12 Gruppen hintereinander geschaltet.
Die Verbindung zwischen den einzelnen Gruppen wird in der aus Figur 164 ersichtlichen Art durch die leitenden Stäbe *r* hergestellt.

Das Blei, welches während des Durchganges des Stromes auf den
Kathoden sich abscheidet, ist von krystallinischer Form und fällt fort-

während von den Blechen ab. Zu diesem Zwecke ist in den Gefässen der Raum y freigelassen.

Die Arbeitsweise beim Reinigen und Wiederbeschicken der Zellen ist ungefähr folgende: Durch den Fahrkrahn werden die Kathoden in das nächste bereits entleerte und gereinigte Bad befördert. Gleichzeitig wird die Lösung durch die Leitung x dem Reservoire w zugeführt, von wo sie wieder nach irgend einem beliebigen Gefässe gepumpt werden kann. Die an den Metallstäben hängenden Anodenbeutel werden in die Nähe des Reservoires gebracht, die zurückgebliebenen Plattenreste werden abgespült und zu den Schmelzkesseln zurückgeschickt. Man lässt den Schlamm in dem Waschwasser absitzen, zieht das Wasser ab und bringt ihn auf die Filter g, h, i, j, k, l. Er enthält Antimon, Arsenik, Silber, Gold, Kupfer und Eisen und kann nach bekannten Methoden weiter verarbeitet werden.

Das von den Kathoden abgefallene Blei wird, sobald die Lauge abgelaufen ist, in geeignete Formen geschaufelt und in der Presse zu harten Kuchen zusammengepresst. Nun wird wieder Lauge in den entleerten Behälter zurückgepumpt, man hängt die Kathoden des nächsten Gefässes und neue, eingesackte Anoden hier ein und fährt dann mit derselben Arbeit beim nächsten Behälter fort.

In jeder Bädergruppe sollen 31,1... kg Blei pro Stunde niedergeschlagen werden, so dass 12 Gruppen in 24 Stunden annähernd 9000 kg liefern würden. Die Maschine soll dabei eine Kraft von 12 HP gebrauchen.

Eine Analyse dieser Angaben ergiebt folgende Resultate:

Zur Fällung von 31,1... kg Blei per Stunde gehört ein Strom von rund 8000 Ampère. Ueber die erforderliche Stromspannung enthält die KEITH'sche Abhandlung keinerlei Mittheilungen. Ich war daher genöthigt, nach Berechnung der Stromdichte aus Beschreibung und Skizzen, die Spannung am Bade durch einen Versuch zu ermitteln. KEITH hängt, wie aus Figur 163 ersichtlich, 4 Anodenplatten von 0,4 m Breite und 1,2 m Länge an jede Leitungsquerschiene und 20 dieser Schienen in jedes Bad. Die 4 parallel geschalteten Bäder haben also eine Gesammtanodenfläche von 384 Quadratmetern; es ergiebt sich daraus eine Stromdichte von ungefähr 20 Ampère per Quadratmeter. Unter diesen Verhältnissen ist es mir nicht möglich gewesen, bei Anwendung von Bleiacetat oder Bleichloridlösung, mit niedrigeren Spannungen, als 0,4-0,5 Volt auszukommen. Ich will jedoch zu KEITH's Gunsten annehmen, dass es ihm gelungen war, die gewünschte Strommenge unter Aufwand einer elektromotorischen Kraft von 0,25 Volt durch das Bad zu schicken, wie dies zum Beispiel bei der Elektrolyse von Kupferlösungen, unter An-

wendung von Rohkupferanoden möglich ist. Um also in 12 Bädergruppen
eine Stromwirkung von 8000 Ampère aufrecht zu erhalten, müsste die
Maschine im Stande gewesen sein, einen Strom von $12 \times 0,25 \times 8000$
Voltampère zu liefern, entsprechend einem Kraftverbrauche von
etwa 40 HP. Keith spricht nur von einem Kraftaufwande von 12 HP,
und auf Grund dieser Angaben hat sich eine ganz unerreichbar günstige
Kostenberechnung in verschiedene Fachzeitschriften und technische Handbücher eingeschlichen. Dieselben vertreten gemeinschaftlich die Behauptung, dass sich 10 Tonnen Blei in 24 Stunden mit einem Kraftaufwande
von nur 12 HP raffinieren lassen, und daraus wird gefolgert, dass die
Tonne Blei zu ihrer Raffination 67,2 kg Kohlen erfordere, bei welcher
Rechnung ein Kohlenverbrauch von 1,75 kg pro Stunden-Pferdekraft zu
Grunde gelegt ist. Nach den soeben vorausgeschickten Zahlenbelegen
wird es einleuchtend sein, dass man sicherer geht, wenn man für die
Raffination einer Tonne Blei 200-250 kg Kohlen in Anschlag bringt.

Die soweit zur Sprache gebrachten Einwendungen gegen dieses Verfahren setzen voraus, dass alle übrigen Behauptungen Keith's zutreffend
sind. Leider scheinen auch diese zum Theil auf sehr schwachen Füssen
zu stehen.

Die Verwendung von Lösungen des Bleichlorids ist zum Beispiel
ganz ausgeschlossen. Mag man den Elektrolyten neutral oder sauer
halten, die Neigung zur Bildung von Bleisuperoxyd an der Anode, selbst
bei einer so geringen Stromdichte wie 20 Ampère auf den Quadratmeter,
ist stets vorhanden, besonders wenn die Oberfläche der Anodenplatte an-
fängt, etwas rauh zu werden. Die unter diesen Verhältnissen erforderliche elektromotorische Kraft ist höher, als mit den zulässigen Kosten
eines derartigen Raffinierverfahrens verträglich ist; mir ist es wenigstens
nicht gelungen, bei längere Zeit andauerndem Betriebe mit Potential-
differenzen von weniger als 1 Volt auszukommen.

Ueber zu hohen Kraftverbrauch kann man nun bei Verwendung von
Bleiacetatlösungen nicht klagen, und es würde gegen diesen Elektrolyten
wenig auszusetzen sein, wenn Keith's Annahme richtig wäre, dass die
organische Säure dieses Salzes keinerlei Veränderung erleide; diese ist
aber wieder einmal nicht richtig. Die depolarisierende, und damit kraft-
sparende Wirkung aller Elektrolyte organischer Natur besteht speciell
in diesem Falle in der Verhinderung der Ablagerung von Bleisuperoxyd
auf der Anode, allerdings auf Kosten der organischen Substanz selbst.
Dieselbe wird langsam, aber sicher oxydiert, und die gar nicht sehr
fern liegenden Oxydationsprodukte der Essigsäure sind Kohlensäure und
Wasser, also zwei sehr werthlose Produkte. Um nicht durch das eben
Gesagte eine falsche Vorstellung von diesem elektrolytischen Prozesse zu

erwecken, muss ich betonen, dass derselbe in seinen chemischen Vorgängen nicht etwa so aufgefasst werden darf, als bestehe das Wesen
desselben in der Bildung von Bleisuperoxyd an der Anode, welches durch
einen Theil der organischen Säure zu Oxyd reduciert, und als solches
von der übrigen Säure gelöst wird, um dann schliesslich an der Kathode
zu Blei reduciert zu werden. Nein, der normale Verlauf der Reaktionen
ist genau derselbe, wie bei der Elektrolyse anderer Metalle, deren Superoxyde überhaupt nicht bekannt sind oder sich nur mit Schwierigkeit
herstellen lassen. Das von der Anode aus in den Elektrolyten über-
gehende Metall wird an der Kathode wieder als solches abgeschieden,
indem die Verunreinigungen des Rohmetalles an der Anode zurückgelassen werden. Leider lässt sich diese Ordnung der Dinge in der Praxis
nicht immer aufrecht erhalten. Die Verunreinigungen des Rohmetalles,
welche als solche oder in ihren Verbindungen mit Sauerstoff meist sehr
schlechte Elektricitätsleiter sind, fallen nicht immer so schnell von den
Anodenplatten ab, als dies im Interesse eines glatten Verlaufes des Prozesses wünschenswerth ist; sie bedecken häufig grosse Theile der Anoden-
flächen als isolierende Schicht. Die natürliche Folge davon ist, dass der
Strom seinen Weg durch die noch freigebliebenen Stellen der Platten
nimmt, dass hier die Stromdichte eine grössere wird, und dass dadurch
stellenweise die chemische Wirkung des Stromes weit über das erstrebte
Ziel hinausgeht. So richtig der Gedanke ist, einen Elektrolyten zu
wählen, welcher in Folge seiner Oxydierbarkeit eine Abscheidung von
Bleisuperoxyd und damit eine Erhöhung der Stromspannung verhindert,
so darf dabei doch nicht ausser Acht gelassen werden, dass, während
diese Nebenreaktionen sich vollziehen, der Kraftverbrauch zur Stromerzeugung nicht aufhört. Die bei dem Verfahren von KEITH durch diese
Kraft erreichte Erzeugung von Kohlensäure und Wasser aus Essigsäure
ist zum mindesten keine lohnende Arbeit zu nennen.

Nun ist aber doch der Fall denkbar, dass das elektrolytisch niedergeschlagene Blei für gewisse Zwecke ganz besonders brauchbar wäre, so
dass die Mehrkosten gegenüber dem Anschlage von KEITH nicht wesentlich ins Gewicht fallen würden. Nun dieser Fall liegt thatsächlich heute
vor. Aus wässrigen Lösungen erhalten wir das Blei nie in dichten zusammenhängenden Massen, sondern stets als sogenannten Bleischwamm.
Schon KEITH macht darauf aufmerksam, dass das Ablagerungsprodukt an
den Kathoden seines Apparates zusammenzupressen und dann zu schmelzen sei. Vielen Akkumulatorenfabriken ist gerade jenes schwammige,
dem Metallurgen so unangenehme Produkt ein sehr erwünschter Artikel;
es wird an einigen Orten selbst aus schon reinem Blei hergestellt, lediglich um das Blei in diese für Akkumulatorelektroden so besonders ge-

eignete Form überzuführen. Für derartige Fälle nun möchte ich den unter Zink bereits genannten Elektrolyten empfehlen. Bei der Theer-destillation fallen so zahlreiche, wenig verkäufliche Produkte ab, dass es durchaus nicht nöthig ist, die theure Essigsäure, bezw. Acetate zu verwenden. Das im Handel als technische flüssige Karbolsäure bekannte Kresolgemenge lässt sich durch allmähliches Zumischen von koncentrierter Schwefelsäure und längeres Digerieren bei mässiger Wärme (50-100°) leicht in Kresolsulfonsäuren überführen, welche sowohl an sich in Wasser leicht löslich sind, als auch mit Blei in Wasser gut lösliche Salze bilden. Vor der Verwendung muss man nur die Vorsicht gebrauchen, etwa in der Mischung vorhandene freie Schwefelsäure durch Baryt oder Barium-karbonat zu fällen. Bei einer Stromdichte von 20 Ampère per Quadrat-meter, wie sie von KEITH vorgeschrieben wurde, habe ich aber doch eine Potentialdifferenz von fast 0,5 Volt nöthig gehabt, demnach pro Tonne Blei in 24 Stunden mindestens 7,2 elektrische P.-S., also fast 9 indicierte P.-S. einer Wasser-, Gas- oder Dampfkraftmaschine, im letzteren Falle bei sehr grosser Anlage über 200 kg Kohle.

Handelt es sich nun aber um die Herstellung des handelsüblichen Weichbleies, das in festen Barren in den Handel kommt, so ist die Elek-trolyse unter Benutzung wässriger Lösungen vollständig ausgeschlossen, denn das Zusammenschmelzen des Bleischwammes liefert viel Gekrätz, das dann wieder besonderer Behandlung bedarf. Es ist mir aber bis jetzt nur ein Fall bekannt geworden, in welchem eine elektrolytische Bleiraffination in eigentlichem Sinne des Wortes angebracht sein würde. Um dann aber direkt verkäufliche Waare zu erhalten, muss man zur Elektrolyse geschmolzener Elektrolyte übergehen. Auf diesen Fall wies ich schon oben kurz hin, als beim Raffinations-Schmelzen des Bleies die Schwierigkeiten der Verarbeitung wismuthhaltigen Materiales erörtert wurden.

Es bedarf jedenfalls keiner besonderen Belege, um auf den ersten Blick zu erkennen, dass bei jener Arbeitsweise für ein ziemlich unbe-deutendes Resultat ein ganz unverhältnismässiger Arbeits- und Brenn-stoffaufwand gemacht werden muss.

Unter Berücksichtigung der Wärmetönungen der Blei- und Wismuth-verbindungen war es ja von vornherein wahrscheinlich, dass mit einem geeigneten Apparate und einem nicht zu schwer schmelzbaren Elektro-lyten die elektrolytische Verarbeitung nicht nur möglich sein, sondern auch insofern noch Vortheile bieten würde, als die Aussicht auf die Erzielung direkt verkäuflicher hochwerthiger Produkte, Wismuth und Weichblei, nicht ausgeschlossen war. — Mit Rücksicht auf den Elek-trolyten waren ja alle Anforderungen an einen solchen leicht zu erfüllen. Die Schwierigkeiten lagen in der Beschaffung eines geeigneten Apparates.

Durch nachstehend beschriebene und skizzierte Konstruktion ist es mir gelungen, diese Schwierigkeiten zu überwinden. Figur 165 ist eine von oben gesehene Ansicht des leeren, unbedeckten Apparates; Figur 166 zeigt einen Vertikalquerschnitt, Figur 167 einen halben Vertikallängsschnitt und eine Ansicht der rechten Apparathälfte von aussen. —

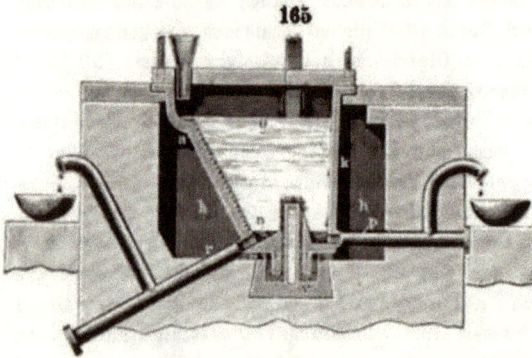

165

166

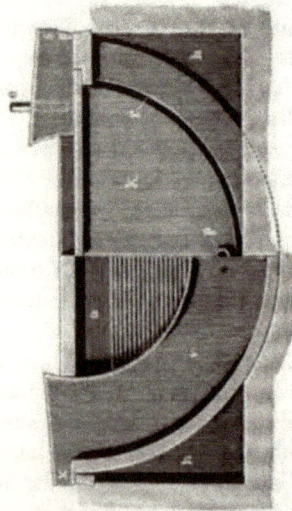

167

Das Schmelzgefäss besteht aus drei Gusseisentheilen: a und k sind horizontal liegende Halbcylinder; a ist links, k rechts durch je eine geneigte Stirnwand geschlossen. Der dritte Theil, ein halber hohler Eisenring

v, ist an seiner äusseren Peripherie mit Ansätzen versehen, welche dem Querschnitte des Ringes die Gestalt eines umgekehrten T geben. Es werden dadurch zwei halbkreisförmige Nuthen gebildet, in welche zunächst Isoliermaterial eingefällt wird. Dann dienen sie auch zur Aufnahme der Flansche ff beider Halbcylinder und damit zum Zusammenfügen des Ganzen. a, v und k bilden dann ein Schmelzgefäss, in welchem die drei Apparattheile gegen Elektricitätsleitung voneinander isoliert sind. Dem Hohlringe v wird durch das Rohr e Wasser zugeführt. Letzteres kann bei x wieder abfliessen oder, wenn der Durchfluss unbemerkt verhindert sein sollte, bei s überlaufen. Die Rohre r und p sollen den Stand der geschmolzenen Massen im Zersetzungsgefässe regeln, dienen aber auch als Abflussrohre für die Metalle. Ein Heizkanal h, welchen russfreie Verbrennungsgase durchziehen, umgiebt das Schmelzgefäss. Arbeitsweise: Vor dem Anheizen lasse man durch den Kühlring v Wasser hindurchfliessen und sorge dafür, dass die Wasserkühlung während des ganzen Betriebes nicht unterbrochen wird. Nach dem Anheizen giesse man in die Rohre r und p zunächst so viel Blei ein, dass dasselbe bis in die beiden Kesselabtheilungen tritt. Nun schmilzt man in dem Kessel ein Gemisch von Alkalichloriden im Verhältnisse ihrer Molekulargewichte $(KCl + NaCl)$ ein, kann auch, um noch leichter flüssige Schmelzen zu erhalten, Erdalkalichloride beimischen. Führt man das Einschmelzen in dem Zersetzungsgefässe selbst aus, so muss das Salzgemisch sozusagen löffelweise in dem Maasse nachgefüllt werden, wie es schmilzt. Grosse Salzmassen, auf einmal in den Apparat gebracht, sind oft sehr hartnäckig beim Einschmelzen. Am rathsamsten ist es, das Salzgemisch in einem besonderen Kessel zu schmelzen und in das genügend vorgewärmte Zersetzungsgefäss einlaufen zu lassen. Während des Einschmelzens achte man darauf, dass keine Schmelze in die Rohre eintritt, fülle also von Zeit zu Zeit ein wenig Blei nach, aber nur so viel, dass das Metall eben am Boden sichtbar bleibt. Gegen Ende des Einschmelzens versäume man nicht, die Schmelze basisch zu machen. Ist der Elektrolyt nicht stark basisch, so wird das Eisen, besonders im Anodenraume, stark angegriffen; der Apparat wird also bald durchfressen sein. Als basischen Zuschlag benutzt man Glätte, welche sich übrigens besser in der Schmelze löst, wenn sie innig mit Bleichlorid gemischt oder durch Behandlung mit Salzsäure in Bleioxychlorid übergeführt worden ist. Diese Bleiverbindungen dürfen aber erst zugesetzt werden, wenn der Schmelztopf annähernd voll ist, denn auf blanken Eisentheilen scheidet sich daraus leicht Blei ab, das, wenn es vorzeitig in das Isoliermaterial eindringt, Kurzschlüsse veranlassen kann. So nachtheilig nun anfangs ein zu zeitiger Zusatz von Bleiverbindungen werden kann, so nützlich ist derselbe für den ganzen

Gang der Elektrolyse, nachdem sich die Eisentheile in der Nähe des Kühlringes mit nicht reducierbaren und nicht leitenden Salzkrusten überzogen haben. Das verdampfende Chlorkalium ersetzt man daher am besten durch Bleioxychlorid. Ein Undichtwerden des Apparates, in Folge Herausdrückens von Isoliermasse (kohlefreier Thon, Sand, Mergel etc.), ist nicht zu fürchten, da Schmelze, welche wirklich in die Isoliermasse eindringen sollte, hier erstarrt und dann selbst die Fugen vollkommen dicht verkittet. Dasselbe Princip des Zusammenfügens von Apparattheilen habe ich auch schon in anderen Fällen angewandt[9].

Nach dem Zuschlage von Bleiverbindungen muss die Beschickung des Apparates mit Rohblei durch den Trichter und die Stromzuleitung sofort folgen. Das Blei, welches über die in den Wandungen des Anodenraumes a ausgesparten Terrassen hinabrieselt, wird auf diesem Wege zum grössten Theile gelöst. In dem Kathodenraume k wird durch den Strom eine entsprechende Menge Blei niedergeschlagen. Bei Stromdichten nicht über 1000 Ampère per Quadratmeter wird kaum eine Spur Wismuth gelöst werden. Bei sehr wismutharmem Blei kann man anfangs bis zu etwa 6000 Ampère per Quadratmeter Anodenfläche gehen, ohne eine Lösung von Wismuth befürchten zu müssen. Erst mit steigendem Wismuthgehalt reduciert man die Stromdichte wieder. Es ist rathsam, das zu raffinierende Metall nicht zu langsam den Apparat passieren zu lassen, damit die Oberfläche häufig wechsle. Es sollte also entweder den Apparat bis zur vollständigen Anreicherung mehrere Male passieren oder durch mehrere hintereinander geschaltete Apparate hindurch geschickt werden. Bei Innehaltung der genannten Stromdichte gelingt es, ohne jedwede Metallverluste neben einem sehr reinen Blei ein Rohwismuth mit 90-95 % Bi zu erhalten. Dieses lässt sich bekanntlich leicht durch einfache Schmelzprozesse von den letzten Mengen Blei befreien. Das während der Elektrolyse sich abscheidende reine Blei fliesst aus dem Rohr p ab. Die oberen Ausflussöffnungen der Rohre r und p müssen so gestellt sein, dass die Höhe der Salzschmelze etwa in der Linie o, die Höhe des geschmolzenen Bleies etwa in der Linie n liegt.

Bei genannter Stromdichte beträgt die erforderliche Spannung etwa 0,5 Volt, so dass pro Pferdekraft und Stunde annähernd 4,5 kg Blei abgeschieden werden können.

Der Apparat ist bis jetzt nur zu Versuchen mit etwa zweipferdigen Dynamos benutzt worden.

Verwendung des Bleies. Seinen physikalischen Eigenschaften verdankt das Blei die Verwendung beim Kunstguss, für Geschosse, zu

---

[9] Vergl. Natriumapparat, S. 57.

Kabeln, Sicherungen u. s. w. bei elektrotechnischen Anlagen, als Dichtungsmaterial für Rohrverbindungen. Als vorzügliches Lösungsmittel für Metalle wird es zur Gewinnung und Raffination der Edelmetalle benützt,
dient auch zur Herstellung einer grossen Anzahl werthvoller Legierungen.
Seiner chemischen Eigenschaften wegen hat das Blei ausgedehnte Anwendung zu Wasser-, Säure- und Gasleitungsröhren, zur Herstellung und
Auskleidung chemischer Apparate, sowie zur Konstruktion von Elektrici-
tätsakkumulatoren gefunden.

Wismuth.

Wismuth (Bi, Atomgewicht 208, specifisches Gewicht 9,74-9,8) ist
ein hellgraues, schwach röthlich schimmerndes Metall von hohem Glanze
und grossblättrig krystallinischer Struktur. Bei gewöhnlicher Temperatur
ist es so spröde, dass es sich sehr leicht zerschlagen und pulverisieren
lässt. Trotz seines schlechten Wärmeleitungsvermögens ist es ein guter
Elektricitätsleiter. Sein Schmelzpunkt liegt bei 264-270°; der Siedepunkt
ist nur sehr ungenau ermittelt; er soll zwischen 1100 und 1600° liegen.

Im geschmolzenen Zustande ist es ein sehr gutes Lösungsmittel für
viele Metalle, wird auch von denselben und anderen Metallen leicht gelöst. Zu diesen Metallen gehören ausser den Edelmetallen hauptsächlich
Blei, Zinn, Zink, Cadmium, Kupfer, Nickel, die Alkali- und Erdalkalimetalle. Die Legierungen des Wismuths mit den erstgenannten Metallen
zeichnen sich durch sehr niedrigen Schmelzpunkt aus, die mit Kupfer
und Nickel (Wismuthbronzen) besitzen eine grosse Härte.

Atmosphärischen Einflüssen, also dem Sauerstoffe, Wasser und
schwachen Säuren widersteht Wismuth bei gewöhnlicher Temperatur
sehr lange; bei höherer Temperatur oxydiert es sich in Luft ziemlich
leicht, wenn auch nicht so lebhaft wie Blei; Wasserdampf hat nur wenig
Einfluss selbst auf das glühende Metall. Von den gewöhnlicheren Säuren
löst Salzsäure das Wismuth nur bei Gegenwart von Oxydationsmitteln,
langsam auch schon bei Luftzutritt; besser wirkt Salpetersäure, wenn
sie nicht zu verdünnt angewandt wird; koncentrierte heisse Schwefelsäure
löst das Wismuth unter Entwicklung von schwefliger Säure zu Sulfat.

Das Wismuth bildet zwar mehrere Oxydationsstufen, doch sind nur
das Oxyd, Bi_2O_3 und die sich von diesem ableitenden Verbindungen von
technischem Interesse. Die neutralen Salze gehen sehr leicht bei der
Behandlung mit Wasser in die schwer oder gar nicht löslichen basischen
Salze über.

Aus den Lösungen seiner Salze wird Wismuth durch eine grosse
Anzahl anderer Metalle gefällt, und zwar, abgesehen von den Alkali-

und Erdalkalimetallen, durch Zink, Mangan, Eisen, Nickel, Cadmium, Zinn, Kupfer und Blei. Blei — und das ist für die Wismuthraffination wohl zu beachten — fällt das Wismuth auch aus geschmolzenen Oxyden und basischen Salzen vollständig.

Wismuth als solches und vererzt findet sich nur ziemlich selten. Gediegenes Wismuth, das Oxyd, Bi_2O_3, als Wismuthocker, das Sulfid, Bi_2S_3, als Wismuthglanz, kommen in Mengen vor, die einen kleinen Metallhüttenbetrieb gestatten. Ausserdem wird es als Sulfid in sulfidischen und arsenhaltigen Kobalt-, Nickel-, Kupfer-, Blei- und Silbererzen gefunden.

Hier kann ich mich auf die zur direkten Wismuthgewinnung in Betracht kommenden Verarbeitungsmethoden oxydischer und sulfidischer Erze und Hüttenprodukte beschränken. Die Arbeiten, welche zur Abscheidung des Wismuthes aus Erzen dienen, in denen ein andres Metall vorherrscht, werden bei diesen Metallen besprochen werden und haben zum Theil schon Berücksichtigung gefunden.

1. Das Saigern,

eine nur für metallische Erze und Hüttenprodukte geeignete Arbeit, wird nur noch selten ausgeführt, da sie sehr metallreiche Rückstände liefert, die doch wieder verschmolzen werden müssen.

2. Die Reduktionsarbeit.

Oxydische Erze und Hüttenprodukte werden in kleinen Flammöfen oder in Tiegeln unter Zuschlag von Soda, Kalkstein, Schlacke früherer Beschickungen und Kohle reducirend verschmolzen. Hat man unter den zu verarbeitenden Produkten basische Wismuthsalze (besonders Oxychlorid liegt hin und wieder vor), so darf man nicht versäumen, diese, bevor man sie zur Möllerung mit verwendet, mit gebranntem oder gelöschtem Kalk recht innig zu mischen. Mag dies nun durch gemeinschaftliches Mahlen, Zusammenrühren mit Kalkmilch und nachheriges Trocknen oder auf andre Weise geschehen, eine Bindung des Chlores oder anderer zur Bildung flüchtiger Verbindungen Veranlassung gebender Substanzen ist durchaus nöthig zur Vermeidung von Wismuthverlusten. Wegen Flüchtigkeit des Wismuthes ist es ebenfalls gerathen, die Schlacke möglichst leichtflüssig zu machen, es sollte also an Soda besonders nicht gespart werden. Für die Schlackenbildung sollte man aber doch die Zuschläge so halten, dass ein zwischen Bi- und Singulosilikat liegendes Silikat entsteht. Das so erschmolzene Wismuth ist natürlich nicht rein; es enthält fast immer etwas Blei, Arsen und Antimon, zuweilen auch andere Metalle, wie Kupfer u. s. w.

3. Die Niederschlagsarbeit.

Wie im Bleihüttenbetriebe, so werden auch hier sulfidische und arsenhaltige Erze durch Eisen zerlegt. In diesem Falle arbeitet man auf eine schwach basische Schlacke hin und fügt den übrigen schon genannten, nur ihren Mengenverhältnissen nach veränderten Zuschlägen noch Eisenabfälle zu. Etwa vorhandenes Kupfer geht als Sulfid in den sich bildenden Stein über. Sind Kobalt und Nickel vorhanden, so fehlt auch meist Arsen nicht, und es bildet sich in diesem Falle eine Speise. Aber trotzdem wird stets eine gewisse Menge Arsen mit in das Wismuth übergehen. Auch Blei und Antimon schmelzen in dieses ein. Es bedarf also auch dieses, wie das beim Reduktionsverfahren gewonnene Metall, noch eines raffinierenden Verschmelzens.

4. Die chemische Lösung und Fällung

oder der sogenannte ‚nasse Weg der Wismuthgewinnung' kann eigentlich nur als Anreicherungsverfahren oder chemische Aufbereitung wismuthhaltiger, besonders bleireicher Hüttenprodukte gelten, denn die nasse Arbeit schliesst nicht mit einem metallischen, sondern höchstens mit einem oxydischen Produkte ab, das dann nach dem Reduktionsverfahren zu verschmelzen ist. Schon unter ‚Blei' wurde darauf hingewiesen, dass beim Verschmelzen wismuthhaltiger Blei- und Silbererze zunächst ein wismuthhaltiges Blei erhalten werde, welches seinen Wismuthgehalt bis in die letzten Stadien der Entsilberung mit festhalte. Die durch sehr umständliche, ebenfalls schon erwähnte Anreicherungsarbeiten auf etwa 20 % Wismuth gebrachte Glätte, ferner der Heerd aus Feinbrennöfen und schliesslich die Schlacke von der RÖSSLER'schen Feinbrenn-Arbeit werden in der Regel der ‚nassen Verarbeitung' unterworfen; sie besteht darin, dass man die fein pulverisierten Produkte mit mässig starker Salzsäure behandelt, um unter Zurücklassung der grössten Menge Blei das Wismuth als Chlorid in Lösung zu bringen. Lässt man diese Lösung in viel heisses Wasser einfliessen, so scheidet sich Wismuth als basisches Chlorid aus, während mit aufgelöstes Blei in Lösung bleibt. Nach dem Auswaschen des Niederschlages, der unter Umständen die gleiche Behandlung noch ein zweites Mal erfährt, kocht man ihn am besten mit etwas Kalkmilch auf, wäscht, filtriert, trocknet und verarbeitet das so erhaltene Produkt nach dem Reduktionsverfahren.

5. Das Raffinationsschmelzen.

Für die Raffination von Rohwismuth sind zahlreiche Vorschläge gemacht worden, welche vielleicht für eine bestimmte Metallsorte ganz geeignet waren, welche aber, nachdem sie ohne jede Kritik von technischen

Zeitschriften und den aus diesen schöpfenden metallurgischen Handbüchern als Raffinationsmittel „für alles" empfohlen waren, mehr Schaden als Nutzen stifteten.

Die häufigsten Verunreinigungen des Rohwismuths sind Blei, Arsen und Antimon. Nach dem Vorherrschen des einen oder andren dieser Körper richtet sich die Raffination des Metalles. Bei richtiger Auswahl sind, entgegen den in metallurgischen Handbüchern ausgesprochenen Ansichten die Wismuthverluste gering.

Sind irgendwie nennenswerthe Bleimengen vorhanden, z. B. mehr als Bruchtheile eines Procentes, so ist es durchaus unrichtig, mit Aetzalkalien und Salpeter zu schmelzen, wie man dies allgemein empfohlen findet. Es bilden sich bleisaure Salze, die, als vorzügliche Sauerstoffüberträger bekannt, zu unverhältnismässig grossen Wismuthverlusten Veranlassung geben. Blei lässt sich leicht dadurch entfernen, dass man in eisernen Kesseln zuerst ein mit Aetznatron versetztes Gemisch von Chlorkalium und Chlornatrium, dann das zu raffinierende Metall und schon beim Einbringen des letzteren eine dem Bleigehalte entsprechende Menge Wismuthoxychlorid einschmilzt. Das Gemisch wird je nach dem Bleigehalte bis zu etwa drei Stunden gut gerührt. Erstarrt eine Probe grossblättrig, so entfernt man das Feuer, stellt einen eisernen Haken in den Kessel und lässt erkalten. Die Schlacke entfernt man nach dem Erstarren durch Auslaugen mit Wasser; das Metall hebt man mit Hülfe des in demselben eingefrorenen Hakens heraus, um es zunächst zu zerschlagen.

Ist das Wismuth nun noch arsen- und antimonhaltig, oder war es dies bei Abwesenheit von Blei von vornherein, so ist jetzt ein Schmelzen mit Aetznatron und Salpeter angebracht. Hierbei muss ein Ueberhitzen sorgfältig vermieden werden. Im Uebrigen verfährt man wie vorher.

Nur bei einem sehr grossen Antimongehalte ist ein Schmelzen des Metalles mit Sulfiden (Soda und Schwefel) angebracht.

Die meist geringen sonstigen Verunreinigungen werden mit der einen oder andren Behandlungsweise entfernt.

Grundbedingungen bei allen diesen Schmelzarbeiten sind: leichtflüssige Schmelzen, möglichst niedrige Temperatur und gutes Verrühren der Gemengtheile. Ein Universalrezept bezüglich der Gewichtsverhältnisse von Rohmetall und Zuschlägen lässt sich nicht geben, trotzdem dies in verschiedenen Literaturangaben geschehen ist. Fast jedes Mal wechseln die leicht zu ermittelnden Mengenverhältnisse der beachtenswertheren Verunreinigungen, und nach diesen muss man rechnen.

Elektrolyse.

Für die elektrolytische Wismuthgewinnung bieten die vorliegenden Rohstoffe wenig Gelegenheit. Der fast einzig dastehende Fall der Scheidung von Blei und Wismuth wurde schon unter Blei erörtert, da in diesem Falle nicht das Wismuth, sondern das Blei „wandert". Wie schon dort erwähnt wurde, ist es nicht rathsam, das Wismuth durch elektrolytische Lösung des Bleies auf mehr als 95 % anzureichern. Man würde sonst genöthigt sein, die Stromdichte gegen Schluss der Elektrolyse, bezw. in einem besonders hierzu bestimmten Gefässe so zu reduciren, dass allein das Aufrechterhalten der Schmelztemperatur kostspieliger werden würde, als die rein chemische Raffination. Man wird also jenes Anreicherungsprodukt am besten nach der eben für bleihaltiges Wismuth angegebenen Methode reinigen.

Die Verwendung des Wismuthes beschränkt sich fast nur auf die Herstellung leicht schmelzbarer (WOOD's, ROSE's, LIPOWITZ' Legierungen) bezw. sehr harter Legierungen (Wismuthbronce) und einiger, als pharmaceutische und kosmetische Präparate verwandter Verbindungen (Wismuthsubnitrate und Wismuthoxychloride).

Antimon.

Antimon (Sb, Atomgewicht 120, specifisches Gewicht 6,7), das metallähnlichste Nichtmetall, besitzt eine weisse Farbe mit hohem Metallglanz. Die Bruchflächen des reinen Antimons zeigen ein grossblättriges krystallinisches Gefüge, während auf der Oberfläche des sogenannten Antimonregulus sternförmige Gebilde (Krystallgerippe) hervortreten. Es ist sehr spröde, lässt sich daher leicht zu Pulver zerstossen. Der Schmelzpunkt liegt bei etwa 440 °, der Siedepunkt zwischen 1100 ° und 1400 °. In der thermoelektrischen Spannungsreihe gilt es als negativstes Element, bildet daher ein wichtiges Material für den Bau von Thermosäulen.

Sauerstoff und Wasser wirken bei gewöhnlicher Temperatur kaum auf reines Antimon ein. Von den Säuren wirkt Salzsäure nur schwach lösend; Salpetersäure oxydiert das Antimon zu Antimonpentoxyd; koncentrierte Schwefelsäure wirkt ebenfalls zunächst oxydirend, das entstehende Oxyd bildet aber mit überschüssiger Säure ein Sulfat. Chlor vereinigt sich direkt mit Antimon. Von dieser Reaktion macht man bei der Herstellung der wasserfreien Chloride des Antimons Anwendung. Mit den meisten Metallen geht das Antimon chemische Verbindungen ein (Speisen und Antimonlegierungen), welche sich durch eine gewisse Härte und Sprödigkeit, sowie durch grosse Widerstandsfähigkeit gegen chemische Einflüsse auszeichnen. Diesen Eigenschaften verdankt es seine ausgedehnte Anwendung als Zusatz zu Legierungen, bei der Herstellung von schützenden Metallüberzügen und in der Metallfärberei.

Antimon bildet zwei einfache, technisch bemerkenswerthe Oxyde, das Trioxyd, Sb_2O_3, und das Pentoxyd, Sb_2O_5, von denen ersteres vorwiegend basischen, letzteres mehr sauren Charakter besitzt. Alkalien und anderen stark basischen Substanzen gegenüber wirken beide sauer. Von technischer Wichtigkeit sind von denjenigen Salzen, in denen Antimon als Basis fungiert, fast nur die Haloïdsalze, $SbCl_3$, SbF_3, $SbCl_5$, einige Doppelverbindungen derselben mit Alkalisalzen und der Brechweinstein. Von den Salzen, in denen Antimonoxyde die Säureradikale bilden, sind die vom Trioxyde sich ableitenden Salze als antimonigsaure oder Antimoniite, die vom Pentoxyde sich ableitenden als antimonsaure oder Antimoniate bekannt. Auch die den Oxyden entsprechenden Sulfide Sb_2S_3 und Sb_2S_5 bilden den letztgenannten Sauerstoffsalzen ähnliche Sulfosalze, die als Sulfantimoniite und Sulfantimoniate bezeichnet werden. Alle diese Salze werden meist nur als Zwischenprodukte bei der Gewinnung von Antimonpräparaten und Antimon selbst hergestellt.

Von den natürlich vorkommenden Antimonverbindungen dient in erster Linie das als Grauspiessglanz oder Antimonglanz bekannte Sulfid Sb_2S_3, weniger oft das als Weissspiessglanz oder Antimonblüte bekannte Oxyd, Sb_2O_3 zur Antimongewinnung. Je nach der Natur der Erze wird man die eine oder andre der nachstehenden Arbeitsmethoden wählen.

1. Das Niederschlagsverfahren.

Diese Arbeitsweise stützt sich auf folgende Umsetzung:
$$Sb_2S_3 + 3Fe = Sb_2 + 3FeS.$$

Die zum direkten Verschmelzen geeigneten Erzsorten (Grauspiessglanz mit 50-90 % Sb_2S_3) oder das durch Aussaigern von Grauspiessglanz gewonnene, als Antimonium crudum bekannte reichere Sulfid werden mit Eisenabfällen und basischen Zuschlägen in Tiegeln oder Flammöfen verschmolzen. Als basischer Zuschlag wird vorwiegend ein Gemisch von Natriumsulfat und Kohle benützt, welches während des Verschmelzens zu Natriumsulfid reducirt wird. Das bei dieser Umsetzung erhaltene Rohantimon ist wegen eines zu hohen Gehaltes an Verunreinigungen (Eisen u. s. w.) nicht direkt brauchbar, muss daher einem nochmaligen raffinierenden Schmelzen unterworfen werden (vergl. weiter unten Raffination des Rohantimons).

Zur Ausführung der Schmelzarbeiten dieses Verfahrens benützt man entweder Graphittiegel, von denen man bis zu 40 Stück in eine Heizkammer einstellt, oder Flammöfen. Das Tiegelschmelzverfahren ist aus-

führlich in untenstehenden Quellen [1,2] beschrieben. Für die Flammofen-
arbeit bot bisher die Herstellung einer dichten Heerdsohle die grösste
Schwierigkeit, da das flüssige Antimon in die feinsten Fugen und Risse
eindringt.

In einer demnächst zu veröffentlichenden, vom Verfasser konstruierten
Ofenform ist diesen Uebelständen abgeholfen worden.

2. Die Reduktions- bezw. Röstreduktionsarbeit.

Oxydische Erze können direkt, sulfidische nur nach vorgängiger
oxydierender Röstung reducierend verschmolzen werden. Die Röstung
kann nach zwei verschiedenen Gesichtspunkten durchgeführt werden:
Man arbeitet entweder bei möglichst niedriger Temperatur mit knappem
Luftzutritt behufs Erzeugung flüchtigen Antimonoxydes, oder man arbeitet
mit grossem Luftüberschuss bei höherer Temperatur, um die Sulfide möglichst direkt in antimonsaures Antimonoxyd überzuführen. Die erstere
Art der Röstung ist sehr schwer auszuführen, wird auch meistens nur
dann gewählt, wenn es sich um die Gewinnung von verkäuflichem Antimonoxyd handelt.

Zur Röstung eignet sich jeder Muffelofen, dessen Feuerung eine
gute Regulierung der Temperatur gestattet. Das auf die eine oder andre
Weise erhaltene Röstprodukt wird unter Zuschlag von Schlacke einer vor-
herigen Beschickung, Glaubersalz, Kohle, erforderlichen Falles auch Soda
in Flammöfen reducierend verschmolzen.

Ueber die Konstruktion des für dieses Reduktionsschmelzen erforderlichen Flammofens gilt dasselbe, was unter 1. erwähnt wurde.

Nach diesem Verfahren wird auch ein bei der Verarbeitung antimon-
haltiger Blei- und Silbererze fallendes Hüttenprodukt, der sogenannte
Abstrich, ein Gemisch von Bleioxyd und Bleiantimoniat, verarbeitet.
Derselbe liefert bei dem auch in niedrigen Schachtöfen ausgeführten Re-
duktionsschmelzen natürlich kein Antimon, sondern eine Legierung von
Bleiantimoniid mit wechselnden Mengen Blei, das sogenannte Hartblei.

Elektrolyse.

Die direkte Verarbeitung von Grauspiessglanz auf elektrolytischem
Wege ist ausgeschlossen. Wenn also an eine elektrolytische Antimongewinnung aus Erzen überhaupt gedacht werden kann, so ist der Gang
der Arbeit insofern vorgeschrieben, als das Antimon zunächst in Lösung
zu bringen ist, um aus einer solchen elektrolytisch gefällt zu werden,
denn auch die elektrolytische Antimonraffination hat sich nicht bewährt,

---

[1]) Journal of the Society of Chemical Industry. London 1892, S. 16.
[2]) Zeitschrift für angewandte Chemie 1892, S. 146.

weil die hierzu geeigneten Elektrolyte entweder zu theuer sind oder das Metall in einem technisch nicht brauchbaren Zustande abgeben.

Von den ältesten der zur elektrolytischen Antimonabscheidung bekannt gewordenen Verfahren eignet sich die von Gore[3] angegebene auch von Böttcher[4] empfohlene Elektrolyse von Antimontrichloridlösungen deshalb nicht, weil das abgeschiedene, durch Chlor, bezw. Chlorverbindungen oft stark verunreinigte Antimon wegen seiner explosiven Eigenschaften keinerlei Verwendung finden konnte. Erst die von Luckow[5], Classen und Ludwig[6,7] für analytische Zwecke ausgearbeitete Elektrolyse von Antimonsulfosalzen gestattete eine Uebertragung in die metallurgische Technik, zu welchem Zwecke ich während der Jahre 1885-1886 durch eingehende Versuche die Bedingungen zu ermitteln gesucht habe, nicht nur das Antimon zu fällen, sondern auch den damit verbunden gewesenen Schwefel und die angewandten Lösungsmittel in verwerthbarer Form wieder zu gewinnen.

Die Resultate zweier in grösserem Maassstabe ausgeführter Versuche mögen vorangehen, die Vorgänge zu erläutern:

1. 9,620 kg Schlippe'sches Salz wurden in genügend Wasser gelöst, um eine Lösung von 10-12° Bé. zu erhalten. Hierzu wurde so viel Natronlauge gegeben, dass auf 962 Theile $Na_2 Sb S_4 + 9 H_2 O$ 80 Theile NaHO kamen. Es wurde also eine Lösung hergestellt, welche das Sulfantimoniat und Natron der Formel:

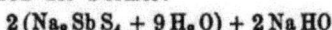

$$2 (Na_2 Sb S_4 + 9 H_2 O) + 2 NaHO$$

entsprechend enthielt. Zur Erhöhung der Leitungsfähigkeit wurde noch ein geringer Kochsalzzusatz zu der Flüssigkeit gemacht und dieselbe so der Elektrolyse unterworfen.

Vor der Zersetzung haben wir also folgende Mengenverhältnisse der in Frage kommenden Elemente in obengenannter Form.

	Antimon kg	Natrium kg	Schwefel kg	Sauerstoff kg
Vor der Zersetzung ... obengenannter Form	2,440	1,840	2,560	0,320
Nach der Zersetzung waren als Metall vorhanden	2,437	—	—	—
und eine Lösung enthaltend:				
2,410 kg NaHS mit	—	0,990	1,377	—
1,202 kg $Na_2 S_2$ mit	—	0,503	0,699	—
1,491 kg $Na_2 S_2 O_3 + 5 H_2 O$ mit	—	0,275	0,384	0,288
Im Ganzen:	2,437	1,768	2,460	0,288

[3] Chemical Gazette 1858, S. 59 und Chemical News vol. VIII, 1863, p. 201.
[4] Journal für praktische Chemie Bd. LXXIII, S. 484.
[5] Zeitschrift für analytische Chemie Bd. XIX, 1880, S. 14.
[6] Berichte der deutschen chemischen Gesellschaft Bd. XVIII, 1885, S. 1104.
[7] Classen, A., Quantitative Analyse durch Elektrolyse, 3. Auflage. Berlin 1892, Springer.

Die Verluste an Antimon (3 g) sind gering genug, um die Fällung als quantitativ genau bezeichnen zu können.

Die Verluste an Natrium (72 g) und Schwefel (100 g) lassen sich dadurch erklären, dass die dem Antimon anhaftende Flüssigkeit nach dem Auswaschen des Metallpulvers nicht mit der übrigen Flüssigkeit vereinigt wurde, aus Gründen, welche bei der unten angegebenen Behandlung des gefällten Metalles klar werden. Das Verhältnis von 72:100 entspricht jedenfalls demjenigen von 1768 : 2460 genau genug, um diese Annahme zu rechtfertigen. Diesem Verhältnisse entsprechend müsste auch eine grössere Sauerstoffmenge erhalten worden sein, und zwar 300 g statt 288 g.

2. Es wurde dann eine Lösung elektrolysiert, welche auf 3,400 kg $Sb_2 S_8$ 7,200 kg $(Na_2 S + 9 H_2 O)$ enthielt, ein Verhältnis, der Formel $Sb_2 S_8 + 3 Na_2 S$ entsprechend. Die Lösung war von ungefähr demselben specifischen Gewicht wie vorher und auch mit einem geringen Kochsalzzusatz (2-3 %) hergestellt.

Vor der Zersetzung sind also die in Frage stehenden Elemente obiger Verbindungen in folgenden Verhältnissen vorhanden

	Antimon kg	Natrium kg	Schwefel kg	Sauerstoff kg
Vor der Zersetzung vorhanden	2,440	1,380	1,920	—
Nach der Zersetzung waren als Metall vorhanden	2,435	—	—	—
und eine Lösung, enthaltend:				
1,290 kg NaHS mit	—	0,530	0,737	—
1,200 kg $Na_2 S_2$ mit	—	0,502	0,698	—
1,568 kg $Na_2 S_2 O_8 + 5 H_2 O$ mit	—	0,289	0,403	0,302
Im Ganzen:	2,435	1,321	1,838	0,302

Die Fällung des Antimons kann jedenfalls wieder als quantitativ genau bezeichnet werden.

Die Verluste an Natrium (59 g) und Schwefel (82 g) sind, wie in diesem Falle durch Wägungen konstatiert wurde, durch Entfernung der an dem Antimonpulver haften gebliebenen Lösung entstanden. Das Verhältnis von 59:82 entspricht demjenigen von 1321 : 1838 genau genug für solche Verhältnisse, und müsste auch der oben gefundene Sauerstoffgehalt demgemäss von 302 g auf 311 g erhöht werden.

Wie aus obigen Versuchen hervorgeht, wurde dahin gestrebt, zwischen dem an der Reaktion theilnehmenden Schwefel und Natrium ein derartiges Verhältnis zu haben, dass auf je ein Atom Schwefel ein Atom Natrium kommt. Ein über dieses Verhältnis hinausgehender Schwefelgehalt resp. ein unter diesem Verhältnisse bleibender Natriumgehalt hat Schwefel-Ausscheidung und damit Störung des glatten Verlaufes des Prozesses zur Folge. Der umgekehrte Fall: höherer Natrium resp. niederer

Schwefelgehalt erhöht den elektrischen Widerstand der Lösung, ist also gleichfalls zu verwerfen.

Nach den entstandenen Produkten zu urtheilen, hat an der Elektrolyse nicht nur das Antimonsulfid theilgenommen; das Vorhandensein der drei aus den ursprünglich vorhandenen Substanzen entstandenen Umlagerungsprodukte, Natriumhydrosulfid, Natriumdisulfid und Natriumhyposulfit, legt vielmehr die Annahme nahe, dass die Entstehung dieser Stoffe ganz oder theilweise eine indirekte sei. Jedenfalls lässt sich das Vorhandensein von Natriumhydrosulfid ebensowenig ohne die Mitwirkung von Wasserstoff erklären, wie die Anwesenheit von Natriumhyposulfit ohne die Mitwirkung von Sauerstoff. Nehmen wir dagegen eine der Antimonausfällung vorhergegangene Wasser- bezw. Natriumhydrooxyd-Elektrolyse an, so würde damit ein leicht übersichtliches Bild über die Vorgänge der Entstehung obiger Produkte zu schaffen sein, auf das hier in Ermangelung genauerer Untersuchungen als der zu jener Zeit für technische Zwecke unternommenen zurückgegriffen werden mag. Es seien also in Folge einer bestimmten Stromwirkung bei beiden Versuchen sechs Atome Wasserstoff und drei Atome Sauerstoff verfügbar geworden, so konnten sich bei dem zweiten Versuche folgende Vorgänge abspielen:

$$\text{I} \quad 2\,Na_2\,Sb\,S_2 + 6\,H = Sb_2 + 6\,Na\,HS \text{ und}$$
$$\text{II} \quad 6\,Na\,HS + 3\,O = 3\,H_2\,O + 3\,Na_2\,S_2.$$

Wären diese Umsetzungen vollendet worden, so hätten wir nicht wissen können, ob das Resultat der Elektrolyse nicht einfach das folgende gewesen wäre: $2\,Na_2\,Sb\,S_2 = Sb_2 + 3\,Na_2\,S_2$. So aber müssen wir nach der obigen Analyse schliessen, dass entweder dieser Vorgang nur theilweise stattfand, oder dass von den Vorgängen I und II der letztere wegen nicht genügend schneller Laugenzirkulation, zu hoher Stromdichte und dergleichen nicht zur Vollendung kam, dass also ein Theil des Sauerstoffes auf die Weiteroxydation von Disulfid zu Hyposulfit verbraucht wurde. Berechnen wir uns nun die möglicherweise zur Bildung des analytisch in der Lösung nachgewiesenen $Na_2\,S_2$ nach Gleichung II erforderliche Sauerstoffmenge, so würden 1,200 kg $Na_2\,S_2$ einem Sauerstoffverbrauche von 0,174 kg entsprechen. Die Gesammtmenge des zur Bildung von $Na_2\,S_2$ und $Na_2\,S_2\,O_3$ verbrauchten Sauerstoffes beliefe sich somit auf 0,485 kg, im Verhältnisse zu den übrigen zum Versuche verwandten Gewichtsmengen also der Arbeitsleistung von drei Atomen Sauerstoff entsprechend.

Bei dem ersten Versuche tritt die Reaktion nicht so klar zu Tage, weil mit dem vorhandenen Natriumhydrooxyde an Natrium gebundener Sauerstoff bereits in den Prozess eingeführt war. Wenn wir aber auch

hier von der eben zu Grunde gelegten Annahme der indirekten Antimonabscheidung ausgehen wollen, so würde durch folgende Formel:

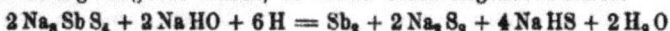

$$2\,Na_3\,SbS_4 + 2\,NaHO + 6\,H = Sb_2 + 2\,Na_2\,S_2 + 4\,NaHS + 2\,H_2O$$

die vollständige Entfernung des ursprünglich vorhandenen Sauerstoffes
aus dem Hauptvorgange erklärt sein. Berechnen wir nun wie vorher die
zur Bildung des übrigen Disulfides und des Hyposulfites möglicherweise
verbrauchte Sauerstoffmenge, so erhalten wir 0,475 kg, also wieder ganz
annähernd einem Verhältnisse von drei Atomen Sauerstoff auf zwei Atome
abgeschiedenen Antimons entsprechend.

Mögen diese Vorgänge nun in diesem Sinne verlaufen oder nicht,
jedenfalls zeigen diese Versuche, dass das Sulfantimoniat $Na_3\,SbS_4$ keines
quantitativ grösseren Stromaufwandes bedarf, als das Sulfantimonit,
$Na_3\,SbS_3$, trotzdem man doch in ersterer Verbindung das Antimon als
fünfwerthig ($3\,Na_2\,S + Sb_2\,S_5 = 2\,Na_3\,SbS_4$), in letzterer als dreiwerthig
($3\,Na_2\,S + Sb_2\,S_3 = 2\,Na_3\,SbS_3$) annehmen muss. In sulfidischen Elektrolyten scheint Antimon also nur als dreiwerthiges Ion zu existieren. Hier-
mit stimmt auch die Thatsache überein, dass das aus Lösungen reinsten
Antimoniates gefällte sogenannte Antimonpentasulfid an Schwefelkohlenstoff allen Schwefel bis auf die dem Trisulfide entsprechende Menge abgiebt. In wässriger Lösung wie im freien Zustande scheint es also auch
kein Antimonpentasulfid zu geben.

Es ist von einigen Berichterstattern über dieses Verfahren der Ein-
wand gemacht worden, dass dasselbe für alle Fälle zu theuer sei. Ob
diese Kritik wirklich „für alle Fälle" zutreffend ist, mag dahin gestellt
sein. Allerdings wird sie zutreffend sein, wenn man das zur Lösung des
Antimonsulfides erforderliche Schwefelnatrium einkaufen muss und die
elektrolysierte Lauge fortlaufen lässt. Es sind aber doch Fälle denkbar, welche einen Nutzen nicht so kurzweg ausschliessen würden. Einige
dieser Möglichkeiten mögen kurz zusammengestellt sein.

1. Am einfachsten würde sich der Betrieb gestalten, wenn man Gelegenheit zum billigen Ankauf von Natriumsulfat hat. In Ländern oder
Industriebezirken, wo man die Salzsäure ihrer selbst willen fabriciert,
dieselbe also nicht, wie bei der Leblanc-Sodafabrikation, als Nebenprodukt
erhält, ist begreiflicherweise das Natriumsulfat Nebenprodukt. Der Betrieb würde dann folgende Zweige umfassen:

    a) Reducierendes Verschmelzen von Sulfat und Kohle zu Schwefel-
       natrium;

    b) Auslaugen der Schmelze; die Kosten des Klärens, Eindampfens,
       Krystallisierens, Verpackens und Versandtes des Schwefel-
       natriums fallen weg, denn es erfolgt nun

    c) Lösen des Antimonerzes direkt in der Schwefelnatriumlauge;

d) Elektrolyse der geklärten Lauge unter Gewinnung von Antimon;

e) Zusammenschmelzen des Antimons;

f) Verarbeitung der elektrolysierten Laugen durch Oxydation mittels Luft und gleichzeitige Koncentration auf Natriumhyposulfit.

Aus den Rohstoffen: Natriumsulfat, Kohle und Antimonerz würden wir also Antimon und Natriumhyposulfit erhalten.

2. Es ist ja selbstverständlich, dass eine bestehende Salzsäurefabrik diesen Betrieb aufnehmen könnte, um für schlecht verkäufliches Sulfat bessere Verwendung zu finden. Die Rohstoffe wären dann Schwefelsäure oder die zur Schwefelsäurefabrikation nöthigen Sulfide etc., Steinsalz, Kohle und Antimonerz; die Fabrikate Salzsäure, Antimon und Natriumhyposulfit.

3. Auch da, wo kein Absatz für Salzsäure, würde sich der Betrieb wenig ändern:

a) Schwefelsäurefabrikation aus einem Theile des am Schlusse gewonnenen Schwefels;

b) Sulfat und Salzsäure aus Schwefelsäure und Kochsalz;

c) Schwefelnatrium aus Sulfat und Kohle;

d) Auslaugen des Antimonerzes;

e) Elektrolyse der Antimoniitlaugen;

f) Zusammenschmelzen des Antimons;

g) Verarbeitung der elektrolysierten Laugen mit Hülfe der oben gewonnenen Salzsäure auf Schwefel, von welch' letzterem etwas mehr als die Hälfte wieder zur Schwefelsäurefabrikation dienen, der Rest als solcher oder ebenfalls in Form von Schwefelsäure zum Verkauf kommen kann.

Die Rohmaterialien würden in diesem Falle sein: Natronsalpeter, Luft und Wasserdampf zur Schwefelsäurefabrikation, Kochsalz (zur Deckung der Betriebsverluste; die grösste Menge wird zurückgewonnen), Kohle und Antimonerz. Als Fabrikate würden erhalten werden: Antimon und Schwefel, bezw. Schwefelsäure.

Was nun die Betriebsbedingungen für dieses Verfahren betrifft, so mögen dieselben an der Hand der beigefügten, aus einem Entwurfe für eine grössere Anlage entnommenen Pläne erörtert sein. Auch Einzelskizzen von Elektrolysiergefässen, wie sie für grössere Versuche zur Ausführung gekommen sind, füge ich bei.

Ich beginne mit der Antimonerz-Laugerei; die Schwefelsäure-, Sulfat- und Sulfid-Fabrikation sind in vorzüglichen Handbüchern[8] besser geschildert, als ich dies in Kürze zu thun vermöchte.

---

[8] Lunge, G., Handbuch der Sodafabrikation, 2. Auflage. Braunschweig 1894, Vieweg & Sohn.

Zum Auslaugen der Erze erhitzt man in den eisernen Spitzkästen *a* Schwefelnatriumlösung durch Dampf, welcher durch die Rohrleitung *b* einströmt und gleichzeitig zum Rühren der Flüssigkeit dient.
In die kochende Lösung wird dann das feinpulverisierte Erz eingestreut.
Zur Verarbeitung können sämmtliche Antimonverbindungen verwandt werden, welche sich leicht in schwefelnatriumhaltigen Flüssigkeiten lösen.
Die Gegenwart von Natriumhydrosulfid oder Natriumpolysulfiden schadet
nichts, so lange man das Verhältnis von Schwefel und Natrium nach der
bereits oben erwähnten Regel durch Zusätze von Natron reguliert: In
der zur Elektrolyse kommenden Lösung muss auf jedes Atom oxy-
dierbaren Schwefels ein Atom neutralisationsfähigen
Natriums vorhanden sein. Es muss bei dieser Gelegenheit nur darauf
hingewiesen werden, mit der Verwendung von Schwefelnatrium nicht zu
sparsam zu sein. So ist z. B. die Herstellung einer wässrigen Lösung
von $Sb_2S_3 + Na_2S + 2NaHO$ recht wohl möglich, doch ist dieselbe so
unbeständig, dass schon während des Klärens Abscheidungen von Antimonverbindungen stättfinden.

Am geeignetsten zur Verarbeitung ist Grauspiessglanz, und können
sehr arme Erze noch mit Vortheil Verwendung finden, da das Antimontrisulfid schon in sehr verdünnter Natriumsulfidlösung leicht löslich ist.
Auf jedes Molekül Antimontrisulfid sollten in der Flüssigkeit drei Moleküle Natriumsulfid vorhanden sein. Nachdem ersteres gelöst, sollte die
Koncentration 12 ⁰ Bé. (heiss 9-10⁰) oder weniger sein. Es werden
dann noch etwa 3⁰/o Kochsalz, auf die Gesammt-Flüssigkeitsmenge berechnet, zugesetzt. Dieses trägt erstens zur Klärung, Abscheidung von
gelöstem Schwefeleisen bei und dient während der Elektrolyse zur Verringerung des Widerstandes. Wird die nach der Fällung des Antimons
resultierende Lösung auf Natriumhyposulfit verarbeitet, so scheidet sich
das Kochsalz beim schliesslichen Verdampfen derselben wieder aus.

Nachdem der für einen Kessel bestimmte Erzposten verbraucht ist,
rührt man die Masse je nach der Feinheit des Erzes noch eine Stunde lang
oder länger durch direkt einströmenden Dampf, zeitweilig auch wohl unter
Zuhülfenahme von Luft, welche von einem auf der Leitung *b* angebrachten
Dampfstrahl-Luftrährgebläse *c* durch Oeffnen eines für den Luftzutritt vorgesehenen Stutzens oder Schiebers am Gebläsegehäuse zugeführt wird.

Nach beendigtem Erhitzen und Rühren lässt man das Unlösliche
absitzen und zieht die klare Lösung nach einiger Zeit (2-3 Stunden)
durch das Rohr ab. Da aber die Schlammhöhe im Lösegefässe schwankt,
so ist für das klare Abziehen der Lauge die Glockenhebervorrichtung *d*
vorgesehen. Letztere besteht aus einem weiten, unten offenen, oben geschlossenen Rohre, das an einer Kette oder einem Drahte *e* beweglich

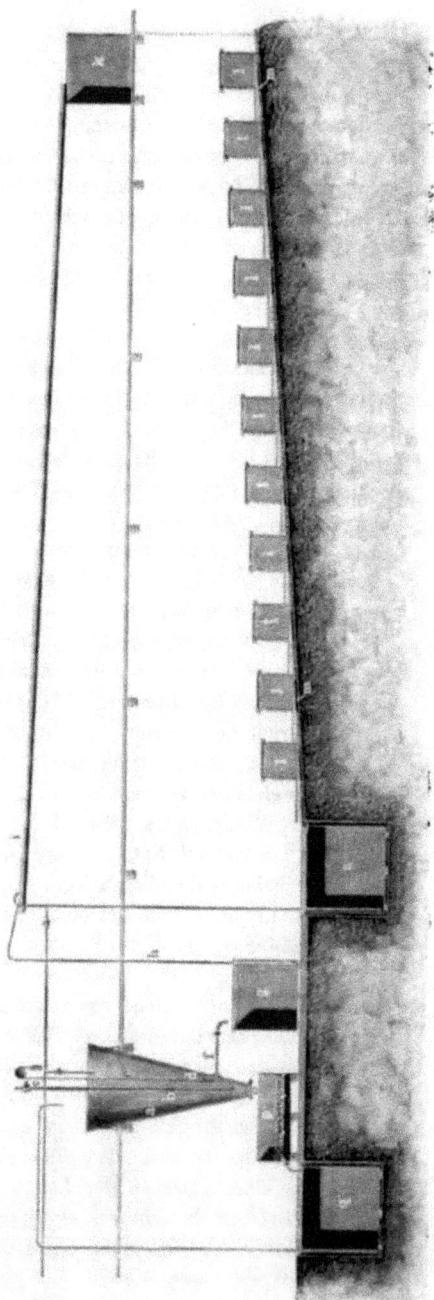

über das mit dem Rohre
f in Verbindung stehende
vertikale Rohr im In-
nern des Gefässes ge-
hängt ist. Die Höhe
dieses Rohres und der
Glocke richtet sich na-
türlich nach den Höhen-
unterschieden des sich
absetzenden Schlammes.
Bei gleich bleibendem
Rohstoffe sind diese Un-
terschiede nicht sehr
gross. Durch Hochziehen
oder Senken der Glocke
kann man dann die
Flüssigkeit stets dicht
über dem Schlammniveau
klar ablaufen lassen.

Die erste Lösung
wird aus dem Sammel-
gefässe *g* sofort durch
die mit einer Pumpe ver-
bundene Rohrleitung *h*
und das Gerinn *i* dem
Sammelbehälter *k* zuge-
führt, von wo aus sie
durch die entsprechende
Reihe von Elektrolysier-
gefässen *l* läuft, um nach
Passieren derselben, oder
nach erfolgter Antimon-
fällung durch das am
Boden des Elektrolysier-
raumes angebrachte Ge-
rinne *m* in die tief liegenden Sammler *n* zu
fliessen, von hier aus
entweder zu nochmali-
gem Gebrauche gehoben
oder zur Verarbeitung

168

auf Hyposulfit bezw. Schwefel nach einem andren Raume übergepumpt zu werden.

Nach Ablassen der ersten Lösung wird der rückständige Schlamm nochmals mit Schwefelnatriumlösung ausgekocht. Die Lauge wird in derselben Weise wie vorher abgezogen, nun aber nicht nach den Sammelbehältern *k* übergepumpt, sondern in einen der anderen Spitzkasten *a* gedrückt, wo sie an Stelle von frischem Schwefelnatrium zum Lösen von Erz dient.

In dem ersten Spitzkasten erfolgt dann ein zweimaliges Auskochen mit wenig Wasser, das jedesmal in einen der Kessel *g* abgezogen wird, um von hier aus nach Bedarf ebenfalls wieder als Waschwasser bei folgenden Ansätzen Verwendung zu finden.

Der so ausgewaschene Schlamm wird dann durch Oeffnen der Klappe *o* am Boden der Spitzkästen auf eins der Filter *p* abgelassen, auf welchem die letzten Reste der Lösung ablaufen und mit wenig heissem Wasser abgespült werden. Das Waschwasser von den Filtern schliesslich sammelt sich in dem Behälter *q*, von dem aus es ebenfalls als Waschwasser in den Spitzkästen Verwendung findet.

Wenn wir uns die Skizzen auf Figuren 168 und 169 in $^1/_{200}$ natürlicher Grösse aus-

22*

geführt denken, so würde die Anlage bei zwölfstündigem Betriebe der Lösebatterie für die Gewinnung von 3-400 kg Antimon aus armen Erzen mit weniger als 10 %/o Antimon ausreichen. Sie kann bei verschärftem Betriebe auch die doppelte Antimonmenge liefern.

170

171

Einzelne Elektrolysiergefässe mit ihrem wichtigeren Zubehör sind in grösserem Maassstabe in den Figuren 170 und 171 dargestellt. In die eisernen Behälter B sind abwechselnd Anoden A und Kathoden K eingehängt. Letztere sind Eisenbleche, welche, an Querschienen T geschraubt, sich unmittelbar auf den Gefässrand stützen. Das Gefäss bildet also ebenfalls eine Kathode. Zur Isolierung der Anoden sind an den Längsseiten des oberen Gefässrandes, mittels der Haken *H*, Holzbalken *I* angebracht, auf welchen die positiven Leitungen *P*, Kupfer- oder Eisenblechstreifen, so angebracht sind, dass die zum Aufhängen der Anoden (Bleiplatten) dienenden Eisenschienen auf ihnen ruhen.

Die Art und Weise der Flüssigkeitsführung ist in den Figuren wohl so deutlich dargestellt, dass sie nur noch weniger Worte der Erläuterung bedarf. Der Elektrolyt tritt unten in die Gefässe ein, um oben seitlich in ein Gerinne *G* und von diesem aus in das nächste Gefäss überzutreten. Diese Ueberleitung darf bei Hintereinander-Schaltung der Behälter begreiflicherweise nicht leitend sein; sie besteht daher grösstentheils aus einem Gummischlauche *S*. Dass die von einem Gefässe zum andren übertretende Flüssigkeitssäule nicht die Stromleitung stört, dafür ist die Länge, also auch der Widerstand derselben hinreichend gross gewählt. Die Flüssigkeitszuleitung muss, da die Lösung specifisch leichter wird, unten erfolgen. Man setzt also am besten unter den Gefässboden einen Dreiwegehahn *D*, so dass man durch diesen und den Rohrstutzen *X* auch das Ablassen der Lösung ermöglichen kann. Es ist dies schon deswegen zweckmässig, dass man sicher ist, beim Ablassen eines Gefässes die Flüssigkeitszufuhr aus dem vorstehenden geschlossen zu haben. Zur besseren Flüssigkeitsvertheilung ist an der Zuflussseite am Boden des Behälters ein geneigtes Blech *V* eingesetzt, über welches ein an der Seitenwand angebrachtes Blech *U* so übergreift, dass nun an der ganzen Seite der Elektrodenreihe ein schmaler Spalt entsteht, der den Flüssigkeitsstrom zuführt. Dieses Blech *V*, das nicht ganz wasserdicht auf dem Boden aufgeniethet ist, soll aber auch verhindern, dass beim Ablassen der Flüssigkeit das am Boden des Gefässes liegende Antimon mit fortgespült wird. Um diese Vorrichtung ist in Figur 171 ein Theil der Elektroden des Behälters rechts fortgelassen.

Die Elektricitätsleitung ist aus den Abbildungen ohne weiteres erkennbar.

Die Stromdichte muss mit dem Antimongehalte der Lösungen abnehmen. Wenn man bei koncentrierten Lösungen die Elektrolyse mit 100-150 Ampère per Quadratmeter beginnen kann, ist es aus Sparsamkeitsrücksichten geboten, stufenweise auf etwa 40-50 Ampère zurück zu gehen. Man erreicht dies entweder durch Einschaltung grösserer Bäder oder durch Parallelschaltung einiger Bäder am Ende der Reihen. — Die erforderliche elektromotorische Kraft bleibt durchschnittlich unter 2 Volt pro Bad.

Das Metall scheidet sich je nach der Stromdichte in pulverförmigem Zustande oder in glänzenden Schuppen ab. Ein Theil davon fällt stets zu Boden; der an den Eisenplatten sitzen bleibende Theil lässt sich leicht mit Stahlbürsten entfernen. Ueber das Zusammenschmelzen werden unten nähere Angaben folgen.

Bezüglich der Verarbeitung der Laugen auf Schwefel, bezw. Hyposulfit sei ebenfalls auf Anmerkung 8 verwiesen.

Es bleibt mir nun noch übrig, kurz über einige Vorschläge zu berichten, welche ebenfalls noch nicht in den Grossbetrieb Eingang gefunden. Einige derselben sind technisch überhaupt unausführbar. So in erster Linie ein Verfahren von SANDERSON[9], das allerdings streng genommen als Antimon-Raffination zu bezeichnen ist, aber als einziges seiner Art gleich hier mit erwähnt sein mag. Nach VOGEL[10] hat thatsächlich eine englische Gesellschaft im Jahre 1889 dieses Verfahren auszubeuten versucht. Nach demselben soll eine Lösung von Antimonbutter in einer mit Salzsäure angesäuerten, stark koncentrierten Lösung von Kochsalz, Kalium- oder Ammoniumchlorid selbst gegen viel Wasser sehr beständig und daher als Elektrolyt besonders geeignet sein. In dieselbe werden goldhaltige Antimonplatten als Anoden eingehängt. Beim Durchleiten des Stromes werden letztere allmählich aufgelöst. Das Antimon wird auf den Kathoden elektrolytisch niedergeschlagen, während die Goldtheilchen niedersinken. Letztere entfernt man, sobald sich eine genügende Menge angesammelt, aus den Bädern und schmilzt sie zusammen.

Das Verfahren hat sich indessen in Uebereinstimmung mit den von VOGEL angestellten Versuchen als viel zu kostspielig erwiesen. Wie schon früher erwähnt wurde, liefern Chloride als Elektrolyte nie ein technisch brauchbares Metall; es würde also schon aus diesem Grunde, ganz abgesehen von dem Kostenpunkte, die Anwendung ausgeschlossen gewesen sein.

KÖPP[11] will sulfidische Antimonerze zunächst mit Ferrisalzlösungen behandeln, um Antimonchlorid zu erhalten. Die Reaktion:

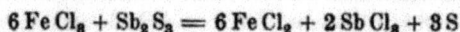

$$6\,FeCl_3 + Sb_2\,S_3 = 6\,FeCl_2 + 2\,SbCl_3 + 3\,S$$

soll quantitativ und sehr schnell verlaufen, wenn man etwas freie Salzsäure oder noch besser ein Halogensalz, z. B. Chlornatrium, zusetzt. Die so erhaltene Antimonlösung wäre den durch ein Diaphragma von den Anoden getrennten Kathoden eines elektrolytischen Bades zuzuführen, den Anoden dagegen die antimonfreie Eisenchlorürlösung der Kathode. Während an der negativen Elektrode das Antimon ausgefällt wird, wird gleichzeitig an der positiven Elektrode das Eisenchlorür

[9]) D. R.-P. Nr. 54219 vom 26. Februar 1890.
[10]) Zeitschrift für angewandte Chemie 1891, S. 327.
[11]) D. R.-P. Nr. 66547.

oxydiert und zu Eisenchlorid regeneriert. Das Eisenchlorid wird dann
wieder zum Lösen der betreffenden Antimonverbindungen benutzt. Anoden (!) und Kathoden können aus Blei sein. Der Elektrolyt wird auf
etwa 50° erwärmt und bewegt. Will man das Antimon fest (nicht
schwammig) auf der Kathode niederschlagen, so wendet man eine Stromdichte von 40 Ampère auf 1 qm an.

Nach einem der Firma Siemens & Halske patentierten Verfahren [12] sollen Antimon- bezw. Arsensulfide in Alkalisulfhydraten gelöst
und den Kathodenzellen eines Elektrolysierapparates zugeführt werden,
während an den Anoden behufs Chlorgewinnung eine Alkalichloridlösung
gehalten wird. Diese Ausführungsart der Sulfosalz-Elektrolyse ist keine
glücklich gewählte. Die Chlorgewinnung als Anodenarbeit ist hier kaum
am Platze: sie bedingt mindestens Apparatkomplikationen und setzt bisher noch nicht entdeckte Diaphragmen voraus, ohne bemerkenswerthe
Vortheile zu bieten; denn die in der Patentschrift angegebenen Reaktionen
verlaufen nicht im entferntesten so glatt, wie die Formeln sie ausdrücken.

Wie wir sehen, steckt die elektrolytische Antimongewinnung noch
immer in Versuchsstadien. Nur so viel scheint als sicher angenommen
werden zu können, dass, wenn diese Frage durch die Sulfid-Elektrolyse
nicht gelöst wird, sie wohl kaum eine befriedigende Lösung zu erhoffen
haben wird.

Alle die genannten Antimongewinnungsmethoden, seien sie hüttenmännische, seien sie elektrolytische, ergaben kein direkt verkäufliches
Metall. Entweder ist dasselbe zu unrein oder es erfolgt in Form lockerer
pulveriger Massen.

Ein reinigendes oder vereinigendes Schmelzen ist also
unter allen Umständen unvermeidlich. Die Verunreinigungen können bestehen aus: Schwefel, Arsen, Eisen, Kupfer und anderen Metallen. Unter
möglichster Vermeidung der Berührung mit Eisentheilen schmilzt man
daher das Rohantimon entweder in Tiegeln oder in Flammöfen anfangs
mit reinem Antimonsulfide (aus Spiessglanz ausgesaigertes Sb_2S_3), wobei
vorwiegend Eisen und Kupfer entfernt werden, dann in einer zweiten
Schmelze mit basischen Zuschlägen, wie Potasche, Soda (Natriumsulfat
und Kohle) unter gleichzeitigem Zusatz von Antimonoxyden oder Antimon-
sulfiden. Unter Bildung einer aus Antimonsulfosalzen bestehenden Schlacke
wird das Metall auf diese Weise entschwefelt.

Das elektrolytisch erhaltene und durch Abklopfen und Abbürsten von den
Kathoden entfernte Antimon braucht nach dem Auswaschen und Trocknen

---

[12] D. R.-P. Nr. 67 973.

nur unter einer Decke von Antimonoxysulfureten oder Sulfantimoniiten mit basischen Zuschlägen (wie Soda, Potasche u. s. w.) zusammenge-schmolzen zu werden.

Anwendungen wurden schon unter den Eigenschaften des Anti-mons erwähnt: Legierungen, Metallüberzüge, Metallfärberei, thermo-elektrische Säulen, Antimonchloride.

Chrom.

Chrom (Cr, Atomgewicht 52, specifisches Gewicht 6-7) ist ein hell-graues, stark glänzendes, sehr hartes Metall von krystallinischer Struktur. Sein Schmelzpunkt ist noch nicht genau ermittelt; er ist etwas höher als der des Platins, liegt also in der Nähe von 2000°. Kohlenstoffhaltiges Chrom schmilzt zwischen 1600 und 1800°. Wegen seines hohen Schmelz-punktes ist die Legierungsfähigkeit dieses Metalles nicht nach so vielen Richtungen hin untersucht worden, wie die anderer Metalle; technische Bedeutung haben fast nur die Eisenlegierungen, Ferrochrom, Chromstahl, erlangt. Da nach den meisten Darstellungsmethoden des Chromes ein kohlenstoffhaltiges Metall entsteht, so beziehen sich viele Literaturangaben über die Eigenschaften des Chromes auf seine Kohlenstoff- oder Carbid-legierung. Reines Chrom oxydiert sich an kalter Luft nur langsam; beim Erhitzen entstehen aber leicht, wenn auch nur schwache Oxydüber-züge, die in verschiedensten Farben von gelb bis blau auftreten. Selbst in Sauerstoff verbrennt es nicht so leicht wie Eisen. Auch mit Schwefel und den Haloïden vereinigt sich das Chrom bei höheren Temperaturen unter beträchtlicher Wärmeentwicklung. Sehr gross ist sein Vereinigungs-bestreben zu Kohlenstoff und Silicium. Wie schon erwähnt wurde, ist es fast unmöglich, bei den einfachen Reduktionsprozessen ein kohlenstoff-freies Metall zu erhalten. Carbide als solche sind noch nicht isoliert dargestellt, doch ist kohlenstoffreiches Metall sehr leicht zu erhalten. Gekohltes Chrom ist viel härter und chemischen Einflüssen gegenüber viel widerstandsfähiger als das reine Metall. Von den Oxyden sind die für die Technik bemerkenswerthesten das Oxyd, Cr_2O_3 und die sogenannte Chromsäure CrO_3; ersteres bildet mit Säuren Salze (Chromisalze), letz-teres mit Basen (Chromate oder chromsaure Salze).

In der Natur findet sich das Chrom am häufigsten als Oxyd im Chromeisenstein, $FeO\,Cr_2O_3$, welcher allerdings meist nicht genau dieser Formel entsprechend zusammengesetzt ist, da FeO zum Theil durch MgO, Cr_2O_3 durch Al_2O_3 oder Fe_2O_3 ersetzt sein kann; im Rothblei-erze kommt auch ein Chromat, $PbCrO_4$, vor.

Zur Chromgewinnung kommt fast nur der Chromeisenstein in Betracht.

1. Das Reduktionsverfahren.

Diejenige Menge Chrom, welche zu Legierungszwecken für die Eisenindustrie Verwendung finden soll, kann direkt aus Chromeisenstein durch reducierendes Verschmelzen desselben mit Eisenerzen als Legierung, Ferrochrom, erhalten werden. Es geschieht dies in Schacht- (Hoch-) und auch in Tiegel-Schmelzöfen. Letztere müssen mit Regenerativgasfeuerungen versehen sein, wenn man die Legierung in geschmolzenem Zustande erwartet.

Ein einigermaassen reines Metall lässt sich nur aus dem reinen Oxyde erwarten, kohlenstofffrei aber auch in diesem Falle nicht. Der Weg vom Chromeisensteine aus zu dem Oxyde ist allerdings etwas umständlich. Durch oxydierendes Rösten des fein pulverisierten Erzes mit Potasche oder Soda stellt man sich zunächst ein Chromat und aus diesem durch Rösten mit Schwefel das Oxyd her, welches dann nach erfolgtem Auswaschen des bei der Behandlung mit Schwefel entstandenen Alkalisulfates, mit Kohle gemischt in Graphittiegeln reducierend erhitzt wird. Es erfolgt hier trotz Anwendung von Regenerativ-Gasfeuerungen als graues Pulver, das auch keine Spur von Sinterung zeigt. Geschmolzen kann man das Chrom nur bei Anwendung elektrischer Erhitzungsvorrichtungen erhalten, von denen sowohl Apparate mit Widerstandserhitzung, wie solche mit Lichtbogenerhitzung brauchbar sind. Nach ersterer Methode habe ich das erste geschmolzene Chrom mit Hülfe eines der auf Seite 84, 104, 105 und 106 beschriebenen Apparate erhalten. Der einfachste dieser Apparate mag hier noch einmal Platz finden, um bequem

172

das Erhitzungsprinzip zu verdeutlichen. In den durch die Chamottesteine A, B, C, D, F, S gebildeten Schacht wird ein Gemisch aus Chromoxyd und Kohle um den Kohlestab k gepackt, der zwischen die dicken Kohlestäbe K eingespannt, innerhalb der Mischung liegend, durch einen starken Strom (8-10 Ampère per Quadratmillimeter Querschnitt des kleinen Stabes) schnell und genügend hoch erhitzt werden kann, um nicht nur die Reduktion des Oxydes, sondern auch das Zusammenschmelzen des Metalles zu bewirken. An den angegebenen Orten habe ich schon so viel über den Betrieb gesagt, dass ich alles Weitere als bekannt voraussetzen darf.

MOISSAN, welcher für die Herstellung von kohlenstofffreiem Chrom bisher die besten Vorschriften gegeben hat, empfahl anfangs die in Figur 173 dargestellte Vorrichtung[1]: Der Heerd dieses kleinen Ofens besteht aus einem Kalksteinblocke (pierre de COURSON), in welchen eine rechteckige Vertiefung ausgearbeitet ist. Die Wandungen dieses Hohlraumes sind mit etwa 10 mm dicken Magnesiaplatten und auf diesen mit ebenso dicken Kohleplatten belegt. Durch zwei gegenüberliegende Seitenwände sind zwei kräftige Kohlestäbe eingeführt. Selbstverständlich ist die Kohleausfütterung des Schmelzraumes an diesen Stellen so weit ausgebrochen, dass die Elektroden nicht berührt werden, und dass an dieser Stelle auch kein Lichtbogen überspringen kann. Rechtwinklig zu den Elektroden, aber etwas tiefer, ist horizontal oder mit einer Steigung bis zu 30° ein Kohlerohr durch eine dritte Wand eingeführt. Die zu erhitzende Substanz befindet sich in diesem Rohre oder wird durch dasselbe in den Schmelzraum eingeführt. Das Ende des Rohres sollte etwa 10 mm unter dem Lichtbogen liegen. Als Deckel für den Schmelzraum dient zunächst wieder eine Kohle-, dann eine Magnesia-Platte und schliesslich ein Kalksteinblock.

CHAPLET[2] erzeugt zur besseren Wärmevertheilung um das Beschickungsrohr eine grössere Anzahl von Lichtbogen. Der Ofen besteht aus zwei Haupttheilen: einem unteren, a, und einem oberen, b. Die Verbindung zwischen diesen beiden Theilen wird durch einen Kitt gebildet (Figur 174).

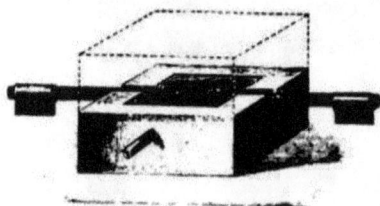

173

174

Der untere Theil ist in Form eines Sumpfes e in einem Theile der Ofensohle ausgehöhlt oder reicht über die ganze Ofensohle hinweg. Dieser

---

[1] Comptes rendus, Paris, t. CXVII, 1893, p. 679.
[2] D. R.-P. Nr. 77896.

Heerd ist durch Gleiten, Rollen oder Drehen derart von seinem Platz beweglich, dass er durch einen andren ersetzt werden kann. Es könnte auch der obere Theil so beweglich sein, dass er von einem Sammeltrichter auf den andren gebracht werden könnte.

Der obere Theil des Ofens, der das eigentliche Ofengewölbe bildet, nimmt die Muffelrohre und die beweglichen Elektroden auf. Das Muffelrohr ist genügend geneigt, kann ein einfaches Rohr sein und besitzt an seinem untren Theil eine Oeffnung o, durch die der geschmolzene Stoff in den Sammeltrichter fliesst. Es kann auch doppelt und in V-Form gestaltet zur Verwendung kommen und einer Oeffnung am Scheitel des V, die zum Ausfluss der geschmolzenen Masse dient (Figur 175).

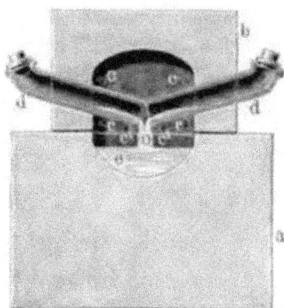

175

Elektroden c in genügender Zahl und verschieden angeordnet, erhitzen die ganze Masse, die durch die Rohre d in den Ofen vordringt.

Ausserdem sind Elektroden c^1 so angeordnet, dass der Lichtbogen, der zwischen ihnen spielt, nahe der Ausflussöffnung der geschmolzenen Masse überspringt, um hier besonders das Ansetzen erstarrender Massen zu verhüten.

Die Beschickungsrohre, mögen sie nun aus Graphit-Thonmasse oder aus andrem feuerfestestem Materiale bestehen, und schliesslich auch die Beschickungskohle selbst verhindern durch Abgabe von Kohlenstoff, Silicium u. dergl., begreiflicherweise die Bildung von reinem Chrom, das man in einem dieser Apparate aus Chromoxyd und Kohle zu erschmelzen beabsichtigt. Das so erhaltene Metall muss also noch raffiniert werden. Diese Frage hat Moissan in sehr geschickter Weise durch Uebertragung des basischen Martin-Verfahrens aus dem Stahlwerks-Betriebe auf die Chromraffination gelöst. Durch Erhitzen von Kalk mit Chromoxyd stellt er sich zunächst eine basische Substanz her, welche sowohl zur Oxydation, wie zur Verschlackung der Verunreinigungen zu dienen hat. Wird mit diesem Calciumchromite der Heerd eines elektrischen Schmelzofens ausgefüttert, in welchem man dann das Kohlenstoff- und siliciumhaltige Metall einschmilzt, so werden die Verunreinigungen ganz wie beim Martin-Verfahren durch Eisenoxyde, hier durch das Chromoxyd oxydiert und damit entfernt.

Nähere Angaben über die Kosten dieses Verfahrens sind noch nicht bekannt geworden. An der Ausführbarkeit im Grossen ist kaum zu zweifeln; nur würde ich dann das Rohchrom, ohne die zum Schmelzen nöthige Wärme aufzuwenden, also als kohlenstoffhaltiges Metallpulver entweder in Tiegelöfen oder in den elektrischen Widerstandsöfen herstellen, um die Kosten dadurch wesentlich zn reducieren.

2. Das Niederschlagsverfahren.

Die Abscheidung des Chroms aus geschmolzenen Salzen, besonders aus Chromchlorid oder dessen Alkali-Doppelsalzen durch Zink wurde zuerst von Wöhler[3] ausgeführt. Die Ausbeute ist eine sehr geringe, das Metall aber von hervorragender Reinheit.

Auch Alkalimetalle sind zur Zersetzung des Chromchlorides in Vorschlag gebracht[4].

Elektrolyse.

1. Elektrolyse gelöster oder geschmolzener Chromverbindungen mit unlöslichen Anoden.

Wenn eine Arbeit es verdient, die erste Stelle unter denen auf dem Gebiete der praktischen Elektrometallurgie einzunehmen, so ist es diejenige von Bunsen über die Darstellung von Chrom durch Elektrolyse[5]. Sie verdient diese Anerkennung nicht nur wegen der Gründlichkeit der Beobachtung und Darstellung aller Arbeitsbedingungen, sie verdient diese Anerkennung auch ganz besonders mit Rücksicht auf die Zeit ihrer Entstehung, eine Zeit, in welcher die elektrische Energie, elektrische Messinstrumente und sonstige Hülfsmittel bei weitem nicht so leicht und vollkommen zur Verfügung standen als heute. Und moderne Forscher, denen es an Zeit oder Gelegenheit fehlt, unsere Klassiker auf dem Gebiete der Elektrochemie zu studieren, mögen es sich gesagt sein lassen: Bunsen hat uns schon vor mehr als vierzig Jahren gelehrt, dass in zahlreichen Fällen das Resultat der Elektrolyse abhängig ist von der Dichte des Stromes. Seine berühmte Arbeit lautet, wie folgt:

„Den wichtigsten Einfluss auf die chemischen Wirkungen übt die Dichtigkeit des Stromes aus, das heisst die Stromstärke im Verhältnisse zu der Polfläche, an welcher die Elektrolyse erfolgt. Mit dieser Dichtigkeit wächst die Kraft des Stromes, Verwandtschaften zu überwinden.

Leitet man z. B. einen Strom von gleichbleibender Stärke durch

[3]) Liebig's Annalen der Chemie und Pharmacie Bd. CXI, S. 230.
[4]) Peligot in Annalen der Chemie und Pharmacie Bd. LII, S. 244.
[5]) Poggendorff's Annalen Bd. XCI, 1854, S. 619.

eine Lösung von Chromchlorid in Wasser, so hängt es von dem Querschnitte der reducirenden Polplatte ab, ob man Wasserstoff, Chromoxyd, Chromoxydul oder metallisches Chrom erhält.

Ein nicht minder erhebliches Moment bildet die relative Masse der Gemengtheile des vom Strome durchflossenen Elektrolyten. Vermehrt man z. B. allmählich bei stets gleichbleibender Stromdichte den Chromchlorürgehalt der Lösung, so erreicht man bald einen Punkt, wo die Chromoxydulausscheidung von einer Reduktion des Metalles begleitet und endlich von dieser ganz verdrängt wird.

Als Maasseinheit für die Stromdichtigkeit nehme ich den auf 1 qmm vertheilten Strom von der absoluten Intensität 1 an. Es wird dann diese Dichtigkeit D für den Strom von der absoluten Intensität I und für den in qmm gemessenen Querschnitt O der Polplatte (1) $D = \dfrac{I}{O}$; I ergiebt sich mit der WEBER'schen Tangentenbussole aus der Formel (2) $I = \dfrac{RT}{2\pi} \operatorname{tg}\varphi$, worin bekanntlich R der Radius des durchströmten Bussoleringes in mm, φ die Nadelablenkung und T den horizontalen Theil der erdmagnetischen Kraft (in GAUSS'schem Maasse) bedeutet. In diesem Ausdrucke bedarf das nach Zeit und Ort veränderliche T einer besonderen Bestimmung. Diese lässt sich am einfachsten und genauesten durch einen Wasserzersetzungsversuch mit Hülfe des elektrochemischen Aequivalentes des Wassers ausführen. Beträgt die bei einem solchen Versuche durch den Strom I in t Sekunden zersetzte Wassermenge A und nennt man das bekannte elektrochemische Aequivalent oder die durch die Stromeinheit (in GAUSS'schen Maassen) zersetzte Wassermenge a, so ist dem FARADAY'schen Gesetze zufolge (3) $I = \dfrac{A}{a\,t}$. Kombinirt man diese Gleichung mit Gleichung (2), so ergiebt sich $T = \dfrac{2\pi A}{a \cdot t \cdot R \cdot \operatorname{tg}\varphi}$. —

Um zur Ueberwindung kräftiger Verwandtschaften die grösste Stromdichte zu erhalten, wende ich eine Zersetzungszelle an, deren einer Pol durch die innere Hohlfläche eines in einem Porzellantiegel stehenden, mit Salzsäure angefüllten, im Wasserbade heiss gehaltenen Kohletiegels gebildet wird. Eine kleine, in diesem Tiegel stehende, zur Aufnahme der Zersetzungsflüssigkeit bestimmte Thonzelle enthält als zweiten Pol einen schmalen Platinstreifen, an dessen Oberfläche der radial, von den Tiegelwänden ausgehende Strom zu einer grossen Dichtigkeit zusammengedrängt wird. In dieser kleinen Vorrichtung lassen sich Chrom, Mangan und viele andere Metalle mit der grössten Leichtigkeit aus ihren Chlorürlösungen reduciren.

Die Dichtigkeit des Stromes bei einem dieser Reduktionsversuche ergiebt sich aus den nachfolgenden Elementen:

$$R = 201 \text{ mm}; \; T = 1{,}870; \; \varphi = 42^0 \, 15'; \; O = 81{\cdot}1 \text{ qmm}.$$

$$\text{Also } D = \frac{RT}{2\pi O} \operatorname{tg} \varphi = 0{,}067.$$

Die Reduktion des Metalles erfolgte daher aus der koncentrierten, bis zum Kochen erhitzten Chlorürlösung, während jedes qmm der reducierenden Polfläche einen Strom von der absoluten Intensität 0,067 in sich aufnahm.

Vermindert man allmählich die Stromdichte, so wird bald ein Punkt erreicht, wo die Metallreduktion verschwindet und durch eine reichliche Bildung von wasserfreiem Chromoxyduloxyd ersetzt wird. Dasselbe kann nur auf diese Weise und zwar in grosser Menge dargestellt und durch anhaltendes Auskochen mit Königswasser rein erhalten werden".

Diesen Versuch habe ich mehrfach zu wiederholen Gelegenheit gehabt, habe dabei zwecks Herstellung grösserer Mengen von Metall die Versuchsbedingungen in gewissen Grenzen geändert, aber bei Innehaltung derselben Stromdichte und einer hohen Koncentration in der Kathodenzelle stets günstige Resultate erhalten. Nach unseren heutigen Maassen beträgt die Stromdichte etwa 700 Ampère per Quadratmeter Kathodenfläche. Von meinen eignen Versuchen mögen noch folgende Notizen erwähnt sein:

Eine geräumige Steinzeugwanne wurde mit einer Lösung von schwefliger Säure oder Natriumbisulfit gefüllt und in diese Lösung eine grosse Kohleplatte eingesetzt. Statt einer mit koncentrierter Chromchlorürbezw. Chromchloridlösung gefüllten Thonzelle benutzte ich einen Leinenbeutel, der einen dicken Krystallbrei von Chromchlorid oder Chromfluorid mit Salzsäure angerührt und eine Platinplatte enthielt. Es scheint, dass je dicker und schwer beweglicher der Brei ist, um so leichter bei Stromdichten von 700-800 Ampère per Quadratmeter Metall entsteht, das krystallinisch auf die Kathode aufwächst. Die elektromotorische Kraft betrug in diesem Falle 8-10 Volt. Ob das Verfahren technisch durchführbar ist, mag dahin gestellt bleiben. Abgesehen von der hohen elektromotorischen Kraft, die zur Zersetzung erforderlich ist, bieten die schnelle Erhitzung der Flüssigkeit, die Entwicklung grosser Mengen saurer Dämpfe manche Missstände.

Vielleicht würde mir der Vorwurf der Unvollständigkeit meines Berichtes nicht erspart bleiben, wenn ich hier ein Verfahren von PLACET und BONNET unerwähnt lassen wollte, das in den meisten Ländern patentiert worden ist, nach welchem auch einige auf der Columbischen Weltausstellung ausgestellte Blöcke von Chrom gewonnen sein sollen.

Nach einer der Patentschriften [6,7], die mir gerade zur Verfügung stehen, erhält man den Elektrolyten durch Erwärmen eines Gemisches von 100 Gewichtstheilen Wasser, 100 Gewichtstheilen Chromalaun und 10-15 Gewichtstheilen Kaliumbisulfat. Der elektrische Strom (Stärke, Spannung und Dichte sind nicht angegeben) schlägt auf der Kathode sofort Chrom nieder. Durch Zusätze von Chromalaun allein oder von einer koncentrierten Lösung von Chromalaun und Alkalibisulfat soll der Elektrolyt auf seiner ursprünglichen Stärke erhalten werden. Ein Ueberlaufrohr im Zersetzungsgefässe soll die Flüssigkeitsspiegel auf einer bestimmten Höhe erhalten. Wenn nun Chromalaun allein als Zusatz zu dem Bade benutzt wurde, so wird ein Zeitpunkt erreicht, bei welchem alles Wasser der Lösung mit darin gelösten Salzen aus dem Ueberlaufrohre abgeflossen sein wird. Von nun an besteht der Elektrolyt nur aus Salzen, welche entweder durch Wasser oder durch Hitze zu reducieren sind. Wasser ist nun entbehrlich. Die Salzmasse wird daher zum Schmelzen erhitzt. Von Zeit zu Zeit wird der Schmelze etwas Kaliumchlorat und Borsäure, Benzoësäure oder „analoge Salze" zugesetzt. An Stelle von Kaliumbisulfat können als Flussmittel Sulfate oder Bisulfate von Natrium oder Ammonium, die Phosphate, Borate, Chlorate, Silikate, Chloride, Fluoride etc. der Alkalien oder alkalischen Erden oder Mischungen dieser Salze Verwendung finden, an Stelle des Chromalaunes auch sämmtliche übrigen leicht schmelzbaren Chromsalze. Da zum Schmelzen von Chrom eine sehr hohe Temperatur erforderlich ist, wird zu diesem Zwecke „gewöhnlich" ein elektrischer Strom benutzt. Die sonst üblichen Kohleelektroden werden entweder durch Pressen von mit Chromoxyd, Chromsalzen, Reduktions- und Flussmitteln gemischter Kohle hergestellt, können aber auch aus Metallen, wie Kupfer, Aluminium, Zink, Nickel, Silber etc., oder aus Oxyden dieser Metalle (man denke sich eine Aluminiumoxyd-Elektrode!) bestehen. In diesem Falle erfolgen Chromlegierungen. Die Erfinder halten es auch für vortheilhaft, indifferente oder reducierend wirkende Gase, auch Metallstaub (Zink, Aluminium) durch hohle Elektroden während der Elektrolyse in die Schmelze einzublasen.

Eine Kritik braucht diesem Dokumente wohl nicht hinzugefügt zu werden.

Der Anwendung des für die Aluminiumgewinnung so brauchbaren Verfahrens der Elektrolyse des in geschmolzenen Salzen gelösten Oxydes für die Chromgewinnung steht die Schwerschmelzbarkeit des Chromes im Wege. Handelt es sich aber lediglich um die

---

[6]) Engl. P. Nr. 6751 von 1893.
[7]) U. S. A. P. Nr. 526 114.

Gewinnung von kohlenstofffreiem Chrom, das mit anderen besonders in
Eisen löslichen Metallen legiert sein darf, so lässt sich doch die Elektrolyse des geschmolzenen Chlorides und anderer in den bei Aluminium
erwähnten Salzen löslichen Chromverbindungen ausführen, indem man
unter Benutzung des auf Seite 147 beschriebenen und in Figur 86 dargestellten Apparates auf eine leicht schmelzbare Aluminium-Chrom-
Legierung hinarbeitet. Man verfährt dann ganz wie bei Aluminium,
beschickt den Apparat nach Einleitung des Betriebes mit einem Gemische
aus Aluminium- und Chromoxyd (bezw. Chromfluorid u. dergl.). Da die
Schmelzpunkte von Aluminium-Chrom-Legierungen noch nicht für alle
Mischungsverhältnisse bekannt sind, ist es mir noch nicht möglich, anzugeben, bis wie hoch man mit dem Chromgehalte der Legierung gehen darf.

2. Elektrolyse geschmolzener Salze
unter Anwendung von Rohchrom- bezw. Ferrochrom-Anoden.
Chrom-Raffination.

Der einzige Fall dieser Art der Chromgewinnung wird in einer
Patentschrift[3] der Firma Friedr. Krupp-Essen vorgeschlagen. Es
handelt sich hier lediglich darum, das Chrom kohlenstofffrei zu erhalten;
ein eisenhaltiges Metall oder geradezu ein Ferrochrom zurückzuerhalten,
soll durchaus nicht vermieden werden. Man elektrolysiert zu dem Zwecke
die Doppelchloride der oben genannten Metalle mit den Haloïdsalzen der
ersteren Metalle unter Benutzung von Anoden aus gewöhnlichem kohlenstoffhaltigem Ferrochrom. Das an der Kathode niedergeschlagene Metall
ist vollständig kohlenstofffrei.

Nach der Patentschrift scheint das Verfahren doch nicht so einfach
ausführbar, wie man auf den ersten Blick annehmen sollte, da sogar
Diaphragmen zur Trennung von Anoden- und Kathodenraum vorgeschlagen
werden. Wenn man aber in geschmolzenen Salzen mit Thonzellen arbeiten muss, so kann eine Einführung des Verfahrens in den Grossbetrieb kaum Aussicht haben.

Die Verwendung des Chromes beschränkt sich fast ausschliesslich auf die Eisenindustrie, die es als solches und in Form von
Ferrochrom für die Erzeugung dichter und besonders fester Stahlsorten
nöthig hat.

---

[3] D. R.-P. Nr. 81 225.

Molybdän.

Molybdän (Mo, Atomgewicht 96, specifisches Gewicht 8) ist ein weisses, stark glänzendes, sehr hartes Metall, das bisher in geschmolzenem Zustande schwer rein zu erhalten war. Sein Schmelzpunkt scheint dem des Chroms ziemlich nahe zu liegen, also vielleicht zwischen 1800 und 2000°. Seine Legierungen sind noch wenig untersucht; es scheint sich in Bezug auf Löslichkeit in anderen Metallen dem Chrom sehr ähnlich zu verhalten.

An der Luft oxydiert sich das Metall erst bei hoher Temperatur. Säuren, ausgenommen Salpetersäure, welche es in Oxyd oder Molybdänsäure verwandelt, wirken kaum auf das Metall ein. Von den zahlreichen Sauerstoffverbindungen ist das Trioxyd, MoO_3, die sogenannte Molybdänsäure, am wichtigsten und am leichtesten darstellbar; es besitzt sauren Charakter. Auch die Sulfide bilden mit Alkalisulfiden leicht Sulfosalze. Alle Oxyde besitzen charakteristische Färbungen.

Von den natürlich vorkommenden Verbindungen dienen das Sulfid MoS_2, Molybdänglanz und das Bleimolybdat, $PbMoO_4$, Gelbbleierz, zur Herstellung der Molybdänverbindungen und des Molybdäns selbst.

Die Darstellung des Molybdäns ist stets ein Reduktionsprozess. WÖHLER und VON USLAR haben schon vor vierzig Jahren das erhitzte Trioxyd im Wasserstoffstrome reduciert. Ebenso lässt sich dasselbe Oxyd durch elektrisch erhitzten Kohlenstoff schnell und leicht reducieren und auch in geschmolzenen, allerdings kohlenstoffhaltigen Massen erhalten. Vorrichtungen und Arbeitsweise sind dieselben, wie für die Darstellung von Chrom und Chromlegierungen.

In der Technik, wenn es auch als Zusatz zu einigen Stahlsorten vorgeschlagen ist, hat es noch keine Anwendung gefunden.

Wolfram.

Wolfram (W, Atomgewicht 184, specifisches Gewicht 19) bildet ein graues krystallinisches Pulver oder im geschmolzenen Zustande ein fast weisses, schön glänzendes, sehr hartes Metall. Sein Schmelzpunkt kann, entgegen den Angaben chemischer Lehrbücher, nicht so hoch sein, wie der des Molybdäns und Wolframs, da ich es im Regenerativ-Gasofen zur Sinterung gebracht habe, während gleichzeitig eingesetzte Tiegel mit Chrom und Molybdän noch lockeres Pulver enthielten, bei Temperaturen, bei denen die besten hessischen Tiegel so weich geworden waren, dass sie in sich zusammensanken. In der Legiertechnik sind bisher nur die Wolfram-Eisenlegierungen eingehender untersucht und besonders in der Stahlindustrie zur Anwendung gekommen. — Erst bei höheren Temperaturen wird das Wolfram durch Luftsauerstoff oxydiert. Von den zwei einfacheren Sauerstoffverbindungen WO_2 und WO_3 bildet sich die letztere das Trioxyd oder die Wolframsäure am leichtesten; sie besitzt sauren Charakter. Auch das betreffende Trisulfid WS_3 verhält sich sauer und bildet leicht mit basischeren Sulfiden Sulfosalze, von denen die der Alkalien in Wasser löslich sind. Unter den natürlich vorkommenden Verbindungen des Wolframs sind: Wolframocker, WO_3, Scheelit oder Tungstein, $CaWO_4$, und Wolframit, $FeWO_4$ hervorzuheben. Letzteres Mineral ist, wie schon unter Zinn erwähnt wurde, ein sehr häufiger Begleiter des Zinnsteins.

Die Gewinnung des Metalles besteht fast ausschliesslich in einem einfachen Reduktionsprozesse. Zur Herstellung von Eisenlegierungen ist das Verfahren am einfachsten, da in diesem Falle die Erze, besonders Wolframit, direkt zur Verwendung kommen können und unter Zuschlag von Kohle, Glas und nöthigenfalls Eisenabfällen in Graphittiegeln im Regenerativ-Gasofen reducierend verschmolzen werden. — Reineres Metall wird nur aus dem reinen Trioxyde hergestellt. Durch Rösten der Erze (oder Zinnschlacken) mit Soda entsteht Natriumwolframat Na_2WO_4, welches durch Lösen in Wasser, Eindampfen der geklärten Lösung und Krystallisation von unlöslichen und löslichen Verunreinigungen getrennt werden kann. Das Wolframat zersetzt man durch heisse Salzsäure. Es scheidet sich dabei ein schweres gelbes Pulver, das Wolframtrioxyd ab, welches gewaschen, getrocknet, mit Holzkohle und etwas Kolophonium gemischt, in Thontiegel eingepackt, schon bei der Hitze des gewöhnlichen Windofens reduciert werden kann. In diesem Falle entsteht ein graues Pulver. Bei der Hitze des Regenerativ-Gasofens erhält man zusammengesinterte Massen. Durch elektrische Widerstands- oder Lichtbogen-Erhitzung kann man das Wolfram leicht zum Schmelzen bringen.

Die Elektrolyse wässriger Lösungen der Wolframsulfosalze hat mir keine befriedigende Resultate ergeben. Auch die Elektrolyse von in geschmolzenen Salzen gelösten Wolframverbindungen ist wegen des hohen Schmelzpunktes des Metalles ziemlich aussichtslos, wenn man nicht auf Aluminium- und andere leicht schmelzbare Wolframverbindungen hinarbeiten will. Für diesen Fall sind schon unter Chrom die nöthigen Andeutungen gemacht.

Wolfram und seine Legierungen finden fast nur in der Stahlindustrie Verwendung.

Uran.

Uran (U, Atomgewicht 240, specifisches Gewicht 18,6) ist, wie die vorerwähnten Metalle der Chromgruppe, ein weisses, glänzendes, hartes Metall von hohem, ebenfalls noch nicht genau ermitteltem Schmelzpunkte. An der Luft oxydiert es sich erst bei höherer Temperatur. Als Lösungsmittel sind Salzsäure, warme verdünnte Schwefelsäure und Salpetersäure, letztere nur für pulveriges Metall, bekannt. Von den Sauerstoffverbindungen besitzen einige technische Wichtigkeit als Farben; die einfacheren sind UO_2 und UO_3, von denen letzteres als Basis und Säure auftritt. Das einzige beachtenswerthe Erz, das Uranpecherz oder Uranpechblende, ist ein Oxyduloxyd, $U_3O_8 (= UO_2 \cdot 2\,UO_3)$.

Zur Darstellung des Urans war vor etwa 40 Jahren von PELIGOT[1] die Zersetzung des Chlorüres durch Alkalimetall vorgeschlagen. Nach den meisten chemischen Lehrbüchern ist eine Reduktion der Oxyde durch Kohlenstoff unmöglich. Ich habe jedoch Uranoxyde so gut wie jedes andre bis dahin für unreducierbar gehaltene Oxyd durch elektrisch erhitzten Kohlenstoff reduciert. Nachdem ich dies schon in der ersten Auflage dieses Buches im Jahre 1891 veröffentlicht, hat MOISSAN[2] später meine Versuchsresultate bestätigt. Die Vorrichtungen zur Ausführung dieser Reduktionen sind ja schon oft genug erwähnt.

Das Metall hat vorläufig noch keine Bedeutung für die Technik; wenn ich es trotzdem erwähnte, so geschah dies deswegen, um gerade an diesem Beispiele noch einmal darauf hinzuweisen, dass es kein durch Kohlenstoff unreducierbares Metalloxyd mehr giebt.

Mangan.

Mangan (Mn, Atomgewicht 55, specifisches Gewicht 7-8) ist ein weisses, glänzendes Metall von schwach röthlichem Grundtone; es ist sehr hart und spröde und schmilzt zwischen 1200 und 1500°; genau ist zwar sein Schmelzpunkt noch nicht bestimmt. Von seinen Legierungen sind die bekanntesten die mit Eisen: Ferromangan, Spiegeleisen; mit Kupfer: Manganbronze. Mit Chrom und mit Aluminium, auch mit Zinn, Quecksilber, Silber und den übrigen Edelmetallen sind Legierungen hergestellt. Chemisch ist Mangan ein sehr wirksames Element. Der Luft ausgesetzt, oxydiert es sich mit grösster Lebhaftigkeit schon bei gewöhnlicher Temperatur, so dass man es unter Steinöl aufbewahren muss. Mit den Halogenen, Schwefel, Phosphor, Kohlenstoff, Silicium und

---

[1]) Annalen der Chemie und Pharmacie Bd. XCVII, S. 256.
[2]) Comptes rendus, Paris 1893.

Bor geht es ebenfalls Verbindungen ein. Auch Wasser wird schon bei gewöhnlicher Temperatur von Mangan zersetzt. Von allen anorganischen und vielen organischen Säuren wird es mit Leichtigkeit, meist unter Wasserstoffentwicklung und stets unter Bildung von Oxydulsalzen gelöst. Alkalihydrate, besonders bei Gegenwart von Oxydationsmitteln, lösen Mangan zu Manganiten, Manganaten und Permanganaten. Von den Sauerstoffverbindungen besitzen das Oxydul, MnO, das Oxyd Mn_2O_3 und das Oxyduloxyd Mn_3O_4 basischen Charakter; sie liefern Oxydul und Oxydsalze, in denen Mangan als Basis vorhanden ist. Das Superoxyd MnO_2, die sogenannte Mangansäure, MnO_3 (im freien Zustande nicht bekannt), und das Manganheptoxyd, auch Uebermangansäure genannt, Mn_2O_7 sind sauren Charakters; sie vereinigen sich mit basischen Oxyden zu einer Reihe zum Theil technisch sehr wichtiger Salze; das Superoxyd bildet manganigsaure Salze oder Manganite (z. B. $CaMnO_3$), die Mangansäure mangansaure Salze oder Manganate (z. B. K_2MnO_4), das Heptoxyd übermangansaure Salze oder Permanganate (z. B. $KMnO_4$).

In der Natur findet sich das Mangan vorwiegend in Form von Oxyden, unter denen das Superoxyd, der Braunstein oder Pyrolusit, MnO_2 das wichtigste Manganerz bildet, das Oxyd, Mn_2O_3, ist im Braunit, das Oxyduloxyd, Mn_3O_4, im Hausmannit, Hydrooxyd, $Mn_2O_2(HO)_2$, im Manganit, ein Sulfid im Mangankies, MnS_2, Salze im Manganspath, $MnCO_3$, Mangankiesel (Mangansilikate) und im Psilomelan, einem mehrfachen manganigsauren Salze $(Mn, Ba, K_2) 0 \cdot 4 MnO_2$ vertreten. Die Brauchbarkeit des einen oder andren der Erze für die Metallgewinnung ist davon abhängig, ob man Manganlegierungen oder das Metall selbst herstellen will. Meistens wird der erstere Fall vorliegen, da das reine Metall nicht haltbar genug ist und vorläufig auch kaum genügende Anwendung findet, um einem selbstständigen Betriebe ausreichende Beschäftigung zu gewährleisten. Für die Spiegeleisen- und Ferromanganfabrikation benutzt man sowohl manganhaltige Eisenerze (Spathe) als auch Gemische von oxydischen Eisen- und Manganerzen. Die Arbeitsweise ist fast ausschliesslich ein

Reduktionsverfahren.

Spiegeleisen und Ferromangan. Manganhaltige Eisenerze (Spathe nach vorheriger Röstung) oder oxydische Manganerze mit leicht reducierbaren Eisenerzen werden entweder in Hochöfen (jetzt fast ausschliesslich) oder in Tiegelöfen so mit den erforderlichen Zuschlägen reducierend verschmolzen, dass eine manganhaltige, basische Schlacke, höchstens aber ein Singulosilikat entsteht. Bei einem Mangangehalte von

5 bis etwa 20 % des erschmolzenen Metalles spricht man von Spiegeleisen; bei höherem Mangangehalte, den man in Hochöfen bis zu etwa
85 % bringt, spricht man von Ferromangan. Diese Legierungen enthalten ausser den Metallen und wechselnden Mengen Silicium als wesentlichen Bestandtheil 4-7,5 % Kohlenstoff.

Mangan als solches kann man durch reducierendes Schmelzen
reinerer, in der chemischen Technik leicht als Nebenerzeugnisse erhält-
licher und innig mit Kohle gemischter Oxyde erhalten. In diesem Falle
muss das Gemisch entweder in Tiegel eingepackt in Regenerativ-Gasöfen
oder Gebläseöfen oder in elektrischen Oefen des Widerstandsprinzipes [1]
erhitzt werden. Dieses Verfahren ergiebt stets ein kohlenstoff- und sili-
ciumhaltiges Metall, da Mangan ein sehr hohes Lösevermögen für Kohlenstoff besitzt.

Niederschlagsverfahren.

Es mag wenigstens erwähnt sein, dass auch aus Haloïdsalzen mit
Hülfe der Alkalimetalle Mangan hergestellt wurde [2,3]. Für die Technik
hat dieses Verfahren aber wenig Bedeutung.

Elektrolyse.

1. Elektrolyse gelöster oder geschmolzener Manganverbindungen mit unlöslichen Anoden.

Schon unter Chrom habe ich die hervorragende Arbeit Bunsen's [4]
aus dem Jahre 1854 wiedergegeben, in welcher er den Nachweis führte,
dass bei hoher Stromdichte nicht nur Chrom, sondern auch Mangan und
andere Metalle aus ihren wässrigen Chloridlösungen abgeschieden werden
können. Ich kann ganz auf das unter Chrom Gesagte hinweisen, füge
nur hinzu, dass es äusserst schwierig ist, das abgeschiedene Metall so
von der anhängenden Lösung zu befreien, dass man das Metall auch nur
verhältnismässig kurze Zeit unzersetzt aufbewahren kann. Für die Technik
ist dieses Verfahren nicht anwendbar.

Wenn die Herstellung reinen Mangans grösseres Interesse erlangen
sollte, so ist es jedenfalls nicht ausgeschlossen, in ganz gleicher Weise
vorzugehen, wie bei Aluminium. Der Schmelzpunkt des Metalles lässt
immerhin die Möglichkeit der Durchführung des Prozesses und der Be-

---

[1]) Vergl. Seiten 84, 104, 105, 106.
[2]) Poggendorff's Annalen Bd. CI, 1857, S. 264.
[3]) Comptes rendus t. XLIV, p. 632.
[4]) Poggendorff's Annalen Bd. XCI, 1854, S. 619.

nutzung des schon unter Aluminium[5] beschriebenen, hier nochmals abgebildeten Apparates zu. Man denke sich in diesem Apparate ein durch

176

dichten Strom geschmolzen erhaltenes Gemisch von Fluoriden und anderen nicht zu flüchtigen Salzen mit Manganoxyd der Elektrolyse unterworfen und den Betrieb, wenn auch bei höherer Temperatur, so doch sonst ganz wie bei Aluminium durchgeführt, so ist es durchaus nicht unwahrscheinlich, dass man auf diese Weise einen regelmässigen Betrieb auf geschmolzenes Mangan einrichten könnte. Jedenfalls würden sich auf diese Weise Aluminiumlegierungen herstellen lassen, die unter Umständen denselben Zweck erfüllen würden.

2. Elektrolyse geschmolzener Manganverbindungen mit löslichen Anoden.

Nach einem von VOLTMER[6] vorgeschlagenen Verfahren sollen Manganhaloïdsalze in geschmolzenem Zustande mit Anoden aus Manganoxyden und Kohle elektrolysiert werden, wenn man nicht vorzieht, die Manganoxyde der Schmelze während der Elektrolyse direkt zuzusetzen. Anoden aus Oxyden und Kohle haben sich, seit sie von DEVILLE vorgeschlagen wurden, nie bewährt; die Gründe sind unter ‚Aluminium' eingehend er-

---

[5]) Vergl. S. 147.
[6]) D. R.-P. Nr. 74 959.

örtert. Die Arbeit wird nach der Patentschrift so geführt, dass sich das Mangan als krystallinisches Pulver abscheidet, das dann durch Auspressen und Auswaschen von beigemengter Schmelze befreit werden soll. Bei der leichten Oxydierbarkeit des Mangans wird diese letzte Arbeit doch wohl grosse Schwierigkeiten verursachen, wenn sie überhaupt möglich ist.

Das Verfahren der Firma F r i e d r. K r u p p - Essen, geschmolzene Mangansalze mit Anoden aus Ferromangan zu elektrolysieren, wurde schon unter Chrom erwähnt.

Mangan findet vorwiegend in Form von Spiegeleisen und Ferromangan in der Eisenindustrie zur Entschweflung des Roheisens und zur Rückkohlung schmiedbaren Eisens Anwendung.

Eisen.

Das im gewöhnlichen Leben als Eisen bezeichnete Metall ist nie reines Eisen, sondern stets eine Eisenlegierung, welche neben Eisen als Grundsubstanz folgende Substanzen in mehr oder weniger grossen Mengen enthalten kann: Kohlenstoff bezw. Eisencarbide, Silicium bezw. Eisensilicide, Eisensulfür, Eisenoxydul, Eisenphosphide, Mangan, Chrom, Wolfram, Nickel, Kupfer u. a.

Chemisch reines Eisen hat ein Atomgewicht von 56, ein specifisches Gewicht von 7,86; es besitzt eine grauweisse Farbe und auf dichten und polierten Flächen hohen Metallglanz. Bei gewöhnlichen Temperaturen ist es magnetisierbar. Sein Schmelzpunkt liegt bei etwa 1600°. Es ist mit den meisten Metallen legierbar, wenn auch die Lösungsfähigkeit für einige derselben eine beschränkte ist. An trockner Luft hält es sich lange unverändert; es oxydiert sich dagegen leicht an feuchter Luft schon bei gewöhnlicher Temperatur; bei höherer Temperatur wird es auch von trockner Luft, Sauerstoff und Wasserdampf, unter Zersetzung des letzteren oxydiert. Auch die meisten übrigen Metalloide verbinden sich mehr oder weniger lebhaft mit Eisen; einige, die Halogene, schon bei gewöhnlicher Temperatur. Es ist leicht löslich in den meisten verdünnten Mineralsäuren, schwer löslich in koncentrierten Säuren; durch sehr koncentrierte Salpetersäure wird es fast unlöslich (passiv), wohl infolge oberflächlicher Oxydbildung. — Die technisch wichtigeren Eisenverbindungen leiten sich von dem Oxydule, FeO, und dem Oxyde, Fe_2O_3, ab; ein drittes Oxyd Fe_3O_4, obwohl an sich wichtig genug, liefert bei der Behandlung mit Säuren nur Oxydul- und Oxydverbindungen. Eisenoxydul und die sich davon ableitenden Verbindungen nennt man Ferro-

Verbindungen; Eisenoxyd und seine Abkömmlinge Ferri-Verbindungen. Ein als Eisensäure bezeichnetes Oxyd, FeO_3, ist nicht im freien Zustande bekannt; es besitzt saure Eigenschaften, doch sind die eisensauren Salze oder Ferrate sehr leicht zersetzbar.

Durch die oben angegebenen Bestandtheile der technischen Eisensorten werden hauptsächlich der Schmelzpunkt, die Härte, die Festigkeit, das Gefüge und andere vorwiegend phykalische Eigenschaften, in geringem Maasse nur die chemischen Eigenschaften des Eisens beeinflusst. Auf die Wirkungen der einzelnen Stoffe näher einzugehen, ist hier nicht der Platz. Dass unter denselben der Kohlenstoff die wichtigste Rolle spielt, geht aus nachstehender Kennzeichnung der verschiedenen technischen Eisensorten hervor. Man unterscheidet:

1. **Roheisen:** Kohlenstoffgehalt mindestens 2,3 %; Schmelzpunkt 1075-1275 °; nicht schmiedbar.

    a) **weisses Roheisen**, ohne Kohlenstoffabscheidung erstarrtes Roheisen, silberweisse, glänzende, spröde, sehr harte Legierung, Rohstoff zur Darstellung von schmiedbaren Eisensorten;

    b) **graues Roheisen**, unter Abscheidung eines Theiles des gelösten Kohlenstoffes, in Graphitform erstarrtes Roheisen, von krystallinischer Struktur, durch Graphitblättchen, die zwischen den Eisenkrystallen liegen, auf Bruchflächen grau bis schwarz erscheinend, bevorzugter Rohstoff für Giesserei, wird aber auch auf schmiedbares Eisen verarbeitet.

2. **Schmiedbares Eisen:** Kohlenstoffgehalt höchstens 1,6 %; Schmelzpunkte 1400-1700 °; schmiedbar.

    a) **Stahl**, schmiedbares, durch Erhitzen auf Rothgluht und plötzliches Abkühlen bis zur Sprödigkeit härtbares Eisen, zwischen 1400 und 1600 ° schmelzend;

    b) **Schmiedeeisen**, schmiedbares, an sich kaum härtbares Eisen, zwischen 1600 und 1700 ° schmelzend.

Wie aus den weiter unten kurz gekennzeichneten Darstellungsmethoden des schmiedbaren Eisens hervorgeht, wird bei einigen das aus dem Roheisen sich bildende Metall nie ganz flüssig; es krystallisiert gewissermaassen aus dem unreineren leicht schmelzbaren Roheisen aus, so dass zur Erzielung dichten Materiales die Reineisenkrystalle durch Hämmern zusammengeschweisst werden müssen. So hergestelltes schmiedbares Eisen nennt man Schweisseisen oder Schweissstahl. Bei anderen Prozessen bleibt das Eisen während der ganzen Raffinationsdauer flüssig; die Erzeugnisse heissen Flusseisen oder Flussstahl. Nach einem dritten Verfahren durch oxydierendes Rösten ohne Formveränderung in schmiedbares Eisen umgewandelte Roheisengegenstände bezeichnet man mit Temperguss. Ohne Formveränderung gekohltes Schmiedeeisen heisst Cementstahl.

Vorkommen des Eisens: Gediegenes Eisen als ursprünglicher Bestandtheil unsrer Erdkruste kommt sehr selten vor; dagegen sind grosse Klumpen (bis 25 000 kg schwer) von anderen Weltkörpern herrührenden Eisens, des sogenannten Meteoreisens, aufgefunden worden. Oxyde des Eisens sind enthalten in folgenden Erzen: Eisenglanz, Rotheisenstein und rother Glaskopf, Fe_2O_3; Magneteisenstein, Fe_3O_4; Raseneisenstein, Brauneisenstein (Minette), brauner Glaskopf, $Fe_2O_3(HO)_2$ bis $FeO(HO)_4$. Von Eisensulfiden kommt für die Eisengewinnung höchstens der Schwefelkies FeS_2 in Betracht, welcher nach Verarbeitung auf Schwefelsäure den stellenweise auch von Hochofenwerken benutzten, meist aus Eisenoxyd bestehenden Kiesabbrand (purple ore) liefert. Für die Eisenindustrie beachtenswerthe Salze sind der Spatheisenstein, $FeCO_3$, und der Vivianit, $Fe_3(PO_4)_2$. — Die genannten Erze enthalten an anderen für den Betrieb und für die Eigenschaften des zu erschmelzenden Roheisens zu berücksichtigenden Bestandtheilen: Kieselsäure und Silikate, Calciumcarbonat, Manganoxyde, Mangancarbonat, Chromoxyde, Thonerde u. a.

Von Abfallprodukten der Eisen- und übrigen chemischen Industrie kommen für die Eisengewinnung besonders die Frisch- und Schweissofenschlacken, stark eisenhaltige basische Silikate, metallische Abfälle und die bereits erwähnten Kiesabbrände in Betracht.

Vorbereitung der Rohstoffe.

Die meisten dieser Erze und Abfälle können unmittelbar zur Verwendung kommen, nur in einzelnen Fällen ist eine mechanische, eine chemische oder eine meist nach vorgängiger chemischer Behandlung erfolgende magnetische Aufbereitung erforderlich.

Die mechanischen Vorbereitungsarbeiten bestehen in einer einfachen gröblichen Zerkleinerung zu starker Erzstücke, in einem Abspülen sandiger oder thoniger Erze, oder in einem Fromen (Einbinden) feinkörnigen Materiales durch Pressen desselben nach Zuschlag eines Bindemittels. Ein Erhitzen, Brennen, lediglich zum Auflockern fester Erze wird nur selten ausgeführt.

Chemische Vorbereitungsarbeiten bestehen in Röstprozessen zum Zwecke der Zerlegung von Spatheisenstein, zur Ueberführung dieses Erzes oder des Magneteisensteines in das besser reducierbare Oxyd oder zur Ueberführung des Spatheisensteines oder Oxydes magnetisch zu scheidender Erze in Oxyduloxyd.

Die elektro-magnetische Scheidung Eisen führender Erze

bietet also zunächst Gelegenheit zur Verwendung der Elektricität zur Eisengewinnung, und möchte ich nicht versäumen, darauf hinzuweisen, dass diese Arbeit während der letzten Jahre in technischen Zeitschriften sowohl, wie in den Tageszeitungen vielfach mit elektrolytischer Eisengewinnung verwechselt worden ist. An eine elektrolytische Eisengewinnung ist aber bei den niedrigen Metallpreisen und der in vielen Eisenhütten wirklich vorzüglichen Wärmeausnutzung des Heizmateriales unter gegenwärtigen Verhältnissen nicht zu denken.

Die Grundsätze der magnetischen Scheidung sind in allen Fällen folgende: Man bewegt das aus magnetisierbaren und nichtmagnetisierbaren Bestandtheilen zusammengesetzte Gemisch so durch ein magnetisches Feld, dass durch Anziehung des Magnetischen dieses seine Bewegungsrichtung ändert, während das Nichtmagnetische darin verbleibt, beide also an verschiedenen Orten aus dem Apparate ausgetragen werden. Dieses Ziel zu erreichen, ist eine grosse Zahl von Scheideapparaten konstruiert worden; in den Vereinigten Staaten allein sind bis heute 170 Patente auf elektromagnetische Scheider ertheilt worden. Es ist mir daher nicht möglich, auf die Konstruktionseinzelheiten und Arbeitsprinzipien dieser Apparate näher einzugehen. Ich beschränke mich darauf, die Grundsätze der Arbeitsweise einiger ausgeführter Anlagen ganz allgemein zu besprechen.

In allen Fällen ist eine Durchführbarkeit der magnetischen Scheidung nur dann möglich, wenn das Eisen in Form von Oxyduloxyd Fe_3O_4 oder als Metall in dem Scheidegute vorhanden ist. Die Arbeit wird sich also am einfachsten gestalten, wenn, wie das vereinzelt der Fall ist (Californien), Magneteisenstein führende Erze bezw. Sande zur Verarbeitung vorliegen. Auch Jahre lang aufgespeicherte Halden von mechanischen Aufbereitungsanstalten dieser Art von Erzen hat man zur Nutzbarmachung herangezogen. Der Sand oder das rohe Erz kann in diesen Fällen direkt, letzteres nach vorgängiger Zerkleinerung und Sieb-Separation, den Elektromagneten übergeben werden.

Die Verarbeitung von Erzen mit nichtmagnetisierbaren Eisenverbindungen bedingt natürlich eine vorgängige Röstung auf Oxyduloxyd. So werden Spateisensteine mit Gangarten aus Sandstein und krystallinischen Schiefern durch Vereinigung einer Röstung in Schachtöfen und darauf folgender elektromagnetischer Scheidung mit den sonst wenig erfolgreichen, rein mechanischen Aufbereitungsarbeiten in einer in Allevard (Savoyen) betriebenen Anlage zu Gute gemacht[1].

Eine für Spatheisenstein führende Zink- und Bleierze gebaute Anlage

---

[1] Lürmann in Stahl und Eisen 1894, Heft 14, S. 618.

auf Grube Friedrichsegen bei Bad Ems hat sich seit 1880 vorzüglich bewährt[2]. Allerdings ist der Hauptzweck der Arbeit hier die Entfernung des eisenhaltigen Materiales aus den Blei- und Zinkerzen.

Ueber eine fast gleichen Zwecken dienende Anlage, welche durch FERRARES auf den Bergwerken von Monteponi eingerichtet wurde, wird ebenfalls günstig berichtet[3,4]. Hier liegt ein bei dem bisherigen Aufbereitungsverfahren abgefallener Schliech vor, welcher neben 26 % Zinkerz etwa 10 % Eisenoxyd enthält und bisher ganz unverkäuflich war. Nach erfolgter Ueberführung des Oxydes in Oxyduloxyd durch Röstung in Revolveröfen erfolgt eine mit rein mechanischen Aufbereitungsarbeiten vereinigte elektromagnetische Scheidung.

Ueber zahlreiche andere Anlagen zur Gewinnung oder Ausscheidung von Eisenverbindungen aus Erzen und alten auf Halden angesammelten Aufbereitungsprodukten berichtet LEO[4] in einer beachtenswerthen Artikelfolge der Zeitschrift für Elektrochemie.

Die eigentliche Arbeit der Eisengewinnung zerfällt heute in die Darstellung des Roheisens und die Ueberführung des Roheisens in schmiedbares Eisen. Die direkte Gewinnung hinreichend reinen, also schmiedbaren Eisens, die sogenannte R e n n a r b e i t bildete die ursprüngliche, jetzt aber nur noch von einigen uncivilisierten Völkerschaften ausgeführte Art der Eisengewinnung.

1. Roheisenerzeugung.

In allen Kulturländern besteht die Roheisenerzeugung in einem reducierenden Verschmelzen oxydischer Eisenerze mit meist aus Kalkstein bestehenden Zuschlägen in den als Hochöfen bekannten Schachtöfen. Die Reduktion der Oxyde erfolgt in diesen Oefen grösstentheils durch Kohlenoxyd, zum Theil aber auch durch den als Reduktions- und Heizmaterial dienenden Koks. Es ist unvermeidlich, zum Theil sogar erwünscht, dass das so erschmolzene Eisen eine Reihe von Stoffen aufnimmt, die es zunächst für die mechanische Bearbeitung durch Schmieden, Walzen, Schweissen u. s. w. untauglich machen. Das Produkt des Hochofenprozesses ist nämlich eine Legierung von Eisen mit Mangan, Kohlenstoff und Carbiden, Silicium und Siliciden, Eisenphosphid, Eisensulfür und Eisenoxydul, kann aber auch noch andere Metalle, wie Kupfer, Chrom u. s. w., enthalten.

---

[2]) LEO in Zeitschrift für Elektrochemie 1894, Heft 12, S. 395.
[3]) Engineering vol. LVIII, 1894, p. 518.
[4]) Zeitschrift für Elektrochemie 1894.

Den Hochofenprozess durch die Elektrolyse oder durch einen elektrischen Schmelzprozess zu ersetzen, ist zwar mehrfach vorgeschlagen; aber die Urheber derartiger Gedanken haben ihre Hoffnungen meist auf unrichtigen Grundlagen aufgebaut, indem sie die aus alten Lehrbüchern entnommenen, vor einem halben Jahrhundert gültigen Betriebsergebnisse der Eisenhüttentechnik mit dem heutigen Stande der elektrischen Erhitzungstechnik verglichen haben.

Wenn wir von einem Nutzen zunächst absehen, so mögen wenigstens die Versuche von DE LAVAL nicht unerwähnt bleiben, da dessen Schmelz-

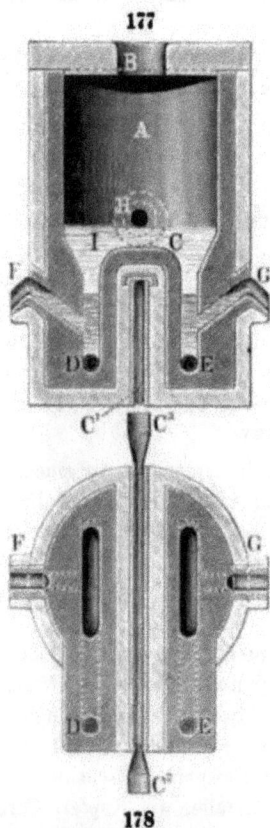

177

178

ofen für das Metallschmelzen im allgemeinen gewiss nicht als unbrauchbar zu bezeichnen ist. DE LAVAL [5] empfiehlt, die Eisenerze mit gewöhnlichen Hülfsmitteln reducierend so zu rösten, dass das entstehende Metall nicht zum Schmelzen kommt. Das Zusammenschmelzen, welches eine weitere Raffination überflüssig machen soll, geschieht in einem niedrigen Schachtofen, wie er durch Figur 177 im Vertikalquerschnitt, Figur 178 im Horizontalschnitte und Figur 179 in einem Vertikallängsschnitt dargestellt ist. Das Gestell wird durch eine, mit Kühlvorrichtung C' versehene Brücke C in zwei schmale Räume geteilt. In diese beiden Räume sind die Elektroden D und E eingelegt. Durch eine Oeffnung B im Deckel des Schachtes A wird zur Inbetriebsetzung der Elektrolyt I im geschmolzenen Zustande eingegossen, indem man gleichzeitig die Pole D und E in einen hinreichend starken Stromkreis einschaltet. Der Widerstand des Elektrolyten muss so gross sein, dass letzterer durch die entstehende Wärme auf Schmelztemperatur erhalten wird. Damit der Elektrolyt (z. B. Magneteisenstein) nicht zersetzt werde, sollen Wechselströme

[5]) Engineering and Mining Journal (New York) vol. LVII, 1894, S. 509.

Verwendung finden. Das durch B in den Ofen eingebrachte Metall sinkt in dem Elektrolyten unter und sammelt sich in den beiden Polräumen, bis es eine genügende Höhe erreicht hat, um bei F oder G abzufliessen. Der Elektrolyt bezw. die Schlacke wird durch die Form H auf gleichbleibender Höhe erhalten.

Die Kühlvorrichtung besteht aus dem flachen Metallhohlkörper C, mit den Oeffnungen C_2 und C_3, durch welche die Kühlflüssigkeit ein- bezw. austritt.

Ergebnisse praktischer Versuche mit diesen Oefen sind noch nicht bekannt geworden.

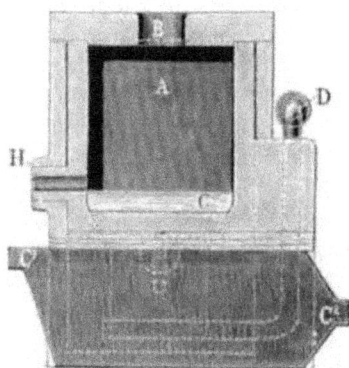

179

2. Die Erzeugung des schmiedbaren Eisens.

Um das Roheisen in schmiedbares Eisen zu verwandeln, ist es nothwendig, diejenigen Bestandtheile zu entfernen, welche die werthvollen Eigenschaften des reinen Eisens bezw. der reineren Eisensorten nachtheilig beeinflussen. Dies ist aber in den meisten Fällen nur dadurch zu erreichen, dass man alle fremden Bestandtheile bis auf geringe Mengen fortschafft und nöthigenfalls diejenigen in beschränktem Maasse wieder zuführt, welche bestimmten Eisensorten ihre besonderen Eigenschaften verleihen sollen.

Die Entfernung der Verunreinigungen des Roheisens geschieht ausschliesslich durch oxydierendes Rösten oder Schmelzen. Als Oxydationsmittel dient einmal der Luftsauerstoff, dann aber auch direkt zugesetzte oder während der Einwirkung der Luft sich bildende Oxyde, besonders das Oxyduloxyd. Der Ausführungsart dieser Oxydationsarbeit nach unterscheidet man:

a) das Heerdfrischen, welches des theuren dazu erforderlichen Brennmateriales (Holzkohle) wegen nur noch vereinzelt ausgeführt wird. Man denke sich ein in grossen Dimensionen konstruiertes Schmiedefeuer, welches von zwei Seiten leicht zugänglich ist. Auf dem Heerde einer flachen Grube werden die ersten Posten Roheisen im Holzkohlenfeuer vollständig eingeschmolzen. Die späteren Posten werden nicht mehr ganz flüssig, und je mehr durch zugesetzte Oxyde (Eisenoxyduloxyd haltige Garschlacke) die Verunreinigungen oxydiert werden, desto zäher wird die schliesslich nur schwer zu bearbeitende Masse. Für die Stahlerzeugung setzt man zur Rückkohlung Spiegeleisenschrott hinzu. Das schliesslich erfolgende Metall wird zum Zusammenschweissen der theilweise mit Schlacke durchsetzten Eisentheile gehämmert, zerschroten und nochmals durch Hämmern zu 50 mm starken quadratischen Stäben verarbeitet. Dieses Verfahren liefert also Schweisseisen bezw. Schweissstahl.

b) Das Puddeln ist ein Flammofen: Frischprozess. Als Puddelofen benutzt man einen einfachen Flammofen, welcher meist mit Planrost oder Halbgasfeuerung, in neuerer Zeit auch mit vollständiger Gasfeuerung versehen ist. Das Roheisen wird bei hoher Temperatur unter Zuschlag von etwas Garschlacke eingeschmolzen, bei etwas herabgeminderter Temperatur unter Luftzutritt mit eisernen Haken gerührt. Nach mehrmaligem Aufbrechen und Umsetzen der, trotz Temperatursteigerung, zäher werdenden Masse wird die letztere zu 4-6 „Luppen" geformt, um dann, nach Zusammenschweissen der Eisentheile und Auspressen eingeschlossener Schlacke, durch den Dampfhammer zu Rohschienen (rechteckigen Stäben), Knüppeln u. s. w. ausgewalzt zu werden. Auch dieses Verfahren liefert demnach Schweisseisen bezw. Schweissstahl.

Bei dem c) BESSEMER- und d) THOMAS-GILCHRIST-Verfahren wird das Eisen in vollständig flüssigem Zustande in einem als Bessemerbirne oder Konverter bekannten Apparate mit Luft behandelt, indem letztere durch den Boden des Konverters in dem flüssigen Metalle emporgedrückt wird. Als Brennmaterial zur Aufrechterhaltung der Schmelzwärme des Eisens dienen die im Roheisen enthaltenen Verunreinigungen selbst; sie entwickeln so viel Wärme bei ihrer Oxydation, dass das Eisen nach beendigtem Verblasen eine höhere Temperatur besitzt als beim Eingiessen in den Konverter. Nach Abgiessen der Schlacke erfolgt eine etwa nöthige Desoxydation überblasener Schmelze durch Einwerfen von Spiegeleisen oder Ferromangan in die Birne, eine Rückkohlung durch Einbringen der erforderlichen Menge von Kokspulver in die Giesspfanne, in welche das fertige Metall eingegossen werden soll.

In Apparat und Arbeitsweise fast gleich, unterscheiden sich die beiden Prozesse von BESSEMER und von THOMAS und GILCHRIST doch ganz wesentlich. Wegen des stark kieselsäurehaltigen Futters des ersteren Apparates ist eine Entphosphorung des Roheisens nicht möglich, da sich bildende Phosphate sofort wieder reduciert werden würden. Der BESSEMER-Prozess verlangt also ein phosphorarmes Rohmaterial. Das aus gebranntem Dolomit bestehende basische Futter des THOMAS-Konverters und ein basischer Zuschlag von Kalk bei Beginn des Verblasens ermöglichen eine sofortige Verschlackung des durch Oxydation von Phosphiden entstehenden Phosphorpentoxydes zu schwer reducierbarem Calciumphosphat, also auch eine Entphosphorung des Roheisens.

Beide Verfahren liefern, wie leicht ersichtlich, Flusseisen bezw. Flussstahl.

Hier ist, wenigstens in einer Patentschrift, der Versuch gemacht worden, den elektrischen Strom zu Hülfe zu nehmen. Nach Ansicht WIKSTRÖM's[6] nämlich bleibt das Eisen bei den eben erwähnten Verblaseprozessen nicht leichtflüssig genug. Er will daher direkt an den Hochofen eine Rinne anschliessen, welche so konstruiert ist, dass sich der hindurchfliessende Metallstrom als Widerstand in einen starken elektrischen Stromkreis einschaltet und nun, während er durch letzteren stark erhitzt wird, von zahlreichen, durch die Seitenwandung des Gerinnes unterhalb des Metallspiegels eingeführten Luftstrahlen oxydiert wird. Der Vorschlag ist so aussichtslos, dass eine weitere Erörterung desselben unnöthig erscheint.

e) Der SIEMENS-MARTIN-Prozess. Roheisen wird mit Schmiedeeisen-Abfällen und mit reinem Magneteisenerz in einem' SIEMENS'schen Regenerativ-Flammofen verschmolzen. Während die Schmiedeeisenabfälle eine Verdünnung der Verunreinigungen des Roheisens herbeiführen, wirken die auf der Oberfläche der Abfälle vorhandenen Oxyde oder etwa zugesetzter Magneteisenstein, Fe_3O_4, ausserdem aber auch der Luftsauerstoff oxydierend auf die zu entfernenden Bestandtheile des Roheisens ein, dieselben verflüchtigend oder verschlackend. Wie beim Verblasen, so unterscheidet man auch hier ein saures oder basisches MARTIN-Verfahren. Die Rückkohlung des so erschmolzenen Eisens und eine etwa nöthige Desoxydation wird durch die schon mehrfach genannten Mittel erreicht. Die letzten Mengen des im fertigen Eisen gelösten Eisenoxydules schafft man auch durch geringe Aluminiumzusätze fort. Auch dieses Verfahren liefert Flusseisen oder Flussstahl.

Zur Ausführung des MARTIN-Prozesses elektrische Erhitzung anzuwenden, bringt TAUSSIG[7] in einer Anzahl von Patenten in Vorschlag. Er hat einen Schmelzheerd konstruiert, in welchem das zu raffinierende Metall oder ein zu reducierendes Erz als Widerstand in einem starken Stromkreise unter Luftabschluss erhitzt werden soll. Der Eisenhüttentechniker braucht aber vorläufig kaum den rechnerischen Maassstab an dieses Verfahren anzulegen, um sich sagen zu müssen, dass dasselbe keinem der in der Patentschrift und anderen Veröffentlichungen gedachten Fälle, sei es der Roheisenerzeugung, der Eisengiesserei oder der Metallraffination, gerecht zu werden Aussicht hat.

f) Das Tempern. Erhitzt man fertige, aus weissem Roheisen

---

[6] D. R.-P. Nr. 76606 vom 24. November 1893 ab.

[7] NERNST-BORCHERS, Jahrbuch der Elektrochemie für 1894. Halle 1895, Knapp.

hergestellte und in Rotheisenstein, Fe_2O_3 oder Spath, $FeCO_3$ eingepackte Gegenstände mehrere Tage lang auf deutliche Rothgluht, so werden dieselben so weit entkohlt, dass sie schmiedbar werden. Augenscheinlich wirkt durch die Gegenstände diffundierende, aus Heizgasen oder Spatheisenstein stammende Kohlensäure entkohlend; sie wird durch den Kohlenstoff des Eisens reduciert, um ausserhalb der Gegenstände durch das Eisenoxyd wieder oxydiert oder durch frische Kohlensäure der Spathe verdrängt zu werden.

Die Erhitzung der zu temperenden Gegenstände durch Elektricität zu bewerkstelligen, ist zwar versucht, doch nicht mit Erfolg durchgeführt worden.

g) Das Cementieren, ein dem Tempern ganz entgegengesetztes Verfahren, ist zu den Rückkohlungsprozessen zu zählen. Durch etwa eine Woche lang dauerndes Erhitzen der in Holzkohlepulver eingepackten schmiedeeisernen Gegenstände auf etwa 1000° werden dieselben bis zur Härtbarkeit gekohlt. Wahrscheinlich wirkt das im Holzkohlenpulver aus diffundierenden Heizgasen entstehende Kohlenoxyd, das sich nach der Gleichung $2CO = C + CO_2$ zerlegt als Kohlungsmittel.

Für dieses Verfahren, besonders wenn es auf Erzielung bestimmter Härtegrade des zu erzeugenden Cementstahles ankommt, scheint der elektrische Strom nicht nur für Heizzwecke, sondern auch zur Beschleunigung der Kohlenstoffaufnahme einige Aussicht auf erfolgreiche Verwendung zu haben. Ich kann hier allerdings nur von Ergebnissen einzelner, aber doch sehr lehrreicher Versuche berichten, die von HILLAIRET und GARNIER [8] ausgeführt worden sind.

In ein Rohr aus feuerbeständigem Materiale wurde ein Kohlestift und ein Eisenstab (mit 0,1 % C.) so eingebettet, dass sich die in der Mitte des Rohres liegenden Enden beider Stäbe berührten. Mit dieser Hülle wurden die Stäbe in einem kleinen Windofen erhitzt. Während des Erhitzens leitete man durch den Kohlestab einen elektrischen Strom von 7 Volt 55 Ampère ein, welcher durch den Eisenstab wieder abgeleitet wurde. Nach drei Stunden wurde letzterer schnell aus dem Apparate herausgezogen und durch Eintauchen in Wasser abgekühlt. Das mit dem Kohlestifte in Berührung gewesene Ende des Eisenstabes war bis zu einer Tiefe von 10 mm von der Oberfläche aus derartig gehärtet, dass es Glas ritzte. Der Kohlestift war an der Berührungsstelle oberflächlich gerauht. — Um nun wirklich die Ueberführung von Kohlenstoff in das Eisen durch Elektrolyse zu beweisen, wurden zwei durch eine 10 mm dicke Holzkohleschicht zwischen ihren Enden getrennte Eisenstäbe in

---

[8] Engineering and Mining Journal (New York) vol. LVII, 1894, p. 57.

demselben Apparate unter Zuführung eines Stromes von 2,5 Volt und
50 Ampère auf die gleiche Temperatur (900-1000° C.) erhitzt. Nach
gleich langer Einwirkung von Wärme und Elektricität stellte sich heraus,
dass der als Anode benutzte Eisenstab fast unverändert geblieben war
und sich bei der Abkühlung kaum merklich gehärtet hatte, wohingegen
die Kohlung des Kathoden-Stabes bis zu einer beträchtlichen Tiefe vorgeschritten war. Es zeigten sich an dem unteren Ende dieses Stabes
sogar Spuren beginnender Schmelzung. — GARNIER behauptet dann am
Schlusse, dass durch einen schwachen Strom (2,5 Volt und 50 Ampère)
die Umwandlung von Eisen in Stahl mit grosser Schnelligkeit ausgeführt
werden könne. Diese Angabe, besonders die Stromverhältnisse betreffend,
wird aber doch nur für die Dimensionen seiner Versuchsobjekte Gültig-
heit haben. Ueber diesen Punkt, also über die höchst wichtige Stromdichte, fehlen die nöthigen Angaben.

Was die Kohlenstoffaufnahme betrifft, so hat dieser Vorgang, wie
man sieht, eine grosse Aehnlichkeit mit denjenigen der Elektrolyse
flüssiger Elektrolyte, wenn auch in diesem Falle nur feste Körper in
Frage kommen, so dass die Möglichkeit der Beschleunigung des Ce-
mentierens durch Zuhülfenahme von Elektricität wohl ausser Frage steht.
Dass auch das elektrische Cementieren schon den Gegenstand mehrerer
Patentschriften bildet, wird wohl niemand bezweifeln. Die patentierten
Apparate zur Ausführung des Verfahrens sind aber zum Theil derartige,
dass wir von jedem nur einigermaassen aufgeweckten Monteur zweck-
dienlichere, nicht patentierte Einrichtungen erwarten dürfen.

Wir sehen, dass trotz zahlreicher, bis jetzt vor die Oeffentlichkeit
getretener Vorschläge die Aussichten für die Verwendung der Elektricität
zur Erzeugung des Roheisens und des schmiedbaren Eisens nur sehr
kümmerliche sind. Selbst das zuletzt erwähnte Verfahren setzt zu seiner
vortheilhaften Durchführung die Massenproduktion in ihren Dimensionen
ziemlich gleichmässiger Artikel voraus. Grössere Erfolge hat speciell
die elektrische Erhitzungstechnik zu verzeichnen auf dem Gebiete der

Bearbeitung des Eisens.

Es handelt sich hier hauptsächlich um das elektrische Erhitzen
eiserner Gegenstände zum Zwecke des Schweissens, des Verlöthens und
anderer Erhitzungsarbeiten für Schmieden und Reparaturwerkstätten. Ich
will nur ganz kurz die Grundsätze der bisher in Vorschlag gebrachten
Arbeitsmethoden erörtern.

Nach der ältesten hauptsächlich zum Schweissen in Ausführung
begriffenen Arbeitsweise wird der zu erhitzende Körper unmittel-

bar als Widerstand in einen Stromkreis von derartiger Stärke eingeschaltet, dass die Stromdichte (Stromstärke: Leitungsquerschnitt) erheblich grösser wird, als seiner normalen Leitfähigkeit entspricht. Auf dieses Princip stützt sich zum Beispiel das bekannte Schweissverfahren von ELIHU THOMSON[9].

Man denke sich zwei Eisenstäbe mit Hülfe von zwei Metallklammern, welche gleichzeitig die Pole einer Elektricitätsquelle von hoher Stromstärke bilden, einander entgegengeführt, so dass schliesslich, wie dies aus Figur 180 ersichtlich ist, Berührung der Enden eintritt. Sind nun die Enden dieser Stäbe nicht so bearbeitet, dass sie genauestens aufeinander passen und sich dem ganzen Querschnitte nach berühren, so ist es klar, dass an der Berührungsstelle unebener, also vielleicht gewölbter oder zugespitzter Endflächen eine Querschnittsverringerung vorhanden ist, was für den elektrischen Strom eine Widerstandsvergrösserung bedeutet. Der Widerstand vergrössert sich noch durch eine dünne Oxydschicht. Es tritt also eine schnell sich steigernde Erhitzung der Berührungsstelle ein. Sobald Schweisstemperatur erreicht ist, werden die Stäbe schnell zusammengedrückt. Die verschiedenen Erhitzungsstadien sind in den Figuren 180, 181, 182 dargestellt. Ich brauche wohl nicht zu erwähnen, dass auf diese Weise nicht nur grade Stäbe geschweisst werden können.

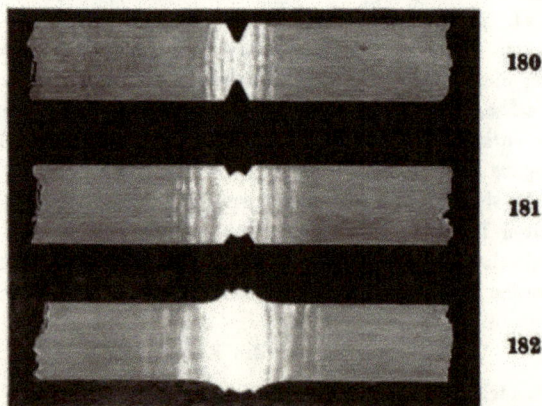

180

181

182

Ueber den Werth dieses Schweissverfahrens sind die Ansichten der Techniker sehr getheilt. Die Festigkeit des Eisens an den Schweissstellen soll keine sehr zuverlässige und gleichmässige sein.

Zur Ausführung dieser Erhitzungsmethode bedarf es nur einer sehr

[9] U. S. A. P. Nr. 375 022 vom 20. December 1887.

geringen elektromotorischen Kraft, aber einer beträchtlichen Stromstärke, die per qmm Querschnitt der zu schweissenden Gegenstände in der Nähe der Schweissstelle etwa 15 Ampère betragen muss.

Auch zum Erhitzen von Drähten und Stäben ist dasselbe Verfahren empfohlen worden. Man zieht die Drähte so über zwei Kontakte einer unterbrochenen Stromleitung, dass sie sich als Widerstände in letztere einschalten.

Wie sich einzelne Stäbe und Drähte in dieser Weise erhitzen lassen, so ist es gewiss auch nicht ausgeschlossen, dass ganze Stabbündel (Packete) in gleicher Weise für Walzwerkserzeugnisse behandelt werden. Es ist also immerhin möglich, dass der Schweissofenbetrieb unter Umständen ein elektrischer werden wird.

Nach dem Systeme der Widerstandserhitzung Roheisen für Giessereizwecke zum Schmelzen zu bringen, kann bis jetzt auch nur als Vorschlag betrachtet werden, wenn auch über den bereits erwähnten Schmelzofen von TAUSSIG, der auch für diesen Zweck empfohlen wird, einzelne nicht ungünstige Angaben vorliegen. Eine der neuesten Verwendungsmethoden dieser Erhitzungsart ist das stellenweise Enthärten der nach dem HARVEY-Verfahren oberflächlich gehärteten Panzerplatten, wenn es sich darum handelt, diese letzteren beim Aufbringen auf den Schiffsrumpf oder auf Befestigungswerke an ursprünglich dazu nicht vorgesehenen Stellen mit Niethlöchern zu versehen, oder in irgend einer andren Weise zu bearbeiten. Von einer geeigneten Stromleitung aus führt man zwei parallel stehende Kupferkontakte von je 5 qcm Querschnitt in einer Entfernung von 25 mm voneinander auf die zu erhitzende Stelle. Zwischen den Kontakten wird sich beim Stromdurchgange alsbald eine schwache Rothgluht bemerkbar machen. Von dem Zeitpunkte ab vermindert man die Stromstärke ganz allmählich so, dass die erhitzte Stelle etwa nach 10 Minuten unter die kritische Härtungstemperatur abgekühlt ist, ein Hartwerden nach Entfernung der Kontakte also nicht mehr zu befürchten ist.

Eine andre Erhitzungsmethode besteht darin, den durch Schmelzen oder Verlöthen zu bearbeitenden Gegenstand zum Pole eines elektrischen Lichtbogens zu machen. Metalle auf diese Weise zu schmelzen, wurde, wie Seite 126 erwähnt, vor 16 Jahren schon von SIEMENS ausgeführt.

BENARDOS [10] hat diesen Gedanken mit Geschick zum Löthen, Lochen, Verniethen und Ausbessern von Metallen verwerthet. Das Arbeitsstück bildet den negativen Pol, ein in einen Handgriff oder andre Führung

---

[10] D. R.-P. Nr. 38011.

eingespannter Kohlestab den positiven Pol. Indem man zwischen der zu erhitzenden Stelle und dem Kohlestabe einen Lichtbogen überspringen lässt, geräth das Metall des unten liegenden Arbeitsstückes ins Schmelzen, so dass man auf diese Weise die verschiedenartigsten Löth- und Schmelzarbeiten ausführen kann.

Das Verfahren leidet allerdings an einigen Uebelständen, welche die Verwendbarkeit desselben nicht unwesentlich beeinträchtigen: In erster Linie ist die Temperatur des Lichtbogens kaum regulierbar, und

188

diese ist, wie schon früher angedeutet wurde, für die meisten metallurgischen Arbeiten des Guten zu viel. Ausserdem ist natürlich auch das Uebergehen von Kohlenstoff vom Kohlepole zum geschmolzenen Eisen des Arbeitsstückes unvermeidlich, denn die Bildung eines Lichtbogens ist ein Vorgang der Elektrolyse mit gasförmigen Elektrolyten. Das erstarrte Metall der Löthstelle wird also fast immer härter, spröder und brüchiger sein, als das Material des Arbeitsstückes selbst, so dass es sich wahrscheinlich auf die Ausbesserung von Fehlstellen in Gusswaaren beschränken muss.

Auch das nach gleichem Principe arbeitende Verfahren von SLAVIANOFF kann nur für die Reparatur von Gusswaaren in Betracht kommen. SLAVIANOFF hat den von BENARDOS benutzten Kohlepol durch einen solchen aus Metall ersetzt. Selbstverständlich schmilzt dieser ab. Das abschmelzende Metall soll die Fehlstelle ausfüllen, muss also aus demselben Materiale bestehen, wie das Arbeitsstück selbst. Es wird ja damit für Eisengegenstände die Gefahr übergrosser Kohlenstoffaufnahme durch die Löthstelle vermieden, das Löthen selbst erfordert aber eine um so grössere Aufmerksamkeit und Geschicklichkeit des ausführenden Handwerkers. Wenn vom positiven Pole mit grosser Geschwindigkeit Metall abtropft, so wird der Lichtbogen fortdauernden Schwankungen unterworfen sein; auf der einen Seite ist stets die Gefahr der Bildung von Kurzschlüssen vorhanden; auf der andren Seite hat man sich vor einem Abreissen des Lichtbogens zu hüten.

LAGRANGE und HOHO lassen das Arbeitsstück zwar ebenfalls, wie in den eben erwähnten Fällen, den negativen Pol eines Lichtbogens bilden, erzeugen aber diesen Lichtbogen in einer durch Elektrolyse in wässrigen Elektrolyten sich bildenden und das Arbeitsstück umhüllenden Wasserstoffatmosphäre. Ein aus Blei bestehender Behälter oder die Bleiausfütterung eines aus Holz oder Steinzeug bestehenden Behälters, oder schliesslich die in einen geeigneten Behälter eingesetzte bezw. eingelegte Bleiplatte von möglichst grossen Dimensionen dient als Anode, gegenüber

dem verhältnismässig kleinen als Kathode fungierenden Arbeitsstücke;
der Elektrolyt besteht aus einer wässrigen Lösung von Salzen wie Soda,
Pottasche, Borax, auch wohl aus verdünnter Schwefelsäure. Bei genügend
hoher elektromotorischer Kraft (mindestens 110 Volt) bildet sich in der
in Folge der hohen Stromdichte die Kathode einhüllenden Wasserstoffschicht
zwischen Kathode und Elektrolyt ein Lichtbogen. Der zu erhitzende

184

Gegenstand erwärmt sich hier schnell und wird durch die an der Luft
verbrennende Wasserstoffhülle vor dem Verbrennen geschützt. Das Verfahren ist zum Erhitzen von Niethen, Eisenstäben für Schmiedearbeiten,
Hufeisen, zum Ausglühen von Draht und
ähnlichen Arbeiten empfohlen worden.
Wie leicht erklärlich, handelt es sich
hier nur um ein Erhitzen der später
mechanisch zu schweissenden oder zu
schmiedenden Gegenstände, die während
des Erhitzens in wirksamster Weise durch
die Wasserstoffatmosphäre vor dem Ver-

185

brennen geschützt werden. Man hat den Apparat von LEGRANGE und
HOHO als „elektrisches Schmiedefeuer" bezeichnet. Die Bedingung für
den Erfolg dieses Verfahrens liegt in der Massenfabrikation kleinerer
Gegenstände einigermaassen gleichmässigen Querschnittes.

Das Erhitzen der Arbeitsstücke im Lichtbogen, ohne
dass dieselben als Pole fungieren, ist von ZERENER[11] für sein
Löthverfahren gewählt. Die der Ausführbarkeit einer solchen Erhitzungs-

---

11) D. R.-P. Nr. 68 938.

methode entgegenstehenden Schwierigkeiten hat er dadurch überwunden, dass er den zwischen zwei schräg gegeneinander angeordneten Kohlestäben sich bildenden Lichtbogen durch einen rechtwinklig zur Lichtbogenebene wirkenden Elektromagneten ablenkt. Figur 186 zeigt eine schematische Darstellung der wesentlichsten Apparattheile. K, K sind die Kohlepole, M, M die mit der Hauptstromleitung von wenigen Windungen umgebenen Elektromagnete, deren Pole rechtwinklig auf der Ebene der Kohlepole stehen. Der Lichtbogen wird, wie die Stichflamme eines Löthrohres, nach unten abgelenkt. Die kleinsten der Apparate sind mit einer Handhabe versehen, so dass man sie wie Löthkolben oder Löthrohre benutzen kann; die grösseren Apparate müssen nach Art kleiner Laufkrahne montiert werden. Es wird ohne Weiteres einleuchten, dass hierdurch die meisten der bei den vorher erwähnten Löth- und Schweissverfahren auftretenden Uebelstände überwunden sind. Bei der Lichtbogenbildung ist man von dem Arbeitsstücke unabhängig. Durch Annähern an dieses oder Entfernen von demselben kann man die Temperatur steigern oder herabmindern. Der Stromverbrauch ist ein geringer; er schwankt je nach der Grösse des Apparates zwischen 3 und 250 Ampère bei einer elektromotorischen Kraft von 60-65 Volt. Man kann die Apparate also in jede elektrische Lichtleitung einschalten, während für die übrigen Löth- und Schweissapparate Akkumulatorenanlagen erforderlich sind. Kurz, alles weist darauf hin, dass von den bisher bekannten elektrischen Metallbearbeitungsmethoden und Apparaten die ZERENER'schen der weitgehendsten Anwendung fähig sind.

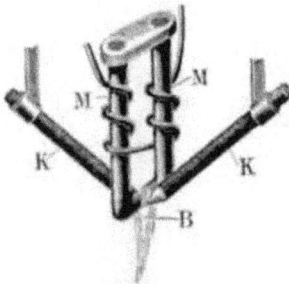

Etwas abweichend von der übrigen metallurgischen Technik hat sich, wie man sieht, die Eisenindustrie die Elektricität dienstbar gemacht. Auf dem Gebiete der Eisenerzeugung und Eisenraffination so gut wie erfolglos, ist es der Elektrotechnik doch gelungen, bei der Vorbereitung der Rohstoffe und der Bearbeitung des fertigen Metalles nutzbringend mitzuwirken, so dass auch das Eisen keine Ausnahme mehr macht von der Regel: Ohne Elektricität keine Metallurgie!

Noch sei zum Schlusse auf die Thatsache hingewiesen, dass in den Centren der Eisenindustrie eine Verschwendung mit chemischer Energie getrieben wird, die mehr als haarsträubend ist. Es giebt Hochofenwerke, die in den nicht verwerthbaren Gichtgasen und Abgasen ihrer Koksöfen nach Tausenden von Pferdekräften zählende brennbare Gasmengen täglich spurlos und nutzlos verschwinden lassen. Die unvollkommenste Dampfmaschinenanlage müsste hier, da sie den Brennstoff so zu sagen geschenkt bekommen kann, noch mit Vortheil Elektricität erzeugen und elektrische Anlagen betreiben können. Statt dessen sucht man sich die verstecktesten Wasserkräfte auf; und mitten in den blühendsten Industriegebieten Deutschlands schickt man das ungenutzt in alle Winde, das die wichtige elektrochemische Industrie in das Ausland lockt. Hoffentlich wird die Erkenntnis dieses Missstandes nicht zu lange ausbleiben, und wird es gewiss nicht mit Neid angesehen werden, wenn auch in der Elektrometallurgie die Eisenhüttenwerke den ersten Rang einnehmen sollten.

Nickel und Kobalt.

Das Nickel (Ni, Atomgewicht 58,88, specifisches Gewicht 9) ist ein sehr hellgraues, stark glänzendes Metall, welches sich durch einen hohen Grad von Dehnbarkeit und Festigkeit auszeichnet, so dass es sich wie Eisen zu Blech und Draht auswalzen lässt. Auch bezüglich seiner magnetischen und elektrischen Eigenschaften verhält es sich dem Eisen sehr ähnlich. Der Schmelzpunkt des Nickels liegt in der Nähe von 1400⁰. Es legiert sich leicht mit den meisten Metallen (Kupfer-Nickel: Münzmetall; Kupfer-Zink-Nickel: Argentan und Neusilber; Eisen-Nickel: Nickelstahl). Wie Kupfer und Eisen, löst es auch einige seiner Verbindungen, wie z. B. das Oxydul. Bei gewöhnlicher, wie auch bei ziemlich hoher Temperatur oxydiert sich Nickel an der Luft nur wenig, so dass der Abfall (Hammerschlag) beim Schmieden und Walzen viel geringer ist, als beim Eisen. Mit den übrigen Metalloïden vereinigt sich Nickel ziemlich leicht. Für den Nickelhüttenbetrieb sind von diesen Verbindungen besonders die Sulfide und die Arsenide von Wichtigkeit. Alle technisch wichtigen Nickelverbindungen leiten sich von dem Oxydule, NiO, ab; das Oxyd ist sehr unbeständig. Nickel löst sich leicht in Salpetersäure, langsamer in Salzsäure und Schwefelsäure. Bei der Lösung entstehen immer Oxydulsalze.

Das Vorkommen des Nickels beschränkt sich auf Sulfide, Arsenide und deren Verwitterungsprodukte und auf Silikate. Die beiden ersten finden sich meist in Begleitung der entsprechenden Kupfer- und Eisenverbindungen; sie waren bis vor kurzem die wichtigsten Nickelerze; in neuerer Zeit gewinnen aber auch die Silikate und unter diesen wieder der Garnierit an Bedeutung.

Bei der Gewinnung des Nickels haben fast ausschliesslich die Arbeiten des Kupfer- und des Eisenhüttenbetriebes als Vorbilder gedient.

Wir finden hier die Anreicherungsarbeiten wieder, welche bei der Verarbeitung sulfidischer Kupfererze als Steinschmelzen bekannt sind. An Stelle dieser Arbeiten tritt bei arsenhaltigen Erzen das Anreichern durch Erschmelzen von Speise, welches, wie das Steinschmelzen, nöthigenfalls nach dem Abrösten wiederholt wird. Selbst die Silikate werden unter Zuschlag von sulfidischen Eisenerzen auf Stein und dann nach dem Vorbilde der Kupferstein-Verarbeitung auf Rohnickel verschmolzen.

Das so erschmolzene Rohnickel wird nun nach Art der Ueberführung des Roheisens in schmiedbares Eisen gereinigt. Zu diesem Zwecke hat man sowohl das Puddeln, das Verblasen wie den MARTIN-Prozess dem Eisenhüttenbetriebe entlehnt. Man ist jedoch gezwungen, die letzten Reste Nickeloxydul aus dem oxydirend gereinigten Metalle durch kräftige Reduktionsmittel zu entfernen. Als solches hat sich nach FLEITMANN am besten das Magnesium bewährt.

Bei kobalthaltigen Erzen oder Hüttenprodukten zieht man den Schmelzprozessen noch hier und da den sogenannten nassen Weg vor. Nach vorgängigem koncentrierenden Stein- oder Speiseschmelzen und darauf folgender Röstung werden die so erhaltenen Oxyde in Säure gelöst; die Salzlösung wird zur Fällung von Kupfer, Blei und anderer Metalle mit Schwefelwasserstoff behandelt; durch Neutralisation und Oxydation (mit Chlorkalk) der von dem Schwefelwasserstoff abfiltrierten Lösung fällt man zuerst das Eisen als Oxydhydrat, dann das Kobalt als Oxyd. Aus dieser Lösung schliesslich fällt man das Nickel als Oxydulhydrat, das nach dem Trocknen und Entwässern zu Metall reduciert wird.

MOND's Verfahren aus oxydischen Erzen und Hüttenprodukten, das Nickel mittels Kohlenoxyd als Karbonyl, $Ni(CO)_4$, zu verflüchtigen, um dieses dann durch Erhitzen in Nickel und Kohlenoxyd zu zerlegen, ist noch als Versuch zu betrachten.

Was nun schliesslich die elektrolytische Nickelgewinnung betrifft, so lässt sich auch heute nur von Versuchen berichten, deren Durchführbarkeit in der metallurgischen Technik noch nicht mit Sicherheit erwiesen ist.

Es ist eigenthümlich, dass ein Metall, welches sich für die Zwecke der Galvanostegie so vorzüglich eignet, da es, in dünnen Ueberzügen festhaftend, dicht und schön weiss glänzend niedergeschlagen werden kann, der elektrolytischen Fällung so grosse Schwierigkeiten entgegensetzt, sobald es sich um die Abscheidung von grösseren Massen, also dickeren Platten handelt. Für die Vernickelung brauchbare Verfahren sind schon seit etwa 50 Jahren bekannt. Aber der voraussichtlich einfachste Fall der elektrolytischen Nickelraffination ist noch nicht zu voller Zufriedenheit der Technik gelöst. Mögen kurz die seitherigen Vorschläge erörtert sein.

Viel früher als im Jahre 1840 scheint an die Möglichkeit der galvanischen Fällung von Nickel nicht gedacht worden zu sein. Dann erschien aber auch gleich ein englisches Patent auf der Bildfläche, welches die damals schon nicht mehr unbekannte Thatsache, dass sich eine grosse Anzahl von Metallen sehr bequem aus den Lösungen ihrer Doppelcyanide durch den Strom niederschlagen lassen, auf Nickel angewandt, als neue Erfindung proklamierte. Für die Frage der elektrometallurgischen Herstellung des Metalles hat übrigens dieses Verfahren absolut keinen Werth. Von grösster Bedeutung für die Praxis waren R. BÖTTGER's Versuchsresultate, welche die Bedingungen feststellten, unter denen sich aus dem Doppelsalze Nickeloxydul-Ammonsulfat das Nickel als glänzender und silberweisser, wenn auch dünner Ueberzug niederschlagen lässt[1]. Es sind jene Vorschriften für die heutigen Vernicklungsanstalten zum Theil noch maassgebend. Ich werde am Schlusse darauf zurückkommen.

Der erste Vorschlag, welcher eine Gewinnung von Nickel zur Aufgabe hatte, stammt von E. ANDRÉ. Hiernach werden „Nickelsteine, Speisen oder unreine Nickel-, Kobalt- und Kupferverbindungen, mit dem positiven Pole verbunden, als Anode in verdünnte Schwefelsäure eingehängt. Auf den als Kathoden eingehängten Kupfer- oder Kohlenplatten scheidet sich dann nur reines Kupfer aus, während das gleichzeitig in Lösung gehende Nickel nicht mit ausgeschieden wird, so lange die Lösung sauer bleibt. Um aus dieser Lösung die letzte Spur Kupfer zu entfernen, wendet man zum Schluss des Prozesses an Stelle des Steines oder der Legierung als positiven Pol eine Kohlenplatte an. Das Kupfer wird nun durch den Strom rasch ausgeschieden, so dass eine schwach saure Lösung von schwefelsaurem Nickel mit etwas Eisen zurückbleibt.

Zur Verarbeitung dieser Lösung wird dieselbe mit wenig Ammon versetzt und unter Einleiten von atmosphärischer Luft in Bleipfannen eingedampft. Das Eisen scheidet sich hierbei als flockiges Hydrat ab und wird durch Absetzen oder Filtrieren entfernt; aus der Lösung scheidet sich dann beim Koncentrieren reiner Nickelvitriol ab.

Will man aus dieser Lösung das Nickel metallisch gewinnen, so scheidet man in der erwähnten Weise zunächst das Eisen ab und schlägt dann das Nickel aus der ammoniakalisch gemachten Lösung auf Kathoden von Kohle, Nickel oder mit Graphit überzogenen Kupferplatten nieder. Als Anode können Kohle oder Platin nicht angewendet werden, da bald in Folge von Polarisation der von der Maschine gelieferte elektrische Strom gelähmt würde; man soll daher Eisen oder Zink nehmen, die

[1] Journal für praktische Chemie Bd. XXX, S. 267.
[2] D. R.-P. Nr. 6048 vom 1. November 1877.

sich durch die Wirkung des Stromes auflösen, dann aber positiven und
negativen Pol durch eine Doppelmembran trennen und zeitweise die
zwischen beiden Membranen befindliche Lauge abziehen, um die Ver-
mischung der Nickellösung mit der am positiven Pol gebildeten Lösung
von Eisen- oder Zinkvitriol zu verhüten. Auf dieselbe Weise lassen
sich die Nickelerze von Neukaledonien in schwefelsaurer oder salzsaurer
Lösung auf reines Nickel verarbeiten.

Hängt man die Steine, Speisen u. s. w. als Anoden in ein ammo-
niakalisches Bad, so werden Kupfer und Nickel gleichzeitig niedergeschlagen und können nach dem Abbürsten von den Kohlenplatten als
Legierung weiter verarbeitet werden".

Der Eindruck, den man aus der Patentbeschreibung gewinnen muss,
ist kein sehr vertrauenerweckender. Zuerst wird das Eisen mit grosser
Sorgfalt entfernt, und gleich darauf werden lösliche Eisenanoden vorgeschlagen. Vor der Löslichkeit von Eisen in ammoniakalischen Flüssigkeiten braucht man nun freilich keine Furcht zu haben; die Eisenbleche
werden sich unter diesen Verhältnissen schnell mit einer unlöslichen
Schicht von Eisenoxyd überziehen und der Elektrolyt wird fast eisen-
frei bleiben, vorausgesetzt, derselbe wird ammoniakalisch erhalten,
aber dann haben wir auch in ganz kurzer Zeit keine oxydations-, also
depolarisationsfähige Eisenanode mehr, sondern eine solche aus vollständig inaktivem Materiale, aus Eisenoxyd. Eine Depolarisation wird
also damit nicht erreicht. Wählt man dann statt des Eisens Zink, so
findet allerdings Lösung des Zinks und damit Depolarisation statt, aber,
wenn man die Herstellung von reinem Metall anstrebt, und das ist doch
wohl anzunehmen, wenn man zu einem so theuren Hülfsmittel greift,
wie es der elektrische Strom noch immer ist, so wird man sich sehr
bald getäuscht sehen; denn aus einer Nickellösung, welche Zink in mehr
als spurenweisen Mengen enthält, Nickel allein ausfällen zu wollen, ist
eine bis jetzt noch nicht gelöste Aufgabe.

Etwa 10 Jahre später meldete FARMER einen Apparat[a] beim amerikanischen Patentamte an, als dessen Zweck die Herstellung von Nickelblech angegeben wurde:

In den Figuren 187 und 188 sind AA Niederschlagsbottiche, wie
sie gewöhnlich für elektrolytische Fällungen benutzt werden. Oberhalb
dieser Gefässe sind Walzen B aus Holz, Stein oder andrem nicht leitenden Materiale, mit einem Kanavas- oder ähnlichem Stoffüberzuge versehen, derartig in Lagern angebracht, dass sie sich aus letzteren leicht
herausheben lassen. Diese Walzen dienen dazu, einen an beiden Enden

---

[a] U. S. A. P. Nr. 381004 vom 10. April 1888.

offenen Holzcylinder E in langsame Umdrehung zu versetzen. Letzterer besteht aus Messing oder Kupfer und bildet die Kathode. Eine Seitwärtsverschiebung desselben wird durch die auf den Walzen angebrachten Flanschen CC verhindert. Als Anode dient die halbcylindrisch gebogene Nickelplatte E'. Die an einer Axe beweglich angebrachten Metallarme FF halten eine bei c eingelagerte, ebenfalls aus leitendem Materiale bestehende Walze D, welche den Cylinder E auf die Walzen BB aufdrücken und die Stromableitung vermitteln soll.

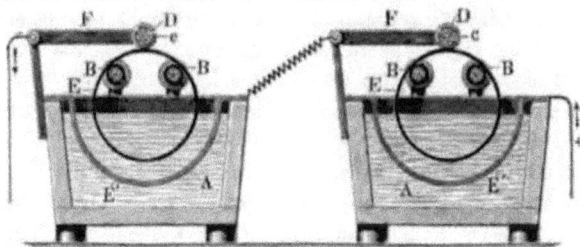

187

Während des Betriebes sind die Niederschlagszellen bis zu der in den Figuren angegebenen Höhe mit einer Nickellösung (es werden die schwefel- und salpetersauren Doppelsalze von Nickel und Ammon empfohlen) gefüllt. Der Strom tritt in die Kathode der ersten Zersetzungszelle ein und geht durch den Elektrolyten zu dem Cylinder E. Dieser wird durch die Walzen BB, von denen eine mit einer Antriebscheibe P versehen ist, in der Minute einmal um sich selbst gedreht. Von hier aus wird der Strom durch die Walze D, die Arme F und eine Drahtverbindung nach dem folgenden Bade geführt und tritt nach

188

dem Durchgange durch dieses oder noch mehrere Bäder in die Stromquelle zurück.

Wenn mit diesem Apparate lediglich der Zweck verfolgt wird, Metalle, speciell Nickel, aus einer Form in eine andre überzuführen, so dürfte das Mittel doch wohl reichlich theuer zu stehen kommen und schwerlich Jemanden zur Aufgabe alter und bewährter Methoden veranlassen. Eine Vereinigung der Metallraffination mit der Herstellung von Formstücken, wie z. B. Röhren, oder von Blechen mit einem derartigen Apparate wäre ja denkbar, es ist aber durchaus nichts davon erwähnt, und dürfte wieder für Nickel wenig Werth haben. Die das Rohnickel verunreinigenden Metalle lassen sich auf rein elektrischem

Wege kaum vom Nickel trennen, wenn man dieses gleichzeitig in me-
tallischem Zustande abscheiden will. Bei der Stromdichte, welche zur
Abscheidung von Nickel erforderlich ist, fallen auch fast alle metallischen
Verunreinigungen mit aus.

Einer Patentschrift der Firma Basse & Selve[4] zu Folge soll
Nickel von Eisen, Kobalt und Zink aus einer gemeinschaftlichen Lösung
ihrer Salze in folgender Weise getrennt werden.

Die neutrale oder schwach saure Lösung des Eisen, Zink oder
Kobalt enthaltenden Nickelsalzes in Wasser wird zunächst mit einer genügenden Menge einer organischen Verbindung, welche im Stande ist,
die Fällung des Eisenoxyduls oder -oxyds, des Zinkoxyds, des Kobalt-
und Nickeloxyduls durch Alkalien zu verhindern, versetzt; hierauf fügt
man koncentrierte Natron- oder Kalilauge in mässigem Ueberschuss
hinzu und unterwirft die alkalische Lösung der Elektrolyse.

Bei einer Stromstärke von 0,3-1,0 Ampère (per Quadratdecimeter?)
scheiden sich Eisen, Kobalt und Zink an der Kathode ab. Das Nickel
bleibt je nach der Koncentration der alkalischen Flüssigkeit entweder
vollständig in Lösung, oder es scheidet sich (besonders bei lang andauernder Einwirkung des galvanischen Stromes) zum Theil als Hydro-
oxydul ab.

Ist die Lösung stark alkalisch und der elektrische Strom verhältnismässig stark (1 Ampère und darüber), so scheidet sich das Nickel
zu geringem Theil auch als schwarzes Nickeloxyd an der Anode ab;
dieser schwarze Ueberzug der Anode verschwindet aber, wenn man
letztere nach Unterbrechung des galvanischen Stromes noch einige Zeit
mit der alkalischen, organische Substanzen enthaltenden Flüssigkeit in
Berührung lässt.

Behufs Abscheidung des Nickels in metallischem Zustande wird die
dasselbe enthaltende, von Eisen, Kobalt und Zink befreite alkalische
Lösung mit so viel Ammoniumcarbonat versetzt, dass alles freie Alkali
in Alkalicarbonat übergeführt wird, und dann abermals der Elektrolyse
unterworfen.

Es ist bei der elektrolytischen Abscheidung des Eisens, Kobalts und
Zinks nicht unbedingt nöthig, dass auch das Nickeloxydul in der alkalischen Flüssigkeit gelöst sei; es genügt vollständig, wenn nur die abzuscheidenden Metalle in Lösung sich befinden, das Nickel kann dabei
als Niederschlag in Form von Nickelhydroxydul in der Flüssigkeit vorhanden sein.

Als organische Substanzen, welche die Oxyde der genannten Metalle

---

[4]) D. R.-P. Nr. 64 251 vom 22. December 1891.

bei Gegenwart von freiem Alkali in Lösung zu halten vermögen, können Weinsäure, Citronensäure, Glycerin, Dextrose u. a. Verwendung finden; am besten geht die Trennung bei Anwendung von Weinsäure vor sich.

HOEPFNER[5] verarbeitet nickelhaltiges Material zunächst nach den bekannten Methoden bis zur Herstellung einer gereinigten neutralen Lösung. Diese wird eventuell nach dem Ansäuren mit einer schwachen, schlecht leitenden Sauerstoffsäure (Citronen-, Phosphorsäure u. a.) mit unlöslichen Anoden elektrolysiert. Letztere tauchen in mit Chloridlösungen elektropositiver Metalle gefüllte Zellen ein. Als Kathoden dienen rotierende oder oscillierende, vertikal angeordnete Metallscheiben. Das Ansetzen schwammiger Massen wird durch bewegliche Bürsten oder Reibekissen verhindert. Der Elektrolyt wird durch Pumpen in lebhafter Bewegung erhalten.

An Stelle unlöslicher Anoden können auch solche aus ganz oder theilweise löslichem Materiale Verwendung finden. Als lösliche Stoffe kommen aber nur elektropositivere Metalle (Zink) in Betracht, welche nicht mit Nickel niedergeschlagen werden.

Dieselbe Arbeitsweise wird zur Gewinnung von Kobalt, Zink, Blei, Zinn und Kupfer vorgeschlagen.

Ein Verfahren der elektrolytischen Trennung von Nickel und Kupfer von RICKETS[6] kann von vornherein als aussichtslos bezeichnet werden. Es besteht darin, dass die Lösungen der Salze beider Metalle nach Zusatz von Alkalisulfaten elektrolysiert werden. Während das Kupfer sich auf der Kathode abscheidet, soll Nickel in Form von Alkali-Nickelsulfaten, welche mit zunehmendem Säuregehalt des Bades entsprechend schwerer löslich werden, zu Boden fallen.

Schliesslich sei einiger beachtenswerther Daten wegen noch ein Verfahren erwähnt, nach welchem BISCHOFF und THIEMANN die für die Untersuchung der Atomgewichte von Nickel und Kobalt von CL. WINKLER benutzten reinen Metalle darstellten[7].

Zur Darstellung des Nickels verwendete man eine Auflösung von reinstem schwefelsauren Nickel, welche 32,8400 g Nickel im Liter enthielt. Der damit bereitete Elektrolyt bestand aus:

200 ccm Nickelsulfatlösung,
30 g schwefelsaurem Ammonium,
50 g Ammoniak von 0,905 specifischem Gewicht,
250 ccm Wasser.

⁵) Engl. P. Nr. 13 336 von 1893.
⁶) U. S. A. P. Nr. 514 276 vom 6. Februar 1894.
⁷) Zeitschrift für anorganische Chemie Bd. VIII, 1895.

Da das auf Platin niedergeschlagene Nickel sich von dessen Oberfläche nur schwierig loslöste, so benutzte man mit vorzüglichem Erfolge als Kathode ein starkes poliertes Nickelblech von 9,7 cm Länge und 7,9 cm Breite, als Anode hingegen ein ebensolches Platinblech. Als Stromquelle diente eine Dynamomaschine, in deren Leitung so viele Widerstände eingeschaltet worden waren, dass bei 2,8 Volt Spannung die Stromstärke 0,8 Ampère betrug. Die Stromdichte war demnach $D_{100} = 0{,}5$ Ampère. Wenn der Nickelniederschlag eine gewisse Stärke erreicht hatte, so begann er sich freiwillig in dünnen, mehr oder minder gerollten Blättern von seiner Unterlage abzulösen, und es wurden auf solche Weise im Verlaufe von 20 Stunden 13,13 g reines Nickel erhalten. Dasselbe war weiss und glänzend, doch zeigte seine Farbe, mit derjenigen des Kobalts verglichen, einen deutlichen Stich ins Gelbe. Anlauffarben und oxydische Flecke fehlten vollständig; trotzdem unterwarf man das Metall noch der Erhitzung in einem Strome von trockenem Wasserstoff, welcher vorher zum Zweck seiner Reinigung eine glühende Schicht von zusammengerolltem Eisendrahtgewebe passiert hatte. Es trat hierbei nicht die mindeste Gewichtsveränderung ein, ein Beweis dafür, dass das elektrolytisch niedergeschlagene Nickel wirklich rein metallische Beschaffenheit besessen hatte.

Zur Darstellung des Kobalts diente reines schwefelsaures Kobalt, wie man es, gemengt mit schwefelsaurem Ammonium, durch Erhitzen von Purpureokobaltchlorid mit Schwefelsäure erhalten hatte. Die wässrige Lösung desselben enthielt 11,6400 g Kobalt im Liter. Der damit bereitete Elektrolyt bestand aus:

> 100 ccm Kobaltsulfatlösung,
> 30 g schwefelsaurem Ammonium,
> 30 g Ammoniak von 0,905 specifischem Gewicht,
> 500 ccm Wasser.

Die Kathode wurde durch ein Platinblech von 9,4 cm Länge und 5,9 cm Breite gebildet und ein gleiches Platinblech diente als Anode. Die Stromstärke betrug bei 3,0 Volt Spannung 0,7 Ampère, die Stromdichte also $D_{100} = 0{,}6$ Ampère. Die Ausfällung des vorerwähnten Elektrolytes wurde siebenmal hintereinander vorgenommen, die dabei abgeschiedene Kobaltmenge betrug 8,1330 g, und davon liessen sich 7,3190 g in Gestalt eines zusammenhängenden, ziemlich starken Bleches von der Kathode abtrennen. Das Metall war an der Seite, mit der es am Platin angelegen hatte, lebhaft glänzend, an der entgegengesetzten matt und grau, doch zeigte es sich nicht angelaufen und schien wenig Oxyd zu enthalten. Bei der Erhitzung in reinem Wasserstoff erlitt es eine Gewichtsabnahme von 0,23 %; demnach hätte sein Gehalt an Kobaltoxyd

($Co_2O_3 + 2H_2O$) 0,55 % betragen, oder es wären 0,32 % der gesammten Kobaltmenge als Oxyd zur Abscheidung gelangt gewesen.

Bei einer zweiten Darstellung bestand der 'Elektrolyt aus:
  250 ccm Kobaltsulfatlösung,
  30 g schwefelsaurem Ammonium,
  50 g Ammoniak von 0,905 specifischem Gewicht,
  250 ccm Wasser.

Als Kathode diente ein poliertes Nickelblech von 9,0 cm Länge und 7,6 cm Breite, als Anode ein Platinblech. Die Stromstärke betrug bei 3,2 Volt Spannung 0,8 Ampère, die Stromdichte also $D_{100} = 0,6$ Ampère. Die Fällung war nach 30 Stunden beendet und lieferte 2,90 g Kobalt, wovon sich 2,20 g leicht in Gestalt dünner, gerollter Blechfragmente von der Kathode loslösen liessen. Das so erhaltene Metall war theilweise vollkommen glänzend, an vielen Stellen aber auch bunt angelaufen oder bräunlich behaucht. Beim Glühen im Wasserstoffstrome verlor es 0,15 % an Gewicht, was einem Gehalte an Kobaltoxyd ($Co_2O_3 + 2H_2O$) von 0,36 % entspricht. Danach wären 0,21 % der gesammten Kobaltmenge als Oxyd zur Abscheidung gelangt. Die hier aufgeführten Oxydbestimmungen dürften jedoch um eine Kleinigkeit zu hoch ausgefallen sein, weil die elektrolytisch abgeschiedenen Metalle, obwohl sie sehr gut gewaschen worden waren, eine Spur Ammoniumsalz zurückgehalten hatten, welches sich bei der Erhitzung im Wasserstoffstrom ebenfalls verflüchtigte und die Bildung eines höchst geringfügigen, hauchartigen Beschlages im kalten Theil des Rohres veranlasste.

Nach der Erhitzung in Wasserstoff zeigte das Kabalt durchaus gleichmässiges, rein metallisches Aussehen, und zum Theil bildete es Bleche von schönem Glanz. Seine Farbe war, mit derjenigen des Nickels verglichen, ausgesprochen blauweiss, ähnlich derjenigen des Zinkes.

Wenn wir lediglich nach den Patentschriften urtheilen wollten, von denen die bekannteren soeben mehr oder weniger vollständig mitgetheilt wurden, so wäre die Frage der Nickelgewinnung auf elektrolytischem Wege als gelöst anzusehen. Auch die für elektrolytische Zwecke ausgearbeiteten und zum grossen Theile recht zuverlässigen Arbeitsmethoden[8]. sagen uns, dass sich Nickel quantitativ als glänzender dichter Niederschlag aus einer ganz stattlichen Zahl von Salzen abscheiden lasse. Nicht minder gross ist die Fülle von Vorschriften für eine glänzende und fest haftende Vernicklung der wichtigeren Metalle[9]. Mit der grössten Sicher-

---

[8]) CLASSEN, A., Quantitative Analyse durch Elektrolyse, 3. Auflage. Berlin 1892, Springer.

[9]) LANGBEIN, G., Galvanische Metallniederschläge, 3. Auflage. Leipzig 1895, Klinkhardt.

heit erreichen der Analytiker und der Galvanotechniker ihren Zweck, aber von einem dauernd in den Betrieb übergegangenen Verfahren der elektrolytischen Nickelgewinnung kann man noch nicht sprechen.

Nachdem man sich für das Verschmelzen der Erze den Kupferhüttenbetrieb als Vorbild genommen, lag gewiss der Gedanke nahe, das ohnehin schwierig zu raffinierende Rohnickel ebenfalls nach dem Vorbilde der Kupferraffination elektrolytisch zu reinigen. Wir brauchen uns aber nur die Verunreinigungen des Rohnickels anzusehen, um zu erkennen, dass dieses Verfahren aussichtslos ist.

Die mit der direkten Verarbeitung von Erz und Stein verbundenen Uebelstände kennen wir zur Genüge aus den mit den entsprechenden Kupferverbindungen vorgenommenen Versuchen.

Es bleibt also nur noch die nasse Verarbeitung der Nickelerze übrig, welche, nachdem die meisten Verunreinigungen durch Fällung aus den erhaltenen Lösungen abgeschieden sind, eine elektrolytische Fällung des Nickels zulässt. Aber — die Bedingungen einer solchen:

Der am besten aus Sulfat bestehende Elektrolyt darf, obwohl einerseits eine saure Reaktion desselben nicht unerwünscht ist, doch keine der stärkeren Mineralsäuren im freien Zustande enthalten. Borsäure und Phosphorsäure scheinen ja harmlos zu sein. Will man mit basischen Lösungen arbeiten, so kommen nur die ammoniakalischen in Betracht.

Die Unannehmlichkeiten und Kosten der Arbeit mit unlöslichen, aber doch nicht unvergänglichen Anoden sind ja auch schon zur Genüge erörtert worden.

Bei einer Stromdichte von 60-100 Ampère per Quadratmeter ist unter diesen Umständen auf eine elektromotorische Kraft von nicht unter 3 Volt zu rechnen. Nur wenn der Elektrolyt depolarisierend wirkende Substanzen, wie organische Säuren, enthält, ist es möglich, mit 2-2,5 Volt auszukommen. Unter den gut leitenden und des Preises wegen von der Anwendung nicht ausgeschlossenen organischen Säuren habe ich schon früher [10] die Sulfonsäuren der minderwerthigen Theerdestillationsprodukte empfohlen.

Trotzdem es nun durchaus keine Schwierigkeiten macht, dünne Nickelniederschläge zu erzeugen, welche in Bezug auf Dichte, Glanz und Farbe absolut nichts zu wünschen übrig lassen, ist es trotz grösster Vorsicht noch nicht gelungen, dickere, zur mechanischen Bearbeitung direkt geeignete Platten herzustellen. Selbst die Vernicklungsanstalten müssen, nachdem ein mässig starker Nickelniederschlag vorhanden ist, zunächst eine dünne Kupferschicht auf demselben niederschlagen, um zur Erzeugung

---

[10] Vergl. Artikel ‚Blei‘ und ‚Zink‘.

besonders starker Metallüberzüge weitere Nickelmengen haftbar zu machen. Das elektrolytisch niedergeschlagene Nickel zeigt mit zunehmender Dicke die Neigung zu reissen und abzublättern. Ob die Ursache für dieses Verhalten in einer, wenn auch gewichtlich kaum nachweisbaren Oxydation liegt, ist, wie aus CL. WINKLER's Untersuchungen hervorgeht, zwar wahrscheinlich, aber noch nicht mit Sicherheit nachgewiesen. Jedenfalls steht so viel fest, dass es noch kein hinreichend billiges Verfahren giebt, diesen Uebelstand zu beseitigen.

Es giebt also vorläufig auch noch kein elektrolytisches Verfahren, welches zu annehmbaren Gestehungskosten ein direkt mechanisch zu verarbeitendes Metall liefert. Und so lange das elektrolytisch abgeschiedene Nickel noch einmal raffinierend verschmolzen werden muss, so lange ist geschäftlich die Durchführbarkeit einer elektrolytischen Gewinnung dieses Metalles überhaupt in Frage gestellt.

Verwendung des Nickels. Reines Metall dient heute in grossen Mengen zur Herstellung von Koch- und Tischgeräth. Auch durch Aufschweissen auf Eisenblech erhaltene nickelplattierte Bleche dienen denselben Zwecken. Zahlreiche Gebrauchs- und Luxusgegenstände aus minderwerthigen Metallen werden galvanisch mit Nickel überzogen. Von Legierungen werden verwandt: Nickel-Kupfer, als Münzmetall; Nickel-Kupfer-Zink, als Neusilber, Argentan u. s. w.; Nickel-Eisen, als Nickelstahl zu Panzerplatten.

Abgesehen von der oben erwähnten Darstellungsmethode reinen Kobalts wird es nicht nöthig sein, näher auf dieses Metall einzugehen, da fast alles für Nickel Gesagte auch für Kobalt Gültigkeit hat.

Platinmetalle.

Diese Metallgruppe hätte hier unerwähnt bleiben können, da ihre elektrolytische Gewinnung wegen der Leichtigkeit, mit welcher sich die meisten ihrer Verbindungen schon durch einen mässigen Wärmeaufwand spalten lassen, fast aussichtslos ist. Es sind aber während der letzten Jahre einzelne Vorschläge zur elektrolytischen Fällung und Scheidung der Metalle dieser Gruppe an die Oeffentlichkeit gelangt, und wollte ich deshalb nicht versäumen, darauf hinzuweisen, dass diese Methoden hauptsächlich für analytische Zwecke und für die Galvanostegie ausgearbeitet worden sind, also in den schon mehrfach erwähnten Werken von CLASSEN und LANGBEIN eingesehen werden können [1]

[1] Vergl. S. 383 Anm. 8 und 9.

Ueber eine Scheidungsmethode von Gold und Platin ist schon unter ‚Gold' berichtet worden. In gleicher Weise lässt sich bei Benutzung einer Platinchloridlösung als Elektrolyten das Platin auch von einigen anderen Platinmetallen (Iridium und Rhodium) scheiden.

Dass sich auch SIEMENS' elektrisches Schmelzverfahren[2] zum Einschmelzen von Platin nicht bewährt hat, liegt in der leichten Ueberführbarkeit von Kohlenstoff aus dem Kohlepole dieses Lichtbogen-Ofens in das Platin. Mit Kohlenstoff verunreinigtes Platin ist aber für die meisten Zwecke unbrauchbar. Wenn elektrische Erhitzung beim Platinschmelzen überhaupt Verwendung finden sollte, so kann es entweder durch Einbringen des Metalles als Widerstand in einen starken Stromkreis geschehen oder indem man von dem einzuschmelzenden Metalle selbst den Lichtbogen auf gleiches Metall überspringen lässt, wie dies SLAVIANOFF[3] für die elektrische Eisengiesserei ausführt.

[2]) Vergl. S. 126.
[3]) Vergl. Kapitel ‚Eisen' S. 359.

Register

25 *